软件项目开发全程实录

PHP 项目开发全程实录
（第 4 版）

明日科技　编著

清华大学出版社
北京

内 容 简 介

《PHP 项目开发全程实录（第 4 版）》以 52 同城信息网、BCTY365 网上社区、办公自动化管理系统、铭成在线考试系统、物流配送信息网、学校图书馆管理系统、博客管理系统、365 影视音乐网、明日科技企业网站和 51 购商城 10 个实际项目开发程序为案例，从软件工程的角度出发，按照项目的开发顺序，全面、系统地介绍了程序开发流程。从开发背景、需求分析、系统功能分析、数据库分析、数据库设计、网站开发到网站发布，对每一过程都进行了详细的介绍。

本书及资源包特色包括 10 套项目开发完整案例，项目开发案例的同步视频和其源程序。登录网站还可获取各类资源库（模块库、题库、素材库）等项目案例常用资源，网站还提供技术论坛支持等。

本书案例涉及行业广泛，实用性非常强，通过本书的学习，读者既可以了解各个行业的特点，能够针对某一行业进行网站开发，也可以通过资源包中提供的案例源代码和数据库进行二次开发，以减少开发系统所需要的时间。

图书在版编目（CIP）数据

PHP 项目开发全程实录/明日科技编著．—4 版．—北京：清华大学出版社，2018（2023.1 重印）
（软件项目开发全程实录）
ISBN 978-7-302-49894-0

Ⅰ．①P…　Ⅱ．①明…　Ⅲ．①PHP 语言-程序设计　Ⅳ．①TP312.8

中国版本图书馆 CIP 数据核字（2018）第 052588 号

责任编辑：贾小红
封面设计：刘　超
版式设计：魏　远
责任校对：张丽萍
责任印制：宋　林

出版发行：清华大学出版社
　　　　　网　　　址：http://www.tup.com.cn，http://www.wqbook.com
　　　　　地　　　址：北京清华大学学研大厦 A 座　　　　邮　　编：100084
　　　　　社 总 机：010-83470000　　　　　　　　　　邮　　购：010-62786544
　　　　　投稿与读者服务：010-62776969，c-service@tup.tsinghua.edu.cn
　　　　　质 量 反 馈：010-62772015，zhiliang@tup.tsinghua.edu.cn
印 装 者：三河市天利华印刷装订有限公司
经　　销：全国新华书店
开　　本：203mm×260mm　　　印　张：30　　　字　数：801 千字
版　　次：2008 年 6 月第 1 版　2018 年 7 月第 4 版　　印　次：2023 年 1 月第 4 次印刷
定　　价：89.80 元

产品编号：078935-01

前言（第4版）

Preface 4th Edition

编写目的与背景

众所周知，当前社会需求和高校课程设置严重脱节，一方面企业找不到可迅速上手的人才，另一方面大学生就业难。如果有一些面向工作应用的案例参考书，让大学生得以参考，并能亲手去做，势必能缓解这种矛盾。本书就是这样一本书：项目开发案例型的、面向工作应用的软件开发类图书。编写本书的首要目的就是架起让学生从学校走向社会的桥梁。

其次，本书以完成小型项目为目的，让学生切身感受到软件开发给工作带来的实实在在的用处和方便，并非只是枯燥的语法和陌生的术语，从而激发学生学习软件的兴趣，让学生变被动学习为自主自发学习。

再次，本书的项目开发案例过程完整，不但适合在学习软件开发时作为小型项目开发的参考书，而且可以作为毕业设计的案例参考书。

最后，丛书第1版于2008年6月出版，并于2011年和2013年进行了两次改版升级，因为编写细腻，易学实用，配备全程视频讲解等特点，备受读者瞩目，丛书累计销售20多万册，成为近年来最受欢迎的软件开发项目案例类丛书之一。

转眼5年已过，我们根据读者朋友的反馈，对丛书内容进行了优化和升级，进一步修正之前版本中的疏漏之处，并增加了大量的辅助学习资源，相信这套书一定能带给您惊喜！

本书特点

微视频讲解

对于初学者来说，视频讲解是最好的导师，它能够引导初学者快速入门，使初学者感受到编程的快乐和成就感，增强进一步学习的信心。鉴于此，本书为大部分章节都配备了视频讲解，使用手机扫描正文小节标题一侧的二维码，即可在线学习项目制作的全过程。同时，本书提供了程序配置使用说明的讲解视频，扫描二维码即可进行学习。

典型案例

本书案例均从实际应用角度出发，应用了当前流行的技术，涉及的知识广泛，读者可以从每个案例中积累丰富的实战经验。

代码注释

为了便于读者阅读程序代码，书中的代码均提供了详细的注释，并且整齐地纵向排列，可使读者快速领略作者意图。

📖 代码贴士

案例类书籍通常会包含大量的程序代码，冗长的代码往往令初学者望而生畏。为了方便读者阅读和理解代码，本书避免了连续大篇幅的代码，将其分割为多个部分，并对重要的变量、方法和知识点设计了独具特色的代码贴士。

✍ 知识扩展

为了增加读者的编程经验和技巧，书中每个案例都标记有"注意""技巧"等提示信息，并且在每章中都提供有一项专题技术。

本书约定

由于篇幅有限，本书每章并不能逐一介绍案例中的各模块。作者选择了基础和典型的模块进行介绍，对于功能重复的模块，由于技术、设计思路和实现过程基本相同，因此没有在书中体现。读者在学习过程中若有相关疑问，请登录本书官方网站。本书中涉及的功能模块在资源包中都附带有视频录像，方便读者学习。

适合读者

本书适合作为计算机相关专业的大学生、软件开发相关求职者和爱好者的毕业设计和项目开发的参考书。

本书服务

为了给读者提供更为方便快捷的服务，读者可以登录本书官方网站（www.mingrisoft.com）或清华大学出版社网站（www.tup.com.cn），在对应图书页面下载本书资源包，也可加入企业 QQ（4006751066）进行学习交流。学习本书时，请先扫描封底的二维码，即可学习书中的各类资源。

本书作者

本书由明日科技软件开发团队组织编写，主要由张鑫、冯春龙执笔，参与本书编写工作的还有赛奎春、王小科、周佳星、王国辉、辛洪郁、张宝华、申小琦、高春艳、葛忠月、刘杰、李磊、杨柳、赵宁、宋万勇、贾景波、吕玉翠、白宏健、杨丽、隋妍妍、刘媛媛、李春林、李菁菁、何平、张云凯、申野、庞凤、胡冬、岳彩龙、潘建羽、张渤洋、梁英、于水晶、李雪、孙勃、卞昉、朱艳红、宋禹蒙、白兆松、依莹莹、李颖、王欢等，在此一并感谢！

在编写本书的过程中，我们本着科学、严谨的态度，力求精益求精，但错误、疏漏之处在所难免，敬请广大读者批评指正。

感谢您购买本书，希望本书能成为您的良师益友，成为您步入编程高手之路的踏脚石。

宝剑锋从磨砺出，梅花香自苦寒来。祝读书快乐！

编　者

目 录

Contents

第 1 章

52 同城信息网
（Apache+PHP+phpMyAdmin+MySQL 5.5 实现）

在全球知识经济和信息化高速发展的今天，信息化是决定企业成败的关键因素，企业需要在网站上发布供求信息，以促使企业在同领域中得到突飞猛进的发展。

一个广泛的、快速的、自由的信息交流平台，为用户带来方便的同时，也会给企业带来无限商机。于是，以互联网为基础的信息交流平台，即 52 同城信息网出现了。52 同城信息网致力于优化信息交流，实现信息的快速交流。

通过阅读本章，可以学习到：

▶▶ 使当前窗口承载框架页中的超链接页面

▶▶ 如何自动计算以系统日期为基数的相对日期

▶▶ do…while 循环语句的应用

▶▶ 查询关键字描红技术

▶▶ 在 Windows 操作系统下搭建 PHP 开发环境

▶▶ 在 Windows 操作系统下创建数据库和数据表

▶▶ PowerDesigner 建模的应用

▶▶ 单元测试技术

▶▶ 框架技术在 Web 网站中的应用

▶▶ 如何发布网站

▶▶ 表单数据的两种提交方式

▶▶ 应用 phpMyAdmin 工具创建和删除数据库、数据表

配置说明

视频讲解

1.1 开 发 背 景

×××信息科技有限公司是一家以整合渠道资源为主的高科技公司。为了扩大企业规模，增强企业的竞争力，该公司决定向多元化发展，借助 Internet 在国内的快速发展，聚集部分资金投入网站建设，为企业和用户提供综合信息服务，以向企业提供有偿信息服务为盈利方式，打造一个全新的供求信息网。例如，提供企业广告、发布各类免费供求信息、发布企业付费信息等服务方式。现需要委托其他单位开发一个综合信息网站。

1.2 系 统 分 析

1.2.1 需求分析

对于信息网站来说，用户的访问量是至关重要的。如果网站的访问量很低，那么就很少有企业会要求为他提供有偿服务，也就没有利润可言了。因此，信息网站必须为用户提供大量的、免费的、有价值的信息才能够吸引用户。为此，网站不仅要为企业提供各种有偿服务，还需要额外为用户提供大量的无偿服务。通过与企业的实际接触和沟通，确定网站应包括招聘信息、求职信息、培训信息、公寓信息、家教信息、车辆信息、物品求购、物品出售、求兑出兑、寻求合作、企业广告等服务。

通过实际调查，要求供求信息网具有以下功能：

- ☑ 界面设计美观大方、方便、快捷、操作灵活，树立企业形象。
- ☑ 实现强大的供求信息查询，支持模糊查询。
- ☑ 用户不需要注册，便可免费发布供求信息。
- ☑ 免费发布的供求信息必须经后台审核后才能正式发布，避免不良信息。
- ☑ 支持海量数据录入。
- ☑ 由于供求信息数据量大，后台应该可以随时清理数据。

1.2.2 可行性分析

根据《计算机软件产品开发文件编制指南》（GB8567－1988）中可行性分析的要求，制定可行性研究报告如下。

1. 引言

（1）编写目的。

为了给企业的决策层提供是否进行项目实施的参考依据，现以文件的形式分析项目的风险、项目需要的投资与效益。

（2）背景。

×××信息科技有限公司是一家以整合渠道资源为主的高科技公司。企业为了不断满足客户的需求，为达到企业在同行业领域中的领先地位，现需要委托其他公司开发一个综合信息网，项目名称为52 同城信息网。

2．可行性研究的前提

（1）要求。

52 同城信息网要求能够提供信息搜索、信息定位描红、发布免费信息、发布付费信息、发布企业广告和对各类发布的信息进行审核、删除、检索等功能。

（2）目标。

52 同城信息网的主要目标是提供强大的搜索功能、准确的信息描红定位功能、付费信息的管理功能、免费信息的审核和删除功能。

（3）条件、假定和限制。

项目需要在两个月内交付用户使用。系统分析师需要 3 天内到位，用户需要 4 天时间确认需求分析文档。去除员工两个月的正常休息日 16 天，那么程序开发人员需要在 1 个月零几天的时间内进行系统设计、程序编码、系统测试、程序调试和网站部署工作。

（4）评价尺度。

根据用户的要求，系统应以搜索引擎为主，对于发布的供求信息应能及时准确地保存、审核、查询、描红定位。由于用户存在多个营业点，系统应具有局域网操作的能力，在多个营业点同时运行系统时，系统中各项操作的延时不能超过 10 秒钟。此外，在系统出现故障时，应能及时进行恢复。

3．投资及效益分析

（1）支出。

根据系统的规模及两个月的项目开发周期，公司决定投入 5 个人。因此，公司将直接支付 8 万元的工资及各种福利待遇。在项目安装及调试阶段，用户培训、员工出差等费用支出需要 2 万元。在项目维护阶段预计需要投入 2 万元的资金，累计项目投入需要 12 万元资金。

（2）收益。

用户提供项目资金 30 万元。对于项目运行后进行的改动，采取协商的原则根据改动规模额外提供资金。因此从投资与收益的效益比上，公司可以获得 18 万元的利润。

项目完成后，将给公司提供资源储备，包括技术、经验的积累，以后再开发类似的项目时，可以极大地缩短项目开发周期。

4．结论

根据上面的分析，技术上不会存在问题，因此项目延期的可能性很小；在效益上，公司投入 5 个人、两个月的时间获利 18 万元，比较可观；在公司今后的发展上，可以储备网站开发的经验和资源，因此认为该项目可以开发。

1.2.3　编写项目计划书

根据《计算机软件产品开发文件编制指南》（GB8567－1988）中的项目开发计划要求，结合单位实际情况，设计项目计划书如下。

1．引言

（1）编写目的。

为了保证项目开发人员按时保质地完成预订目标，更好地了解项目实际情况，按照合理的顺序开展工作，现以书面的形式将项目开发生命周期中的项目任务范围、项目团队组织结构、团队成员的工作责任、团队内外沟通协作方式、开发进度、检查项目工作等内容描述出来，作为项目相关人员之间的共识和约定以及项目生命周期内的所有项目活动的行动基础。

（2）背景。

52 同城信息网是本公司与×××信息科技有限公司签定的待开发项目，网站性质为信息服务类型，可为信息发布者有偿或无偿提供招聘、求职、培训、求购、公寓、车辆、房屋和出售等信息。项目周期为两个月，项目背景规划如表 1.1 所示。

表 1.1　项目背景规划

项 目 名 称	签定项目单位	项目负责人	项目承担部门
52 同城信息网	甲方：×××信息科技有限公司	甲方：赵经理	设计部门
	乙方：×××网络科技有限公司	乙方：张经理	开发部门 测试部门

2．概述

（1）项目目标。

项目目标应当符合 SMART 原则，把项目要完成的工作用清晰的语言描述出来。52 同城信息网的项目目标如下：

52 同城信息网主要用来为用户提供信息服务，对于生活和工作中的各类信息都应尽可能地全部包括在内，例如公寓、求职、招聘、培训、招商、房屋、车辆、出售、求购等信息。项目发布后，要实现能够为用户生活和工作带来极大的方便并提高企业知名度、为企业产品宣传节约大量成本的目标。整个项目需要在两个月的期限结束后，交给客户进行验收。

（2）产品目标与范围。

一方面，52 同城信息网能够为企业节省大量人力资源，企业不再需要大量的业务人员去跑市场，间接为企业节约了成本。另一方面，52 同城信息网能够收集海量供求信息，将会有大量用户访问网站，有助于提高企业知名度。

（3）应交付成果。

项目开发完成后，交付的内容如下：

☑　以资源包的形式交付 52 同城信息网的源程序、网站数据库文件、系统使用说明书。

☑　客户方应用自己的服务器，因此需要乙方架设 Apache 服务器、安装 PHP 开发环境、协助甲方购买域名，将开发的 52 同城信息网发布到互联网上运行。

☑　网站发布到互联网上以后，进行后期的 6 个月无偿维护与服务，超过 6 个月后进行网站有偿维护与服务。

（4）项目验收方式与依据。

项目验收分为内部验收和外部验收两种方式。在项目开发完成后，首先进行内部验收，由系统测试员根据用户需求和项目目标进行验收。项目在通过内部验收后交给用户进行验收，验收的主要依据为需求规格说明书。

3．项目团队组织

（1）组织结构。

为了完成 52 同城信息网的项目开发，公司组建了一个临时的项目团队，由项目经理、系统分析师、PHP 开发工程师、网页设计师和系统测试员构成，如图 1.1 所示。

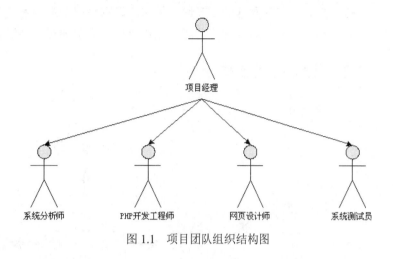

图 1.1　项目团队组织结构图

（2）人员分工。

为了明确项目团队中每个人的任务分工，现制定人员分工表，如表 1.2 所示。

表 1.2　人员分工表

姓　名	技 术 水 平	所 属 部 门	角　色	工 作 描 述
张达明	MBA	项目开发部	项目经理	负责项目的审批、决策的实施、项目的前期分析、策划、项目开发进度的跟踪、项目质量的检查
周兴伟	高级系统分析师	项目开发部	系统分析师	负责系统功能分析、系统框架设计
邹紫璇	高级 PHP 工程师	项目开发部	PHP 开发工程师	负责软件前后台设计与编码
王惠子	高级美工设计师	设计部	网页设计师	负责网页风格的确定、网页图片的设计
舒心怡	高级系统测试工程师	项目开发部	系统测试员	对软件进行测试、编写软件测试文档

1.3　系 统 设 计

1.3.1　系统目标

根据需求分析的描述以及与用户的沟通，现制定网站实现如下目标：

☑　系统采用人机对话方式，界面简洁、框架清晰、美观大方。

☑　灵活快速地填写供求信息，使信息传递更快捷。

☑　信息查询灵活、方便，数据存储安全可靠。

☑　实现强大的后台审核功能。

☑　实现强大的搜索引擎，支持模糊查询、关键字描红功能等。

☑　对用户输入的数据，系统进行严格的数据检验，尽可能排除人为的错误。

☑　网站最大限度地实现易维护性和易操作性。

   ☑   为充分展现网站的交互性，供求信息网采用动态网页技术实现用户信息在线发布。

   ☑   具备完善的后台管理功能，能够及时、准确地对网站进行维护和更新。

1.3.2 系统功能结构

52 同城信息网前台功能结构图如图 1.2 所示。

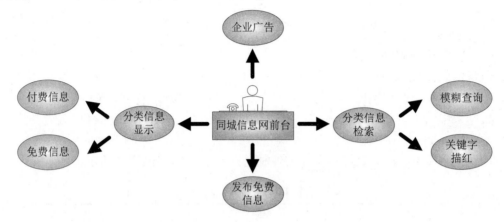

图 1.2　52 同城信息网前台功能结构图

52 同城信息网后台功能结构图如图 1.3 所示。

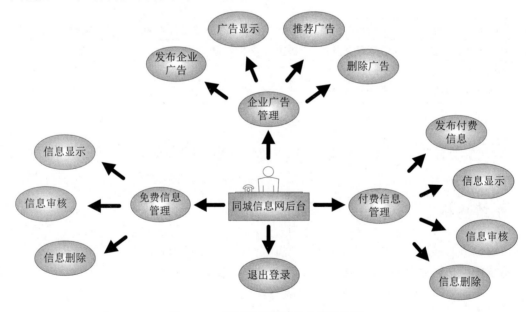

图 1.3　52 同城信息网后台功能结构图

1.3.3 系统流程图

52 同城信息网的系统流程如图 1.4 所示。

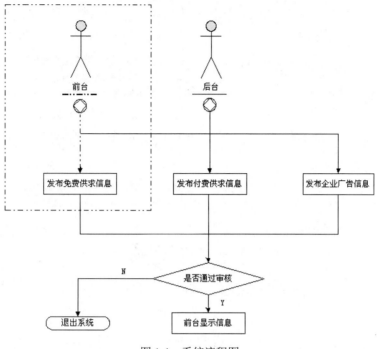

图 1.4　系统流程图

1.3.4　系统预览

52 同城信息网由多个程序页面组成。下面列出几个典型页面，其他页面参见资源包中的源程序。

前台首页如图 1.5 所示，该页面用于实现各类信息的查询、企业广告信息显示、后台登录入口等功能。搜索引擎页面如图 1.6 所示，该页面用于实现各类信息的快速检索、查询关键字描红等功能。

图 1.5　前台首页（资源包\TM\01\cityinfo\index.php）　　图 1.6　搜索引擎（资源包\TM\01\cityinfo\admin\findinfo.php）

　　发布免费信息页面如图 1.7 所示，该页面用于实现发布分类的免费信息功能。付费信息管理页面如图 1.8 所示，该页面用于实现付费信息分类查看、付费信息审核、付费信息删除等功能。

 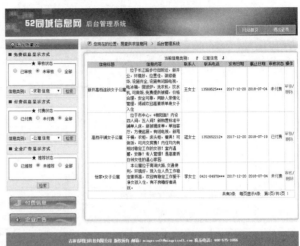

图 1.7　发布免费信息（资源包\TM\01\cityinfo\release.php）　图 1.8　付费信息管理（资源包\TM\01\cityinfo\admin\find_fufei.php）

　　免费信息管理页面如图 1.9 所示，该页面用于实现免费信息分类查看、免费信息审核、免费信息删除等功能。管理员登录页面如图 1.10 所示，该页面用于实现对管理员登录的用户名和密码进行验证等功能。

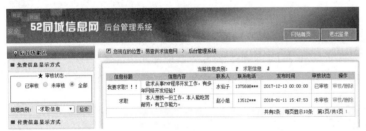 

图 1.9　免费信息管理　　　　　　　　　　　图 1.10　管理员登录

（资源包\TM\01\cityinfo\admin\find_mianfei.php）　　　（资源包\TM\01\cityinfo\admin\login.php）

1.3.5　开发环境

　　在开发 52 同城信息网时，该项目使用的软件开发环境如下。

1. 服务器端

☑　操作系统：Windows 7/Linux（推荐）。

☑　服务器：Apache 2.4.18。

☑　PHP 软件：PHP 7.0.12。

☑　数据库：MySQL 5.5.47。

☑　MySQL 图形化管理软件：phpMyAdmin-3.5.8。

☑　开发工具：PhpStorm 2016.3。

☑　浏览器：Google Chrome。

☑　分辨率：最佳效果为 1680×1050 像素。

2．客户端

☑　浏览器：Google Chrome。

☑　分辨率：最佳效果为 1680×1050 像素。

1.3.6　文件夹组织结构

在编写代码之前，可以把系统中可能用到的文件夹先创建出来（例如，创建一个名为 admin 的文件夹，用于保存网站的后台文件），这样不但可以方便以后的开发工作，也可以规范网站的整体架构。笔者在开发 52 同城信息网时，设计了如图 1.11 所示的文件夹组织结构图。在开发时，只需要将所创建的文件保存在相应的文件夹中即可。

```
▼ 🗀 cityinfo ──────────── 网站根目录
   ▼ 🗀 admin ──────────── 用于存储网站后台文件
      ▶ 🗀 images ──────── 用于存储网站后台使用的图片资源
   ▶ 🗀 conn ──────────── 用于存储数据库连接文件
   ▶ 🗀 css ───────────── 用于存储网站使用的 CSS 样式表文件
   ▶ 🗀 data ──────────── 用于存储数据库文件
   ▶ 🗀 Images ─────────── 用于存储网站前台使用的图片资源
   ▶ 🗀 JS ────────────── 用于存储网站使用的自定义函数
```

图 1.11　文件夹组织结构

1.4　在 Windows 操作系统下搭建 PHP 开发环境

视频讲解

PHP 能否高效、稳定地运行依赖于服务器的编译和执行，本节主要介绍如何在微软的 Windows 操作系统中架设安全、可靠的 PHP 运行环境。

1.4.1　在 Windows 下应用 phpStudy 快速配置 PHP 开发环境

phpStudy 是 PHP 网页架站工具组合包，可以将网络上免费的架站资源重新包装成单一的安装程序。它提供了简易、快速的 PHP 运行环境的搭建机制，读者只需按照普通应用软件的安装方式就可以完成 Apache+MySQL+PHP+phpMyAdmin 的安装与配置工作。

下面以 phpStudy 2016 为例来介绍 phpStudy 的安装和使用方法。

安装 phpStudy 之前应从其官方网站上下载安装程序。下载地址为 http://www.phpstudy.net/a.php/211.html，在下载地址页面找到如图 1.12 所示的下载链接，单击该链接即可进行下载。

下载地址：http://www.phpstudy.net/phpstudy/phpStudy20161103.zip

图 1.12　phpStudy 下载链接

在 Windows 操作系统下应用 phpStudy 快速配置 PHP 开发环境的操作步骤如下：

（1）phpStudy 安装文件的压缩包下载完成后，首先对该压缩包进行解压缩，然后双击 phpStudy20161103.exe 安装文件，此时弹出如图 1.13 所示的对话框。

（2）在图 1.13 所示的对话框中单击文件夹小图标选择解压路径，并单击 OK 按钮开始解压文件，解压过程如图 1.14 所示。解压文件完成后会弹出防止重复初始化的确认对话框，如图 1.15 所示。单击"是"按钮后进入 phpStudy 的启动界面，启动完成后的结果如图 1.16 所示。

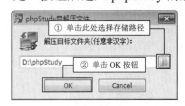

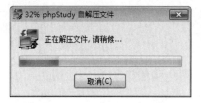

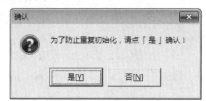

图 1.13　phpStudy 解压对话框　　　　图 1.14　解压文件进度条　　　　图 1.15　防止重复初始化确认对话框

在 Apache 服务和 MySQL 服务启动成功之后，即完成了 phpStudy 的安装操作。打开浏览器，在地址栏中输入"http://localhost/"或者"http://127.0.0.1/"后按 Enter 键，如果运行结果出现如图 1.17 所示的页面，则说明 phpStudy 安装成功。

图 1.16　phpStudy 启动界面　　　　　　　　图 1.17　phpStudy 安装成功运行页面

1.4.2　PHP 服务器的启动与停止

PHP 服务器主要包括 Apache 服务器和 MySQL 服务器。重新启动计算机后，在默认状态下，Apache 服务和 MySQL 服务是停止的，下面介绍在 phpStudy 中启动与停止这两种服务器的方法。

1. 同时启动和停止 Apache 服务器和 MySQL 服务器

单击 phpStudy 快捷方式图标打开 phpStudy，打开后的界面如图 1.18 所示。单击图 1.18 中的"启动"按钮即可同时启动 Apache 服务和 MySQL 服务，启动后的结果如图 1.19 所示。

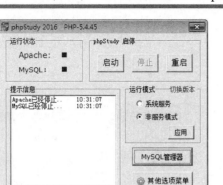

图 1.18　phpStudy 的打开界面　　　　　　　　图 1.19　启动服务

如果想要停止 Apache 服务和 MySQL 服务，只需要单击图 1.19 中的"停止"按钮即可。另外，单击图 1.19 中的"重启"按钮还可以重启这两种服务。

2．单独启动和停止 Apache 服务器和 MySQL 服务器

以管理 Apache 服务器为例，单击 phpStudy 启动界面中的"其他选项菜单"按钮，然后依次选择"服务管理器"/"Apache"选项，在弹出的选项菜单中即可对 Apache 服务器进行启动、停止或重启等操作，如图 1.20 所示。

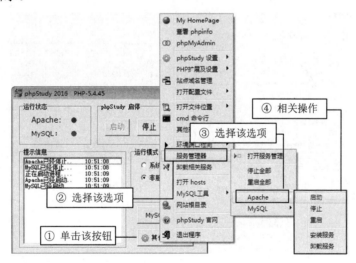

图 1.20　单独启动和停止 Apache 服务器

按照同样的方法可以对 MySQL 服务器进行启动、停止或重启等操作，如图 1.21 所示。

3．设置开机自动启动服务

在 phpStudy 的启动界面，只需选中"系统服务"单选按钮，然后单击"应用"按钮即可实现开机自动启动服务的功能，如图 1.22 所示。

4．切换 PHP 版本

在开发该项目时使用的 PHP 版本是 PHP 7.0.12，在 phpStudy 的启动界面，单击"切换版本"超链

接，然后选择要切换的 PHP 版本，如图 1.23 所示，单击该选项后会自动重启 PHP 服务器，即可实现 PHP 版本的切换，切换 PHP 版本后的启动界面如图 1.24 所示。

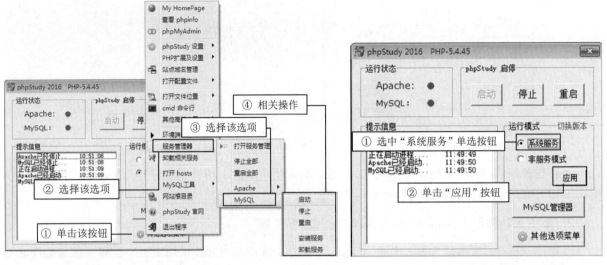

图 1.21　单独启动和停止 MySQL 服务器　　　　图 1.22　设置开机自动启动服务

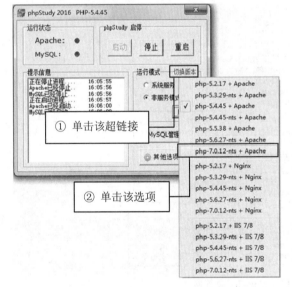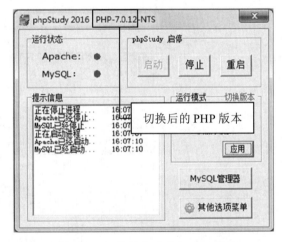

图 1.23　选择要切换的 PHP 版本　　　　图 1.24　切换版本后重启 PHP 服务

视频讲解

1.5　数据库设计

1.5.1　数据库分析

本系统是一个中小型的供求信息平台，但是由于平台会涉及海量数据，因此需要充分考虑到成本问题及用于需求（如跨平台）等问题。而 MySQL 是世界上最为流行的开放源码的数据库，是完全网络化的、跨平台的关系型数据库系统，这正好满足了中小型企业的需求，所以本系统采用 MySQL 数据库。

1.5.2　数据库概念设计

根据前面对系统所做的需求分析、系统设计，规划出本系统中使用的数据库实体分别为免费信息实体、付费信息实体、广告信息实体和管理员实体。下面分别介绍这几个实体的 E-R 图。

1．免费信息实体

免费信息实体包括编号、信息类型、信息标题、信息内容、联系人、联系电话、审核状态和发布时间属性。其中审核状态属性用来标识信息是否审核，"1"表示"是"，"0"表示"否"。免费信息实体的 E-R 图如图 1.25 所示。

2．付费信息实体

付费信息实体包括编号、信息类型、信息标题、信息内容、联系人、联系电话、发布时间、截止时间和审核状态属性。其中审核状态属性用来标识信息是否付费，"1"表示"是"，"0"表示"否"。付费信息实体的 E-R 图如图 1.26 所示。

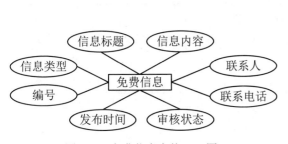

图 1.25　免费信息实体 E-R 图

图 1.26　付费信息实体 E-R 图

3．广告信息实体

广告信息实体包括编号、信息标题、信息内容、发布时间和推荐状态属性。其中推荐状态属性用来标识信息是否在前台显示，"1"表示"是"，"0"表示"否"。广告信息实体的 E-R 图如图 1.27 所示。

4．管理员实体

管理员实体包括编号、管理员名和加密密码属性。管理员实体的 E-R 图如图 1.28 所示。

图 1.27　广告信息实体 E-R 图

图 1.28　管理员实体 E-R 图

1.5.3 创建数据库及数据表

结合实际情况及对用户需求的分析，可知 52 同城信息网中应用的 db_pursey 数据库主要包含如下 4 个数据表，如表 1.3 所示。

表 1.3　db_pursey 数据库中的数据表

表	类　型	整　理	说　明
tb_admin	MyISAM	utf8_general_ci	管理员信息表
tb_advertising	MyISAM	utf8_general_ci	企业广告信息表
tb_info	MyISAM	utf8_general_ci	免费供求信息表
tb_leaguerinfo	MyISAM	utf8_general_ci	付费供求信息表

各数据表的表结构如表 1.4～表 1.7 所示。

1. tb_admin（管理员信息表）

管理员信息表主要用于存储管理员的信息。该数据表的结构如表 1.4 所示。

表 1.4　管理员信息表结构

名　字	类　型	整　理	空	默　认	额　外	说　明
id	int(4)		否	无	AUTO_INCREMENT	自动编号
name	varchar(50)	utf8_general_ci	否	无		管理员名
pwd	varchar(50)	utf8_general_ci	否	无		管理员密码

2. tb_advertising（企业广告信息表）

企业广告信息表主要用于存储企业发布的广告信息。该数据表的结构如表 1.5 所示。

表 1.5　企业广告信息表结构

名　字	类　型	整　理	空	默　认	额　外	说　明
id	int(4)		否	无	AUTO_INCREMENT	自动编号
title	varchar(100)	utf8_general_ci	否	无		广告标题
content	varchar(500)	utf8_general_ci	否	无		广告内容
fdate	datetime		否	无		发布时间
flag	int(1)		否	0		推荐状态

3. tb_info（免费供求信息表）

免费供求信息表主要用于存储用户免费发布的供求信息。该数据表的结构如表 1.6 所示。

表 1.6　免费供求信息表结构

名　　字	类　　型	整　　理	空	默　认	额　　外	说　　明
id	int(4)		否	无	AUTO_INCREMENT	自动编号
type	varchar(30)	utf8_general_ci	否	无		信息类型
title	varchar(50)	utf8_general_ci	否	无		信息标题
content	varchar(500)	utf8_general_ci	否	无		信息内容
linkman	varchar(20)	utf8_general_ci	否	无		联系人
tel	varchar(30)	utf8_general_ci	否	无		联系电话
checkstate	int(1)		否	0		审核状态
edate	datetime		否	无		发布时间

4．tb_leaguerinfo（付费供求信息表）

付费供求信息表主要用于存储付费的供求信息。该数据表的结构如表 1.7 所示。

表 1.7　付费供求信息表结构

名　　字	类　　型	整　　理	空	默　认	额　　外	说　　明
id	int(4)		否	无	AUTO_INCREMENT	自动编号
type	varchar(20)	utf8_general_ci	否	无		信息类型
title	varchar(50)	utf8_general_ci	否	无		信息标题
content	varchar(500)	utf8_general_ci	否	无		信息内容
linkman	varchar(20)	utf8_general_ci	否	无		联系人
tel	varchar(30)	utf8_general_ci	否	无		联系电话
sdate	date		否	无		发布日期
showday	date		否	无		截止日期
checkstate	int(1)		否	0		审核状态

视频讲解

1.6　单　元　测　试

在现代软件开发过程中，测试不再作为一个独立的生命周期，而是成为与编写代码同步进行的开发活动。单元测试能够提高程序员对程序的信心，保证程序的质量，加快软件开发速度，使程序易于维护。

1.6.1　单元测试概述

在程序设计过程中会有多种测试，单元测试只是其中的一种。单元测试并不能保证程序是完美无缺的，但是在所有的测试中，单元测试是第一个环节，也是最重要的一个环节。单元测试是一种由程序员自行测试的工作。简单地说，单元测试就是测试代码撰写者依据其所设想的方式执行是否产生了预期的结果。

单元测试不仅是无错编码的一种辅助手段，还必须是可重复的，即无论是在软件修改或是移植到新的运行环境的过程中都可以进行单元测试。

与单元测试有密切关联的开发活动包括代码走读（Code review）、静态分析（Static analysis）和动态分析（Dynamic analysis）。代码走读就是对软件的源代码进行宏观阅读，整理开发思路。静态分析就是对软件的源代码进行研读，查找错误或收集一些度量数据，并不需要对代码进行编译和执行。动态分析就是通过观察软件运行时的动作，来提供执行跟踪、时间分析以及测试覆盖度方面的信息。

1.6.2 单元测试的优点

单元测试具有以下优点：

- ☑ 一种验证行为。程序中的每一项功能都是用测试来验证它的正确性，为以后的开发提供支援。就算是开发后期，也可以轻松地增加功能或更改程序结构，而不用担心这个过程中会破坏重要的东西，而且它为代码的重构提供了保障。这样，我们就可以更自由地对程序进行改进。
- ☑ 一种设计行为。编写单元测试将使用户从调用者观察、思考。特别是先写测试（test-first），迫使设计者把程序设计成易于调用和可测试的，即解除软件中的耦合。
- ☑ 一种编写文档的行为。单元测试是一种无价的文档，它是展示函数或类如何使用的最佳文档。这份文档是可编译、可运行的，并且它保持最新，永远与代码同步。
- ☑ 具有回归性。自动化的单元测试避免了代码出现回归，编写完成之后，可以随时随地地快速运行测试。

视频讲解

1.7 前台首页设计

1.7.1 前台首页概述

网站主页是关于网站的建设及形象宣传，它对网站生存和发展起着非常重要的作用，应该是一个信息含量较高、内容较丰富的宣传平台。52 同城信息网前台首页主要包含以下内容：

- ☑ 网站菜单导航（包括公寓信息、招聘信息、求职信息、培训信息、家教信息、房屋信息、车辆信息、求购信息、出售信息、招商引资、寻人/物启示等）。
- ☑ 发布免费的供求信息（包括公寓信息、招聘信息、求职信息、培训信息、家教信息、房屋信息、车辆信息、求购信息、出售信息、招商引资、寻人/物启示等）。
- ☑ 推荐供求信息显示（包括公寓信息、招聘信息、求职信息、培训信息、家教信息、房屋信息、车辆信息、求购信息、出售信息、招商引资、寻人/物启示等），其中，付费信息按时间顺序降序排列，免费信息按时间顺序分页显示。
- ☑ 显示推荐的企业广告信息。
- ☑ 供求信息快速检索，支持模糊查询和查询关键字描红功能。
- ☑ 后台登录入口，为管理员进入后台提供一个入口。

下面看一下本案例中提供的前台首页，该页面在本书资源包中的路径为\TM\01\cityinfo\index.php，如图 1.29 所示。

图 1.29　52 同城信息网首页

各区域的介绍及所对应的 PHP 文件如表 1.8 所示。

表 1.8　页面框架中各区域介绍及对应的 PHP 文件

名　　称	说　　明	对应的 PHP 文件
导航栏	提供查看各类信息的超链接	top.php
信息检索区	企业广告显示及各类信息检索	left.php
内容显示区	根据用户请求显示相应内容	根据请求加载相应的 PHP 文件，默认加载 main.php
版权区	显示版权信息	bottom.php

1.7.2　前台首页技术分析

在前台首页的内容显示区中主要显示付费以及免费的公寓信息，在查询免费的公寓信息时使用了分页技术，在进行分页查询时使用了 limit 关键字。limit 是 MySQL 中的一个特殊关键字。limit 子句可以对查询结果的记录条数进行限定，控制它输出的行数。在前台首页中，实现分页查询的关键

17

代码如下：

```php
<?php
//查询免费的公寓信息
$sql=mysqli_query($conn,"select count(*) as total from tb_info where type='公寓信息' and checkstate=1");
$info=mysqli_fetch_array($sql);                    //将查询结果集返回到数组
$total=$info['total'];                             //获取查询记录总数
$pagesize=4;                                       //每页显示记录数
  if ($total<=$pagesize){
      $pagecount=1;                                //定义总页数
  }
if(($total%$pagesize)!=0){
    $pagecount=intval($total/$pagesize)+1;         //计算总页数
}else{
  $pagecount=$total/$pagesize;                     //计算总页数
}
if(!isset($_GET['page'])){
    $page=1;                                       //定义当前页
}else{
$page=intval($_GET['page']);                       //获取当前页
}
//查询当前页中免费的公寓信息
$gsql=mysqli_query($conn,"select * from tb_info where type='公寓信息' and checkstate=1 order by edate desc
limit ".($page-1)*$pagesize.",$pagesize");
$ginfo=mysqli_fetch_array($gsql);                  //将查询结果集返回到数组
if($ginfo){
    do{                                            //循环输出免费的公寓信息
?>
…     //省略供求信息标题的 HTML 代码部分
<?php
}while($ginfo=mysqli_fetch_array($gsql));
?>
```

1.7.3 前台首页的实现过程

本系统中所有的前台页面都采用了二分栏结构，分为导航栏、信息检索区、内容显示区和版权区 4 个区域。为了方便网站的日后维护，将这 4 个区域形成单独的 PHP 文件，然后应用 include 语句将这 4 个文件包含进来。前台首页文件的代码如下：

例程 01　代码位置：资源包\TM\01\cityinfo\index.php

```html
<table width="920" border="0" align="center" cellpadding="0" cellspacing="0" bgcolor="#FFFFFF">
  <tr valign="top">
    <td colspan="2"><?php include("top.php");?></td>            <!--包含导航文件-->
  </tr>
  <tr>
      <!--包含信息检索文件-->
```

```
    <td width="217" valign="top"><?php include("left.php");?></td>
    <!--包含内容显示文件-->
    <td width="586" valign="top" bgcolor="#FEFEF6"><?php include("main.php");?></td>
  </tr>
  <tr>
    <td colspan="2"><?php include("bottom.php");?></td>        <!--包含版权信息文件-->
  </tr>
</table>
```

其中，导航文件 top.php 页中应用了 ul 列表来创建文件的超链接，代码如下：

例程 02 　代码位置：资源包\TM\01\cityinfo\top.php

```
<div class="top">
  <div>
    <a href="release.php">[发布信息]</a>
    <a href="admin/login.php">[进入后台]</a>
  </div>
  <div>
    <ul>
      <!-- -------------------------------------加入收藏------------------------------------- -->
      <li><a href="javascript:try{window.external.AddFavorite('http://localhost/cityinfo','52 同城信息网')}catch(e)
{alert('请使用 Ctrl + D 收藏本站');}">加入收藏</a></li>
      <!-- -------------------------------------联系我们------------------------------------- -->
      <li><a href="mailto:xor@cityinfo**.com">联系我们</a></li>
    </ul>
  </div>
</div>
<div>
  <div class="logo"></div>
  <div class="menu">
    <ul>
      <li><a href="index.php">首 页</a></li>
      <li><a href="invitejob.php">招聘信息</a></li>
      <li><a href="foster.php">培训信息</a></li>
      <li><a href="house.php">房屋信息</a></li>
      <li><a href="seekbuy.php">求购信息</a></li>
      <li><a href="seekjob.php">求职信息</a></li>
      <li><a href="teaching.php">家教信息</a></li>
      <li><a href="car.php">车辆信息</a></li>
      <li><a href="sale.php">出售信息</a></li>
      <li><a href="recruitbusiness.php">招商引资</a></li>
      <li><a href="search.php">寻物启示</a></li>
    </ul>
  </div>
</div>
<div class="pcard"></div>
```

1.8　免费供求信息发布模块设计

1.8.1　免费供求信息发布模块概述

免费供求信息的发布提供对象为供求信息用户，是供求信息网站非常重要的功能，也是供求信息网站的核心功能。

免费供求信息发布模块可以完成 11 种不同类别信息的发布。用户可以根据自身需要将供求信息发布到相应的信息类别中（共包括 11 个信息类别：公寓信息、招聘信息、求职信息、培训信息、家教信息、房屋信息、车辆信息、求购信息、出售信息、招商引资、寻人/物启示等类型供求信息）。信息发布成功后，需要管理员进行审核，只有审核成功的信息才能显示在前台相应的信息类别网页中。免费供求信息发布的流程如图 1.30 所示。

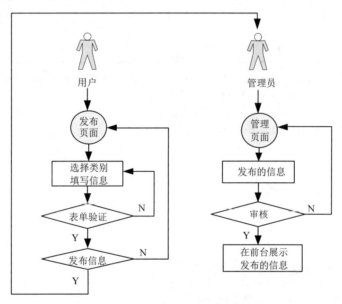

图 1.30　免费供求信息发布流程图

1.8.2　免费供求信息发布模块技术分析

本模块实现免费供求信息发布功能，主要应用到如下几个函数。

1. mysqli_connect()函数

打开一个到 MySQL 服务器的连接。如果成功则返回一个 MySQL 连接标识，失败则返回 false。语法如下：

```
mysqli mysqli_connect ( [string server [, string username [, string password [, string dbname [, int port [, string socket]]]]]] )
```

mysqli_connect()函数的参数说明如表 1.9 所示。

表 1.9　mysqli_connect()函数的参数说明

参　　数	说　　　　明	参　　数	说　　　　明
server	MySQL 服务器地址	dbname	连接的数据库名称
username	用户名。默认值是服务器进程所有者的用户名	port	MySQL 服务器使用的端口号
password	密码。默认值是空密码	socket	UNIX 域 socket

2．mysqli_select_db()函数

选择 MySQL 数据库。如果成功返回 true，失败返回 false。语法如下：

```
bool mysqli_select_db(mysqli link, string dbname)
```

其中，参数 link 为必选参数，该参数为应用 mysqli_connect()函数成功连接 MySQL 数据库服务器后返回的连接标识；参数 dbname 为必选参数，该参数为用户指定要选择的数据库名称。

下面应用 mysqli_connect()函数连接 MySQL 服务器，然后应用 mysqli_select_db()函数连接 MySQL 数据库，代码如下：

```php
<?php
$conn = mysqli_connect("localhost", "root", "root");                          //连接 MySQL 服务器
$db=mysqli_select_db($conn,"db_pursey") or die ("数据库连接失败: ".mysqli_error()); //连接数据库 db_pursey
mysqli_query($conn,"set names utf8");                                         //采用 utf8 编码方式
?>
```

3．mysqli_query()函数

mysqli_query()函数用来执行 SQL 语句。语法如下：

```
mixed mysqli_query(mysqli link, string query [, int resultmode])
```

其中，参数 link 为必选参数，该参数为 mysqli_connect()函数成功连接 MySQL 数据库服务器后所返回的连接标识；参数 query 为必选参数，该参数为所要执行的查询语句；参数 resultmode 为可选参数，该参数取值有 MYSQLI_USE_RESULT 和 MYSQLI_STORE_RESULT。其中 MYSQLI_STORE_RESULT 为该函数的默认值。如果返回大量数据可以应用 MYSQLI_USE_RESULT，但应用该值时，以后的查询调用可能返回一个 commands out of sync 错误，解决办法是应用 mysqli_free_result()函数释放内存。

如果 SQL 语句是查询指令 select，成功则返回查询结果集，否则返回 false；如果 SQL 语句是 insert、delete、update 等操作指令，成功则返回 true，否则返回 false。

4．date()函数

date()函数主要用于格式化一个本地时间/日期。语法如下：

```
string date(string format, int timestamp)
```

该函数返回将参数 timestamp 按照指定格式格式化而产生的字符串，其中参数 timestamp 是可选的，

默认值为 time()，即如果没有给出时间戳，则使用本地当前时间。

date()函数的参数 format 的格式化选项如表 1.10 所示。

表 1.10　参数 format 的格式化选项

参　　数	说　　明
a	小写的上午和下午值，返回值为 am 或 pm
A	大写的上午和下午值，返回值为 AM 或 PM
B	Swatch Internet 标准时，返回值为 000～999
d	月份中的第几天，有前导零的 2 位数字，返回值为 01～31
D	星期中的第几天，文本格式，3 个字母，返回值为 Mon～Sun
F	月份，完整的文本格式，返回值为 January～December
g	小时，12 小时格式，没有前导零，返回值为 1～12
G	小时，24 小时格式，没有前导零，返回值为 0～23
h	小时，12 小时格式，有前导零，返回值为 01～12
H	小时，24 小时格式，有前导零，返回值为 00～23
i	有前导零的分钟数，返回值为 00～59
I	判断是否为夏令时，返回值如果是夏令时为 1，否则为 0
j	月份中的第几天，没有前导零，返回值为 1～31
l	星期数，完整的文本格式，返回值为 Sunday～Saturday
L	判断是否为闰年，返回值如果是闰年为 1，否则为 0
m	数字表示的月份，有前导零，返回值为 01～12
M	3 个字母缩写表示的月份，返回值为 Jan～Dec
n	数字表示的月份，没有前导零，返回值为 1～12
o	与格林威治时间相差的小时数，例如 0200
r	RFC 822 格式的日期，例如，Thu, 21 Dec 2000 16：01：07 +0200
s	秒数，有前导零，返回值为 00～59
S	每月天数后面的英文后缀，2 个字符，例如 st、nd、rd 或者 th。可以和 j 一起使用
t	指定月份所应有的天数
T	本机所在的时区
U	从 UNIX 纪元（January 1 1970 00:00:00 GMT）开始至今的秒数
w	星期中的第几天，数字表示，返回值为 0～6
W	ISO-8601 格式年份中的第几周，每周从星期一开始
Y	4 位数字完整表示的年份，返回值如 1998、2008
y	2 位数字表示的年份，返回值如 88 或 08
z	年份中的第几天，返回值为 0～366
Z	时差偏移量的秒数。UTC 西边的时区偏移量总是负的，UTC 东边的时区偏移量总是正的，返回值为 −43200～43200

📢注意

有效的时间戳典型范围是格林威治时间 1901 年 12 月 13 日 20:45:54 到 2038 年 1 月 19 日 03:14:07（此范围符合 32 位有符号整数的最小值和最大值）。在 Windows 系统中此范围限制为从 1970 年 1 月 1 日到 2038 年 1 月 19 日。

例如，应用 date()函数格式化一个日期，并输出日期的值。代码如下：

```php
<?php
echo date("y/m/d");
?>
```

结果为：17/12/11。

1.8.3　免费供求信息发布模块的实现过程

🖳　免费供求信息发布使用的数据表：tb_info

用户通过单击前台页面导航栏中的"我要发布"超链接，进入信息发布页面，如图 1.31 所示。程序会先验证用户是否输入信息，若验证失败，则返回信息发布页面，进行相应提示；若验证成功，则向数据库中插入记录，完成发布操作。

图 1.31　免费供求信息发布网页

在功能导航页 top.php 中添加"发布信息"超链接。代码如下：

例程 03　代码位置：资源包\TM\01\cityinfo\top.php

```php
<a href="release.php">[发布信息]</a>
```

在信息发布页面选择要发布的信息类型后，填写真实有效的供求信息。为了避免用户添加空信息，在单击"发布信息"按钮时，应用 JavaScript 脚本自定义一个 checkform()函数，验证提交的表单各元素是否为空值，如果为空，则弹出提示信息，并将焦点定位到为空值的表单元素。代码如下：

例程 04 代码位置：资源包\TM\01\cityinfo\release_content.php

```javascript
<script language="javascript">
function checkform(form){                              //自定义一个 JavaScript 函数 checkform()
    for(i=0;i<form.length;i++){                        //应用 for 循环语句检索 form 表单元素的值是否为空
        if(form.elements[i].value==""){                //如果 form 表单中某个元素值为空
            alert("请将发布信息填写完整！");              //弹出提示信息
            form.elements[i].focus();                  //将焦点的值定位到为空值的表单元素
            return false;                              //返回焦点
        }
    }
}
</script>
```

创建与数据库 db_pursey 的连接，代码如下：

例程 05 代码位置：资源包\TM\01\cityinfo\conn\conn.php

```php
<?php
    //连接 MySQL 服务器
❶   $conn=mysqli_connect("localhost","root","root") or die("数据库服务器连接错误".mysqli_error());
❷   mysqli_select_db($conn,"db_pursey")  or  die("数据库访问错误".mysqli_error());//连接 MySQL 数据库
db_pursey
❸   mysqli_query($conn,"set names utf8");                //采用 utf8 编码方式
?>
```

📢 代码贴士

❶ mysqli_connect()函数：连接 MySQL 服务器，详细讲解参见 1.8.2 节。

❷ mysqli_select_db()函数：连接 MySQL 数据库文件，详细讲解参见 1.8.2 节。

❸ mysqli_query()函数：用来向数据库服务器发送编码方式，详细讲解参见 1.8.2 节。

提交表单信息到数据处理页，应用 insert…into 语句向免费供求信息表中添加供求信息。如果信息添加成功，则弹出成功的提示信息；否则弹出失败的提示信息。代码如下：

例程 06 代码位置：资源包\TM\01\cityinfo\release_ok.php

```php
<?php
header ("Content-type: text/html; charset=utf-8");     //设置文件编码格式
include("conn/conn.php");                              //连接数据库文件
date_default_timezone_set("PRC");                      //设置时区
$type=$_POST['type'];                                  //获取信息类型
$title=$_POST['title'];                                //获取信息标题
$content=$_POST['content'];                            //获取信息内容
$linkman=$_POST['linkman'];                            //获取联系人
$tel=$_POST['tel'];                                    //获取联系电话
❶  $edate=date("Y-m-d H:i:s");                         //获取发布时间
❷  $sql=mysqli_query($conn,"insert into tb_info(type,title,content,linkman,tel,checkstate,edate)
values('$type','$title','$content','$linkman','$tel',0,'$edate')"); //将免费的供求信息添加到数据表中
if($sql){                                              //如果添加操作成功，则弹出提示信息
    echo "<script>alert('恭喜您，信息发布成功！');window.location.href='release.php';</script>";
}else{                                                 //如果添加操作失败，则弹出提示信息
```

```
        echo "<script>alert('对不起，信息发布失败！');history.back();</script>";
    }
?>
```

代码贴士

❶ date()函数：格式化一个本地时间/日期，详细讲解参见 1.8.2 节。

❷ insert into：向指定的数据表中添加数据信息。

1.9　信息检索模块设计

1.9.1　信息检索模块概述

信息检索是对已存在于数据库中的数据按条件进行筛选浏览，是查看历史信息和确认数据操作最为快速、有效的办法。信息检索模块主要通过选择信息类型和输入查询关键字模糊查询供求信息资源，并输出查询结果。考虑到供求信息的信息量较大，因此本模块对与查询关键字相匹配的查询结果进行描红，从而方便用户的浏览。信息检索模块的示意图如图 1.32 所示。

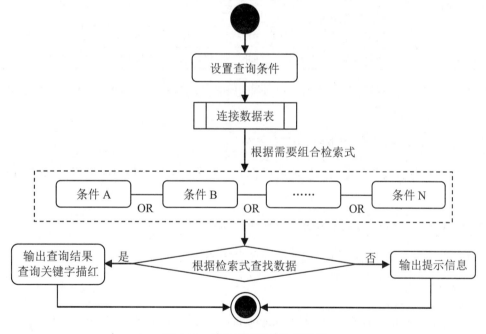

图 1.32　信息检索模块的示意图

1.9.2　信息检索模块技术分析

在对数据进行查询后，最终需要将查询结果显示在页面中反馈给浏览者。在 PHP 中，查询结果的显示方式有很多种，最常用的就是表格显示方式。因为采用这种方式显示的数据条理清晰、简洁明了。

在利用表格显示查询结果时，通常是将查询结果保存在结果集中，然后需要使用 do…while 循环将其查询结果显示出来。需要注意的是，需要先判断查询结果是否为空，只有查询结果不为空时，才可以使用循环语句显示数据。为了使读者更好地理解通过表格显示查询结果，下面给出其实现流程图，如图 1.33 所示。

考虑到用户不可能全面了解数据表中的数据信息，例如不能确定所要查询信息的内容、查询的主题等，这时就需要使用 like 进行模糊查询。like 关键字需要使用通配符在字符串内查找指定的模式，所以读者需要了解通配符及其含义。通配符的含义如表 1.11 所示。

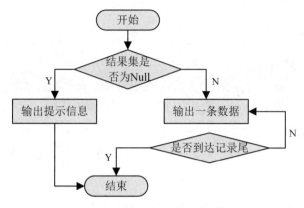

图 1.33　信息检索模块流程图

表 1.11　like 关键字中的通配符及说明

通　配　符	说　　明
%	由零个或更多字符组成的任意字符串
_	任意单个字符
[ ]	用于指定范围，例如[A～F]表示 A～F 范围内的任何单个字符
[^]	表示指定范围之外的，例如[＾A～F]表示 A～F 范围以外的任何单个字符

如果想查询包含"女子公寓"的信息，可以使用 like 运算符配合通配符"%"完成。其 SQL 语句如下：

```
select * from tb_info where content like '%女子公寓%';
```

如果想查找信息类型为"公寓信息"或者内容为"女子公寓"的信息时配合 or 运算符来使用。其 SQL 语句如下：

```
select * from tb_info   where type='公寓信息' or content like'%女子公寓%'
```

本模块实现付费信息与查询关键字相匹配的信息的 SQL 语句如下：

```
$type=$_POST['type'];                                    //获取信息类型
$content=$_POST['content'];                              //获取查询关键字
$sql1=mysqli_query($conn,"select * from tb_leaguerinfo   where checkstate=1 and type='$type' and content like'%$content%' or title like'%$content%' or linkman like'%$content%' or tel like'%$content%'");
$info1=mysqli_fetch_array($sql1);                        //检索付费的信息
```

本模块实现免费信息与查询关键字相匹配的信息的 SQL 语句如下：

```
$sql=mysqli_query($conn,"select * from tb_info   where checkstate=1 and type='$type' and content like'%$content%' or title like'%$content%' or linkman like'%$content%' or tel like'%$content%'");
$info=mysqli_fetch_array($sql);                          //检索免费的信息
```

注意　当满足数据表中多个字段中的任一字段时，可以使用 or 运算符将多个条件连接。

另外，由于搜索的内容中文字比较多，为了方便浏览者查找自己所关注的内容信息，所以在搜索引擎中加入了描红功能。描红功能主要用 str_ireplace() 函数实现，该函数的具体讲解读者可参见本章的 1.14.1 节。

1.9.3　信息检索模块的实现过程

信息检索模块使用的数据表：tb_info、tb_leaguerinfo

在开发信息检索模块时，由于该网站含有大量的数据信息，为了方便用户浏览网站信息，需要添加复合条件查询实现搜索功能。在信息检索区的"关键字"文本框中输入欲查询的关键字，在"条件"下拉列表框中选择要搜索的信息类型，然后单击"开始搜索"按钮，对指定条件的记录进行检索并输出结果集到浏览器，同时为了方便浏览者查找自己所关注的内容信息，本模块对查询关键字进行描红。运行结果如图 1.34 所示。

信息检索页面中所涉及的重要表单元素如表 1.12 所示。

图 1.34　信息检索页面的运行结果

表 1.12　信息检索页面所涉及的重要表单元素

名　　称	元 素 类 型	重 要 属 性	含　　义
form1	form	method="post" action="findinfo.php"	表单
content	text	id="content" size="20"	查询关键字
type	select	<select name="type">　　<option value="招聘信息">-招聘信息-</option>　　<option value="求职信息" selected>-求职信息-</option></select>	信息类型
search	image	src="Images/btn1.gif" onClick="return chkinput(form)"	"开始搜索"按钮

应用 JavaScript 脚本自定义一个 chkinput() 函数，实现对表单提交的信息进行验证。代码如下：

例程 07　代码位置：资源包\TM\01\cityinfo\left.php

```
<script language="javascript">
    function chkinput(form){                    //自定义一个 chkinput() 函数
        if(form.content.value==""){             //判断如果查询关键字文本框等于空
```

```
            alert("请输入查询关键字!");                        //则弹出提示信息
            form.content.select();                           //重新定位焦点
            return false;                                    //返回表单元素
        }
    }
</script>
```

将表单信息提交到数据处理页，连接数据库文件，接收表单信息，然后用 mysqli_query()函数向服务器发送 SQL 语句，检索与查询关键字相匹配的信息资源。代码如下：

例程 08　代码位置：资源包\TM\01\cityinfo\findinfo.php

```php
<?php
include("conn/conn.php");                                    //连接数据库文件
$type=$_POST['type'];                                        //获取信息类型
$content=$_POST['content'];                                  //获取查询关键字
$sql1=mysqli_query($conn,"select * from tb_leaguerinfo where checkstate=1 and type='$type' and content
like'%$content%' or title like'%$content%' or linkman like'%$content%' or tel like'%$content%'");
$info1=mysqli_fetch_array($sql1);                            //检索付费的供求信息
$sql=mysqli_query($conn,"select  *  from  tb_info  where  checkstate=1  and  type='$type'  and  content
like'%$content%' or title like'%$content%' or linkman like'%$content%' or tel like'%$content%'");
$info=mysqli_fetch_array($sql);                              //检索免费的供求信息
?>
```

说明　信息检索需要从免费供求信息表 tb_info 和付费供求信息表 tb_leaguerinfo 中获取数据，因此需要向 MySQL 服务器传递两条 SQL 语句。

用 do…while 循环语句输出付费信息与查询关键字相匹配的信息资源，并用 str_ireplace()函数对查询关键字实现描红功能。代码如下：

例程 09　代码位置：资源包\TM\01\cityinfo\findinfo.php

```php
<!--下面输出的是付费信息与查询关键字相匹配的信息-->
<?php
if($info1){                                                  //如果检索到了付费信息
?>
    <table width="647" height="27" border="0" cellspacing="0" cellpadding="0" bgcolor="#F6F6F6">
      <tr><td> <span style="color:#62ab00; font-weight:bolder">▲付费信息</span></td></tr>
    </table>
<?php
    do{                                                      //则用 do…while 循环语句输出付费信息
 ?>
    <table width="647" border="0" cellspacing="0" cellpadding="0" bgcolor="#FAFFF4">
      <tr>
        <td height="26">
        <!--应用 str_ireplace()函数对查询关键字进行描红-->
        <!--对与查询关键字所匹配的信息类型进行描红-->
        『<?php echo str_ireplace($content,"<font color='#FF0000'>".$content."</font>",$info1[type]);?>』 nbsp;
```

```
        <!--对与查询关键字所匹配的信息标题进行描红-->
        <?php echo str_ireplace($content,"<font color='#FF0000'>".$content."</font>",$info1[title]);?>  
        <!--对与查询关键字所匹配的发布时间进行描红-->
        <?php echo str_ireplace($content,"<font color='#FF0000'>".$content."</font>",$info1[edate]);?></td>
      </tr>
      <tr>
        <td height="26">  
        <!--对与查询关键字所匹配的信息内容进行描红-->
        <?php echo str_ireplace($content,"<font color='#FF0000'>".$content."</font>",$info1[content]);?></td>
      </tr>
      <tr>
        <td height="26"> 联系人：
        <!--对与查询关键字所匹配的联系人进行描红-->
        <?php echo str_ireplace($content,"<font color='#FF0000'>".$content."</font>", $info1[linkman]); ?> 
        <!--对与查询关键字所匹配的联系电话进行描红-->
        联系电话：<?php echo str_ireplace($content,"<font color='#FF0000'>".$content."</font>",$info1[tel]);?>
        <!-- ------------------------------------------------------- -->
        </td>
      </tr>
    </table>
<?php
    }while($info1=mysqli_fetch_array($sql1));            //循环语句结束
?>
```

> **说明**　免费信息的输出方式与付费信息的基本类似，代码部分略，详见本书附赠资源包。

免费信息的输出方式与付费信息的基本类似，下面给出实现过程的核心代码结构。

例程 10　代码位置：资源包\TM\01\cityinfo\findinfo.php

```
<!-- -------------------------------下面输出的是免费信息与查询关键字相匹配的信息------------------------------- -->
<?php
if($info){                                        //如果检索到了免费信息
    do{                                           //则用 do…while 循环语句输出付费信息
?>
    …                                             //免费信息的输出方式与付费信息的类似，代码略
<?php
    } while($info=mysqli_fetch_array($sql));       //do…while 循环语句结束
    }                                             //if 条件语句结束
?>
```

如果在免费供求信息表和付费供求信息表中没有检索到与查询关键字相匹配的数据，则弹出提示信息。代码如下：

例程 11　代码位置：资源包\TM\01\cityinfo\findinfo.php

```
<table width="647" border="0" cellspacing="0" cellpadding="0">
    <tr>
```

```
<td align="center">您检索的信息资源不存在！</td>
    </tr>
</table>
```

视频讲解

1.10 后台首页设计

1.10.1 后台首页概述

程序开发人员在设计网站后台首页时，主要从后台管理人员对功能的易操作性、实用性、网站的易维护性考虑，因此采用了框架技术。52 同城信息网后台首页主要包含以下内容：

- ☑ 发布付费的供求信息（包括公寓信息、招聘信息、求职信息、培训信息、家教信息、房屋信息、车辆信息、求购信息、出售信息、招商引资、寻人/物启示等），以及付费信息的浏览、审核及删除功能。
- ☑ 免费信息的浏览、审核及删除功能。
- ☑ 企业广告信息的发布、浏览、前台推荐显示、删除功能。
- ☑ "网站首页"超链接，为管理员进入前台提供一个入口。
- ☑ "退出登录"超链接，用于注销当前用户。

本案例中提供的后台首页如图 1.35 所示。该页面在本书资源包中的路径为\TM\01\cityinfo\admin\index.php。

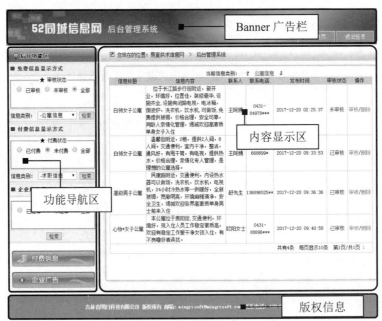

图 1.35 52 同城信息网后台首页

1.10.2　后台首页技术分析

52 同城信息网后台采用框架技术进行页面布局。所谓框架就是网页的各部分为相互独立的网页，又由一个网页将这些分开的网页组成一个完整的网页，显示在浏览者的浏览器中，重复出现的内容被固定下来，每次浏览者发出对页面的请求时，只下载发生变化的框架页面，其他子页面保持不变。

使用框架可以将容器窗口划分为若干个子窗口，在每个子窗口可以分别显示不同的网页。首先在开发工具中创建一个"左→中→右"的框架集，然后在标识①中添加"上→中→下"的框架集，最后在标识②中添加一个"左→右"的框架集，从而完成一个完整的后台框架。构建框架的流程如图 1.36 所示。

使用框架可以非常方便地完成导航工作。下面详细介绍框架网页的基本结构、设置框架集的属性和设置框架的属性。

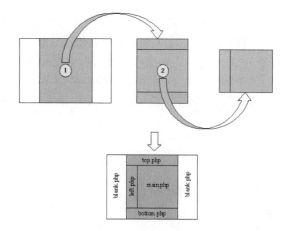

图 1.36　网站后台框架流程

1. 框架网页的基本结构

框架网页通过一个或多个 frameset 和 frame 标记来定义。在框架网页中，将 frameset 标记置于 head 标记之后，以取代 body 标记的位置，当客户端浏览器不支持框架网页时，还可以使用 noframes 标记给出框架不能被显示时的替换内容。框架网页的基本结构如下：

```
<html>
<head>
<title>基本框架页</title>
</head>
<frameset>
    <frame>
    <frame>
</frameset>
<noframes>
    <body>
    对不起！您的浏览器不支持框架页面的显示！
    </body>
</noframes>
</html>
```

2. 设置框架集的属性

框架集包含如何组织各个框架的信息，可以通过 frameset 标记来定义。框架是按照行和列来组织的，可以使用 frameset 标记的下列属性对框架的结构进行设置。

（1）左右分割窗口属性 cols。

在水平方向上将浏览器分割成多个窗口，可以通过框架的左右分割窗口属性 cols 实现。其语法格式如下：

```
<frameset cols="value,value,...">
   <frame>
   <frame>
</frameset>
```

其中，value 用于指定各个框架的列宽，取值有像素、百分比（%）和相对尺寸（*）3 种形式。

例如，若要通过框架将浏览器窗口划分为 3 列，其中第 1 列占浏览器窗口宽度的 20%，第 2 列为 120 像素，第 3 列为浏览器窗口剩余部分的框架。代码如下：

```
<frameset cols="20%,120,*" >
   <frame>
   <frame>
</frameset>
```

技巧 如果将 cols 属性设置为 "*, *, *"，则表示将窗口划分成 3 个等宽的框架；如果将 cols 属性设置为 "*, 2*, 3*"，则表示左边的框架占窗口宽度的 1/6，中间的框架占窗口宽度的 1/3，右边的框架占窗口宽度的 1/2。

（2）上下分割窗口属性 rows。

在垂直方向上将浏览器分割成多个窗口，可以通过框架的上下分割窗口属性 rows 实现。其语法格式如下：

```
<frameset rows="value,value,...">
   <frame>
   <frame>
</frameset>
```

其中 value 用于指定各个框架的行高，取值有像素、百分比（%）和相对尺寸（*）3 种形式，设置方法与 cols 属性类似。例如，若要通过框架将浏览器窗口划分为 3 行，其中的第 1 行占浏览器窗口宽度的 20%，第 2 行为 120 像素，第 3 行为浏览器窗口剩余部分的框架。代码如下：

```
<frameset rows="20%,120,*" >
   <frame>
   <frame>
</frameset>
```

（3）框架边框显示属性 frameborder。

该属性用于指定框架周围是否显示边框，取值为 1（显示边框，默认值）或 0（不显示边框）。

（4）framespacing。

该属性用于指定框架之间的间隔，以像素为单位。如果不设置该属性，则框架之间没有间隔。

（5）指定边框宽度属性 border。

该属性用于指定边框的宽度，只有 frameborder 属性为 1 时有效。

3．设置框架的属性

使用<frame>标记可以设置框架的属性，包括框架的名称、框架是否包含滚动条以及在框架中显示的网页等。其语法格式如下：

```
<frame name="框架名称" src="文件" frameborder="数值" scrolling="值" [noresize] >
```

- ☑ name：指定框架的名称。
- ☑ src：指定在框架中显示的网页文件（包括 HTML、ASP 等网页文件）。
- ☑ frameborder：指定框架周围是否显示边框，取值为 1（显示）或 0（不显示）。默认值为 1。
- ☑ scrolling：指定框架是否包含滚动条。如果将该属性设置为 yes，则框架包含滚动条；若将该属性设置为 no，则框架不包含滚动条；如果将该属性设置为 auto，则在需要时包含滚动条。
- ☑ noresize：可选属性，若指定了该属性，则不能调整框架的大小。

1.10.3　后台首页的实现过程

根据 1.10.1 节和 1.10.2 节的页面概述及实现技术分析，需要分别创建实现各区域的 PHP 文件，如实现 Banner 广告栏的 top.php、功能导航栏的 left.php、内容显示区的 main.php 和页尾文件的 bottom.php 等。实现该系统后台框架布局的完整代码如下：

例程 12　代码位置：资源包\TM\01\cityinfo\admin\index.php

```html
<frameset rows="*" cols="1*,925,1*" framespacing="0" frameborder="NO" border="0">
  <frame src="blank.php" name="left" scrolling="NO" noresize>          <!--设置空框架页-->
  <frameset rows="1065,*" cols="*" framespacing="0" frameborder="NO" border="0">
      <frameset rows="94,590,*" cols="*" framespacing="0" frameborder="NO" border="0">
        <frame src="top.php" name="topFrame" scrolling="NO" noresize>
          <frameset rows="520" cols="236,*" framespacing="0" frameborder="NO" border="0">
            <frame src="left.php" name="leftFrame" scrolling="NO" noresize>
            <frame src="main.php" name="mainFrame" scrolling="NO" noresize>
          </frameset>
        <frame src="bottom.php" name="bottomFrame" scrolling="NO" noresize>
      </frameset>
      <frame src="blank.php" name="right" scrolling="NO" noresize>
  </frameset>
<frame src="blank.php"></frameset>                                    <!--设置空框架页-->
<noframes><body>
</body></noframes>
```

> **注意**　在建设 Web 网站时，如何让不同分辨率的用户都能看到网页的最佳效果是程序员在设计之初所要考虑的首要问题。为了使屏幕的分辨率在大于 1024×768 像素的设置时仍然处于居中显示，只需要在设置框架布局时，在主框架两侧各设置一个宽度相同的 blank.php 空页即可。

视频讲解

1.11 付费供求信息发布模块设计

1.11.1 付费供求信息发布模块概述

付费供求信息的发布提供对象为供求信息用户，是供求信息网站非常重要的功能，也是供求信息网站的盈利点。企业或用户可以根据自身需要对供求信息先进行付费，付费后由管理员在后台将供求信息发布到相应的信息类别中（共包括 11 个信息类别：招聘信息、求职信息、培训信息、公寓信息、家教信息、车辆信息、物品求购、物品出售、求兑出兑、寻求合作、企业广告等类型供求信息）。供求信息成功发布后，管理员需要在后台对发布的供求信息进行审核，如果审核通过后，则显示在前台相应的信息类别网页中。付费供求信息发布的流程如图 1.37 所示。

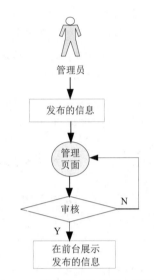

图 1.37 付费供求信息发布流程图

1.11.2 付费供求信息发布模块技术分析

付费供求信息与免费供求信息不同的是，付费供求信息不仅需要收取一定的费用，而且还需要一定的时间限制，例如，网站要求一个月（按 30 天计算）每条信息交 10 元的信息费，如果用户交纳 20 元，那么信息显示的天数就是 60 天。在前台进行显示时，不需要管理员进行手动管理，而是通过程序直接计算出信息显示的截止时间。

信息显示的截止时间 = "系统当前日期" + "信息的有效天数（与用户交纳的信息费相关）"。

自动计算信息显示的截止时间的具体代码如下：

```
$days=$_POST['days'];                            //通过表单传值获取信息显示的天数
$showday=date("Y-m-d",(time()+3600*24*$days));   //信息显示的截止时间
```

说明 信息的有效天数与用户交纳的信息费相关，交费不通过本程序完成，因此，信息的有效天数需要管理员手动添加。

1.11.3 付费供求信息发布模块的实现过程

付费供求信息发布使用的数据表：tb_leaguerinfo

用户通过单击页面导航区的"付费信息"超链接，进入付费信息发布页面，如图 1.38 所示。填写真实有效的付费信息，单击"发布信息"按钮，程序会先验证用户输入的信息，若验证失败，则返回信息发布页面，进行相应提示；若验证成功，则向数据库中插入记录，完成付费信息的发布操作。

图 1.38　付费供求信息发布页面运行结果

在左侧框架 left.php 页中，添加"付费信息"图像域及表单。代码如下：

例程 13　代码位置：资源包\TM\01\cityinfo\admin\left.php

```
<form name="form1" method="post" action="release_content.php" target="mainFrame">
    <input name="imageField" type="image" class="input1" src="images/btn_fufei.gif" width="210" height="39"
border="0">
</form>
```

单击"付费信息"按钮，将信息页 release_content.php 中的内容显示在框架显示页 mainFrame 中。
付费供求信息发布页面主要用于发布付费的供求信息，该页面中所涉及的重要表单元素如表 1.13 所示。

表 1.13　付费供求信息页面所涉及的重要表单元素

名　　称	元 素 类 型	重 要 属 性	含　　义
form1	form	method="post" action="release_ok.php"	表单

type	select	`<select name="type">`
		`<option value="招聘信息">-招聘信息-</option>`
		`<option value="求职信息" selected>-求职信息-</option>`
		…
		`<option value="寻人/物启示">-寻人/物启示-</option>`
		`</select>`
			信息类型

flag	checkbox	class="input1"　value="1" checked	"是否付费"复选框
title	text	size="50"	信息标题
content	textarea	cols="55" rows="8"	信息内容
linkman	text	size="30"	联系人
tel	text	size="30"	联系电话
days	text		有效天数
imageField	image	src="images/fa.jpg" onClick="return checkform(form);"	"发布信息"按钮

在付费信息发布页面选择要发布的信息类型后，填写真实有效的供求信息。为了避免用户添加空信息，在单击"发布信息"按钮时，应用 JavaScript 脚本自定义一个 checkform()函数，验证提交的表单各元素是否为空值，如果为空，则弹出提示信息，并将焦点定位到为空值的表单元素。checkform() 函数的代码部分与例程 04 相同，这里不再赘述。

提交表单信息到数据处理页，应用 insert…into 语句向付费供求信息表中添加供求信息。如果信息添加成功，则弹出成功的提示信息；否则弹出失败的提示信息。代码如下：

例程 14　代码位置：资源包\TM\01\cityinfo\admin\release_ok.php

```php
<?php
header ("Content-type: text/html; charset=utf-8");            //设置文件编码格式
include("../conn/conn.php");                                  //连接数据库文件
date_default_timezone_set("PRC");                             //设置时区
$type=$_POST['type'];                                        //获取信息类型
$flag=!isset($_POST['flag'])?0:1;                             //获取付款状态
$title=$_POST['title'];                                      //获取信息标题
$content=$_POST['content'];                                  //获取信息内容
$linkman=$_POST['linkman'];                                  //获取联系人
$days=$_POST['days'];                                        //获取发布时间
$tel=$_POST['tel'];                                          //获取联系电话
$sdate=date("Y-m-d");                                        //当前系统时间
❶   $showday=date("Y-m-d",(time()+3600*24*$days));          //获取信息的有效时间
$sql=mysqli_query($conn,"insert into tb_leaguerinfo(type,title,content,linkman,tel,sdate,showday,checkstate)
values('$type','$title','$content','$linkman','$tel','$sdate','$showday',$flag)"); //将付费的供求信息添加到数据表中
if($sql){                                                    //如果添加操作成功，则弹出提示信息
❷   echo "<script>alert('信息发布成功！'); parent.mainFrame.location.href='release_content.php';</script>";
}else{                                                       //如果添加操作失败，则弹出提示信息
    echo "<script>alert('信息发布失败！');history.back();</script>";
}
?>
```

📢 代码贴士

❶ date("Y-m-d",(time()+3600*24*$days))：信息的有效时间=当前期日期+付费期限。应用 time()函数获取当前日期时间戳，付费期限的时间戳等于 3600 秒×24 小时×指定天数，并通过 date()函数格式化为指定日期格式。

❷ parent.mainFrame.location.href='release_content.php'：刷新父框架页 release_content.php 中的信息。

视频讲解

1.12　付费信息管理模块设计

1.12.1　付费信息管理模块概述

付费信息管理模块主要包括付费信息列表、付费信息审核和付费信息删除等 3 个功能，其框架如图 1.39

所示。

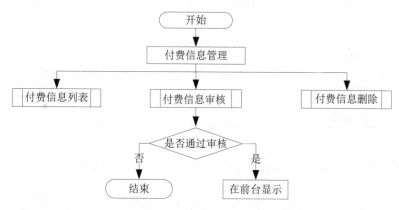

图 1.39　付费信息管理模块的框架图

1.12.2　付费信息管理模块技术分析

付费信息管理页面在实现信息审核及删除的功能时应用到了 UPDATE 更新语句和 DELETE 删除语句。下面对这两个语句进行详细的讲解。

1．UPDATE 语句

UPDATE 语句用来改变单行上的一列或多列的值，或者改变单个表中选定的一些行上的多个列值。UPDATE 语句的语法如下：

```
UPDATE<table_name | view_name>
SET <column_name>=<expression>
    [...,<last column_name>=<last expression>]
[WHERE<search_condition>]
```

UPDATE 语句的参数说明如表 1.14 所示。

表 1.14　UPDATE 语句的参数说明

参　　数	说　　明
table_name	需要更新的表的名称。如果该表不在当前服务器或数据库中，或不为当前用户所有，这个名称可用链接服务器、数据库和所有者名称来限定
view_name	要更新的视图的名称。通过 view_name 来引用的视图必须是可更新的。用 UPDATE 语句进行的修改，至多只能影响视图的 FROM 子句所引用的基表中的一个
SET	指定要更新的列或变量名称的列表
column_name	含有要更改数据的列的名称。column_name 必须驻留于 UPDATE 子句中所指定的表或视图中。标识列不能进行更新。如果指定了限定的列名称，限定符必须同 UPDATE 子句中的表或视图的名称相匹配
expression	变量、字面值、表达式或加上括号返回单个值的 subSELECT 语句。expression 返回的值将替换 column_name 或@variable 中的现有值

续表

参　数	说　明
WHERE	指定条件来限定所更新的行。根据所使用的 WHERE 子句的形式，有两种更新形式： ☑　搜索更新指定搜索条件来限定要删除的行 ☑　定位更新使用 CURRENT OF 子句指定游标。更新操作发生在游标的当前位置
<search_condition>	为要更新行指定需满足的条件。搜索条件也可以是联接所基于的条件。对搜索条件中可以包含的谓词数量没有限制

注意　一定要确保不要忽略 WHERE 子句，除非想要更新表中的所有行。

下面应用 UPDATE 语句将指定职员的工资进行调整，例如，将"小璇"的基本工资由 2600 元修改为 3000 元。其 SQL 语句如下：

```
update tab_laborage set jbgz=3000 where name='小璇'
```

2. DELETE 语句

DELETE 语句实现删除数据记录。DELETE 语句的语法如下：

```
DELETE FROM <table_name >
[WHERE<search-condition>]
```

DELETE 语句的参数说明如表 1.15 所示。

表 1.15　DELETE 语句的参数说明

参　数	说　明
FROM	可选的关键字，可用在 DELETE 关键字与目标 table_name、view_name 或 rowset_function_limited 之间
table_name	是要从其中删除行的表的名称
<search_condition>	指定删除行的限定条件。对搜索条件中可以包含的谓词数量没有限制

下面应用 DELETE 语句删除"职员姓名=小璇"的员工基本信息。其 SQL 语句如下：

```
DELETE tab_staffer WHERE ygname='小璇'
```

1.12.3　付费信息显示的实现过程

付费信息显示页面使用的数据表：tb_leaguerinfo

管理员在后台功能导航区的"付费信息显示方式"栏中选择相应的信息类别，然后按"已付费"、"未付费"或"全部"中的任意一种状态对付费信息进行管理。例如，在"信息类别"下拉列表框中选择"公寓信息"，在"付费状态"选项组中选中"未付费"单选按钮，单击"检索"按钮提交表单，程序将按指定条件显示出符合条件的所有信息，运行结果如图 1.40 所示。

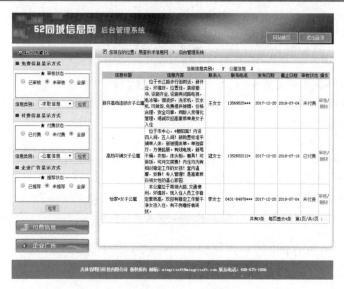

图 1.40　付费信息显示页面的运行结果

　　本系统提供了一组单选按钮组成的"付费状态"选项组，分为已付费、未付费和全部 3 个选项。选中"未付费"单选按钮，则传递的值为 0；选中"已付费"单选按钮，则传递的值为 1；选中"全部"单选按钮，则传递的值为 all。还提供了一个下拉列表框，供用户选择信息类别。将这些单选按钮与下拉列表框都在一个表单中实现，这样，当单击"检索"按钮提交表单后，选择的状态会通过表单进行传递。其表单代码如下：

例程 15　代码位置：资源包\TM\01\cityinfo\admin\left.php

```
❶  <form name="form4" method="post" action="find_fufei.php" target="mainFrame">
    <tr>
      <td height="65" align="center">
❷      <fieldset style="height:60;width:190">
          <legend>★ 付费状态</legend>
            <input name="payfor" type="radio" class="input1" value="1">已付费
            <input name="payfor" type="radio" class="input1" value="0" checked>未付费
            <input name="payfor" type="radio" class="input1" value="all"> 全部
        </fieldset>
      </td>
    </tr>
    <tr>
    <td height="34" align="center" background="images/info_d.gif">信息类别：
      <select name="select">
        <option value="招聘信息">-招聘信息</option>
        <option value="求职信息" selected>-求职信息</option>
            ...
      </select>
        <input type="submit" name="Submit2" value="检索">
    </td>
      </tr>
    </form>
```

🔊 代码贴士

❶ target = "mainFrame"：指定链接的目标窗口，mainFrame 为内容显示区的框架名称。另外，target 有 4 个选项值，分别介绍如下。

☑ _blank：指定将链接的目标文件加载到未命名的新浏览器窗口中。

☑ _parent：指定将链接的目标文件加载到包含链接的父框架页或窗口中，如果包含链接的框不是嵌套的，则链接的目标文件加载到整个浏览器窗口中。

☑ _self：指定将链接的目标文件加载到链接所在的同一框架或窗口中。

☑ _top：指定将链接的目标文件加载到整个浏览器窗口中，并由此删除所有框架。

❷ <fieldset><legend>…</legend></fieldset>标签：在字符集包含的文本和其他元素外面绘制一个方框。该元素是块元素，必须成对出现。需要注意的是，fieldset 必须用在 form 表单中，一个表单可以有多个<fieldset>…</fieldset>，每对<fieldset>…</fieldset>为一组，每组的内容描述使用<legend>设置标题名称。

提交表单信息到 find_fufei.php 页，程序将按管理员选择的指定条件显示出符合条件的所有信息。如果管理员选中"全部"单选按钮，那么系统的代码如下：

例程 16 代码位置：资源包\TM\01\cityinfo\admin\find_fufei.php

```php
<?php
include("../conn/conn.php");                              //连接数据库文件
$state=isset($_POST['payfor'])?$_POST['payfor']:"";       //获取管理员选择的付费状态
$type=isset($_POST['select'])?$_POST['select']:"";        //获取管理员选择的信息类别

//如果管理员选择的付费状态为"全部"，则查询管理员指定信息类别下的所有付费信息，并按 id 降序排列
if($state=="all"){
    $sql=mysqli_query($conn,"select *   from tb_leaguerinfo where type='$type' order by id");
}
else{
//如果管理员选择的付费状态为"已付费"或"未付费"状态，则按管理员指定的条件进行查询，并按 id 降序排列
    $sql=mysqli_query($conn,"select *   from tb_leaguerinfo   where type='$type' and checkstate=$state order by id");
}
$info=mysqli_fetch_array($sql);                          //执行 SQL 语句
?>
…                                                        //省略供求信息标题的 HTML 代码部分
<?php
if($info){                                               //如果检索到了查询记录
    do{                                                  //则应用 do…while 循环语句输出付费信息
        if($info['checkstate']==1){                      //如果付费状态的值为 1
            $state1="已付费";                             //则将"已付费"赋给变量$state1
        }else{                                           //如果付费状态的值为 0
            $state1="未付费";                             //则将"未付费"赋给变量$state1
        }
?>
<!-- ---------------------------输出指定符合查询条件的付费信息------------------------------- -->
<tr bgcolor="#FFFFFF">
    <td align="center"><?php echo $info['title'];?></td>
    <td align="center"> <?php echo $info['content'];?></td>
    <td align="center"><?php echo $info['linkman'];?></td>
    <td align="center"><?php echo $info['tel'];?></td>
```

```
<td align="center"><?php echo $info['sdate'];?></td>
<td align="center"><?php echo $info['showday'];?></td>
<td align="center" class="style11"><?php echo $state1;?></td>
<td align="center" bgcolor="#FFFFFF">
<a href="statefu_ok.php?id=<?php echo $info['id'];?>&type=<?php echo $type;?>&state=<?php echo $state;?>">
审核</a>
/<a href="fudel_ok.php?id=<?php echo $info['id'];?>&type=<?php echo $type;?>&state=<?php echo $state;?>">
删除</a>
</td>
</tr>
<!-- ------------------------------------------------------------------------- -->
<?php
    }while($info=mysqli_fetch_array($sql));                  //do…while 循环语句结束
}                                                            //if 条件语句结束

//如果未检索到与管理员指定条件相匹配的记录，则输出相关的提示信息
else{
?>
<tr align="center" bgcolor="#FFFFFF">
    <td colspan="8">对不起，您检索的信息不存在！</td>
  </tr>
<?php
}
?>
```

说明　限于篇幅，上面代码中省略了分页显示的代码部分，具体参见本书附赠资源包。

1.12.4　付费信息审核的实现过程

　　付费信息审核使用的数据表：tb_leaguerinfo

　　经过审核的信息说明该信息为已付款信息。如果企业或个人用户已登录供求信息但未直接付费，想要后期付款，那么管理员进行审核时，信息不能通过，要求必须进行付款，经过审核的信息才能在前台进行显示。"审核"超链接的代码如下：

例程 17　代码位置：资源包\TM\01\cityinfo\admin\find_fufei.php

```
<a href="statefu_ok.php?id=<?php echo $info['id'];?>&type=<?php echo $type;?>&state=<?php echo $state;?>">
审核</a>
```

　　管理员单击对应主题信息后面的"审核"超链接，将信息所对应的 id 值、信息类型及审核状态传递到数据处理页 statefu_ok.php，用 UPDATE 语句将付费状态设置为 1，说明该信息已经付款。数据处理页的代码如下：

例程 18　代码位置：资源包\TM\01\cityinfo\admin\statefu_ok.php

```
<?php
header ("Content-type: text/html; charset=utf-8");           //设置文件编码格式
```

```
include("../conn/conn.php");                                    //连接数据库文件
$id=$_GET['id'];                                                //获取信息 id 的值
$type=$_GET['type'];                                            //获取信息类型
$state=$_GET['state'];                                          //获取信息付费状态
❶    $sql=mysqli_query($conn,"update tb_leaguerinfo set checkstate=1 where id=$id"); //更新对应付费信息的
状态为已付款
if($sql){                                                       //如果更新操作成功
❷    echo "<script>alert('该信息已经通过审核！
');window.location.href='find_fufei.php?type=$type&state=$state';</script>"; //弹出操作成功提示信息
}
else{                                                           //如果更新操作失败
    echo "<script>alert('该信息审核操作失败！');history.back();</script>";//弹出操作失败信息
}
?>
```

🔊 代码贴士

❶ update…set：用来修改指定表中的数据。UPDATE 语句的使用方法参见 1.12.2 节。

❷ type=$type&state=$state：将变量 type 与 state 的值重新传到 find_fufei.php 页，目的是为了使 find_fufei.php 页中的$type 和$state 变量重新获得信息类型和付费状态值（管理员选择的检索条件），从而返回到付费信息管理页，并更新数据信息。如果数据处理页不对这两个变量进行传值，那么在返回到付费信息管理页 find_fufei.php 时将会因为检索不到变量的值而出错。

1.12.5　付费信息删除的实现过程

📊　付费信息删除使用的数据表：tb_leaguerinfo

付费信息管理页中"删除"超链接的代码如下：

例程 19　代码位置：资源包\TM\01\cityinfo\admin\find_fufei.php

```
<a href="fudel_ok.php?id=<?php echo $info['id'];?>&type=<?php echo $type;?>&state=<?php echo $state;?>">
删除</a>
```

管理员单击对应主题信息后面的"删除"超链接，将信息所对应的 id 值、信息类型及审核状态传递到数据处理页 fudel_ok.php，用 DELETE 语句将 id 指定的供求信息删除。数据处理页的代码如下：

例程 20　代码位置：资源包\TM\01\cityinfo\admin\fudel_ok.php

```
<?php
header ("Content-type: text/html; charset=utf-8");              //设置文件编码格式
include("../conn/conn.php");                                    //连接数据库文件
$id=$_GET['id'];                                                //获取信息 id 的值
$type=$_GET['type'];                                            //获取信息类型
$state=$_GET['state'];                                          //获取信息付费状态
$sql=mysqli_query($conn,"delete from tb_leaguerinfo where id=$id"); //删除对应的供求信息
if($sql){                                                       //如果删除操作成功，则弹出提示信息
echo "<script>alert('该信息已经删除！');window.location.href='find_fufei.php?type=$type&state=$state';</script>";
```

```
}
else{                                      //如果删除操作失败，则弹出提示信息
echo "<script>alert('该信息删除操作失败！');history.back();</script>";
}
?>
```

注意　在删除数据后，仍需要将变量 $type 和 $state 的值重新传递给付费信息管理页 find_fufei.php，目的是返回到付费信息管理页，查看执行删除操作后的状态。

1.12.6　单元测试

在开发完管理员模块后，对该模块进行单元测试。当管理员对付费供求信息进行审核后，审核操作成功，但却弹出如图 1.41 所示的错误提示。

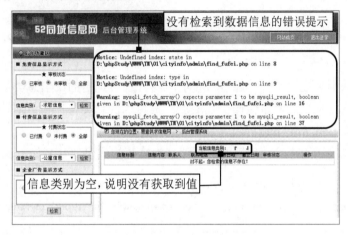

图 1.41　审核付费供求信息的错误提示

在图 1.41 中的错误提示中可以看出，在付费信息管理页的第 8 行、第 9 行、第 16 行和第 37 行出现问题。下面看一下出现问题的这几行代码：

```
$state=$_GET['state'];                     //获取信息付费状态
$type=$_GET['type'];                       //获取信息类型
if($state=="all"){                         //如果管理员选择的付费状态为"全部"，则执行下面的 SQL 语句
    $sql1=mysqli_query($conn,"select count(*) as total from tb_leaguerinfo   where type='$type' order by id");
}else{                                     //否则，执行下面的 SQL 语句
    $sql1=mysqli_query($conn,"select count(*) as total from tb_leaguerinfo   where type='$type' and checkstate=
$state order by id");
}
/*************************第 16 行代码*****************************/
$minfo=mysql_fetch_array($sql1);
/*************************第 37 行代码*****************************/
$info=mysql_fetch_array($sql);
```

从代码中可以看出，SQL 语句的书写并没有错误。根据图 1.41 所示页面的结果，当前信息类别为空，则说明管理员选择的信息类别没有传过来值。由此可以看出，这是由于在执行审核后页面重新刷新了，因此检索不到管理员选定的查询条件值。

"审核"超链接的源代码如下：

例程 21 代码位置：资源包\TM\01\cityinfo\admin\find_fufei.php

```
<a href="statefu_ok.php?id=<?php echo $info['id'];?>">审核</a>
```

审核处理页的源代码如下：

例程 22 代码位置：资源包\TM\01\cityinfo\admin\statefu_ok.php

```
<?php
$id=$_GET['id'];                                        //获取信息 id 的值
$sql=mysqli_query($conn,"update tb_leaguerinfo set checkstate=1 where id=$id");    //更新对应付费信息的状态
为已付款
if($sql){                                               //如果更新操作成功，弹出提示信息
    echo "<script>alert('该信息已经通过审核！');window.location.href='find_fufei.php';</script>";
}
```

解决该问题的方法需要在"审核"超链接传值时将管理员选定的"信息类型"和"审核状态"的变量值一同传递到数据处理页，当审核操作完成后，再将"信息类型"和"审核状态"的变量值重新传递给付费信息管理页 find_fufei.php 即可。

"审核"超链接修改后的代码（加粗的代码部分为修改的代码部分）如下：

例程 23 代码位置：资源包\TM\01\cityinfo\admin\find_fufei.php

```
<a href="statefu_ok.php?id=<?php echo $info['id'];?>&type=<?php echo $type;?>&state=<?php echo $state;?>">
审核</a>
```

技巧 在传递多个变量时，变量之间用 "&" 符号分隔。

管理员单击对应主题信息后面的"审核"超链接，将信息所对应的 id 值、信息类型及审核状态传递到数据处理页 statefu_ok.php。在执行完更新操作后，需要将"信息类型"和"审核状态"的变量值重新传递到付费信息管理页 find_fufei.php，加粗的代码部分为修改的代码部分。

例程 24 代码位置：资源包\TM\01\cityinfo\admin\statefu_ok.php

```
<?php
$id=$_GET['id'];                                        //获取信息 id 的值
$type=$_GET['type'];                                    //获取信息类型
$state=$_GET['state'];                                  //获取信息付费状态
$sql=mysqli_query($conn,"update tb_leaguerinfo set checkstate=1 where id=$id"); //更新对应付费信息的状态为已
付款
if($sql){                                               //如果更新操作成功
```

```
    echo  "<script>alert(' 该信息已经通过审核！ ');window.location.href='find_fufei.php?type=$type&state=
$state';</script>";                                              // 弹出操作成功提示信息
    }
```

1.13　网　站　发　布

开发 52 同城信息网的最终目的是将其发布到 Internet 上，供用户浏览访问。

在服务器上上载网站，首先需从服务商处申请固定的 IP
号，然后再注册一个域名，并将域名指定到该 IP 地址。在服
务器上安装 PHP 的开发环境，最后上载网站。

下面以 52 同城信息网为例，来讲解在个人服务器上上载
网站的过程。

（1）右击"网络"，在弹出的快捷菜单中选择"属性"
命令，打开"网络和共享中心"对话框。

（2）单击"本地连接"，在弹出的对话框中单击"属性"
按钮，打开"本地连接 属性"对话框，如图 1.42 所示。在该
对话框的"此连接使用下列项目"列表框中选中"Internet 协
议版本 4（TCP/IPv4）"复选框，然后单击"属性"按钮，按
服务商提供的指定 IP 设置服务器的 IP 地址，如图 1.43 所示。

（3）安装 PHP 的开发环境，参见本章 1.4 节。

（4）将 52 同城信息网上载到服务器指定的路径下，如图 1.44 所示。

图 1.42　"本地连接 属性"对话框

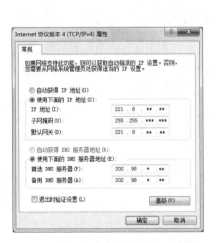

图 1.43　"Internet 协议版本 4（TCP/IPv4）属性"对话框

图 1.44　上载 52 同城信息网到指定的路径下

（5）在浏览器地址栏中输入申请的域名，即可浏览发布的网站。

1.14 开发技巧与难点分析

1.14.1 查询关键字描红功能

在 52 同城信息网前台信息检索过程中体现了方便快捷的人性化原则，为了方便浏览者查阅信息，便于查找与浏览者的关键字相符合的信息，在搜索引擎中添加描红功能。

查询关键字描红是指将查询关键字以特殊的颜色、字号或字体进行标识，这样可以使浏览者快速找到所需的关键字，方便浏览者从搜索结果中查找所需内容。查询关键字描红适用于模糊查询。下面介绍如何实现查询关键字描红。

本系统用 str_ireplace()函数来替换查询关键字，当显示所查询的相关信息时，将输出的关键字的字体替换为红色。描红功能的业务流程如图 1.45 所示。

str_ireplace()函数用于将某个指定的字符串替换为另一个指定的字符串，不区分大小写。该函数的语法如下：

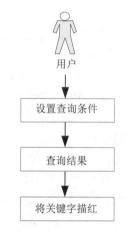

图 1.45 描红功能的业务流程

```
mixed str_ireplace(mixed search, mixed replace, mixed subject [, int &count])
```

该函数将所有在参数 subject 中出现的参数 search 以参数 replace 取代，参数&count 表示取代字符串执行的次数。

str_ireplace()函数的参数说明如表 1.16 所示。

表 1.16 str_ireplace()函数的参数说明

参　　数	说　　明
search	必要参数，指定需要查找的字符串
replace	必要参数，指定替换的值
subject	必要参数，指定查找的范围
count	可选参数，获取执行替换的数量

注意 该函数在执行替换的操作时，是不区分大小写的。如果需要对大小写加以区分，可以使用 str_replace()函数。

本系统应用 str_ireplace()函数替换查询字符串为红色的字符串，关键代码如下：

```php
<?php
include("conn/conn.php");                                    //连接数据库文件
$content=$_POST['content'];                                  //获取查询关键字
```

```
$sql1=mysqli_query($conn,"select * from tb_leaguerinfo   where checkstate=1 and type='$type' and content
like'%$content%' or title like'%$content%' or linkman like'%$content%' or tel like'%$content%'");
$info1=mysqli_fetch_array($sql1);                                                //采用模糊信息资源查询
//下面应用 str_ireplace()函数将指定的查询关键字用红色文字替代，并输出替换后的字符串
echo str_ireplace($content,"<font color='#FF0000'>".$content."</font>",$info1['type']);   //替换信息类型为红色字体
echo str_ireplace($content,"<font color='#FF0000'>".$content."</font>",$info1['title']);   //替换信息标题为红色字体
echo str_ireplace($content,"<font color='#FF0000'>".$content."</font>",$info1['edate']);   //替换发布时间为红色字体
echo str_ireplace($content,"<font color='#FF0000'>".$content."</font>",$info1['content']); //替换信息内容为红色字体
echo str_ireplace($content,"<font color='#FF0000'>".$content."</font>",$info1['linkman']); //替换联系人为红色字体
echo str_ireplace($content,"<font color='#FF0000'>".$content."</font>",$info1['tel']);     //替换联系电话为红色字体
?>
```

1.14.2　表单数据的提交方式

获取表单元素提交的值是表单应用中最基本的操作方法。表单数据的传送方法有 get 方法和 post 方法两种，通过<form>的 method 属性来指定。下面来具体讲解一下这两种方法在实际工作中的应用范围和使用技巧。

1．通过 get 方法提交数据

使用 get 方法时，表单数据被当作 url 的一部分一起传过去。格式如下：

```
http://url?name1=value1&name2=value2…
```

- ☑　url：表单响应地址。例如，127.0.0.1/index.php。
- ☑　name：表单元素的名称。例如，<input type="text" name="user">，这里 name 的属性值就是 user。通过 name 值可以获取 value 的属性值。
- ☑　value：表单元素的值。例如，<input type="text" name="user" value="mr">，意思是名字叫 user 的 text 表单元素的值为 mr。

> **说明**　url 和表单元素之间用 "?" 隔开，而多个表单元素之间用 "&" 隔开，每个表单元素的格式都是 "name=value"，固定不变。

PHP 使用$_GET 预定义变量自动保存通过 get 方法传过来的值，使用格式为：

```
$_GET['name']
```

这样，就可以直接使用名字为 name 的表单元素的值。

> **技巧**　有的 PHP 版本中直接写$name 就可以调用表单元素的值,这和 php.ini 文件的配置有关系,定位到 GLOBAL=ON/OFF 行，如果值为 ON，就可以直接写成$name，反之则不可以。直接应用表单名称十分方便，但也存在一定的安全隐患。推荐读者关闭 GLOBAL 项。

使用文本框传值的程序中包含一个文本框元素。在文本框中输入信息，当单击"提交"按钮时，

文本框内的信息就会和 url 一起显示在地址栏中。代码如下：

```
<form name="login" method="get" action="index.php">
...
</form>
```

技巧 get 方法是使用 url 来进行传值的，"加入收藏夹"的功能就是 get 方法的应用之一。想要将一个带参数的网址加入到收藏夹中，只能使用 url，它可以脱离表单的束缚。文字、图片等都可以使用这种方法来传值。

2．通过 post 方法提交数据

get 方法有个最大的缺点，就是它的信息是显示在客户端浏览器上的，这使用户的资料暴露无遗，而且 url 本身受长度限制（1024KB），不能传输较大的数据。这时可以选择 post 方法。使用时，将<form>表单中的属性 method 设置成 post 即可。post 方法不依赖 url，所有提交的信息在后台传输，不会显示在地址栏中，安全性高，而且没有长度限制。

使用 PHP 的$_POST['name']变量可以获取表单元素的值，格式和$_GET['name']类似：

```
$_POST['name']
```

例如，使用的 post 方法返回文本框信息，代码如下：

```
<form name="login" method="post" action="index.php">
...
</form>
```

1.15　MySQL 数据库技术专题

phpMyAdmin 是众多 MySQL 图形化管理工具中应用最广泛的一种，它是基于 PHP 语言编写的，该工具是 B/S 结构、基于 Web 跨平台的管理程序，并且支持简体中文，可以在官方网站免费下载。安装后在浏览器地址栏中输入 http://127.0.0.1/phpMyAdmin/，即可进入 MySQL 的管理界面。

phpMyAdmin 为 Web 开发人员提供了类似于 Access、SQL Server 的图形化数据库操作界面，通过该管理工具可以进行绝大部分的 MySQL 操作，包括对数据库及数据表的建立和维护。

1.15.1　创建和删除数据库

1．创建数据库

在 phpMyAdmin 的管理界面中单击"数据库"超链接，进入新建数据库页面，在该页面中有一个文本框、一个下拉菜单和一个"创建"按钮，首先在文本框中输入数据库的名称，然后选择编码，最

后单击"创建"按钮，这样新的数据库就可以被创建成功。例如，创建一个名称为 db_pursey 的数据库，首先在文本框中输入 db_pursey，之后在下拉菜单中选择要使用的编码，在 Windows 下一般选择 utf8_general_ci，如图 1.46 所示。最后单击"创建"按钮，这样名为 db_pursey 的数据库就被创建成功。

创建数据库后，该数据库名称出现在左侧的数据库列表中，单击这个数据库，在右侧界面中可以对该数据库进行操作，如结构、SQL、导入、操作、权限等，单击相应的按钮即可进入相应的操作界面。

图 1.46　phpMyAdmin 管理界面

2．删除数据库

要删除某个数据库，首先在左侧的下拉菜单中选择该数据库，然后单击右侧界面中的"操作"超链接，在操作数据库的页面中单击"删除数据库"超链接即可。

1.15.2　创建和删除数据表

针对表级操作是在选定了数据库的情况下进行的，即表级操作的前提是用户必须选择一个数据库，在该数据库中进行表的建立和维护。

1．创建数据表

创建数据库 db_pursey 后，在右侧页面中会出现如图 1.47 所示的数据表创建提示页面，完成数据表的创建操作。

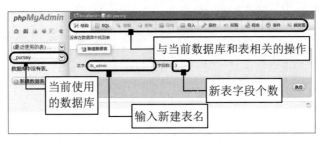

图 1.47　数据表创建页面

首先在表单中输入数据表的名称和字段数，然后单击"执行"按钮，进入各个字段的详细信息录入表单，包括字段名、数据类型、长度/值和默认值等，在这里就完成了对表结构的详细设置，如图 1.48 所示。

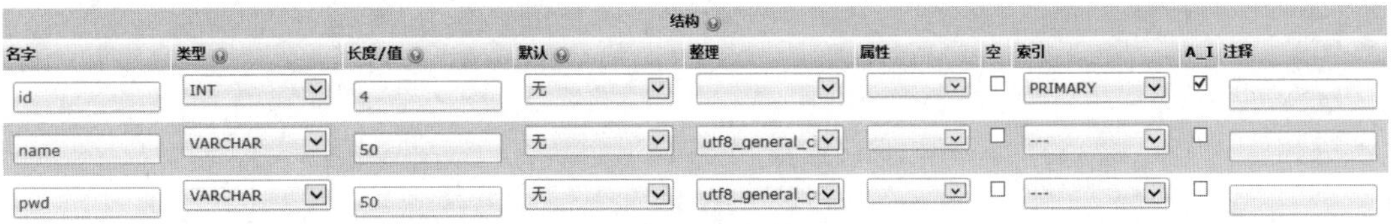

名字	类型	长度/值	默认	整理	属性	空	索引	A_I	注释
id	INT	4	无			☐	PRIMARY	☑	
name	VARCHAR	50	无	utf8_general_c		☐	---	☐	
pwd	VARCHAR	50	无	utf8_general_c		☐	---	☐	

图 1.48　创建表信息

当所有的信息都输入完以后，就可以单击"保存"按钮，成功创建数据表 tb_admin。一个新的数据表被创建后，进入到数据表页面，在这里可以通过改变表的结构来修改表，可以执行添加新的列、删除列、修改列的数据类型或者字段的长度/值等操作，如图 1.49 所示。

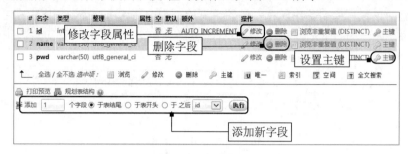

图 1.49　操作列表

2．删除数据表

执行删除表的操作很简单，只需单击右侧界面中的"操作"超链接，在操作数据表的页面中单击"删除数据表"超链接，就可以轻松地删除当前数据表。

1.16　本 章 总 结

本章依据软件开发流程介绍了 52 同城信息网的开发过程。在开发任何一个项目前，首先要充分做好前期准备，如完善的需求分析、清晰的业务流程、合理的程序结构等，这样在后期的程序开发中才会得心应手，有备无患。通过本章的学习，读者可以了解应用 phpMyAdmin 创建数据库和数据表的方法，熟悉框架技术在 Web 应用程序中的应用。

第 2 章

BCTY365 网上社区

（Apache+PHP+phpMyAdmin+MySQL 5.5 实现）

随着人类文明的不断进步，网络这个虚拟世界也在发生着变化，现实世界中的所有内容在网络上都有反映。现实世界中物以类聚，人以群分，网络世界中也形成了各式各样的社区。这种社区建立在特殊的兴趣点（如体育、新闻、宠物、电影和游戏等）、特殊的人群、特殊的爱好或者是特殊的服务上等。社区也是一种特定的商业模式，它本身可以进行电子商务，也可以完全与商务无关。

所谓网上社区是指包括 BBS/论坛、聊天室、博客等形式在内的网上交流空间，同一主题的网上社区集中了具有共同兴趣的访问者，由于有众多用户的参与，因此具备了交流的功能，成为一个营销场所。

网上社区有各种不同的表现形式和规模，有个人创办的社区，功能和界面追求时尚、个性突出；有大型的商业性质社区，以盈利为目的，分类多元化，适合不同类型的网民。

本章开发的 BCTY365 网上社区主要面向程序开发人员，集论坛、留言板、软件下载、升级下载、技术支持和在线购物等功能于一身，既是一个程序开发者交流的平台，更是一个网络营销的场所。

通过阅读本章，可以学习到：

▶▶ 网上社区开发的基本过程
▶▶ 如何做需求分析和系统设计
▶▶ 在 Linux 操作系统下搭建 PHP
开发环境
▶▶ 如何设计和创建数据库、数据表

▶▶ 如何设计公共类
▶▶ 软件上传和下载功能的实现方法
▶▶ 在线论坛功能的实现方法
▶▶ 在 Linux 操作系统下发布网站
▶▶ 在线支付技术

配置说明

视频讲解

2.1　开　发　背　景

随着市场竞争的日益激烈，企业的生存和发展之路更加艰难，要想使企业保持旺盛的生命力，企业必须要跟上时代发展的脚步，不断为企业注入新的活力。某科技公司为适应市场的需求，增加公司在互联网上的影响力，将开发一个网上社区系统，为广大的编程爱好者提供一个交流的平台，并且以此来推广该公司的软件产品。

2.2　系　统　分　析

当一个开发项目被确立时，首先要做的就是需求分析、可行性分析，然后编写项目计划书，以使项目开发人员了解和掌握网站的前期策划和网站开发流程。

2.2.1　需求分析

在开发网上社区之前，首先要明确所要开发的社区属于什么类型，是个人的社区系统，还是商业化的社区系统；并且要知道开发的社区是面向什么样的人群，是普通网民，还是专业的技术人员，或者是其他的特殊群体。针对不同的人群，社区应该具有不同的特点。当明确了这些，项目开发的思路就清晰了，然后再对网站上一些相关的社区进行考察、分析，从中吸取经验，并结合企业的要求以及实际的市场调查结果，提出一个合理的网上社区网站功能架构。本网站需求如下：

- ☑ 网站设计页面要求整洁、美观大方，能够展示企业形象。
- ☑ 网站页面具有 Banner 广告，树立企业良好的口碑宣传。
- ☑ 设计主要从编程者的角度考虑，为编程者解决在开发中出现的问题。
- ☑ 展示出企业全力推出的软件产品和提供的免费软件，以此吸引浏览者。
- ☑ 提供一个良好的网上购物的操作平台。
- ☑ 提供技术支持，解决编程过程中常见的问题。
- ☑ 提供一个讨论和研究问题的平台。
- ☑ 做到让广大浏览者关注企业的动态。
- ☑ 为客户提供反馈信息的平台，能够做到及时与客户进行沟通。
- ☑ 完善的后台管理系统。

2.2.2　可行性分析

可行性分析是世界上普遍采用的一种研究工程项目是否可行的科学。其通过各种有效的方法，对工程项目进行分析，从技术、经济、市场等方面加以评价，最终给投资决策者提供是否选择该项目进行开发的依据。

BCTY365 网上社区项目开发的可行性分析主要从以下两个方面考虑。

1．经济可行性分析

企业为扩大公司的影响力，推出软件产品，采用网上社区的形式在网络上进行推广，不但可以汇聚更多的人气，而且可以让更多的人了解该企业，从而达到推广企业软件产品的目的，最终为企业带来更大的收益。更重要的一点是采取该方法的成本相对其他的电视广告或者人力宣传的成本要低得多，虽然周期很长，但是却能够取得长期的收益。

2．技术可行性分析

网上社区系统的开发采用的是 Apache+PHP+phpMyAdmin+MySQL 5.0，开发软件都是免费的，可以直接从网上下载，无须支付任何费用。要完成 BCTY365 网上社区系统的开发，必须能够配置 PHP程序开发的环境，掌握在线支付、购物车和在线论坛技术。

2.2.3 编写项目计划书

根据《计算机软件产品开发文件编制指南》（GB8567－1988）中的项目开发计划要求，结合单位实际情况，设计项目计划书如下。

1．引言

（1）编写目的。

为了保证项目开发人员按时保质地完成预订目标，更好地了解项目实际情况，按照合理的顺序开展工作，现以书面的形式将项目开发生命周期中的项目任务范围、项目团队组织结构、团队成员的工作责任、团队内外沟通协作方式、开发进度、检查项目工作等内容描述出来，作为项目相关人员之间的共识和约定，作为项目生命周期内的所有项目活动的行动基础。

（2）背景。

BCTY365 网上社区系统是本公司与×××信息科技有限公司签定的待开发项目，网站性质为信息服务类型，为企业与客户、浏览者和会员之间提供一个技术交流平台，并且全力推出企业的软件产品。项目周期为两个月，项目背景规划如表 2.1 所示。

表 2.1 项目背景规划

项 目 名 称	签定项目单位	项目负责人	项目承担部门
BCTY365 网上社区系统	甲方：×××信息科技有限公司	甲方：赵经理	设计部门 开发部门 测试部门
	乙方：×××网络科技有限公司	乙方：张经理	

2．概述

（1）项目目标。

项目目标应当符合 SMART 原则，把项目要完成的工作用清晰的语言描述出来。BCTY365 网上社区系统的项目目标如下：

BCTY365 网上社区系统主要用于在网络中树立企业的形象，为程序开发者提供一个交流的平台，拉近企业与客户、会员和浏览者之间的距离，从而达到推广企业软件产品的目的。整个项目需要两个月结束，交给客户进行验收。

（2）产品目标与范围。

一方面 BCTY365 网上社区系统能够为企业节省大量人力资源，企业不再需要大量的业务人员去跑市场，间接为企业节约了成本。另一方面，BCTY365 网上社区系统能够收集海量编程问题的解决方案和好的建议，将会有大量用户访问网站，有助于提高企业知名度。

（3）应交付成果。

项目开发完成后，交付的内容如下：

☑ 以资源包的形式交付 BCTY365 网上社区系统的源程序、网站数据库文件、系统使用说明书。

☑ 客户方应用自己的服务器，因此需要乙方架设 Apache 服务器，安装 PHP 开发环境，协助甲方购买域名，将开发的 BCTY365 网上社区系统发布到互联网上运行。

☑ 网站发布到互联网上以后，进行后期的 6 个月无偿维护与服务，超过 6 个月后进行网站有偿维护与服务。

（4）项目验收方式与依据。

项目验收分为内部验收和外部验收两种方式。在项目开发完成后，首先进行内部验收，由系统测试员根据用户需求和项目目标进行验收。项目在通过内部验收后，交给用户进行验收，验收的主要依据为需求规格说明书。

3．项目团队组织

（1）组织结构。

为了完成 BCTY365 网上社区系统的项目开发，公司组建一个临时的项目团队，由项目经理、系统分析师、PHP 开发工程师、网页设计师和系统测试员构成，如图 2.1 所示。

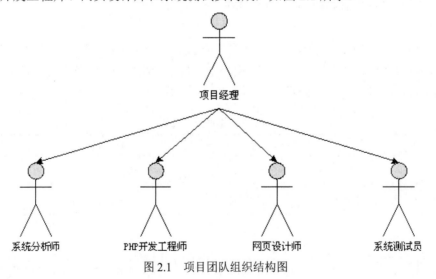

图 2.1　项目团队组织结构图

（2）人员分工。

为了明确项目团队中每个人的任务分工，现制定人员分工表，如表 2.2 所示。

表 2.2　人员分工表

姓　　名	技 术 水 平	所 属 部 门	角　　色	工 作 描 述
张达明	MBA	项目开发部	项目经理	负责项目的审批、决策的实施、项目的前期分析、策划、项目开发进度的跟踪、项目质量的检查
王言辉	高级系统分析师	项目开发部	系统分析师	负责系统功能分析、系统框架设计
潘攀	高级 PHP 工程师	项目开发部	PHP 开发工程师	负责软件前后台设计与编码
刘悦	高级美工设计师	设计部	网页设计师	负责网页风格的确定、网页图片的设计
齐欣	高级系统测试工程师	项目开发部	系统测试员	对软件进行测试、编写软件测试文档

2.3　系 统 设 计

2.3.1　系统目标

根据对目前网络上各种社区的分析和研究，结合本项目的实际需求，在设计时应该满足以下目标：

☑　界面设计美观大方、方便、快捷、操作灵活，树立企业形象。

☑　功能完善、结构清晰。

☑　重点突出企业的软件产品。

☑　及时更新网站公告。

☑　及时查阅和回复客户反馈信息。

☑　为用户提供沟通和交流的平台。

☑　购物车模块的设计结构合理、流程清晰。

☑　购物结算功能设计符合逻辑，计算准确。

☑　订单处理功能的设计及时、准确、安全。

☑　处理好网上支付功能的设计与网上银行之间数据的传递。

☑　具备完善的后台管理功能，能够及时、准确地对网站进行维护和更新。

☑　系统运行稳定，具备良好的防范措施。

2.3.2　系统功能结构

结合需求分析和系统目标中的内容，BCTY365 网上社区系统的功能结构已经设计完成。为了使读者能够更清楚地了解网站的结构，下面给出 BCTY365 网上社区前台和后台功能模块结构图。

BCTY365 网上社区前台管理系统的功能设计如图 2.2 所示。

BCTY365 网上社区后台管理系统的功能设计如图 2.3 所示。

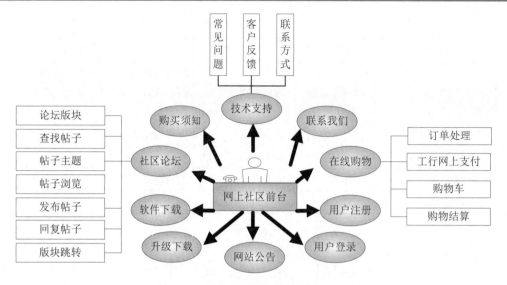

图 2.2　网上社区前台功能模块结构图

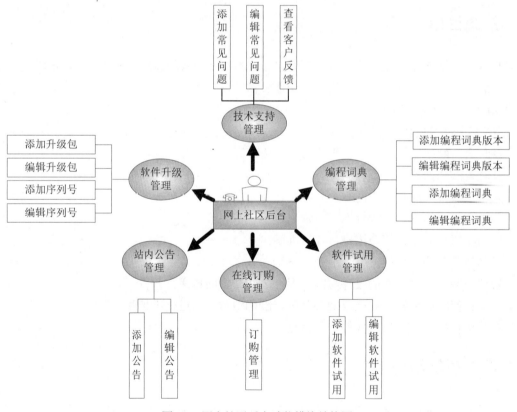

图 2.3　网上社区后台功能模块结构图

2.3.3　系统预览

BCTY365 网上社区系统由多个程序页面组成，下面给出几个典型页面，其他页面参见资源包中的源程序。

　　前台首页如图 2.4 所示，该页面用于展示本系统的功能模块，突出企业的形象，推广企业的软件产品。后台首页如图 2.5 所示，该页面用于实现对编程词典、技术支持、软件升级、软件试用等内容的管理。

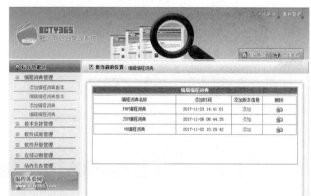

图 2.4　前台首页（资源包\TM\02\bcty365\index.php）　图 2.5　后台首页（资源包\TM\02\bcty365\admin\default.php）

　　在线订购模块的页面效果如图 2.6 所示，该页面主要用于展示本企业在线推出的软件产品，实现对产品的在线购买功能。软件下载模块的页面效果如图 2.7 所示，该页面主要用于展示本企业提供的免费软件，并且提供下载链接。

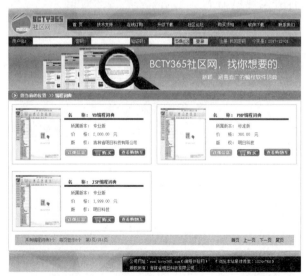

图 2.6　在线订购（资源包\TM\02\bcty365\morebccd.php）　图 2.7　软件下载（资源包\TM\02\bcty365\rjxz.php）

57

社区论坛模块的页面效果如图 2.8 所示，该页面主要用于展示论坛中的各大版块，并且提供超链接跳转到对应的版块。后台的登录页面效果如图 2.9 所示，该页面主要实现后台管理员登录。

图 2.8　社区论坛

（资源包\TM\02\bcty365\bbs_index.php）

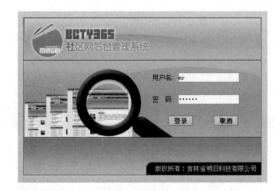

图 2.9　后台登录

（资源包\TM\02\bcty365\admin\index.php）

2.3.4　开发环境

在开发 BCTY365 网上社区时，该项目使用的软件开发环境如下。

1．服务器端

☑　操作系统：Windows 7/Linux（推荐）。

☑　服务器：Apache 2.4.18。

☑　PHP 软件：PHP 7.0.12。

☑　数据库：MySQL 5.5.47。

☑　MySQL 图形化管理软件：phpMyAdmin-3.5.8。

☑　开发工具：PhpStorm 2016.3。

☑　浏览器：Google Chrome。

☑　分辨率：最佳效果为 1680×1050 像素。

2．客户端

☑　浏览器：Google Chrome。

☑　分辨率：最佳效果为 1680×1050 像素。

2.3.5　文件夹组织结构

在进行网站开发之前，要对网站的整体文件夹组织架构进行规划，对网站中使用的文件进行合理的分类，分别放置于不同的文件夹下。通过对文件夹组织架构的规划，可以确保网站文件目录明确、条理清晰，同样也便于网站后期的更新和维护。本案例的文件夹组织结构如图 2.10 所示。

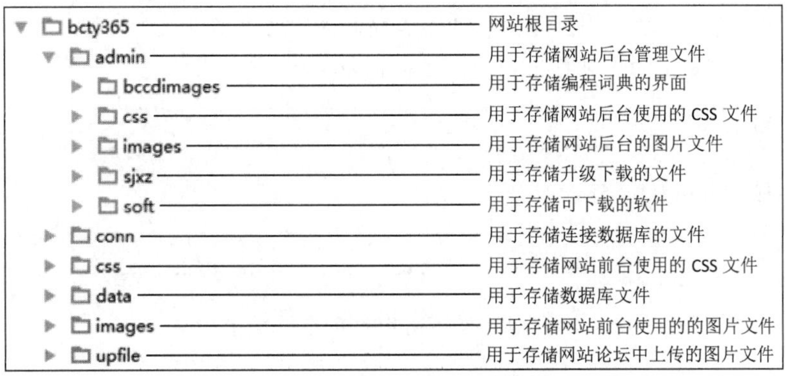
bcty365
网站根目录
admin
用于存储网站后台管理文件
bccdimages
用于存储编程词典的界面
css
用于存储网站后台使用的 CSS 文件
images
用于存储网站后台的图片文件
sjxz
用于存储升级下载的文件
soft
用于存储可下载的软件
conn
用于存储连接数据库的文件
css
用于存储网站前台使用的 CSS 文件
data
用于存储数据库文件
images
用于存储网站前台使用的的图片文件
upfile
用于存储网站论坛中上传的图片文件

图 2.10　文件夹组织结构

2.4　在 Linux 操作系统下搭建 PHP 开发环境

Red Hat Linux 9 是 Linux 众多版本中比较大众化的一版。在安装系统时，如果选择完全安装或者选择 Apache、MySQL、PHP 的安装包，则三者将被安装到系统中，用户只需将 Apache 和 MySQL 服务启动就可以使用二者，非常方便，但是 Apache 和 MySQL 的版本可能不是很理想。为了能够创建一个良好的 PHP 开发环境，这里将详细介绍自行在 Linux 下安装和配置 Apache 2+MySQL 5.0+PHP 5 的方法。

首先应该到相关官方网站下载三者的安装包和 libxml2 的安装包：

☑　httpd-2.0.58.tar.gz 或更高版本（http://httpd.apache.org/）。
☑　mysql-standard-5.0.0-alpha-pc-linux-i686.tar.gz 或更高版本（http://www.mysql.com/）。
☑　php-5.0.0.tar.gz 或更高版本（http://www.php.net/）。
☑　libxml2-2.5.10.tar.gz 或更高版本（如果读者系统中 libxml2 的版本已经等于或高于该版本，可以不必下载该安装包）。

2.4.1　Linux 下 Apache 的安装配置

首先将下载的 httpd 安装包复制到适当的位置，例如 /usr/local/work 下（如果目录不存在，可以建立该目录）。打开 Red Hat Linux 9 的主菜单，选择“系统工具”，在弹出的菜单中选择“终端”命令，将打开如图 2.11 所示的终端窗口。

文件(F)　编辑(E)　查看(V)　终端(T)　转到(G)　帮助(H)
[root@localhost root]#

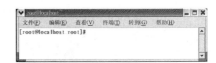

图 2.11　Red Hat Linux 9 的终端命令窗口

Linux 下 Apache、MySQL 及 PHP 的安装都是在如图 2.11 所示的终端命令窗口中通过命令方式实现的。

在该窗口中输入如下命令进入 work 目录：

cd/usr/local/work

在 work 目录中输入如下命令解压 httpd-2.0.58.tar.gz：

tar xfz httpd-2.0.58.tar.gz

进入解压后的目录 httpd-2.0.58：

cd httpd-2.0.58

建立 makefile，并将 Apache 2 安装到/usr/local/apache2 目录下：

./configure –prefix=/usr/local/apache –enable-module=so

开始编译：

make

开始安装到设置的目录中：

make install

到此 Apache 2 的安装工作完成，可以在每次启动系统时通过如下命令启动或重新启动 Apache 2 服务：

/usr/local/apache2/bin/apachectl start
/usr/local/apache2/bin/apachectl restart

打开浏览器，在地址栏中输入 http://127.0.0.1 或者 http://localhost，按 Enter 键，如果出现如图 2.12 所示的页面，则说明 Apache 2 安装成功。

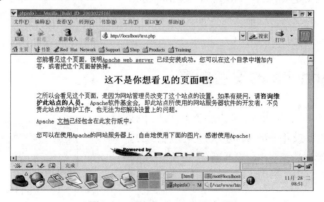

图 2.12　测试 Apache 服务器

2.4.2　Linux 下 MySQL 的安装配置

将 mysql-standard-5.0.0-alpha-pc-linux-i686.tar.gz 复制到/usr/local/work 目录下，建立 MySQL 账号：

```
groupadd mysql
```

在组群中加入 MySQL：

```
useradd –g mysql mysql
```

进入 local 目录：

```
cd/usr/local
```

将 mysql-standard-5.0.0-alpha-pc-linux-i686.tar.gz 解压到该目录：

```
tar xfz/usr/local/work/mysql-standard-5.0.0-alpha-pc-linux-i686.tar.gz
```

考虑到 MySQL 数据库升级的需要，所以通常以链接的方式建立/usr/local/mysql 目录：

```
ln –s mysql-standard-5.0.0-alpha-pc-linux-i686.tar.gz mysql
```

进入 MySQL 目录：

```
cd mysql
```

在/usr/local/mysql/data 中建立 MySQL 的数据库：

```
scripts/mysql_install_db –user=mysql
```

修改文件权限：

```
chown –R root .
chown –R mysql data
chgrp –R mysql .
```

到此 MySQL 安装成功。可以通过在终端中输入如下命令启动 MySQL 服务：

```
/usr/local/mysql/bin/mysqld_safe –user=mysql &
```

启动 MySQL 后输入如下命令查看安装结果：

```
/usr/local/mysql/bin/mysql –uroot
```

如果终端窗口出现如图 2.13 所示的提示，则说明 MySQL 安装成功。

图 2.13　测试 MySQL

2.4.3　Linux 下 PHP 的安装配置

首先查看系统中 libxml2 的版本号，如果 libxml2 的版本号小于 2.5.10，则需要安装 libxml2-2.5.10.tar.gz 或更高版本，因为 PHP 5 必须在 libxml2 的版本大于 2.5.10 的前提下才能够安装。

将 libxml2-2.5.10.tar.gz 复制到/usr/local/work 目录下，并进入该目录：

```
cd/usr/local/work
```

解压 libxml2-2.5.10.tar.gz：

```
tar xfz libxml2-2.5.10.tar.gz
```

进入该目录：

```
cd libxml2-2.10
```

建立 makefile 并将 libxml2 安装到/usr/local/libxml2 下：

```
./configure –prefix=/usr/local/libxml2
```

开始编译：

```
make
```

开始安装到设置的目录去：

```
make install
```

到此 libxml2 安装成功。

将 php-5.0.0.tar.gz 复制到/usr/local/work 目录下，并进入该目录：

```
cd/usr/local/work
```

解压 php-5.0.0.tar.gz：

```
tar xfz php-5.0.0.tar.gz
```

进入 php-5.0.0 目录：

```
cd php-5.0.0
```

建立 makefile：

```
./configure –with-apxs2=/usr/local/apache2/bin/apxs\
--with-mysql=/usr/local/mysql \
--with-libxml-dir=/usr/local/libxml2
```

开始编译：

```
make
```

开始安装：

```
make install
```

复制 php.ini-dist 或 php.ini-recommended 到/usr/local/lib 目录，并命名为 php.ini：

```
cp php.ini-dist/usr/local/lib/php.ini
```

更改 httpd.conf 文件相关设置，该文件位于/usr/local/apache2/conf 中。找到该文件中的如下指令行：

```
AddType application/x-gzip .gz .tgz
```

在该指令后添加如下指令：

```
AddType application/x-httpd-php .php .phtml
```

重新启动 Apache，并在 Apache 主目录下建立文件 test.php：

```
<?php
    phpinfo();
?>
```

在浏览器中输入 http://127.0.0.1/test.php，按 Enter 键，如果出现如图 2.14 所示的页面，则 PHP 安装成功。

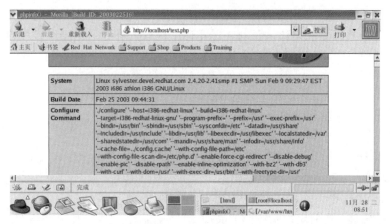

图 2.14　PHP 测试

说明 Apache2 默认主目录为/usr/local/apache2/htdocs。

 技巧 安装文件的路径要遵循一定的客观原则，为了避免在 Windows 和 Linux 间移植程序时带来的不便，选择 D:\usr\local\php 的目录时要和在 Linux 下的安装目录相匹配。建议最好不要选择中间有空格的目录，如 E:\Program Files\PHP，这样做会导致一些未知错误或崩溃发生。

2.5　数据库设计

开发一个功能完善的网上社区离不开数据库的支持，只有拥有了强大的数据库，网上社区才能够存储大量的数据信息，实现更多、更好的功能来吸引更多的社区成员。本节将对 BCTY365 网上社区数据库的设计进行详细介绍。

2.5.1　数据库分析

BCTY365 网上社区是一个中型的面向软件开发者的程序，考虑到开发的成本、搭配的合理性以及操作的灵活性等，使用了 MySQL 数据库。从成本考虑 MySQL 数据库是完全免费的，可以在网上免费下载；从匹配的角度讲，PHP 与 MySQL 数据库一直是公认的最佳搭档；MySQL 数据库不但可以在命令模式下进行操作，而且还配备了一些比较流行的图形化管理工具，如 phpMyAdmin 等，可以轻松地对 MySQL 数据库中的数据进行操作。

2.5.2　数据库概念设计

根据上述各节对 BCTY365 网上社区系统做的需求分析和系统设计，规划出 BCTY365 网上社区的实体关系 E-R 图。其中包括注册用户实体、发帖信息实体、回帖信息实体、订单信息实体和编程词典信息实体，其他还有一些辅助的实体，是对上述实体中内容的补充。由于涉及的实体较多，这里只对注册用户实体、发帖信息实体和订单信息实体的 E-R 图进行介绍。

1. 注册用户实体

注册用户实体用于存储用户注册信息，包括编号、用户名、真实姓名、密码、邮箱、性别、电话、QQ 号码、家庭地址、访问次数、注册时间、最后一次登录时间、IP 地址、邮政编码、用户类型、密码提示问题、密码答案、真实密码、表情图、发帖次数等属性。注册用户实体的 E-R 图如图 2.15 所示。

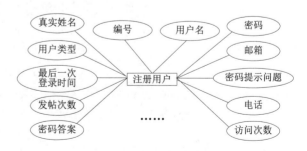

图 2.15　注册用户实体 E-R 图

2．发帖信息实体

发帖信息实体用于存储登录本社区的会员在论坛中发布帖子的相关信息，包括编号、用户名 ID、帖子类型、帖子标题、帖子内容、发帖时间、最后回复时间、表情图、访问次数、是否顶帖、上传图片等属性。发帖信息实体的 E-R 图如图 2.16 所示。

3．订单信息实体

订单信息实体存储用户在线购买时填写的订单信息，包括编号、用户名、性别、家庭地址、邮政编码、QQ 号码、邮箱、手机号码、电话号码、收货方式、邮资、产品金额、订单时间、订单号、选择城市等属性。订单信息实体的 E-R 图如图 2.17 所示。

图 2.16　发帖信息实体 E-R 图　　　　　　　图 2.17　订单信息实体 E-R 图

2.5.3　创建数据库及数据表

在 BCTY365 网上社区系统中应用的是 db_bcty365 数据库，其中涉及 18 个数据表，数据表的名称和功能如表 2.3 所示。

表 2.3　db_bcty365 数据库中的数据表

表	类　　型	整　　理	说　　明
tb_bb	MyISAM	utf8_general_ci	编程词典版本信息表
tb_bbqb	MyISAM	utf8_general_ci	版本之间区别信息表
tb_bbs	MyISAM	utf8_general_ci	论坛发帖信息表
tb_bccd	MyISAM	utf8_general_ci	编程词典信息表
tb_city	MyISAM	utf8_general_ci	城市信息表
tb_cjwt	MyISAM	utf8_general_ci	常见问题信息表
tb_dd	MyISAM	utf8_general_ci	订单信息表
tb_reply	MyISAM	utf8_general_ci	论坛回帖信息表
tb_sjxz	MyISAM	utf8_general_ci	软件升级下载信息表
tb_soft	MyISAM	utf8_general_ci	软件下载信息表
tb_tell	MyISAM	utf8_general_ci	社区公告信息表
tb_type	MyISAM	utf8_general_ci	社区模块类型信息表

续表

表	类　型	整　理	说　明
tb_type_big	MyISAM	utf8_general_ci	论坛大类信息表
tb_type_small	MyISAM	utf8_general_ci	论坛小类信息表
tb_user	MyISAM	utf8_general_ci	注册用户信息表
tb_xlh	MyISAM	utf8_general_ci	升级下载序列号信息表
tb_bccdjj	MyISAM	utf8_general_ci	编程词典简介信息表
tb_leaveword	MyISAM	utf8_general_ci	存储客户反馈信息

本案例中创建数据库和数据表使用的是 phpMyAdmin 图形化管理工具，下面将介绍数据库和数据表的创建方法，以及在创建过程中需要注意的一些问题。

1．数据库的创建

打开 phpMyAdmin 图形化管理工具的主页，首先在文本框中输入要创建的数据库的名称（如 db_bcty365），然后在下拉列表框中选择要使用的字符编码格式，这里使用的是 utf8_general_ci，如图 2.18 所示。最后单击"创建"按钮，数据库创建成功。

技巧　创建数据库的过程中，尽量使用与程序内容贴切的英文字符进行命名，有助于对数据库的理解。如果使用 phpStudy 配置 PHP 开发环境，那么在使用 phpMyAdmin 创建数据库时不需要指定编码的格式，默认值为 utf8_general_ci；如果自行配置开发环境，那么就要指定编码格式为 utf8_general_ci，否则创建数据库的编码格式为 latin1_swedish_ci，将导致数据库中的数据出现乱码。

2．创建数据表

在成功创建数据库以后，接下来就是创建数据表，这里以 tb_bb 编程词典版本信息表为例，讲解如何创建数据表，以及在创建数据表的过程中都需要注意哪些问题。这里创建一个名为 tb_bb 的数据表，包括 3 个字段，如图 2.19 所示。

图 2.18　phpMyAdmin 管理界面　　　　　　　图 2.19　创建 tb_bb 数据表

单击"执行"按钮后，进入到如图 2.20 所示的添加字段信息的页面中，在此处对字段进行详细的设置，包括字段名、数据类型、长度/值、属性、默认值、额外、主键和索引等。

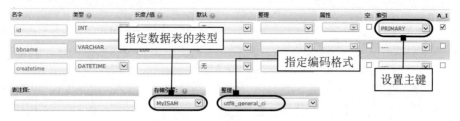

图 2.20　添加数据表中字段信息

> **技巧**　创建数据库中的数据表时，字段名的设计尽量要与数据表的内容相符合，这样有助于程序后期维护和修改工作的进行，能够直观地看出数据表的作用。
>
> 　　如果使用 phpStudy 配置 PHP 开发环境，那么在创建数据表时不需要指定数据表类型和编码格式；如果使用自行配置的 PHP 开发环境，那么就要指定数据表的类型为 MyISAM 和字符的编码格式为 utf8_general_ci，否则创建的数据表类型为 InnoDB，而编码格式为 latin1_swedish_ci，将导致该数据表中的数据复制到其他机器上后不可用，并且数据表中的数据出现乱码。
>
> 　　在创建数据表的过程中，一定要为数据表指定一个主键，它是数据表的唯一标识。

　　掌握数据表的创建方法后，就可以自行创建数据表。由于本案例中涉及的数据表多达 18 个，这里不能对每个数据表的功能设计进行一一介绍，所以只给出几个重要的数据表的结构供广大读者参考，其他数据表请参见本书附带的资源包。数据表的设计结构如表 2.4～表 2.6 所示。

（1）tb_user（注册用户信息表）。

　　注册用户信息表主要用于存储本社区中会员的个人信息。该数据表的结构如表 2.4 所示。

表 2.4　注册用户信息表结构

名　字	类　型	整　理	空	默　认	额　外	说　明
id	int(8)		否	无	AUTO_INCREMENT	自动编号 id
usernc	varchar(50)	utf8_general_ci	是	NULL		注册用户名
truename	varchar(50)	utf8_general_ci	是	NULL		真实姓名
pwd	varchar(50)	utf8_general_ci	是	NULL		注册密码
email	varchar(50)	utf8_general_ci	是	NULL		有效邮箱地址
sex	varchar(2)	utf8_general_ci	是	NULL		性别
tell	varchar(20)	utf8_general_ci	是	NULL		联系电话
qq	varchar(20)	utf8_general_ci	是	NULL		QQ 号码
address	varchar(100)	utf8_general_ci	是	NULL		联系地址
logintimes	int(8)		否	无		访问次数
regtime	datetime		否	无		注册时间
lastlogintime	datetime		否	无		最后一次登录时间
ip	varchar(20)	utf8_general_ci	否	无		IP 地址
yb	varchar(20)	utf8_general_ci	是	NULL		邮政编码

续表

名　字	类　型	整　理	空	默　认	额　外	说　明
usertype	int(2)		否	无		用户类型
question	varchar(200)	utf8_general_ci	否	无		密码提示问题
answer	varchar(200)	utf8_general_ci	否	无		密码提示答案
truepwd	varchar(200)	utf8_general_ci	否	无		真实密码
photo	varchar(50)	utf8_general_ci	否	无		表情图
pubtimes	int(4)		是	0		发帖次数

（2）tb_reply（论坛回帖信息表）。

论坛回帖信息表主要用于存储登录会员在本社区中回复帖子的信息。该数据表的结构如表 2.5 所示。

表 2.5　论坛回帖信息表结构

名　字	类　型	整　理	空	默　认	额　外	说　明
id	int(8)		否	无	AUTO_INCREMENT	自动编号 id
userid	int(8)		否	0		注册用户 id
bbsid	int(8)		否	0		发布帖子表 id
title	varchar(200)	utf8_general_ci	是	NULL		回复主题
content	mediumtext	utf8_general_ci	是	NULL		回复内容
createtime	datetime		是	NULL		回复时间
mark	int(2)		是	NULL		回复记录
photo	varchar(80)	utf8_general_ci	是	NULL		回复图片

（3）tb_bccd（编程词典信息表）。

编程词典信息表主要用于存储本社区的在线订购模块中出售的编程词典的基本信息。该数据表的结构如表 2.6 所示。

表 2.6　编程词典信息表结构

名　字	类　型	整　理	空	默　认	额　外	说　明
id	int(8)		否	无	AUTO_INCREMENT	自动编号 id
bccdname	varchar(200)	utf8_general_ci	否	无		编程词典名称
owner	varchar(100)	utf8_general_ci	否	无		开发者
typeid	varchar(50)	utf8_general_ci	否	无		版本类型
content	mediumtext	utf8_general_ci	否	无		编程词典简介
samepart	mediumtext	utf8_general_ci	否	无		软件共同点
addtime	datetime		否	无		开发时间
imageaddress	varchar(100)	utf8_general_ci	否	无		界面存储地址
bbid	int(8)		是	NULL		所属版本 id
price	float		是	NULL		价格

视频讲解

2.6　公共模块设计

2.6.1　数据库连接文件

在进行程序开发的过程中，有很多地方都涉及数据库的应用，在应用数据库之前首先要与数据库建立连接，因此可以将数据库的连接代码作为一个公共文件进行存储，在需要使用数据库连接文件的地方直接调用该文件即可，无须重复编写相同的代码，既减少了代码的冗余，也便于对数据库连接文件进行修改。在本项目中笔者将数据库的连接代码存储于 conn.php 中。conn.php 文件的代码如下：

例程 01　代码位置：资源包\TM\02\bcty365\conn\conn.php

```php
<?php
❶    $conn=mysqli_connect("localhost","root","root");  //连接数据库服务器
❷    mysqli_select_db($conn,"db_bcty365");          //连接指定的数据库
❸    mysqli_query($conn,"set names utf8");          //对数据库中的编码格式进行转换，避免出现中文乱码的问题
?>
```

📢 代码贴士

❶ mysqli_connect()：连接 MySQL 服务器，服务器的用户名为 root，密码为 root。

❷ mysqli_select_db()：用于连接指定的 MySQL 数据库，数据库名为 db_bcty365。

❸ set names utf8：指定数据库中字符的编码格式为 utf8。

成功创建 conn.php 文件后，在需要进行数据库操作的程序中，就可以通过 include 或者其他包含语句调用 conn.php 文件即可，无须再编写连接数据库的程序代码。应用 include 语句包含 conn.php 文件的代码如下：

```php
<?php
    include ("conn/conn.php");              //包含数据库文件
?>
```

2.6.2　将文本中的字符转换为 HTML 标识符

在输出数据库中数据的过程中，有必要将数据中的一些特殊字符转换为 HTML 标识符，这样可以避免一些不必要的麻烦。例如，在输出一个程序的执行代码的过程中，如果不对其进行转换，那么输出的将不是程序的代码，而是程序的执行结果。这里将文本中字符的转换编写到一个自定义函数 unhtml()中，并保存到 function.php 文件中，将其作为一个公共模块来使用，当需要使用时直接调用 function.php 文件即可。function.php 文件包含两个自定义函数，即 unhtml()函数和 msubstr()函数，unhtml()函数用于将数据中的特殊字符转换为 HTML 标识符；msubstr()函数用于对字符串进行指定长度的截取。代码如下：

例程 02 代码位置：资源包\TM\02\bcty365\function.php

```php
<?php
function unhtml($content){                                    //定义自定义函数的名称
❶   $content=htmlspecialchars($content);                      //转换文本中的特殊字符
❷   $content=str_replace(chr(13),"<br>",$content);            //替换文本中的换行符
    $content=str_replace(chr(32)," ",$content);          //替换文本中的" "
    $content=str_replace("[_[","<",$content];                 //替换文本中的大于号
    $content=str_replace(")_)",">",$content);                 //替换文本中的小于号
    $content=str_replace("|_|"," ",$content);                 //替换文本中的空格
❸   return trim($content);                                    //删除文本中首尾的空格
}
//定义一个用于截取一段字符串的函数 msubstr()
function msubstr($str,$start,$len){      //$str 指的是字符串，$start 指的是字符串的起始位置，$len 指的是长度
$strlen=$start+$len;                     //用$strlen 存储字符串的总长度（从字符串的起始位置到字符串的总长度）
$tmpstr="";                              //对字符串变量进行初始化赋值
for($i=0;$i<$strlen,$i++){               //通过 for 循环语句，循环读取字符串
❹   if(ord(substr($str,$i,1))>0xa0){     //如果字符串中首个字节的 ASCII 序数值大于 0xa0，则表示为汉字
    $tmpstr.=substr($srt,$i,3);          //每次取出 3 位字符赋给变量$tmpstr，即等于一个汉字
    $i+=2;                               //变量自加 2
    }else{                               //如果不是汉字，则每次取出一位字符赋给变量$tmpstr
        $tmpstr.=substr($str,$i,1);}
    }
return $tmpstr;                          //输出字符串
}?>
```

🔊 **代码贴士**

❶ htmlspecialchars()：将特殊字符转换成 HTML 格式，而不会将所有字符都转换成 HTML 格式。

❷ str_replace(mixed search,mixed replace,mixed subject,int &count)：将所有在参数 subject 中出现的 search 以参数 replace 替换，参数&count 表示替换字符串执行的次数。

❸ trim()：删除字符串中首尾的空白或者其他字符。

❹ substr()：从指定的字符串中按照指定的位置截取一定长度的字符。

2.7 前台首页设计

当今时代，很多人都十分重视事物的第一印象，第一印象基本上就决定对某个事物的看法和态度，在网络中更是如此，网站给人的第一印象如果不好，那么就会有很多人因此而不去浏览该网站，无论网站的内容是否丰富。可以说网站首页设计的成功与否直接影响着整个网站的发展。

2.7.1 前台首页概述

网站首页是整个网站的脸面，既要突出企业的形象，又要展示出网站强大的功能。如果网站首页设计得非常成功，那无疑是为整个网站的成功增添了一个砝码。BCTY365 网上社区首页的设计以企业的品牌形象为基础，全力打造网站的整体功能，重点推出企业的软件产品，具体内容如下。

- ☑ 网站菜单导航：包括"首页""技术支持""在线订购""社区论坛""软件下载""升级下载""购买须知""联系我们"等导航菜单。
- ☑ 用户注册和登录模块：实现用户注册、会员登录、找回密码和修改密码的功能。
- ☑ 网站公告：主要用于发布社区中的一些新消息和重大事件。
- ☑ 编程词典模块：推广企业的软件产品。
- ☑ 软件下载模块：展示企业提供的适用版和免费的软件产品。
- ☑ 常见问题模块：列举出编程中常见问题的解决方案。
- ☑ 社区论坛模块：浏览社区论坛中的部分帖子。
- ☑ 升级下载模块：提供一些软件的升级版本下载。

上述内容就是 BCTY365 网上社区首页中体现出的内容，为了更加直观地了解网上社区首页的设计，这里先预览一下社区首页，该首页在本书资源包中的路径为\TM\02\bcty365\index.php，如图 2.21 所示。

BCTY365 网上社区首页的设计看上去很复杂，由多个版块组成，但实现的过程非常简单。总体架构使用一个 2 行 3 列的表格和一个 3 行 3 列的表格，将其分割成不同的版块，然后使用脚本语句从数据库中读取数据，最后将数据循环输出到页面中，其中网站的头尾文件使用 include 包含语句调用。首页的框架结构如图 2.22 所示。

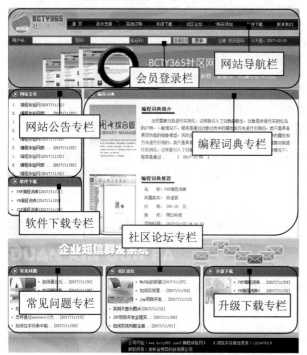

图 2.21　BCTY365 网上社区首页

图 2.22　网站首页的框架结构

2.7.2　前台首页技术分析

作为网站首页，不一定要具有什么特殊的技术或者功能，应该是以简洁、鲜明、突出企业形象、

71

展示网站的功能为主。即使使用的是一个静态页面，只要能够将内容表达全面、完整，那么这个首页设计也是非常成功的。

在本案例首页的设计中，应用到一个文字循环滚动的技术，通过该技术来输出社区中发布的公告信息。该技术是通过 JavaScript 脚本和 div 标签来共同实现的，其实现的原理是：首先创建一个 div 标签，然后在 div 标签中输出公告信息，最后通过 JavaScript 来对 div 标签进行操作，实现 div 标签中内容的滚动输出。该技术的实现在 index.php 页中完成，其中使用的 JavaScript 脚本的代码如下：

例程 03   代码位置：资源包\TM\02\bcty365\index.php

```
<script language="JavaScript">
    marqueesHeight=222;                               //定义输出标签的高度
    stopscroll=false;                                 //定义 stopscroll 的默认值为 false
    with(marquees){                                   //编辑 marquees 标签的属性

        style.height=marqueesHeight;                  //定义 marquees 标签的高为 222
        style.overflowX="visible";                    //定义值为显示
        style.overflowY="hidden";                     //定义值为隐藏
        noWrap=true;
        onmouseover=new Function("stopscroll=true");  //当鼠标经过时执行 stopscroll=true
        onmouseout=new Function("stopscroll=false");  //当鼠标离开时执行 stopscroll=false
    }
    //创建一个新的 div"templayer"与 div"marquees"进行连接，实现不间断的循环输出内容
    document.write('<div id="templayer" style="position:absolute;z-index:1;visibility:hidden"></div>');
    preTop=0; currentTop=0;
    function init(){
        templayer.innerHTML="";                       //设置 templayer 的初始值为空
        while(templayer.offsetHeight<marqueesHeight){ //判断当 templayer 的高度小于 marquees 的高度时
            templayer.innerHTML+=marquees.innerHTML;  //将 templayer 的值赋给 marquees
        }
        marquees.innerHTML=templayer.innerHTML+templayer.innerHTML;//将 templayer 的值累加
        setInterval("scrollup()",50);                 //间隔 50 毫秒执行一次 scrollup()函数
    }
    function scrollup(){                               //实现滚动输出
        if(stopscroll==true) return;                  //判断如果 stopscroll==true，不执行循环
        preTop=marquees.scrollTop;
        marquees.scrollTop+=1;
        if(preTop==marquees.scrollTop){
            marquees.scrollTop=templayer.offsetHeight-marqueesHeight;
            marquees.scrollTop+=1;
        }
    }
</script>
```

在 div 标签中，主要是输出数据库中存储的公告信息，并且对输出的信息进行截取和替换，规范输出的内容。div 标签中的程序代码如下：

```
<div id="marquees" class="middle"><!--创建一个 div 标签-->
        <?php                                         //从数据库中读取公告数据
```

```php
$sql=mysqli_query($conn,"select id,title,createtime from tb_tell order by createtime desc limit
0,10");
$info=mysqli_fetch_array($sql);
if($info==false){                                  //判断当$info==false 时执行下面的内容
?>
<div align="center" style="height:25px;"><a href="#" class="a4">本站暂无公告发布! </a></div>
<?php
}else{
    $i=1;                                          //定义变量$i=1
    do{                                            //执行 do…while 循环语句
?>
        <div class="scroll">
        <a href="tellinfo.php?id=<?php echo $info['id'];?>" class="a1">
         <?php
                if($i==1){                          //判断当$i==1 时，将输出的内容设置为红色
                    echo "<span style='color:red'>";
                }
                echo $i.". ";
                echo unhtml(msubstr($info['title'],0,18));//应用自定义函数对输出的内容进
行控制
                if(strlen($info['title'])>18){      //当输出内容的长度超过 18 个字符时用 "..." 代替
                    echo " ...";
                }
                echo "(".str_replace("-","/",$info['createtime']).")";//将输出的公告时间中的
"-" 用 "/" 替代
                if($i==1){
                    echo "</span>";
                }
         ?>
        </a>
         </div>
<?php
        $i++;
    }while($info=mysqli_fetch_array($sql));         //do…while 循环语句结束
}
?>
</div>
```

在首页中使用滚动条是一个比较不错的方法，可以增加网页的动态效果，增加网页的观赏性，而且不会影响到网页的浏览速度。

2.7.3　前台首页的实现过程

🖳　前台首页使用的数据表：tb_tell、tb_soft、tb_bccd、tb_bb、tb_cjwt、tb_bbs、tb_sjxz

开发网站首页主要就是连接数据库，从数据库中读取数据，最后应用循环语句将数据库中的数据输出到前台页面。由于使用的代码较多，而且多数都是重复使用，所以这里只给出首页中公告发布模块的代码。

公告发布模块主要实现从数据库中读取公告数据，将数据在首页中滚动输出，并且对公告信息的长度进行控制，保证内容的整齐、规范。详细代码可以参考本书资源包中的 TM\02\bcty365\index.php 文件。index.php 文件的部分代码如下：

例程 04　代码位置：资源包\TM\02\bcty365\index.php

```php
<?php include_once("top.php");                    //获取头部文件?>
…//省略部分代码
<?php          //从数据库中读取公告数据
               $sql=mysqli_query($conn,"select id,title,createtime from tb_tell order by createtime desc limit 0,10");
                                                  //读取数据库中公告表中的数据
               $info=mysqli_fetch_array($sql);    //执行读取数据表中数据的语句
               if($info==false){                  //判断当$info==false 时执行下面的内容
    ?>
        <div align="center" style="height:25px;"><a href="#" class="a4">本站暂无公告发布! </a></div>
        <?php
               }else{                             //如果返回值不为空，则执行下面的 do…while 循环语句
                    $i=1;                          //定义变量$i=1
                    do{                            //执行 do…while 循环语句
    ?>
                        <div class="scroll">
                        <a href="tellinfo.php?id=<?php echo $info['id'];?>" class="a1">
                         <?php
                                   if($i==1){      //判断当$i==1 时，将输出的内容设置为红色
                                       echo "<span style='color:red'>";
                                   }
                                   echo $i.". ";
                                   echo unhtml(msubstr($info['title'],0,18));//应用自定义函数对输出的内容进
行控制
                                   if(strlen($info['title'])>18){//当输出内容的长度超过 18 个字符时用 "..." 代替
                                   echo " ...";
                                   }
                                   echo "(".str_replace("-","/",$info['createtime']).")";//将输出的公告时间中的
"-" 用 "/" 替代
                                   if($i==1){
                                       echo "</span>";
                                   }
                         ?>
                        </a>
                         </div>
        <?php
                    $i++;                          //变量自加 1
               }while($info=mysqli_fetch_array($sql));//do…while 循环语句结束
               }
        ?>
…                                                 //省略了部分代码
<?php
include_once("bottom.php");                        //调用网站的尾文件
?>
```

❶
❷
❸

📢 代码贴士

❶ 应用 unhtml()和 msubstr()自定义函数去除输出字符串中的空格和控制输出字符串的长度。

❷ strlen()：获取指定字符串的长度。

❸ str_replace()：实现字符串的替换。

视频讲解

2.8　注册模块设计

2.8.1　注册模块概述

　　BCTY365 网上社区系统为了更好地与广大网民朋友进行交流和沟通，创建了一个会员注册模块。通过会员注册模块，可以有效地对用户信息进行采集，并将合法的用户信息保存到指定的数据表中，实现与用户的长期沟通和交流。既然设置了会员注册模块，那么在系统中就要为会员提供一些特殊的权限。在本系统中注册会员可以拥有如下权限：在本社区的论坛中发布和回复帖子、在技术支持模块中发表留言、在升级下载模块中下载软件升级包等，而且可以进行修改密码和找回密码。会员注册模块的运行结果如图 2.23 所示。

图 2.23　用户注册模块的运行结果

2.8.2　注册模块技术分析

　　在会员注册模块中，必不可少的就是要对用户输入的信息进行判断，首先判断用户填写的注册信息中哪些是必须填写的，哪些可以不填写，然后进一步判断输入的信息是否合理合法，例如，判断输入邮编的格式是否正确，判断输入邮箱的格式是否正确等。对表单中提交的数据进行判断最常用的办法就是使用 JavaScript 脚本，也可以使用正则表达式。下面讲解在本模块中如何通过 JavaScript 实现表单提交数据验证。

　　操作原理是：在 form 表单中调用 onsubmit 事件，通过该事件调用指定的 JavaScript 脚本，执行 chkinput()自定义函数，实现对表单中提交数据的验证。在 JavaScript 脚本中，实现对表单中提交的数据进行判断，判断输入的内容是否为空以及格式是否正确，如果正确则继续执行，否则将弹出提示对话框，并将鼠标的焦点指定到出错的位置。具体的 JavaScript 脚本代码如下：

```
<script language="JavaScript" type="text/javascript">
    function chkinput(form){                        //定义一个函数
        if(form.tel.value==""){                     //判断 tel 文本框中的值是否为空
            alert("请填写联系电话!");                 //如果为空，则输出"请填写联系电话!"
            form.tel.select();                       //返回到 tel 文本框
            return(false);
        }
```

```
        if(form.email.value==""){                          //判断 email 文本框的值是否为空
            alert("请输入 E-mail 地址!");                   //如果为空，则输出"请输入 E-mail 地址!"
            form.email.select();                            //返回到 email 文本框
            return(false);
        }
        var i=form.email.value.indexOf("@");
        var j=form.email.value.indexOf(".");
        //进一步判断邮箱的格式是否正确，是否包含"@"和"."
        if((i<0)||(i-j>0)||(j<0)){
            alert("请输入正确的 E-mail 地址!");
            form.email.select();                            //返回到 email 文本框
            return(false);
        }
    return(true);                                           //提交表单
    }
</script>
```

上述代码中，只是列举了 JavaScript 中的部分内容，并且在对电话号码进行判断时，只是判断其是否为空，没有进一步判断电话号码的格式是否正确。如果想要更加准确地判断电话号码的格式是否正确，可以采用下面的方法：通过正则表达式的 preg_match()函数，在表单提交处理页中对电话号码进行判断。

preg_match()函数的语法格式如下：

```
int preg_match(string pattern, string subject [, array matches [, int flags]])
```

preg_match()函数的参数说明如表 2.7 所示。

表 2.7　preg_match()函数的参数说明

参　　数	说　　明
pattern	必要参数。需要匹配的正则表达式
subject	必要参数。输入的字符串
matches	可选参数。输出的搜索结果的数组，如$out[0]将包含与整个模式匹配的结果，$out[1]将包含与第一个捕获的括号中的子模式所匹配的结果，依次类推
flags	可选参数。标记 PREG_OFFSET_CAPTURE 可对每个出现的匹配结果也同时返回其附属的字符串偏移量，本标记自 PHP 4.3.0 起可用

通过 preg_match()函数判断电话号码的格式是否正确的方法如下：首先定义一个用于判断电话号码格式的正则表达式。代码如下：

```
/^(\d{3}-)(\d{8})$|^(\d{4}-)(\d{7})$|^(\d{4}-)(\d{8})$/
```

正则表达式的功能分析如下：使用"^"和"$"对字符串进行边界的限制，对区号从字符串的开始进行匹配，对其他号码从字符串的末尾开始进行匹配；将括号"()"中的内容作为一个原子使用；使用"\d"来匹配一个数字，区号为 3 或 4 个数字，其他数字为 7 或 8 个；使用"{}"来对前字符进行重复匹配；使用"|"对匹配的模式进行选择，分成 3 个模式。

然后将该正则表达式应用到 preg_match()函数中，对表单提交的电话号码进行判断，如果正确则继续执行，否则弹出提示信息，并返回到表单提交页。代码如下：

```php
<?php
    $tel="0431-84978981";                                   //定义一个电话号码的变量
    if(preg_match("/^(\d{3}-)(\d{8})$|^(\d{4}-)(\d{7})$|^(\d{4}-)(\d{8})$|^(\d{11})$/",$tel,$counts)){
        echo "您输入的电话号码格式正确!";                      //输出字符串
    }else{
        echo "<script>alert('您输入的电话号码的格式不正确!!');history.back()</script>";
    }
?>
```

2.8.3　注册模块的实现过程

注册模块使用的数据表：tb_user

注册模块的实现过程非常简单，首先阅读注册服务条款，然后填写用户注册的用户名和密码，提交后由系统判断输入的用户名是否被占用，如果未被占用则可以继续注册，填写详细的注册信息，将数据提交到表单处理页进行处理，最后将用户注册的信息保存到指定的数据表中。用户注册模块的实现过程主要由 3 个文件完成：register.php 用于输出注册服务条款，以及填写注册的用户名和密码，并且判断注册的用户名和密码是否被占用；getuserinfo.php 文件用于填写详细的注册信息，并且在表单中应用数字验证码技术；savereginfo.php 文件用于对表单中提交的数据进行处理，将数据保存到指定的数据表中。

在 savereginfo.php 文件中，首先连接数据库，然后获取表单中提交的数据，并且判断提交的用户名是否被占用，最后将提交的数据进行处理，并将数据保存到指定的数据表中。程序代码如下：

例程 05　代码位置：资源包\TM\02\bcty365\savereginfo.php

```php
<?php
header("Content-type: text/html; charset=utf-8");           //设置文件编码格式
session_start();                                            //初始化 session 变量
include_once("conn/conn.php");                              //连接数据库
date_default_timezone_set("PRC");                          //设置时区
$usernc=trim($_POST['usernc']);                            //获取注册的用户名
//判断指定的用户名是否存在
$sql=mysqli_query($conn,"select usernc from tb_user where usernc='".$usernc."'");
$info=mysqli_fetch_array($sql);                            //按指定条件检索数据信息
if($info!=false){                                          //如果查询结果不为空，则执行以下操作
    echo "<script language='javascript'>alert('对不起，该昵称已被其他用户使用!');history.back();</script>";
    exit;
}
$xym=trim($_POST['xym']);                                  //去除变量两边的空格
$num=$_POST['num'];                                        //接收变量值
if(strval($xym)!=strval($num)){
    echo "<script>alert('验证码输入错误!');window.location.href='register.php';</script>";
    exit;
```

```
    }
    //对表单提交的数据进行处理
    $truepwd=trim($_POST['pwd1']);                              //获取真实密码
    $pwd=md5($truepwd);                                         //获取加密密码
    $truename=trim($_POST['truename']);                         //获取真实姓名
    $email=trim($_POST['email']);                               //获取邮箱地址
    $sex=$_POST['sex'];                                         //获取性别
    $tel=trim($_POST['tel']);                                   //获取电话
    $yb=trim($_POST['yb']);                                     //获取邮政编码
    $qq=trim($_POST['qq']);                                     //获取 QQ
    $address=trim($_POST['address']);                           //获取地址
    $question=trim($_POST['question']);                         //获取提示问题
    $answer=trim($_POST['answer']);                             //获取问题答案
    $ip=getenv("REMOTE_ADDR");                                  //获取客户端的 IP
    $logintimes=1;                                              //指定访问次数
    $regtime=date("Y-m-j H:i:s");                               //获取时间
    $lastlogintime=$regtime;
    $usertype=0;                                                //指定用户类型，默认为 0
    $photo=$_POST["photo"];                                     //获取头像
    //将表单中提交的数据存储到数据表中
    if(mysqli_query($conn,"insert  into  tb_user(usernc,truename,pwd,email,sex,tel,qq,address,logintimes,regtime,
    lastlogintime,ip,usertype,yb,question,answer,truepwd,photo)
    values('$usernc','$truename','$pwd','$email','$sex','$tel','$qq','$address','$logintimes','$regtime','$lastlogintime','
    $ip','$usertype','$yb','$question','$answer','$truepwd','$photo')")){
        $_SESSION["unc"]=$usernc;
        echo "<script>alert('注册成功!');window.location.href='index.php';</script>";
    }else{                                                      //如果添加操作失败，则给出提示
        echo "<script language='javascript'>alert('对不起,注册失败!');history.back();</script>";
        exit;//退出
    }
    ?>
```

视频讲解

2.9　技术支持模块设计

技术支持模块主要是从浏览者的角度进行设计，存储大量技术问题的解决方案数据，为浏览者查阅提供方便，而且设计一个企业与客户沟通的平台，能够随时了解客户或者会员的意见和需求。

2.9.1　技术支持模块概述

技术支持模块主要由 3 个子模块组成，包括常见问题、客户反馈和联系方式。常见问题模块主要用于展示编程中一些常见问题的解决方案或者方法，为浏览者解决编程中的疑难问题提供方便；客户反馈模块主要用于收集和获取来自客户的需求和意见；联系方式模块主要用于展示企业的形象和具体的联系方式。

2.9.2　技术支持模块技术分析

技术支持模块中在对常见问题解决方案的数据进行输出时，使用了分页处理技术，该技术的设计思路是：从数据库中读取数据，获取数据总量，在每页中显示 20 条数据，根据数据总量和每页显示的条数对数据进行分页处理，计算出有多少页和当前显示的页码，实现首页、上一页、下一页和尾页之间的页面跳转。具体的设计思路可以参考 cjwt.php 文件中的代码注释和代码贴士。cjwt.php 文件的程序代码如下：

例程 06　代码位置：资源包\TM\02\bcty365\cjwt.php

```php
<?php
    $sql=mysqli_query($conn,"select count(*) as total from tb_cjwt"); //读取数据库中的数据
    $info=mysqli_fetch_array($sql);                                    //返回数据
❶  $total=$info['total'];
    //判断字段 total 是否为空，为空则执行下面的内容
    if($total==0){
?>
    <div align="center" style="height:38px; line-height:38px;">对不起，暂无常见问题！</div>
<?php
    }else{                                                              //如果不为空，则执行下面的内容
❷      if(!isset($_GET["page"]) || !is_numeric($_GET["page"])){       //判断$_GET 获取的 page 的值是否存在
❸          $page=1;                                                   //如果不存在，则设置变量的值为 1
        }else{
❹          $page=intval($_GET["page"]);                               //如果存在，则获取变量$_GET 的值
        }
❺      $pagesize=20;                                                  //设置变量$pagesize,每页显示的数据量为 20
        if($total%$pagesize==0){                                       //如果变量的值为 0
❻          $pagecount=intval($total/$pagesize);                       //获取变量的整数值
        }else{
❼          $pagecount=ceil($total/$pagesize);                         //如果不为 0，则获取实际的整数值
        }
        //读取数据库中的数据，按照时间进行降序排列
        $sql=mysqli_query($conn,"select * from tb_cjwt order by createtime desc limit ".($page-1)*$pagesize. ",
$pagesize  ");
        while($info=mysqli_fetch_array($sql)){
?>
    ...                                                                //省略部分代码
<div  class="page-left">   共 有 常 见 问 题 <?php  echo  $total;?> 条   每 页 显 示 <?php  echo
$pagesize;?>条 第<?php echo $page;?>页/共<?php echo $pagecount;?>页</div>
<div class="page-right">
❽  <a href="<?php echo $_SERVER["PHP_SELF"]?>?page=1" class="a1">首页</a> 
    <a href="<?php echo $_SERVER["PHP_SELF"]?>?page=<?php
            if($page>1)                                                //判断如果页码大于 1
                echo $page-1;                                          //输出前一页
            else
                echo 1;
            ?>" class="a1">上一页</a> 
    <a href="<?php echo $_SERVER["PHP_SELF"]?>?page=<?php
            if($page<$pagecount)                                       //如果页码小于总页数
```

```
                echo $page+1;                              //输出下一页
            else
                echo $pagecount;
                ?>" class="a1">下一页</a> 
    <a href="<?php echo $_SERVER["PHP_SELF"]?>?page=<?php echo $pagecount;?>" class="a1">尾页
</a>  </div>
```

📢 代码贴士

❶ $total：为数据库中数据总的记录数。

❷ isset()用于检测变量是否已经设置；is_numeric()用于检测变量是否为数字或者数字字符串。

❸ $page：变量为页码中的第几页。

❹ intval()：获取变量的整数值。

❺ $pagesize：表示在每页中显示多少条数据。

❻ $pagecount：表示所有的数据可以分成多少页。

❼ ceil()：获取变量中的整数值，这里用于获取页码的整数值。

❽ $_SERVER["PHP_SELF"]：服务器变量，这里用于获取网页的链接地址。

2.9.3　常见问题的实现过程

📋　常见问题使用的数据表：tb_cjwt

常见问题子模块实现的主要功能是展示出数据库中存储的有关编程中遇到的常见问题及解决方案。其运行结果如图 2.24 所示。

该模块由两个文件组成，一个是 cjwt.php 文件，用于存储创建问题数据，详细内容可以参考 2.9.2 节；另一个是 lookcjwt.php 文件，用于输出 cjwt.php 文件中对应问题的详细介绍和解决方案。代码如下：

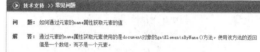

图 2.24　常见问题模块的运行结果

例程 07　代码位置：资源包\TM\02\bcty365\lookcjwt.php

```php
<?php
include_once("conn/conn.php");                          //与数据库建立连接
include_once("function.php");                           //调用自定义函数
//读取 tb_cjwt 表中的数据
$sql=mysqli_query($conn,"select * from tb_cjwt where id='".$_GET["id"]."'");
$info=mysqli_fetch_array($sql);
?>
<div class="lookcjwt-main">
    <div class="question"><span><strong>问  题：</strong></span>
        <div>
            <?php echo unhtml($info["question"]);          //输出问题的详细内容?>
        </div>
    </div>
    <div class="answer"><span><strong>解  答：</strong></span>
        <div>
            <?php echo unhtml($info["answer"]);            //输出问题的解决方案?>
        </div>
```

```
        </div>
    </div>
```

2.9.4　客户反馈的实现过程

客户反馈使用的数据表：tb_user、tb_leaveword

客户反馈子模块为客户提供了一个反馈意见和提出要求的平台，并且将提交的信息存储到数据库中。其运行结果如图 2.25 所示。

该功能只对本网站中的会员开通，即只有以会员身份登录的用户才具有反馈信息的权限，其中在对提交表单的细节处理上使用 JavaScript 脚本来验证表单中的值是否为空，而且还使用了数字验证码技术。对表单中提交的数据进行处理是在 saveleaveword.php 文件中完成的，该文件主要用于对表单中提交的数据进行处理，将数据存储到数据库中。代码如下：

图 2.25　客户反馈模块的运行结果

例程 08　代码位置：资源包\TM\02\bcty365\saveleaveword.php

```php
<?php
header("Content-type: text/html; charset=utf-8");          //设置文件编码格式
session_start();                                           //初始化一个 session 变量
date_default_timezone_set("PRC");
$xym=$_POST['xym'];                                        //获取$_POST 提交的值
if($xym!=$_SESSION["autonum"]){                            //判断验证码是否正确
    echo "<script>alert('效验码输入错误！');history.back();</script>";
    exit;
}
$title=$_POST["title"];                                    //获取反馈信息的标题
$content=$_POST["content"];                                //获取反馈信息的内容
$type=$_POST["type"];                                      //获取反馈信息的类型
include_once("conn/conn.php");                             //与数据库建立连接
$sql=mysqli_query($conn,"select id from tb_user where usernc='".$_SESSION["unc"]."'"); //读取数据库中数据
$info=mysqli_fetch_array($sql);                            //获取结果集中的数组
$userid=$info["id"];
//向数据库中添加数据
if(mysqli_query($conn,"insert  into  tb_leaveword(userid,type,title,content,createtime)  values('$userid','$type',
'$title','$content',"".date("Y-m-j H:i:s").")")){
    echo "<script>alert('留言发表成功！');history.back();</script>";  //添加操作成功，给出提示信息
}else{
    echo "<script>alert('留言发表失败！');history.back();</script>";  //添加操作失败，给出提示信息
}
?>
```

2.9.5　单元测试

在对客户反馈模块进行测试的过程中，当提交反馈信息时，提示"留言发表失败！"。经过初步的

判断，问题可能出现在向数据库添加数据的过程中。为进一步查找出问题的根源，在 saveleaveword.php 页中应用了 mysqli_error() 函数，该函数可获取详细的错误信息，将它放置在 insert 添加语句之后，然后重新运行网页，运行结果如图 2.26 所示。

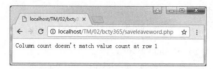

图 2.26　应用 mysqli_error() 函数获取的错误信息

在该结果图中可以看出，在向数据表中添加数据时字段不匹配，经过仔细检查发现，原来是在编写 insert 添加语句的过程中缺少了一个字段 createtime，如图 2.27 所示。

图 2.27　代码中的错误截图

在 insert 语句中添加 createtime 字段，重新运行程序，提示 "留言发表成功！"。

视频讲解

2.10　在线订购模块设计

在线订购模块的功能是实现在线购买企业推出的软件产品，其操作的流程主要通过购物车和订单管理来实现。

2.10.1　在线订购模块概述

在线订购的功能对所有访问网站的人开放，没有任何的权限限制。其操作流程如图 2.28 所示。

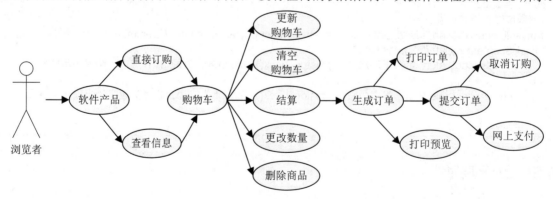

图 2.28　在线订购模块的操作流程

2.10.2　在线订购模块技术分析

在线订购管理模块中，不可缺少的一项内容就是对订单进行打印。下面就来讲解一下订单打印功能的实现方法。在线订购管理模块中运用的是 WebBrowser 打印方法。WebBrowser 是 IE 内置的浏览器控件，无须用户下载。其优点是客户端独立完成打印目标文档的生成，减轻服务器负荷；缺点是源文档的分析操作复杂，并且对源文档中要打印的内容进行约束。

下面介绍 WebBrowser 控件的具体参数，如表 2.8 所示。

表 2.8　WebBrowser 控件的具体参数说明

参 数 名 称	说　　明
document.all.WebBrowser.Execwb(7,1):	表示打印预览
document.all.WebBrowser.Execwb(6,1):	表示打印
document.all.WebBrowser.Execwb(6,6):	表示直接打印
document.all.WebBrowser.Execwb(8,1):	表示页面设置
document.all.WebBrowser.Execwb(1,1):	打开页面
document.all.WebBrowser.Execwb(2,1):	关闭所有打开的 IE 窗口
document.all.WebBrowser.Execwb(4,1):	保存网页
document.all.WebBrowser.Execwb(10,1):	查看页面属性
document.all.WebBrowser.Execwb(17,1):	全选
document.all.WebBrowser.Execwb(22,1):	刷新
document.all.WebBrowser.Execwb(45,1):	关闭窗体无提示

该技术的实现原理是：首先通过 onClick 事件调用一个 JavaScript 脚本，然后执行 openprintwindow() 函数，将指定的变量值传递到订单打印页中（printwindow.php），最后在订单打印页中实现打印及打印预览的功能。调用 JavaScript 脚本和执行 openprintwindow() 函数在 shopping_dd.php 页中完成。关键代码如下：

例程 09　　代码位置：资源包\TM\02\bcty365\shopping_dd.php

```
<script language="javascript">
    function openprintwindow(x,y,z){                              //定义一个函数，获取传递的参数
        //通过 window 对象中的 open()方法打开一个新窗口，并设置其属性
❶ window.open("printwindow.php?ddno="+x+"&pv="+z,"newframe","top=200,left=200,width=635,
height="+(230+20*y)+",menubar=no,location=no,toolbar=no,scrollbars=no,status=no");
    }
</script>
<!-- ---------通过 onclick 事件调用 JavaScript 脚本，传递参数值。当参数 z 的值为 p 时执行打印功能----------- -->
<td width="75"> <img src="images/bg_14_11.jpg" width="69" height="20"
❷    onclick="javascript:openprintwindow('<?php echo base64_decode($_GET["ddno"]);?>','<?php echo
$gnum;?>','p')" style="cursor:hand"/></td>
<!-- ------通过 onclick 事件调用 JavaScript 脚本，传递参数值。当参数 z 的值为 v 时执行打印预览功能--------- -->
```

```
<td width="90"><img src="images/bg_14_12.jpg" width="69" height="20"  onclick="javascript:openprintwindow
('<?php echo base64_decode($_GET["ddno"]);?>','<?php echo $gnum;?>','v')" style="cursor:hand"/></td>
```

🔊 代码贴士

❶ open()：打开一个窗口，可以设置其 URL、名称、大小、按钮以及其他属性。该方法的基本语法结构如下：

```
window.open(url,name,features,replace)
```

其中，url 是要在新窗口中打开文档的 URL 地址；name 是要打开窗口的名字，用 HTML 链接的 target 属性进行定位时会有用；features 是一个用逗号分隔的字符串，列举窗口的特征；replace 是一个可选的 Boolean 值，指出是否允许 URL 替换窗口的内容。

❷ onclick()：表明某元素被鼠标单击触发的事件。

订单的打印和打印预览的功能在 printwindow.php 页中完成，首先编写一个实现打印预览功能的 JavaScript 脚本，然后建立 HTML 的 object 标签，调用 WebBrowser 控件，最后获取变量传递的值，当变量的值为 p 时执行打印功能；当变量的值为 v 时执行打印预览的功能。printwindow.php 页的关键代码如下：

例程 10　代码位置：资源包\TM\02\bcty365\printwindow.php

```
<script>
    function printview(){                                 //定义一个函数
❶       document.all.WebBrowser1.ExecWB(7,1);            //执行 WebBrowser 控件，实现打印预览
        window.close();                                  //关闭窗口
    }
</script>
<!-- ----------------------------------建立 HTML 的 object 标签，调用 WebBrowser 控件------------------------- -->
<object ID='WebBrowser1' WIDTH=0 HEIGHT=0
CLASSID='CLSID:8856F961-340A-11D0-A96B-00C04FD705A2'></object>
<!--- ----------------------------------在 body 中调用 onload 事件，执行打印操作---------------------------------- -->
❷   <body topmargin="0" leftmargin="0" bottommargin="0" onLoad="
<?php
    if($_GET["pv"]=="p"){                                //判断当变量值为 p 时，执行打印操作
?>
❸   window.print();
<?php
    }elseif($_GET["pv"]=="v"){/                           //判断当变量值为 v 时，执行打印预览操作
?>
    printview()
<?php }   ?>
">
```

🔊 代码贴士

❶ document.all.WebBrowser1.ExecWB(7,1)：WebBrowser 控件中的参数，表示打印预览。

❷ onLoad：表明某对象已载入窗口。

❸ print()：window 对象中的一个方法，实现打印的功能。

订单打印操作的运行结果如图 2.29 所示。

图 2.29　订单打印操作的运行结果

2.10.3　购物车的实现过程

📋　　购物车使用的数据表：tb_bccd

购物车的功能是临时储存用户选购的商品，用户可以对购物车中的商品进行添加、修改、删除和更新操作，也可以选择进行结算。其运行的结果如图 2.30 所示。

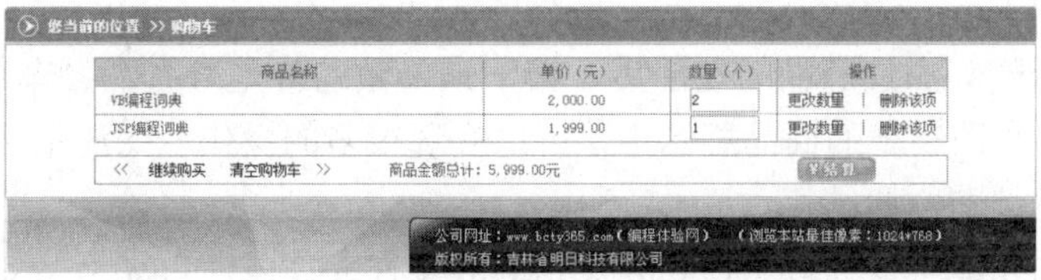

图 2.30　购物车的运行结果图

购物车功能实现的第一步是为想要购买产品的用户分配一辆购物车，使其能够记录自己已经选购的产品。其工作的原理与超市中顾客使用购物车进行购物是相同的，只是这里使用的不是真正意义上的购物车，而是两个 session 变量，一个存储用户选购商品的 ID（$goodsid），另一个存储用户选购该商品的数量（$goodsnum）。如果用户在一次购物中选购多种不同类的商品，则使用@对不同类商品的不同 ID 和数量进行分割。例如，用户选购的不同类商品 id 为 1、2、3，则 session 变量$goodsid 中存储的值为"1@2@3@"；其中同一种商品不能购买两次，如果想要购买多个同种产品，可以在购物车中更改购买商品的数量。在本案例中，购物车的分配功能通过 shopping_cart_first.php 文件来完成，该文件的代码如下：

例程 11　代码位置：资源包\TM\02\bcty365\shopping_cart_first.php

```php
<?php
header("Content-type: text/html; charset=utf-8");              //设置文件编码格式
❶   session_start();                                          //初始化 session 变量
if(!isset($_SESSION["goodsid"]) && !isset($_SESSION["goodsnum"])){    //判断 session 变量中的值是否为空
```

```
                $_SESSION["goodsid"]=$_GET["id"]."@";          //如果为空，则将商品的 ID 赋给变量
                 $_SESSION["goodsnum"]="1@";                    //将商品数量设置为"1@"
        }else{
❷              $array=explode("@",$_SESSION["goodsid"]);        //如果不为空，则使用@分割不同的商品 ID
                //判断如果获取的 ID 在 session 变量中已经存在，则提示该商品已经被放入购物车
❸              if(in_array($_GET["id"],$array)){
                    echo "<script>alert('该编程词典已经被放入购物车！');history.back();</script>";
                    exit;
                }
                $_SESSION["goodsid"].=$_GET["id"]."@";           //为 session 变量赋值
                $_SESSION["goodsnum"].="1@";                     //为 session 变量赋值
        }
        //将商品放入购物车中，并跳转到购物车页
        echo "<script>window.location.href='shopping_cart.php';</script>";
        ?>
```

🔊 **代码贴士**

❶ session_start()：初始化 session 变量。

❷ explode()：将字符串依指定的字符串或字符进行分割。返回由字符串组成的数组，每个元素都是 string 的一个子串，它们被字符串 separator 作为边界点分隔出来。如果设置了 limit 参数，则返回的数组包含最多 limit 个元素，而最后那个元素将包含 string 的剩余部分；如果 separator 为空字符串（""），explode()函数将返回 false；如果 separator 所包含的值在 string 中找不到，那么 explode()函数将返回包含 string 单个元素的数组；如果参数 limit 是负数，则返回除了最后的-limit 个元素外的所有元素。

❸ in_array()：在指定的数组中搜索某个值，如果找到则返回 true，否则返回 false。

在实现购物车的分配和添加商品的功能后，接下来要做的就是查看购物车中的商品，即实现购物车中商品展示的功能。在购物车的商品展示中，可以实现很多的操作，如清空购物车、删除购买商品、更改购买商品数量、继续购物和结算。

购物车商品展示的功能主要通过 shopping_cart.php 文件来完成，首先从 session 变量中读取商品的 ID 和数量，然后根据商品的 ID 循环输出购物车中的商品，最后以商品 ID 为标识符设置不同的超链接，执行删除商品或者更改购买商品数量等操作。代码如下：

例程 12 代码位置：资源包\TM\02\bcty365\shopping_cart.php

```
<table class="cart-table">
    <tr>
        <td width="330" height="22" bgcolor="#CCCCCC"><div align="center">商品名称</div></td>
        <td width="155" bgcolor="#CCCCCC"><div align="center">单价（元）</div></td>
        <td width="87" bgcolor="#CCCCCC"><div align="center">数量（个）</div></td>
        <td width="143" bgcolor="#CCCCCC"><div align="center">操作</div></td>
    </tr>
     <?php
        $array=explode("@",isset($_SESSION["goodsid"])?$_SESSION["goodsid"]:"");//读取 session 变量中
的商品 ID，以@进行分割
        $arraynum=explode("@",isset($_SESSION["goodsnum"])?$_SESSION["goodsnum"]:"");//读取 session
变量中的商品数量，以@进行分割
        $markid=0;                                       //创建变量，初始值为 0
```

```
        for($i=0;$i<count($array);$i++){          //应用 for 循环语句循环输出商品 ID 的值
            if($array[$i]!=""){                    //判断如果商品 ID 的值不为空
                $markid++;                         //增加变量$markid 的值
            }
        }
        if($markid==0){                            //判断如果变量$markid 的值为空，则输出下面的内容
    ?>
    <tr>
        <td height="22" colspan="4" bgcolor="#FFFFFF"><div align="center">对不起，您的购物车中暂无商品信
息！</div></td>
    </tr>
    <?php
        }else{//如果$markid 的值不为空，则执行下面的内容
            $totalprice=0;                         //创建变量$totalprice，初始值为 0
            for($i=0;$i<count($array);$i++){       //循环输出数组中的商品 ID 值
                if($array[$i]!=""){
                    //根据获取商品 ID 的值，从数据库中获取对应产品的信息
                    $sqlcart=mysqli_query($conn,"select * from tb_bccd where id='".$array[$i]."'");
                    $infocart=mysqli_fetch_array($sqlcart)
    ?>
    <tr>
        <form name="form<?php echo $array[$i]?>" method="post" action="changegoodsnum.php">
        <td height="22" bgcolor="#FFFFFF"> <?php echo unhtml($infocart["bccdname"]);?></td>
        <td height="22" bgcolor="#FFFFFF"><div align="center"><?php echo number_format($infocart
["price"],2);?></div></td>
        <td height="22" bgcolor="#FFFFFF"><div align="center"><input type="text" name="goodsnum" value=
"<?php echo $arraynum["$i"];?>" class="inputcss" size="8" ><input type="hidden" name="id" value="<?php
echo $infocart["id"];?>" ></div></td>
        <td height="22" bgcolor="#FFFFFF"><div align="center"><a href="javascript:form<?php echo $array[$i]?>.
submit();" class="a1">更改数量</a> | <a href="delgoods.php?id=<?php echo $infocart["id"];?>"
class="a1">删除该项</a></div></td>
        </form>
    </tr>
    <?php
                    $totalprice+=$infocart["price"]*$arraynum["$i"];
                }
            }
        }
    ?>
    </table>
```

2.10.4　商品订单的实现过程

> 商品订单使用的数据表：tb_bccd、tb_dd、tb_city

在确定所要购买的商品之后，接下来要做的就是进行购物结算，填写用户购物订单，将订单保存
到数据库中，并且随机生成一个订单号，作为订单的唯一标识。生成订单的运行结果如图 2.31 所示。

订单提交以后用户可以选择汇款的方式：一是选择网上支付，那么将跳转到企业指定的网上银行

进行汇款，汇款的操作将在企业指定的网上银行中进行，这里不做讲解；二是选择到指定的银行向企业提供的账号中汇款。企业将在收到汇款后按照用户指定的地址和方式将产品送到。商品订单的生成和处理由 shopping_cart_getuserinfo.php 和 savebuyuser.php 文件来完成。

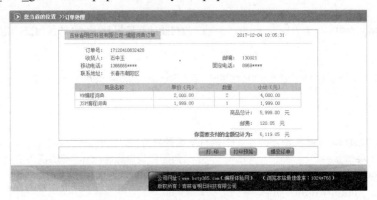

图 2.31　生成订单的运行结果

订单处理由 savebuyuser.php 完成，首先连接数据库，随机生成一个订单号，然后获取购物车中的商品信息，最后将商品信息和订单号存储到数据库中。代码如下：

例程 13　代码位置：资源包\TM\02\bcty365\savebuyuser.php

```php
<?php
header("Content-type: text/html; charset=utf-8");              //设置文件编码格式
session_start();                                               //初始化 session 变量
include_once("conn/conn.php");                                 //连接数据库
date_default_timezone_set("PRC");
$ddnumber=substr(date("YmdHis"),2,8).mt_rand(100000,999999);   //随机生成订单号
$sql=mysqli_query($conn,"select * from tb_city where id='".$_POST["city"]."'"); //读取数据库中的城市信息
$info=mysqli_fetch_array($sql),
if($_POST['shfs']=="1"){                                       //判断用户选择的送货方式
  $yprice=$info['pt'];
  $shfs="普通邮递";
}elseif($_POST['shfs']=="2"){
  $yprice=$info['kd'];
  $shfs="邮政特快专递 EMS";
}
$array=explode("@",$_SESSION["goodsid"]);                      //以@来分割 session 变量中存储的商品 ID
$arraynum=explode("@",$_SESSION["goodsnum"]);                  //以@来分割 session 变量中存储的商品数量
$totalprice=0;
  for($i=0;$i<count($array);$i++){                             //循环读取数组中商品的 ID
      if($array[$i]!=""){
        $sqlcart=mysqli_query($conn,"select * from tb_bccd where id='".$array[$i]."'");
        $infocart=mysqli_fetch_array($sqlcart);
        $totalprice+=$infocart["price"]*$arraynum["$i"];
      }
  }
$totalprice=$totalprice+$yprice;                              //获取汇款金额
```

```
//将表单中提交的数据存储到数据库中
if(mysqli_query($conn,"insert into tb_dd(ddnumber,recuser,sex,address,yb,qq,email,mtel,gtel,shfs,spc,slc,yprice,
totalprice,createtime,cityid)
values('".$ddnumber."','".$_POST["recuser"]."','".$_POST["sex"]."','".$_POST["address"]."','".$_POST["yb"]."','".$
_POST["qq"]."','".$_POST["email"]."','".$_POST["mtel"]."','".$_POST["gtel"]."','".$shfs."','".$_SESSION["goodsid"]
."','".$_SESSION["goodsnum"]."','".$yprice."','".$totalprice."','".date("Y-m-d H:i:s")."','".$_POST["city"]."')")){
unset($_SESSION["goodsid"]);                        //注销 session 变量 goodsid
unset($_SESSION["goodsnum"]);                       //注销 session 变量 goodsnum
echo "<script>window.location.href='shopping_dd.php?ddno=".base64_encode($ddnumber)."';</script>";
}else{
echo "<script>alert('订单信息保存失败，请重试！');</script>";
}
?>
```

2.10.5　单元测试

在在线订购模块的测试过程中，当执行删除购物车中某个商品的操作时，发现该项操作没能正确执行，指定的商品没有被删除。首先，从该功能实现的思路入手分析出错原因，并且仔细核对其中使用的变量以及函数是否正确。

删除商品的操作是根据商品的 ID 来进行处理的，当单击"删除"超链接时，将指定商品的 ID 通过变量$ides 传入到执行删除商品操作的文件 delgoods.php 中，然后在该文件中获取变量$ides 传入的 ID 值，并且根据 ID 值完成删除购物车中指定商品的操作。在查看该功能实现的过程中发现，定义的变量$ides 与 delgoods.php 文件中$_GET["id"]获取的变量值不一致，从而导致删除商品的操作没有正确执行，代码的出错位置如图 2.32 所示。

图 2.32　代码中的错误显示

查找出错误原因，将定义的变量与获取的变量值统一使用 id，保存文件，重新运行程序，删除操作可以正常运行。

视频讲解

2.11 社区论坛模块设计

社区论坛模块为网站的浏览者提供一个交流的平台，以此来扩大网站的影响力，汇聚更多的人气，宣传企业形象，推广企业产品。

2.11.1 社区论坛模块概述

社区论坛模块为浏览者、会员、客户和企业之间提供一个大的交流平台，根据身份的不同，分别给予不同的操作权限。社区论坛模块的操作流程如图 2.33 所示。

在本论坛中，浏览者只能够查看帖子；注册会员既可以查看帖子，也可以发布和回复帖子；管理员则具有发布、回复、查看和删除的权限。

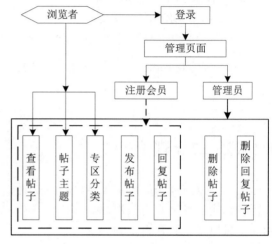

图 2.33 社区论坛流程图

2.11.2 社区论坛模块技术分析

在社区论坛模块的实现过程中，通过 JavaScript 脚本和下拉列表框的结合实现一个不同版块之间快速跳转的功能，从而能够更加灵活、方便地实现不同版块之间的跳转。

下面分析该技术是如何实现的。该技术的实现综合 3 个方面的内容，以一个下拉列表框为主，通过 PHP 语句从数据库中读取数据作为下拉列表框的值，应用 onchange 事件来调用 JavaScript 脚本，实现不同版块之间的跳转。这里以 bbs_top.php 文件中的快速跳转功能为例进行分析。关键代码如下：

例程 14　代码位置：资源包\TM\02\bcty365\bbs_top.php

```
<!--创建一个下拉列表框，指定名称为 select_type，并且设置其属性，通过 onchange 事件来调用 JavaScript 脚
本文件，实现页面跳转-->
<select name="select_type" class="inputcss"
❶   onChange="javascript:window.location=this.options[this.selectedIndex].value;" >
    <?php
    //通过 PHP 语句从数据库中读取数据，使用数据的 ID 作为下拉列表框的值，使用数据的标题 title 作为下拉
列表框显示的内容
        $sql=mysqli_query($conn,"select * from tb_type_small order by createtime desc");
        $info=mysqli_fetch_array($sql);
        if($info==""){
          echo "<option>暂无讨论区</option>";
        }else{
         echo "<option>-版块快速跳转-</option>";
         do{                                        //应用 do…while 循环语句输出下拉列表框中的值
❷        echo "<option value='bbs_list.php?id=".$info['id']."'>".$info['title']."</option>";
         }while($info=mysqli_fetch_array($sql));    //应用 do…while 循环语句结束
        }
```

```
    ?>
    </select>
```

📢 代码贴士

❶ onChange: 某元素失去焦点，并且从用户最后一次访问以来，其值已经改变。

location: 用于访问窗口的当前定位（URL），既可被读取，又可被置换，可以通过其实现某个页面的定位或者更新。

❷ <option value='… '>…</option>: 下拉列表框中输出的值，以及显示的内容。

该技术实现的运行结果如图 2.34 所示，它将实现从 JSP 版块跳转到 PHP 版块。

图 2.34　版块跳转功能的运行结果

2.11.3　论坛分类的实现过程

📋　论坛分类使用的数据表：tb_bbs、tb_type_big、tb_type_small

论坛分类可以分为两类：一是论坛中大的版块分区，分为综合信息讨论区、操作系统、程序设计交流区和数据库技术 4 个版块，其数据存储于 tb_type_big 数据表中。二是对应不同的版块中不同语言和技术的分类，分为 6 种，其数据存储于 tb_type_small 表中。论坛分类的运行结果如图 2.35 所示。

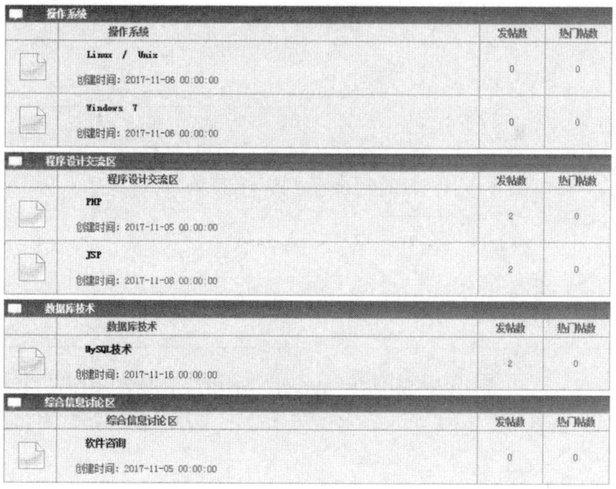

论坛分类的实现原理很简单，首先从 tb_type_big 表中读取 6 个版块中的数据，进行循环输出，然后在版块中嵌套循环，用于输出不用语言的分类数据。该功能主要通过 bbs_index.php 文件来完成，bbs_index.php 文件的程序代码如下：

图 2.35　论坛分类的运行结果

例程 15　代码位置：资源包\TM\02\bcty365\bbs_index.php

```php
<?php
include_once("top.php");              //调用网站头文件
include_once("bbs_top.php");          //调用社区论坛的头文件
?>
<div class="main-box">
<?php
```

```
//循环输出数据表 tb_type_big 中的 4 个版块数据
$sql=mysqli_query($conn,"select * from tb_type_big order by createtime desc");
$info=mysqli_fetch_array($sql);
if($info==false){                                          //如果返回值为 false，则执行下面的内容
?>
……省略了部分代码
<?php
    }else{                                                 //如果返回值为 true，则执行 do…while 循环语句
        /*外部嵌套循环，输出论坛中的版块分类数据*/
❶       do{
?>
……省略了部分代码
<table cellspacing="1" bgcolor="#6EBEC7">
        <?php
            //循环输出 tb_type_small 表中的不同语言和技术的分类数据
            $sql1=mysqli_query($conn,"select * from tb_type_small where bigtypeid='".$info["id"]."'");
            $info1=mysqli_fetch_array($sql1);
            if($info1==false){                             //判断如果返回值为 false，则执行下面的内容
        ?>
……省略了部分代码
<?php
    }else{          //如果返回值为 true，则执行下面的内容，输出该版块中对应语言和技术的帖子详细信息
?>
……省略了部分代码
    <?php    /*内部嵌套循环，输出不同语言和技术的分类*/
❷               do{             ?>
……省略了部分代码
    <?php
            }while($info1=mysqli_fetch_array($sql1));
            /*内部嵌套循环结束*/
    }
    ?>
</table>
</div>
  <?php
        }while($info=mysqli_fetch_array($sql));
        /*外部嵌套循环结束，对版块中的大类进行输出*/
}
 ?>
<?php    include_once("bottom.php");           ?>
```

🔊 代码贴士

❶ do…while 循环语句，对论坛中大的版块分类进行循环输出。

❷ do…while 循环语句，对论坛中一个版块的不同语言和技术进行循环输出。

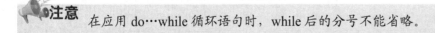
注意   在应用 do…while 循环语句时，while 后的分号不能省略。

2.11.4　论坛帖子浏览的实现过程

⊞　论坛帖子浏览使用的数据表：tb_bbs、tb_user、tb_reply

论坛帖子浏览主要输出指定帖子的详细信息，包括发帖人、用户级别和注册的时间，以及帖子的主题、内容和发帖时间，包括上传的图片。本模块是用户权限使用体现的最明显地方，可以分为 3 种情况：第一以浏览者进行登录，只能是浏览帖子的内容，没有其他权限；第二以会员进行登录，可以对帖子进行回复，发表自己的看法；第三以管理的身份进行登录，不但可以回复帖子，而且可以对任何人发布和回复的帖子进行删除和顶帖的操作。下面就来看一下以管理员身份进行登录时都具备哪些权限，运行结果如图 2.36 所示。

图 2.36　管理员浏览帖子的结果图

论坛帖子浏览的功能通过 bbs_lookbbs.php 文件完成，首先根据传递的 ID 值读取指定的帖子数据，然后判断登录用户的类型，最后根据用户不同的类型执行不同的操作。代码如下：

例程 16　代码位置：资源包\TM\02\bcty365\bbs_lookbbs.php

```php
<?php
include_once("top.php");
include_once("bbs_top.php");
//根据$_GET 传递的数据获取 tb_bbs 中的数据
$sqlb=mysqli_query($conn,"select * from tb_bbs where id='".$_GET["id"]."'");
$infob=mysqli_fetch_array($sqlb);
//根据$_GET 传递的数据获取 tb_user 中的数据
$sql4=mysqli_query($conn,"select * from tb_user where id='".$infob["userid"]."'");
$info4=mysqli_fetch_array($sql4);
?>
...                                                     //省略了部分 HTML 代码
<li>用户级别:
        <?php
        //根据用户信息表 tb_user 中字段 usertype 的值判断该用户的类型
        //如果值为 1 则是管理员，值为 2 则是后台管理员，值为 0 则是普通会员
❶       if($info4["usertype"]=="1") echo "管理员";else echo "普通会员";
        ?>
```

```
        </li>
...                                                                //省略了部分 HTML 代码
<div><img src="images/lt_15_11.jpg" width="25" height="25">
        <span><?php echo $infob["createtime"];?></span></div>
        <div>
            <?php
        //判断 tb_bbs 表中的字段 photo 是否为空，为空则执行下面的内容
❷          if($infob['photo']!=""){
            $photos=substr($infob['photo'],2,70);              //获取图片在服务器中的存储路径
            echo (stripslashes($infob["content"]));            //输出帖子的内容
            echo "<img src=\"$photos\">";                      //根据获取的图片路径，输出服务器中的图片
          }else{                              //如果 tb_bbs 表中的图片字段 photo 为空，则执行下面的内容
❸          echo (stripslashes($infob["content"]));            //只输出帖子的内容
          }
        ?>
        </div>
        <div>
            <img  src="images/lt_15_9.jpg"  width="72"  height="23"  id="button_show_bbs"    style="cursor:
hand" onClick="<?php
            if(!isset($_SESSION["unc"])){
              echo "javascript:alert('请先登录本站，然后回复帖子！');window.location.href='index.php';";
            }else{
            ?>
              show_reply()
            <?php
            }
        ?>"/><img src="images/lt_15_5.jpg" width="72" height="23" style="cursor:hand" onclick= "<?php
        //如果$_SESSION["unc"]的值为空，则不可以进行顶帖子的操作
        if(!isset($_SESSION["unc"])){
            echo "javascript:alert('请先登录本站,然后进行此操作！');window.location.href='index.php';";
        }else{
        //否则将判断当前用户的类型，如果是管理员则可以顶帖
        $sqlu=mysqli_query($conn,"select   usertype from tb_user where usernc='".$_SESSION
["unc"]."'");
        $infou=mysqli_fetch_array($sqlu);
❹          if($infou["usertype"]==1){              //如果用户的类型为 1，则有顶帖的权限
                echo "javascript:window.location.href='settop.php?id=".$infob["id"]."'";
            }else{                               //否则不具备该权限
                echo "javascript:alert('对不起，您不具备该操作权限！');";
            }
        }
        ?>
        "/>
❺      <?php
        //判断当前用户是否具有删除帖子的权限
        if(isset($_SESSION["unc"])){
            //条件为用户不能为空，并且是管理员，才具备删除帖子的权限
```

```
        $sqlu=mysqli_query($conn,"select usertype from tb_user where usernc="'.
$_SESSION["unc"].""");
        $infou=mysqli_fetch_array($sqlu);
        if($infou["usertype"]==1){
    ?><img src="images/lt_15_10.jpg" onclick="javascript:if(window.confirm('您确定删除该帖
么？')==true){window.location.href='bbs_delete.php?id=<?php echo $infob["id"]?>';}" style="cursor:hand"/>
        <?php
            }
        }
    ?>
    </div>
```

📢 **代码贴士**

❶ $info4["usertype"]：判断用户的类型，如果值为 1 是管理员，否则为普通会员。

❷ $infob[photo]：判断发布的帖子中是否含有图片，如果有则输出，没有则不输出。

❸ stripslashes()：将应用 addcslashes()函数处理后的字符串返回原样。

❹ 判断登录用户是否具有顶帖的权限。

❺ 判断登录用户是否具有删除帖子的权限。

说明 上面给出的是该文件的部分代码，主要讲解了该功能的实现方法，完整的代码可以参考
本书资源包中的 TM\02\bcty365\bbs_lookbbs.php 文件。

2.11.5 论坛帖子发布的实现过程

　论坛帖子发布使用的数据表：tb_bbs、tb_user

论坛帖子发布通过两个文件来完成：一个是帖子发布信息的提交页 bbs_pubbs.php；另一个是对提
交的数据进行处理的 retrieve.php 文件。该功能实现的运行结果如图 2.37 所示。

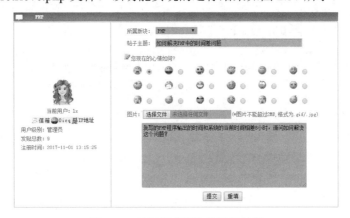

图 2.37　帖子发布模块的运行结果

在发布信息的提交页中，显示当前用户的个人信息，设置添加数据表单元素，其中表单元素的设
计如表 2.9 所示。

表 2.9　发布信息页中使用的表单元素

名　　称	元素类型	重 要 属 性	含　义
form_bbs	form	method="post" action="retrieve.php" enctype="multipart/form-data"	发帖表单

bbs_type	select	class="inputcss" style="background-color:#6EBEC7">
		<?php
		　　$sql=mysqli_query($conn,"select * from tb_type_small order by createtime desc");
		　　$info=mysqli_fetch_array($sql);
		　　if($info==false){
		　echo "<option>暂无讨论区</option>";
		　　}else{
		　　do{
		?>
		<option value="<?php echo $info['id'];?>"<?php if($_GET['id']==$info['id']) {echo "selected=\"selected\"";}?>><?php echo $info['title'];?></option>
		　　<?php　　}
		　　while($info=mysqli_fetch_array($sql));
		　　}?>
			选择发表帖子的语言或者技术的类别

bbs_title	text	class="inputcss" style="background-color:#6EBEC7">	帖子标题
bbs_head	radio	value="<?php echo("images/bbsface/face".($i-1).".gif");?>"	表情图
bbs_photo	file	id="bbs_photo" class="inputcss" style="background-color:#6EBEC7" />	上传图片
content1	textarea	id="content1" class="inputcss" style="background-color:#6EBEC7">	帖子内容
Submit	submit	value="提交"	提交表单

在 retrieve.php 页中对表单提交的数据进行处理，将数据存储到 tb_bbs 表中，并且更新用户信息表 tb_uscr 中 pubtimes 字段的值，其中还应用了图片上传技术，将图片上传到服务器中指定的文件夹下。retrieve.php 文件的代码如下：

例程 17　代码位置：资源包\TM\02\bcty365\retrieve.php

```php
<?php
header("Content-type: text/html; charset=utf-8");        //设置文件编码格式
session_start();                                         //初始化 session 变量
$title=$_POST['bbs_title'];                              //获取帖子的标题
$content=$_POST['content1'];                             //获取帖子的内容
/*判断提交的帖子主题和帖子内容是否为空*/
if($title==""){
 echo "<script>alert('请输入帖子主题！');history.back();</script>";
 exit;
}
if($content==""){
 echo "<script>alert('请输入帖子内容！');history.back();</script>";
 exit;
}
include_once("conn/conn.php");                           //连接数据库
```

```
date_default_timezone_set("PRC");
//根据$_SESSION["unc"]的值读取数据库中用户的信息
$sql=mysqli_query($conn,"select * from tb_user where usernc='".$_SESSION["unc"]."'");
$info=mysqli_fetch_array($sql);                              //检索指定条件的数据信息
$userid=$info['id'];                                         //获取用户 id
$typeid=$_POST['bbs_type'];                                  //接收版块名称
$title=$_POST['bbs_title'];                                  //接收帖子主题
$content=$_POST['content1'];                                 //接收帖子内容
$head=$_POST['bbs_head'];                                    //接收头像
$createtime=date("Y-m-j H:i:s");                             //获取系统当前时间
$lastreplytime=$createtime;                                  //将当前时间赋给变量
$readtimes=0;
$link=date("YmjHis");
❶   if($_FILES['bbs_photo']["name"]==true){        //上传图片，判断文件是否存在，如果存在则执行下面的内容
❷       $photo_name=strtolower(stristr($_FILES["bbs_photo"]["name"],".")); //获取图片后缀名，将字符转换成
小写
    if($photo_name!=".gif" && $photo_name!=".jpg" && $photo_name!=".jpeg"){ //判断图片的格式是否符合要求
            echo "<script>alert('您上传的图片格式不正确!');history.back();</script>";
    }else{
❸          $paths1=$link.mt_rand(1000000,9999999).$photo_name;     //创建图片的名称
            $photos="./upfile/".$paths1;                            //创建图片的存储路径
❹              move_uploaded_file($_FILES['bbs_photo']["tmp_name"],$photos);     //将图片存储到指定的
文件夹下
            //向数据库添加数据
            if(mysqli_query($conn,"insert into tb_bbs(userid,typeid,title,content,createtime,lastreplytime,head,
readtimes,top,photo)  values  ('".$userid."','".$typeid."','".$title."','".$content."','".$createtime."','".$lastreplytime."',
'".$head."','".$readtimes."','0','$photos')")){
                mysqli_query($conn,"update tb_user set pubtimes=pubtimes+1");//更新 tb_user 中 pubtimes 字
段的值
                echo "<script>alert('新帖发表成功!');history.back();</script>";
                mysqli_close($conn);
            }else{
                echo "<script>alert('新帖发表失败!');history.back();</script>";
                mysqli_close($conn);
            }
        }
}else{//如果没有提交图片，则执行下面的内容
    if(mysqli_query($conn,"insert into tb_bbs(userid,typeid,title,content,createtime,lastreplytime,head,readtimes,top)
values
('".$userid."','".$typeid."','".$title."','".$content."','".$createtime."','".$lastreplytime."','".$head."','".$readtimes."','0')")){
        mysqli_query($conn,"update tb_user set pubtimes=pubtimes+1");
        echo "<script>alert('新帖发表成功!');history.back();</script>";
        mysqli_close($conn);
    }else{
        echo "<script>alert('新帖发表失败!');history.back();</script>";
        mysqli_close($conn);
    }
}
?>
```

🔊 代码贴士

❶ $_FILES['bbs_photo']["name"]: $_FILES[]全局变量，获取表单提交文件的原始名称。

❷ strtolower(): 将指定的字符转换为小写字母。

　　stristr(): 获取指定字符串（A）在另一个字符串（B）中首次出现的位置到（B）字符串末尾的所有字符串。该函数如果执行成功则返回剩余的字符串，否则将返回 false。

❸ mt_rand(): 生成一个随机数，用于上传文件的名称。

❹ move_uploaded_file(): 将指定的文件上传到指定的文件夹下。

2.11.6　论坛帖子回复的实现过程

📋　论坛帖子回复使用的数据表：tb_bbs、tb_user、tb_reply

回复论坛中的帖子，必须是以会员或者管理员的身份进行登录，否则不能进行帖子的回复操作，其运行结果如图 2.38 所示。

图 2.38　论坛帖子回复的运行结果

论坛帖子回复功能的实现主要通过 bbs_lookbbs.php 和 savereply.php 两个文件。其中应用 JavaScript 脚本对回复帖子的文本框进行输出和隐藏的控制。在 bbs_lookbbs.php 文件中，帖子回复使用的表单元素如表 2.10 所示。

表 2.10　论坛帖子回复中的重要表单元素

名　　称	元 素 类 型	重 要 属 性	含 　义
form_reply	form	method="post" action="savereply.php" enctype="multipart/form-data">	回复表单
reply_title	text	class="inputcss" id="reply_title"	回复帖子主题
bbsid	hidden	value="<?php echo $infob["id"];?>"	对应帖子的 ID
bbs_head	radio	value="<?php echo("images/bbsface/face".($i-1).".gif");?>"	表情图
bbs_photo	file	id="bbs_photo" class="inputcss"	上传图片
content1	textarea	id="content1"	回复帖子内容
Submit	submit	value="提交"	提交表单

在帖子回复表单 bbs_lookbbs.php 页中，首先判断登录用户是否具有回复的权限，然后根据提交的

值展开回复表单的文本框，在文本框中输入回复的主题和内容，最后将数据提交到表单处理页 savereply.php 中。bbs_lookbbs.php 的主要代码如下：

例程 18　代码位置：资源包\TM\02\bcty365\bbs_lookbbs.php

```
<script language="javascript">
//设计回复帖子表格的输出方式
function show_reply(){                                         //定义一个函数
    if(reply_bbs1.style.display=="")                           //判断当 display 的值为空时
        {
            reply_bbs1.style.display="none";                   //不输出表格
                }
    else if(reply_bbs1.style.display=="none")                  //判断当 display 的值为 none 时
        {
            reply_bbs1.style.display="";                       //输出表格
                }
}
</script>
<!-- -------------------------------------判断登录用户是否具有回复的权限------------------------------------- -->
<img src="images/lt_15_9.jpg" width="72" height="23" id="button_show_bbs"    style="cursor:hand" onClick="<?php
                if(!isset($_SESSION["unc"])){
                    echo "javascript:alert('请先登录本站，然后回复帖子！');window.location.href='index.php';";
                }else{
                ?>
                  show_reply()
                <?php
                    }
                ?>"/>
```

表单处理页 savereply.php 将表单提交的数据存储到指定的数据库中，其实现的方法与论坛发布中的表单处理技术是相同的，有关该技术的详细讲解请参考 2.11.5 节，这里不再赘述。

2.11.7　单元测试

在测试网上社区的论坛模块时，发现发帖时上传的图片不能够正常显示，运行结果中出现错误提示，如图 2.39 所示。分析错误原因，在图片上传成功后，没能正确地读取数据库中指定图片的路径。

图 2.39　程序运行错误结果图

在 bbs_lookbbs.php 页面中查看获取的图片路径是否正确。发现在读取数据库中图片路径的代码段中，使用了错误的字段名称，数据库中图片路径存储使用的字段名是 photo，而在程序代码段中使用的却是 photos。错误代码如下：

```php
<?php
    if($infob['photo']!=""){                                   //判断是否存在图片
        $photos=substr($infob['photos'],2,70);                 //获取图片存储的路径
        echo (stripslashes($infob["content"]));                //输出帖子的内容
        echo "<img src=\"$photos\">";                          //输出图片
    }else{
        echo (stripslashes($infob["content"]));                //输出帖子内容
    }
?>
```

将代码段中的字段名进行修改，然后重新运行程序，图片正常显示。

2.12 后台首页设计

作为一个完整的网上社区系统，要想能够及时地对网站进行管理和维护，必须具有一个强大的后台管理系统，对网上社区系统中的数据进行更新和维护。

2.12.1 后台首页概述

网上社区系统的后台管理采用的是一种简单的框架结构，通过 switch 语句来实现。其包括如下具体内容。

- ☑ 软件试用管理：包括软件试用产品的添加和删除。
- ☑ 编程词典管理：包括编程词典版本的添加、删除和编程词典内容的添加和删除。
- ☑ 在线订购管理：主要用于管理用户提交的订单。
- ☑ 软件升级管理：包括升级包的添加、删除和序列号的添加和删除。
- ☑ 站内公告管理：主要用于添加和删除站内公告。
- ☑ 技术支持管理：主要用于添加常见问题和删除常见问题，以及对客户反馈信息进行管理。

本案例中提供的后台首页如图 2.40 所示。该页面在本书资源包中的路径为\TM\02\bcty365\admin\default.php。

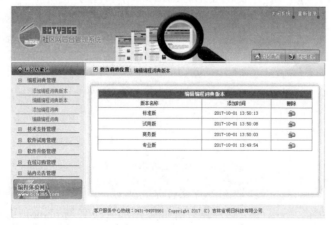

图 2.40 BCTY365 网上社区系统后台首页

2.12.2　后台首页技术分析

网上社区后台首页的设计主要应用 switch 语句和 include 包含语句，其实现的原理是：应用 switch 语句，根据超链接中传递的变量值进行判断，根据不同的变量值应用 include 调用不同的子文件。该技术的实现流程如图 2.41 所示。

应用 if 语句判断变量提交的值

应用 include 根据不同的值输出不同的子文件

图 2.41　网上社区后台首页设计流程

为了能够更好地理解这个技术，先来了解一下 switch 语句。该语句的格式如下：

```
switch(expr){                          //expr 条件为变量名称
    case expr1:                        //case 后的 expr1 为变量的值
        statement1;                    //冒号（:）后的是符合该条件时要执行的部分
    break;                             //应用 break 来跳离循环体
    case expr2:
        statement2;
    break;
    default:
        statementN;
    break;
}
```

参数 expr 是表达式的值，即 switch 语句的条件变量的名称；参数 expr1 放置于 case 语句之后，是要与条件变量 expr 进行匹配的值中的一个；statement1 是在参数 expr1 的值与条件变量 expr 的值相匹配时执行的代码；break 语句实现终止语句的执行，即当语句在执行过程中，遇到 break 就停止执行，跳出循环体；default 是 case 的一个特例，匹配了任何其他 case 都不匹配的情况，并且是最后一条 case 语句。

通过 switch 和 include 语句来实现后台管理功能的设计是一个很好的方法，不但实现过程简单，而且操作也非常灵活。关键代码如下：

例程 19　代码位置：资源包\TM\02\bcty365\admin\wzdh.php

```php
<?php
switch(isset($_GET['htgl'])?$_GET['htgl']:""){      //根据变量提交的不同值
    case "添加编程词典版本":                           //判断与变量提交的值是否相同
        include("addbb.php");                        //如果值相同，则调用指定的文件
    break;                                           //并且跳出本次循环
    case "编辑编程词典版本":
```

101

```
include("editbd.php");
  break;
    ...                                          //部分代码省略
case "":                                         //当变量的值为空时
include("edittell.php");                         //调用该文件
  break;
}
?>
```

2.12.3　后台首页的实现过程

⊞　后台首页使用的数据表：tb_bb

在后台首页的设计过程中，以 switch 语句为基础，架设整个后台管理功能的框架结构；充分发挥 include 包含语句的作用，调用不同的文件执行不同的管理操作；应用 JavaScript 脚本来控制栏目列表的输出和隐藏。

控制栏目列表的输出和隐藏在 menu.php 文件中进行，首先定义一个函数 change()用于控制表格的输出和隐藏，然后在表格中应用 onclick 事件传递不同的值到自定义函数 change()，最后根据不同的值显示不同的内容。关键代码如下：

例程 20　代码位置：资源包\TM\02\bcty365\admin\menu.php

```
<script language="javascript">
//通过脚本语言控制文本框的伸展和收缩
function change(x,y){                             //定义一个函数
    if(x.style.display=="none"){                 //判断当样式的值为 none 时
        x.style.display="";                      //输出样式的值为空
    }
    else if(x.style.display==""){                //判断当样式的值为空时
        x.style.display="none";                  //输出样式的值为 none
        y.background="images/bg_16_11.jpg";      //输出背景图片
        }
    }
}
</script>
<table width="175" height="28" border="0" align="center" cellpadding="0" cellspacing="4"
onclick="change(tz1,img_tz1)" style="cursor:hand">
  <tr>
    <td background="images/bg_16_11.jpg" id="img_tz1" class="a4"><div align="left"><img
src="images/bg_16_21.jpg"> 编程词典管理</div></td>
  </tr>
</table>
<table name="tz1" id="tz1" width="170" height="40" border="0" align="center" cellpadding="0" cellspacing="0"
<?php
    //根据变量的值选择执行的内容，当变量的值不为真时，隐藏该表格
    if(isset($_GET['htgl']) && !($_GET['htgl']=="添加编程词典版本" ||$_GET['htgl']=="编辑编程词典版本"
||$_GET['htgl']=="添加编程词典" ||$_GET['htgl']=="编辑编程词典")){
?>
    style="display:none"
```

```
<?php    }  ?>
>
    <tr>
        <td width="40" height="24" background="images/bg_16_16.jpg"> </td>
        <td width="114" background="images/bg_16_16.jpg"><div align="left"><a href="default.php?htgl=添加编程
词典版本">添加编程词典版本</a></div></td>
    </tr>
</table>
```

说明　这里给出的只是后台首页实现过程中的主要代码，详细代码可参考本书资源包 TM\02\ bcty365\admin\文件夹下的相关文件。

视频讲解

2.13　编程词典管理模块设计

本模块的功能是对网站中的编程词典进行管理，包括添加编程词典版本、编辑编程词典版本、添加编程词典和编辑编程词典。

2.13.1　编程词典管理模块概述

本模块的主要功能是管理网站中在线出售的编程词典软件，实现对编程词典软件的及时更新和维护，其管理的内容主要包括添加和编辑编程词典的版本，添加和编辑编程词典的详细信息。在添加编程词典时，包括名称、版权、图片、类别、内容简介和不同版本的共同点；编辑编程词典包括版本、价格、简介、功能和服务，其中每一个编程词典软件只可以编辑一次，不可以进行重复编辑，如果要重新编辑，就必须将已经编辑过的信息删除。

2.13.2　编程词典管理模块技术分析

在编程词典管理模块中，应用到图片上传技术，通过该技术将编程词典的界面效果上传到服务器的指定文件夹下。该技术主要通过 move_uploaded_file()函数来实现，其中还应用到 is_dir()、mkdir()函数，判断指定的文件夹是否存在和创建文件夹，还有 mt_rand()、strstr()函数和$_FILES[]全局变量。为了更好地理解和掌握图片上传处理技术，这里以编程词典模块中的 savebccd.php 文件为例进行讲解。

首先应用 is_dir()函数判断在服务器中是否存在指定的文件夹，如果不存在，则应用 mkdir()函数创建一个新的文件夹。

然后应用$_FILES[]全局变量获取图片名，应用 strstr()函数获取图片文件的后缀名，为了避免出现同名文件覆盖，这里应用系统的当前时间和 mtrand()函数获取的一个 7 位随机数字作为图片的名称。

最后确定图片在服务器中存储的路径，将图片上传到指定的文件夹下。而数据库中存储的数据是图片在服务器中的路径，当需要输出图片时，只需要获取到数据库中图片的路径即可。savebccd.php 文件的代码如下：

例程 21　代码位置：资源包\TM\02\bcty365\admin\savebccd.php

```php
<?php
header("Content-type: text/html; charset=utf-8");                           //设置文件编码格式
include_once("../conn/conn.php");                                            //连接数据库
$bccdname=$_POST['bccdname'];                                                //获取 POST 方法提交的值
$owner=$_POST['owner'];
$typeid=$_POST['typeid'];
$content=$_POST['content'];
$samepart=$_POST['samepart'];
date_default_timezone_set("PRC");
$addtime=date("Y-m-j H:i:s");                                               //获取当前时间
❶    if(is_dir("./bccdimages")==false){                                     //判断指定的文件是否存在
❷        mkdir("./bccdimages");                                             //如果不存在，则创建一个新的文件夹
}
$link=date("YmjHis");                                                        //获取当前时间
//为表单中提交的数据重新命名，以当前时间和随机数作为名称
//其中使用$_FILES获取表单中真实的名称，使用 strstr()函数获取文件的后缀
❸    $path=$link.mt_rand(1000000,9999999).strstr($_FILES["imageaddress"]["name"],".");
$address="./bccdimages/".$path;                                             //定义文件上传的路径
❹    move_uploaded_file($_FILES["imageaddress"]["tmp_name"],$address);//将文件上传到指定的文件中
$imageaddress="./admin/bccdimages/".$path;                                  //获取上传文件在服务器中的存储路径
//将表单中提交的数据存储到数据库中
$query=mysqli_query($conn,"insert into tb_bccd(bccdname,owner,typeid,content,samepart,imageaddress,addtime)
values('$bccdname','$owner','$typeid','$content','$samepart','$imageaddress','$addtime')");
if($query==true){
    echo "<script>alert('编程词典添加成功！');history.back();</script>";
}else{
    echo "<script>alert('编程词典添加失败！');history.back();</script>";
}
?>
```

📢 代码贴士

❶ is_dir()：判断指定的文件夹是否存在，如果存在则返回 true，否则返回 false。

❷ mkdir()：创建一个新的文件夹。

❸ mt_rand()：根据提供的参数 min 和 max 生成随机数，如果没有提供可选参数 min 和 max，则返回 0 到 RAND_MAX 之间的伪随机数。

　　strstr()：获取一个指定字符串在另一个字符串中首次出现的位置到后者末尾的子字符串。如果执行成功，则返回剩余字符串（存在相匹配的字符）；如果没有找到相匹配的字符，则返回 false。

　　$_FILES[]：全局变量，获取所有上传文件的信息。该全局变量还可以获取到其他的值，其中$_FILES['imageaddress']['name']获取的是客户端机器文件的原名称；$_FILES['imageaddress']['size']获取已上传文件的大小，单位为字节；$_FILES['imageaddress']['tmp_name']获取文件被上传后在服务端存储的临时文件名；$_FILES['imageaddress']['error']获取和该文件上传相关的错误代码。

❹ move_uploaded_file(string filename,string destination)：应用 POST 方法实现文件的上传，参数 filename 指定要上传的文件地址；参数 destination 指定文件上传到服务器后的存储目录及名称。

📢 注意
　　应用 POST 方法上传图片文件时，应当在上传表单的<form>标记中添加内容 "enctype=
"multipart/form-data""。

2.13.3　添加编程词典的实现过程

📋　添加编程词典使用的数据表：tb_bccd、tb_type

添加编程词典的功能是向数据库中添加编程词典的详细信息，包括编程词典的名称、版权、图片、类别、内容简介和不同版本的共同点。其运行结果如图 2.42 所示。

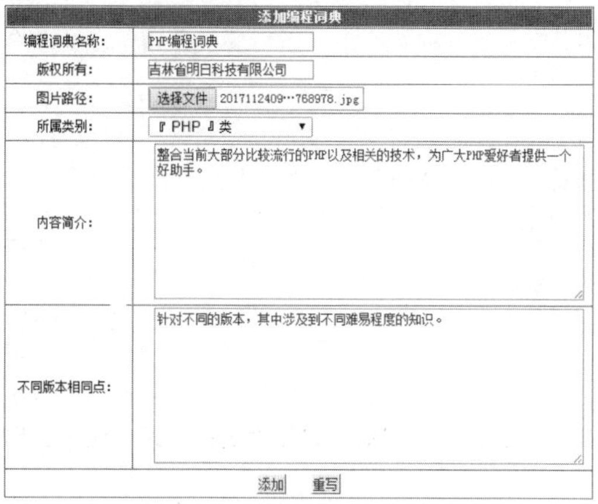

图 2.42　添加编程词典模块的运行结果

添加编程词典信息模块主要通过 addbccd.php 和 savebccd.php 文件来完成，其中在 addbccd.php 文件中主要是设计表单元素，而 savebccd.php 文件主要是对表单中提交的数据进行处理。addbccd.php 文件中使用的表单元素如表 2.11 所示。

表 2.11　添加编程词典页中使用的重要表单元素

名　　称	元素类型	重 要 属 性	含　　义
form1	form	method="post" action="savebccd.php" onSubmit="return chkinput(this)" enctype="multipart/form-data">	编程词典表单
bccdname	text	size="25" class="txt_grey"	编程词典名称
owner	text	size="25" class="txt_grey"	版权所有者
imageaddress	file	size="25" class="txt_grey"	界面图片

typeid	select	<?php include_once("../conn/conn.php");
		$sql=mysqli_query($conn,"select * from tb_type order by createtime desc");
		$info=mysqli_fetch_array($sql);
		if($info==false){ echo "<option >暂无类别</option>";
		}else{
		do{
		　echo "<option value=".$info['id'].">".$info['typename']."</option>"; }
		while($info=mysqli_fetch_array($sql));}　　　　　　　?>
			选择编程词典的版本

content	textarea	rows="10" cols="65" class="textarea"	内容简介
samepart	textarea	rows="10" cols="65" class="textarea"	不同版本的特点
Submit	submit	value="添加" class="btn_grey"	提交表单

savebccd.php 文件实现对表单中提交的数据进行处理，首先通过$_POST 获取表单中提交的数据，然后判断指定的文件夹是否存在，最后将数据存储到指定的数据表中。关键代码如下：

例程 22 　代码位置：资源包\TM\02\bcty365\admin\savebccd.php

```php
<?php
header("Content-type: text/html; charset=utf-8");              //设置文件编码格式
include_once("../conn/conn.php");                              //连接数据库
$bccdname=$_POST['bccdname'];                                 //获取 POST 方法提交的值
$owner=$_POST['owner'];
$typeid=$_POST['typeid'];
$content=$_POST['content'];
$samepart=$_POST['samepart'];
date_default_timezone_set("PRC");
$addtime=date("Y-m-j H:i:s");                                  //获取当前时间
❶    if(is_dir("./bccdimages")==false){                       //判断指定的文件是否存在
❷        mkdir("./bccdimages");                                //如果不存在，则创建一个新的文件夹
}
$link=date("YmjHis");                                          //获取当前时间
//为表单中提交的数据重新命名，以当前时间和随机数作为名称，其中使用$_FILES 获取表单中真实的名称，使用
strstr()函数获取文件的后缀
❸    $path=$link.mt_rand(1000000,9999999).strstr($_FILES["imageaddress"]["name"],".");
$address="./bccdimages/".$path;                               //定义文件上传的路径
move_uploaded_file($_FILES["imageaddress"]["tmp_name"],$address);  //将文件上传到指定的文件中
$imageaddress="./admin/bccdimages/".$path;                    //获取上传文件在服务器中的存储路径
//将表单中提交的数据存储到数据库中
$query=mysqli_query($conn,"insert into tb_bccd(bccdname,owner,typeid,content,samepart,imageaddress,addtime)
values('$bccdname','$owner','$typeid','$content','$samepart','$imageaddress','$addtime')");
if($query==true){
        echo "<script>alert('编程词典添加成功!');history.back();</script>";
}else{
        echo "<script>alert('编程词典添加失败!');history.back();</script>";
}
?>
```

🔊 代码贴士

❶ is_dir()：判断指定的文件是否存在。

❷ mkdir()：创建一个新的文件夹。

❸ mt_rand()：获取随机数字。

　　strstr()：获取一个指定字符串在另一个字符串中首次出现的位置到后者末尾的子字符串。如果执行成功，则返回剩余字符串（存在相匹配的字符）；如果没有找到相匹配的字符，则返回 false。

2.13.4　编辑编程词典的实现过程

　　▦　编辑编程词典使用的数据表：tb_bccd、tb_bb、tb_bbqb

　　在完成对编程词典信息的添加后，接下来就可以对编程词典的版本信息进行编辑，主要添加版本信息、价格、简介、功能和推出的服务。该模块的运行结果如图 2.43 所示。

图 2.43　编辑编程词典模块的运行结果

　　该功能的实现同样通过两个文件：一个是提交表单的文件 editbccd.php；另一个是处理表单提交数据的文件 sacvbccdbb.php。提交表单文件 editbccd.php 中使用的表单元素如表 2.12 所示。

表 2.12　编辑编程词典页中使用的重要表单元素

名　称	元 素 类 型	重 要 属 性	含　义
form1	form	method="post" action="savebccdbb.php" onSubmit="return chkinput(this)">	编辑编程词典表单
bccdname	text	class="txt_grey" disabled="disabled" value=" <?php $sql4=mysqli_query($conn,"select bccdname from tb_bccd where id= '".$_GET['bccdid']."'"); $info4=mysqli_fetch_array($sql4); echo unhtml($info4['bccdname']);　?>	编程词典名称，这里设置了文本的只读属性
bccdid	hidden	value="<?php echo $_GET['bccdid'];?>	编程词典的 ID

bbid	select	<?php　$sql3=mysqli_query($conn,"select * from tb_bb order by
		createtime desc ");
		　$info3=mysqli_fetch_array($sql3);
		　if($info3==false){ echo　"<option>暂无版本信息</option>";
		　}else{
		　do{　?>
		<option　value="<?php echo $info3['id'];?>"><?php echo unhtml($info3['bbname']);?></option>
		<?php }while($info3=mysqli_fetch_array($sql3)); }?>
			选择编程词典的版本

Submit	submit	value="添加" class="btn_grey"	提交表单

sacvbccdbb.php 文件对表单提交的数据进行处理，首先获取表单中提交的数据，然后判断指定的版本是否已经被添加，最后将数据存储到指定的数据表中。代码如下：

例程 23 代码位置：资源包\TM\02\bcty365\admin\savebccdbb.php

```php
<?php
header("Content-type: text/html; charset=utf-8");          //设置文件编码格式
$bccdid=$_POST['bccdid'];                                  //获取表单中提交的数据
$bbid=$_POST['bbid'];                                      //获取编程词典 ID
$price=$_POST['price'];                                    //获取编程词典单价
$content=$_POST['content'];                                //获取编程词典内容
$gn=$_POST['gn'];                                          //获取编程词典功能
$fw=$_POST['fw'];                                          //获取编程词典服务
include_once("../conn/conn.php");                          //连接数据库文件
//判断提交的编程词典是否已经被添加
$sql=mysqli_query($conn,"select id from tb_bbqb where bccdid='".$bccdid."'");
$info=mysqli_fetch_array($sql);                            //检索指定编程词典的 ID
if($info!=false){                                          //如果检索值为假，则弹出提示
    echo "<script>alert('该版编程词典已经添加！');history.back();</script>";
    exit;
}
$query=mysqli_query($conn,"insert   into   tb_bbqb(bccdid,bbid,price,content,gn,fw)   values('$bccdid','$bbid','$price',
'$content','$gn','$fw')");                                 //将表单中提交的数据存储到数据库中
//更新编程词典的价格
$querys=mysqli_query($conn,"update tb_bccd set bbid='$bbid',price='$price' where id='".$bccdid."'");
echo mysqli_error();
if($query==true and $querys==true){                        //如果添加和更新操作为真，则弹出提示
    echo "<script>alert('版本信息添加成功！');history.back();</script>";
}else{                                                     //如果添加和更新操作为假，则弹出提示
echo "<script>alert('版本信息添加失败！');history.back();</script>";
}
?>
```

视频讲解

2.14 软件升级管理模块设计

2.14.1 软件升级管理模块概述

软件升级管理模块实现对软件升级包的管理，其具体的功能包括添加升级包、编辑升级包、添加序列号和编辑序列号。软件升级管理模块中的添加升级包和添加序列号是一一对应的，其中根据所属的类别和版本来确定升级包对应的序列号，每一个版本和类别的升级包对应一个序列号。

2.14.2 软件升级管理模块技术分析

在软件升级包管理模块中，应用到一个动态输出下拉列表框中值的技术。下面就来讲解一下该技

术是如何实现的，在讲解该技术之前，先来了解下拉列表框的基本结构。

```
<select name="select"><!--name 指定该下拉列表框的名称-->
    <!--selected 设置下拉列表框的默认值，默认值为 PHP-->
    <option selected="selected">PHP</option>
    <!--value 指定的 mysql 是下拉列表框传递的值，MYSQL 为显示的内容-->
    <option value="mysql">MYSQL</option>
</select>
```

所谓动态输出下拉列表框中的值就是从数据库中读取数据，将获取到的数据输出到下拉列表框中，而不是直接在下拉列表框中设置某个固定的值。这里以软件升级管理模块 addsjb.php 文件中的所属类别下拉列表框为例进行讲解，其中设置下拉列表框的名称为 typeid，默认值为"请选择"，value 的值是从数据库中获取的 ID 值，显示的内容为从数据库中获取的类型名称。动态输出下拉列表框中的值使用的关键代码如下：

例程 24　代码位置：资源包\TM\02\bcty365\admin\addsjb.php

```php
<!-- ----------------------------------------设置下拉列表框的名称为 typeid---------------------------------- -->
<select name="typeid" class="txt_grey">
    <option value="" selected="selected">请选择</option>
    <!-- ----------------------------------------设置下拉列表框的名称为 typeid---------------------------- -->
    <?php
        include_once("../conn/conn.php");                    //连接数据库
        //从数据库中读取编程词典类型的数据
        $sql=mysqli_query($conn,"select * from tb_type order by createtime desc");
        $info=mysqli_fetch_array($sql);
        if($info==false){
            echo "<option >暂无类别</option>";
        }else{
            do{                                              //应用 do…while 循环语句输出类型的 ID 和类型的名称
                echo "<option value=".$info['id'].">".$info['typename']."</option>";
            }
            while($info=mysqli_fetch_array($sql));            //do…while 循环语句结束
        }
    ?>
</select>
```

下拉列表框不但可以动态输出数据库中某个字段的数据，而且可以输出数组中的数据。下面就实现一个在下拉列表框中动态输出数组中数据的功能，首先创建一个下拉列表框，然后设置下拉列表框的值，从数组中读取数据，应用 for 循环语句进行输出。代码如下：

```php
<!-- ----------------------------------设置下拉列表框的名称为 select-------------------------------- -->
<select name="select" size="1">
<?php
    $string="ASP,PHP,JSP,.NET,DEL,VB,VC";                    //定义一个字符串
    $srtings=split(",",$string);                             //对字符串进行分割
    $count=count($srtings);                                  //获取数组中元素的数量
    for($i=0;$i<$count;$i++){                                 //根据数组中元素的数量进行循环输出
```

```
        $result=$srtings[$i];                              //定义变量，获取数组中指定的元素
        echo "<option>$result</option>";}                  //将数组中的元素输出到下拉列表框中
?>
</select>
```

2.14.3 软件升级包上传的实现过程

📋　软件升级包上传使用的数据表：tb_bb、tb_type、tb_sjxz

软件升级包上传在添加升级包模块中实现，通过一个文件域文本框将升级包提交到服务器中指定
的文件下，并且将该文件在服务器中的路径存储到数据库
中，便于在前台实现对软件升级包的下载。其运行结果如
图 2.44 所示。

在本模块中通过 addsjb.php 文件来提交升级包的信
息，通过 savesj.php 文件来对表单提交的数据进行处理。
其中在将升级包上传到服务器的指定文件夹的过程中，主
要应用的是 move_uploaded_file()函数。在 savesj.php 文件
中，首先获取表单提交的数据，然后判断服务器中是否存

图 2.44　软件升级包上传的运行结果

在指定的文件，最后应用 move_uploaded_file()函数将升级包上传到指定的文件夹下，并且将数据存储
到指定的数据表中。程序代码如下：

例程 25　代码位置：资源包\TM\02\bcty365\admin\savesj.php

```php
<?php
header("Content-type: text/html; charset=utf8");            //设置文件编码格式
$name=$_POST['name'];                                       //获取表单提交的数据
$typeid=$_POST['typeid'];                                   //获取表单提交的数据
$content=$_POST['content'];                                 //获取表单提交的数据
date_default_timezone_set("PRC");                           //设置时区
$addtime=date("Y-m-j H:i:s");                               //定义时间变量
$bbid=$_POST['bbid'];                                       //获取表单提交的数据
if(is_dir("./sjxz")==false){                                //判断指定的文件夹是否存在
    mkdir("./sjxz");                                        //如果指定的文件夹不存在，则创建一个指定的文件夹
}
$link=date("YmjHis");                                       //获取一个时间
$path=$link.mt_rand(1000000,9999999).strstr($_FILES["address"]["name"],".");//重新设置升级包名称
$address="./sjxz/".$path;                                   //设置升级包在服务器中存储的指定路径
move_uploaded_file($_FILES["address"]["tmp_name"],$address);//将升级包上传到指定的路径下
$address="./admin/sjxz/".$path;                             //获取升级包在服务器中的存储路径
include_once("../conn/conn.php");                           //连接数据库文件
//将上传的数据存储到数据库中，这里将升级包在服务器中的路径存储到数据库中
$query=mysqli_query($conn,"insert into tb_sjxz(name,typeid,content,addtime,address,bbid) values('$name',
'$typeid','$content','$addtime','$address','$bbid')");
if($query){                                                 //如果添加操作成功，则弹出提示
  echo "<script>alert('升级包添加成功！');history.back();</script>";
}else{                                                      //如果添加操作失败，则弹出提示
```

```
    echo "<script>alert('升级包添加失败！');history.back();</script>";
}
?>
```

2.14.4　软件升级包删除的实现过程

> 软件升级包删除使用的数据表：tb_bb、tb_type、tb_sjxz

　　软件升级包删除的实现主要根据当前数据中提供的 ID，执行 delete 删除语句，将数据表中相同 ID 的数据删除。其运行结果如图 2.45 所示。

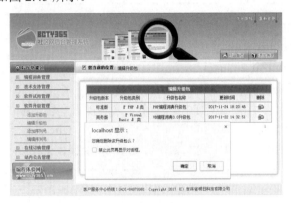

图 2.45　软件升级包删除的运行结果

　　该功能主要通过 editsjb.php 文件和 deletesjb.php 文件实现。通过 editsjb.php 文件输出数据库中存储的有关升级包的信息，以分页的形式显示，在每条记录的最后设置一个删除链接，通过脚本来调用 deletesjb.php 文件，根据变量中的 ID 值执行删除升级包的操作。关键代码如下：

例程 26　代码位置：资源包\TM\02\bcty365\admin\deletesjb.php

```php
<?php
header("Content-type: text/html; charset=utf-8");          //设置文件编码格式
$id=$_GET['id'];                                           //获取变量传递的 ID
include_once("../conn/conn.php");                          //连接数据库
//执行删除操作，将数据表中对应的 ID 数据删除
if(mysqli_query($conn,"delete from tb_sjxz where id='".$id."'")){
    echo "<script>alert('该升级包删除成功!');history.back();</script>";    //如果删除操作成功，则弹出提示
}else{                                                    //如果删除操作失败，则弹出提示
    echo "<script>alert('该升级包删除失败!');history.back();</script>";
}
?>
```

2.15　在 Linux 系统下发布网站

　　在 Linux 系统下发布基于 PHP 的网站，首先需要配置 PHP 的运行环境，其次需要对网卡参数进行

设定。这里将以发布"BCTY365 网上社区"网站为例讲解在 Linux 系统下如何实现网站的发布。假设已经申请到表 2.13 所示的网络参数。

表 2.13　申请到的网络参数

参　数	值
IP	192.168.1.*
Netmask	255.255.255.*
Network	192.168.1.0
Broadcast	192.168.1.*
Gateway	192.168.1.*
主机名	Tsoft
DNS	168.95.1*

在 Linux 系统下网站发布的操作步骤如下：

（1）配置 PHP 的运行环境，在 2.4 节中已经做了详细介绍，这里不再赘述。

（2）将"BCTY365 网上社区"网站的所有文件复制到 Apache 主目录下。

（3）设置主机名称。在终端窗口中输入如下命令编辑/etc/sysconfig/network 文件：

vi/etc/sysconfig/network

将该文件中的参数 NETWORKING 设置为 yes，表示启动网络，将参数 HOSTNAME 设置为 Tsoft，表示设置主机名为 Tsoft。

（4）设置网卡参数。在终端窗口中输入如下命令编辑文件/etc/sysconfig/network-scripts/ifcfg-eth0：

vi/etc/sysconfig/network-scripts/ifcfg-eth0

该文件的相关参数设置如表 2.14 所示。

表 2.14　设置网卡的相关参数

参　数	说　明
DEVICE=eth0	设置网卡名称，要与 ifcfg-eth0 对应
ONBOOT=yes	指定在开机时启动网卡
BOOTPROTO=static	设定启动时获取 IP 的方式
IPADDR=192.168.1.*	设定服务器 IP 地址
NETMASK=255.255.255.*	设定子网掩码
BROADCAST=192.168.1.*	设定同网段的广播地址
GATEWAY=192.168.1.*	设定网卡的网关

（5）设置 DNS 主机的 IP。在终端编辑/etc/resolv.conf 文件：

vi/etc/resolv.conf

设置参数 nameserver 的值为 168.95.1.*。

（6）重新启动网络设置。在终端窗口中输入如下命令：

```
/etc/rc.d/inin.d/network restart
ifdow eth0
ifup eth0
```

（7）打开浏览器，在地址栏中输入服务器 IP 地址或域名，打开如图 2.46 所示页面，则说明在 Linux 系统下"BCTY365 网上社区"网站发布成功。

图 2.46　在 Linux 系统下"BCTY365 网上社区"网站运行结果

2.16　开发技巧与难点分析

2.16.1　管理员权限的设置

为了更好地管理和维护网站的论坛，针对论坛设置了一个管理员，该管理员不在后台进行操作，而是在前台为管理员设置特殊的权限，也可以称之为版主。其实现的原理是：首先在数据库中设置不同的值代表不同的权限，0 代表普通会员，1 代表管理员；然后在论坛的页面中进行判断，当用户的类型为 1 时，不但具有普通会员的权限，而且具有删除发布帖子、回复帖子和顶帖的权限；如果用户的类型不是 1，则不具有上述的权限，只能是发布和回复帖子。管理员和普通会员登录的页面效果是不同的，如图 2.47 和图 2.48 所示。

图 2.47　管理员登录的操作页面

图 2.48　普通会员登录的操作页面

在页面中执行的判断语句判断登录用户的类型，然后根据类型判断用户的权限。程序关键代码如下：

```php
<?php
    //判断当前用户是否具有删除帖子的权限
    if(isset($_SESSION["unc"])){
        //条件为用户不能为空，并且是管理员，才具备删除帖子的权限
        $sqlu=mysqli_query($conn,"select usertype from tb_user where usernc='".$_SESSION["unc"]."'");
        $infou=mysqli_fetch_array($sqlu);
        if($infou["usertype"]==1){                   //判断当该用户的类型等于 1 时执行下面的内容
?>
    <!--调用 JavaScript 脚本，执行删除发布帖子的操作-->
    <img  src="images/lt_15_10.jpg"  onclick="javascript:if(window.confirm('您确定删除该帖么？')==true){window.
location.href='bbs_delete.php?id=<?php echo $infob["id"]?>';}" style="cursor:hand"/>
<?php
        }
        //如果用户的类型不是 1，则不执行上述的内容
    }
?>
```

2.16.2 帖子置顶的设置

所谓帖子置顶就是将某个指定的帖子在对应的版块中最前面的位置显示，该权限只有管理员才拥有，普通会员不具备该权限。其实现的原理如下：

首先，在数据库存储发布帖子信息的数据表中设置一个字段 top，指定该字段为数字类型，其默认值为 0。

然后，在网页中判断登录用户的权限，如果是管理员，则具有帖子置顶的权限，否则将弹出提示对话框"对不起，您不具备该操作权限！"。

最后，如果是管理员，则执行 settop.php 文件，根据对应帖子的 ID 查找到发布帖子信息表中对应的数据，更新该条数据中 top 字段的值为 1。

判断登录用户权限使用的代码如下：

```php
<?php
    //如果$_SESSION["unc"]的值为空，则不可以进行顶帖子的操作
    if(!isset($_SESSION["unc"])){
        echo "javascript:alert('请先登录本站,然后进行此操作！');window.location.href='index.php';";
    }else{
        //否则将判断当前用户的类型，如果是管理员则可以顶帖
        $sqlu=mysqli_query($conn,"select   usertype from tb_user where usernc='".$_SESSION["unc"]."'");
        $infou=mysqli_fetch_array($sqlu);
        if($infou["usertype"]==1){                   //如果用户的类型为 1，则有顶帖的权限
            echo "javascript:window.location.href='settop.php?id=".$infob["id"]."'";
        }else{                                        //否则不具备该权限
            echo "javascript:alert('对不起，您不具备该操作权限！');";
        }
    }
?>
```

　　实现帖子置顶是通过 settop.php 文件来完成的，在该文件中，根据变量提交的值获取到发布帖子信息表中对应的数据，更新该条数据中字段 top 的值，并且对该字段的值进行判断。如果字段 top 的值为 1，则说明该帖已经置顶，此时将字段的值更新为 0，即取消置顶；如果字段 top 的值为 0，则说明该帖没有进行置顶，此时将字段的值更新为 1，即置顶该帖。settop.php 文件的程序代码如下：

```php
<?php
header("Content-type: text/html; charset=utf-8");                    //设置文件编码格式
include_once("conn/conn.php");                                       //连接数据库文件
//根据获取的 ID 值，从数据表中读取到对应的数据
$sql=mysqli_query($conn,"select top from tb_bbs where id='".$_GET["id"]."'");
$info=mysqli_fetch_array($sql);
if($info['top']==1){            //判断对应数据记录中字段 top 的值，如果字段 top 的值为 1，则执行下面的内容
    mysqli_query($conn,"update tb_bbs set top=0 where id='".$_GET["id"]."'");    //更新字段 top 的值为 0
}elseif($info['top']==0){         //如果对应数据记录中字段 top 的值为 0，则执行下面的内容
    mysqli_query($conn,"update tb_bbs set top=1 where id='".$_GET["id"]."'");    //更新字段 top 的值为 1
}
echo "<script>alert('置上设置成功！');history.back();</script>";
?>
```

2.17　在线支付技术专题

　　所谓在线支付就是客户端（金融机构需客户端安装由金融机构签发的数字证书，信用卡免安装）将支付信息加密后通过互联网传送到支付网关（支付网关是解决网络上安全支付问题的交易平台，位于互联网和传统的金融机构内部网之间，其主要作用是将互联网和金融网络安全地连接起来，将不安全的网上交易信息传给安全的金融网络，起到隔离和保护金融网络的作用），同时金融机构网上支付系统反馈有关支付信息，客户确认无误后进行支付确定，支付网关负责商户网上交易资金的清算，并根据商户提供的开户行、账号等结账信息将网上消费款项汇总划入商户账户。

　　BCTY365 网上社区的在线支付是与中国工商银行合作来共同完成的。BCTY365 网上社区的在线支付操作步骤如下：

　　（1）登录网上社区，如图 2.49 所示。

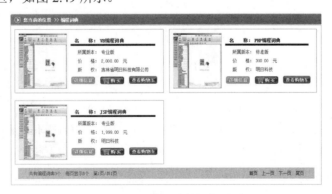

图 2.49　在线订购的操作页面

（2）购买商品。在本页中，不但可以购买商品，还可以查看商品的详细信息和购物车中的商品信息，如图 2.50 所示。

（3）进入购物车操作页面。在该页面中，可以修改购物数量、删除指定商品、清空购物车、继续购物和统计购买商品的金额，也可以单击"结算"按钮进入到商品结算页面，如图 2.51 所示。

图 2.50　购买商品操作页面

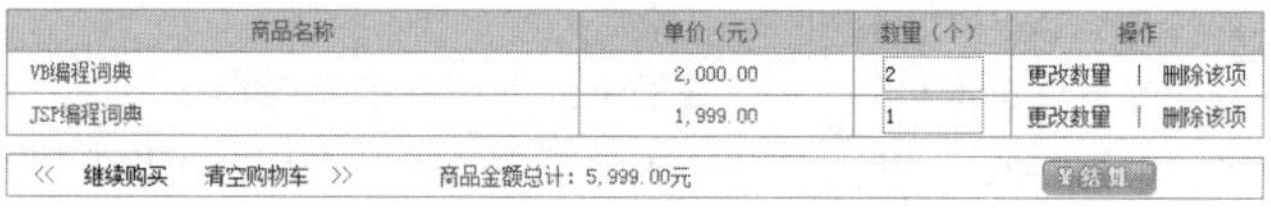

图 2.51　购物车操作页面

（4）进入到购物结算页面，填写收货人的详细信息，确认后提交该数据，如图 2.52 所示。

（5）订单确认。订单确认以后，就可以提交订单，准备进行网上支付，如图 2.53 所示。

图 2.52　填写收货人的详细信息

图 2.53　订单确认

（6）进行网上支付。在这里可以选择工行网上支付，也可以选择取消该订单，如图 2.54 所示。

图 2.54　执行网上支付

接下来的操作在工行 B2C 支付页面上进行。首先网上社区按照工商银行 B2C 订单数据规范形成提交数据，并使用工商银行提供的 API 和商户证书对订单数据签名，形成 form 表单返回客户浏览器，表单 action 地址指向工商银行接收商户 B2C 订单信息的 servlet；然后在客户确认使用工行网上支付后，提交此表单到工商银行；最后工行网银系统接收此笔 B2C 订单，对订单信息和商户信息进行检查，通过检查则显示工行 B2C 支付页面。

客户通过工行 B2C 支付页面实现网上支付，商户查询网上银行的账户，如果货款已经到账，则根据客户指定的方式将货物送达客户手中。

　　上述内容就是网上社区系统的在线支付流程，涉及工商银行的操作内容这里不做讲解。这里主要讲解如何将订单信息提交到工商银行。该项操作主要通过 shopping_tjdd.php 文件来实现，首先从数据库中读取订单信息，然后将订单信息进行输出，最后创建"取消订购"和"工行网上支付"两个超链接，通过 JavaScript 脚本来调用不同的执行文件。关键代码如下：

```php
<?php     include_once("conn/conn.php");          include_once("top.php");    //连接数据库和网站的头文件 ?>
<!--省略了部分代码-->
<?php
❶     $ddnumber=base64_decode($_GET["ddno"]);                            //对获取的订单编号进行 base64 解码
//获取该订单的金额信息
$sql=mysqli_query($conn,"select * from tb_dd where ddnumber="'.$ddnumber.'"");
$info=mysqli_fetch_array($sql);
$amount=$info["totalprice"];
❷     $amount=str_replace(",","",number_format($amount,2));              //修改数字的输出格式
$amount=str_replace(".","",number_format($amount,2));                     //修改数字的输出格式
?>
…                                                                        //省略部分 HTML 代码
<table width="630" border="0" align="center" cellpadding="0" cellspacing="0">
    <tr><td width="159"> 
<?php
    $sql=mysqli_query($conn,"select  totalprice  from  tb_dd  where  ddnumber="'.base64_decode($_GET
["ddno"]).'"");
    $info=mysqli_fetch_array($sql);
        echo "<font color=red><strong>".$info["totalprice"]." 元</strong></font>";
?>     </td>
    </tr>
</table>
…                                                                        //省略部分 HTML 代码
<script language="javascript">
//打印订单
❸     function openprintwindow(x,y,z){
    window.open("printwindow.php?ddno="+x+"&pv="+z,"newframe","top=200,left=200,width=635,hei
ght="+(230+20*y)+",menubar=no,location=no,toolbar=no,scrollbars=no,status=no");
        }
</script>
…                                                                        //省略部分 HTML 代码
<table width="630" height="25" border="0" align="center" cellpadding="0" cellspacing="0">
    <tr>
        <!-- ---------------------------------取消该订单---------------------------------- -->
            <td width="75"><img src="images/bg_14_14.jpg" width="69" height="20" style="cursor:hand" onclick=
"javascript:if(window.confirm('如果取消该订单，则该订单将被删除，您需要重新购买！')==true){window. location.
href='deletedd.php?ddno=<?php echo $_GET["ddno"];?>';}"/></td>
        <!-- ---------------------------------执行网上支付---------------------------------- -->
            <td  width="125"><img  src="images/bg_14_15.jpg"  width="119"  height="20"  onclick="javascript:window.
location.href='ddform.php?orderid=<?php echo base64_decode($_GET["ddno"]);?>&amount=<?php echo $amount;?>
&orderDate=<?php echo date("Ymdhis");?>';" style="cursor:hand"/></td>
    </tr>
```

```
</table>
<!-- ------------------------------------------------省略了部分代码------------------------------------------------ -->
<?php      include_once("bottom.php");                              //包含网站的尾文件           ?>
```

🔊 代码贴士

❶ base64_decode(): PHP 实现对 base64 编码的字符进行解码。PHP 实现字符串的 base64 编码通过 base64_encode() 函数。

❷ str_replace(): 实现字符串的替换。该函数的语法如下:

mixed str_replace(mixed search, mixed replace, mixed subject, int &count)

str_replace()将所有在参数 subject 中出现的 search 以参数 replace 替换，参数&count 表示替换字符串执行的次数。

❸ openprintwindow(): JavaScript 脚本中自定义的函数，用于执行订单的打印操作。

有关在线支付流程中的其他操作实现方式已经在 2.10 节中进行了详细的讲解，这里不再赘述。其具体的代码可参考本书的资源包 TM\02\bcty365\。

2.18 本 章 总 结

本章从项目开发的实际角度出发，以某科技公司的实际需求为背景，详细地讲解"BCTY365 网上社区"系统的开发过程，其中以系统的整体开发流程为主线，重点介绍技术支持、在线订购、社区论坛和编程词典管理等几个大模块的实现方法，并且对管理员权限设置、帖子置顶设置和在线支付技术进行了难点分析和专题讲解，而且在本章中还讲解了在 Linux 系统下如何搭建 PHP 的开发环境以及如何发布网站。

第 3 章

办公自动化管理系统

（Apache+PHP+phpMyAdmin+MySQL 5.5 实现）

办公自动化（Office Automation，OA）系统指实现办公室内事务性业务的自动化。

办公自动化没有明确的定义，最普遍的说法是凡是在传统的办公室中采用各种新技术、新机器、新设备从事办公业务，都属于办公自动化的领域。

办公自动化系统与办公自动化在概念上存在一定的差别。办公自动化通常指办公室中配备具有自动化功能的设备，这些设备能使某些办公活动自动化或实现某个单位业务的自动化处理；而办公自动化系统则是在办公自动化功能的基础上发展起来，以办公自动化技术为主体，同人、组织、制度、环境等相结合的完整的系统。

通过阅读本章，可以学习到：

▶▶ 办公自动化管理系统的开发流程

▶▶ 进一步学习如何做项目需求分析与系统设计

▶▶ 页面布局中的框架布局

▶▶ 使用递归函数做多级下拉菜单

▶▶ 系统日志的实现

配置说明

视频讲解

3.1 开发背景

随着中国加入 WTO 及全球经济一体化进程的加快，世界经济已由工业化经济逐步进入网络信息化时代。在信息时代来临之际，各企业都紧跟时代的脚步，转变着企业的经营模式、管理模式，从传统的人工管理体制向信息自动化管理体制过渡。网络自动化办公系统就是在这样的大背景下应运而生的。

信息时代的到来让人们尝到了"信息爆炸"的滋味，信息的大量涌入让企业在信息处理方面应接不暇，传统的办公模式对信息的处理方法早已不能满足企业对信息快速、准确处理的要求。一个企业对信息数据的掌握程度、处理能力，体现了企业对市场的敏感程度，数据的真实性、准确性直接决定着企业的发展方向。从传统的办公模式向自动化办公管理模式转变，提高企业的信息处理能力，以增强企业的市场竞争力，成了企业发展过程中的首要问题。

3.2 需求分析

根据与客户的多次交谈和了解，本系统所面向的客户对象情况如下：
- ☑ 所属 IT 行业，目前主要以开发门户网、企业网等中小型网站为主。
- ☑ 公司经过多年经营，已经相对稳定，并有了自己的网站、企标、规章制度和基本架构。
- ☑ 公司规模 50～100 人，人手一机，主要包括部门经理、普通职员、试用人员和实习人员。
- ☑ 职员所用计算机属于局域网内网，不允许访问外网。
- ☑ 公司暂时分为技术部、人事部和质量部，但不排除后期增加其他部门的可能。
- ☑ 公司实行人性化管理，允许员工自由发表意见和想法，还有丰富多彩的活动，如比赛、旅游等。
- ☑ 为了提高工作效率，所有职员定期写工作计划，包括周计划、月计划，部门经理还有年计划和任务计划。
- ☑ 根据计划的完成程度和完成质量，不定期地选取优秀员工。

3.3 系统设计

3.3.1 系统目标

本系统是针对中小型企业内部自动化办公管理的要求进行设计的，主要实现如下目标：
- ☑ 键盘操作，快速响应。
- ☑ 实现文件类信息的强大的管理能力。

☑ 实现对员工基础信息（人事消息）的管理功能等。

☑ 实现个人办公的信息自动化管理功能。

☑ 发布会议信息，并对会议信息进行管理。

☑ 对系统用户进行管理。

☑ 为了加强数据保密性，为每个用户组设置权限级别。

☑ 系统最大限度地实现了易安装性、易维护性和易操作性。

☑ 系统运行稳定、安全可靠。

3.3.2 系统功能结构

根据系统分析，下面给出系统的前、后台功能结构图。

办公自动化前台功能结构图如图 3.1 所示。

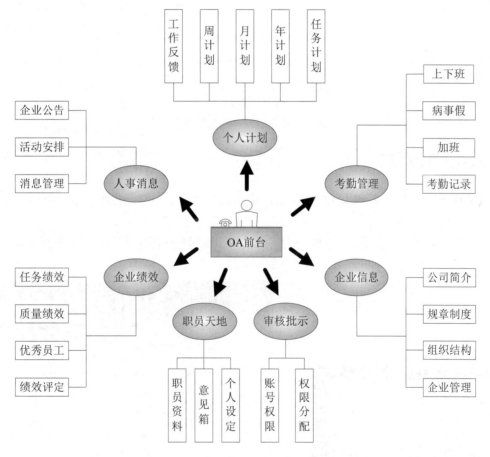

图 3.1 办公自动化前台管理系统

办公自动化后台功能结构图如图 3.2 所示。

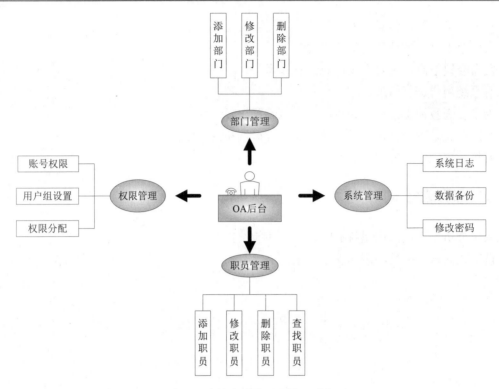

图 3.2　办公自动化后台管理系统

3.3.3　系统功能预览

办公自动化管理系统由多个功能模块组成，下面仅列出几个典型功能的页面，其他页面参见资源包中的源程序。

前台登录界面如图 3.3 所示，该页面用于实现对用户登录的用户名和密码进行验证。企业信息页面如图 3.4 所示，该页面用于显示企业文化和各规章制度。

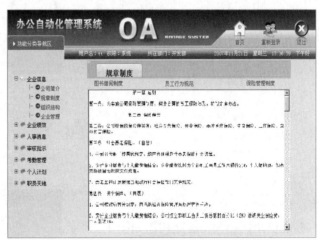

图 3.3　前台登录（资源包\TM\03\oa\index.php）　　　图 3.4　企业信息（资源包\TM\03\oa\qyxx\r_system.php）

个人计划页面如图 3.5 所示，该页面主要实现用户的工作反馈和周、月计划等功能。后台登录界面如图 3.6 所示，该页面用于管理员后台登录。

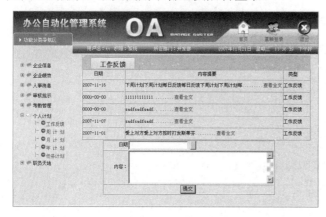

图 3.5　个人计划（资源包\TM\03\oa\grjh\person_plan.php）　图 3.6　后台登录（资源包\TM\03\oa\admin\index.php）

　　职员管理页面如图 3.7 所示，该页面主要用于实现对职员的查询与修改等功能。权限分配页面如图 3.8 所示，该页面用于对功能使用权的分配。

图 3.7　职员管理

（资源包\TM\03\oa\admin\zygl\show_staf.php）

图 3.8　权限分配

（资源包\TM\03\oa\admin\qxgl\pur_assign.php）

3.3.4　系统流程图

　　用户在登录一个系统后会进行一系列的操作，把这些操作的过程和结果以图形的形式表现出来，这就是系统流程图。一个好的流程图，不仅可以让开发者迅速地理清思路、及时解决出现的问题，也可以让使用者很快明白该系统的操作方式与方法。办公自动化管理系统的工作流程图如图 3.9 所示。

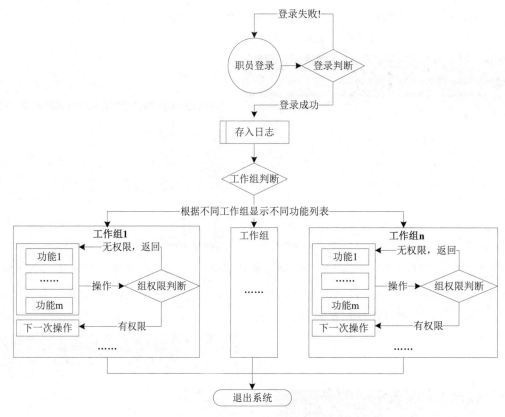

图 3.9　办公自动化管理系统流程图

3.3.5　开发环境

在开发办公自动化管理系统平台时，该项目使用的软件开发环境如下。

☑　操作系统：Windows 7 及以上/Linux。

☑　集成开发环境：phpStudy。

☑　PHP 版本：PHP 7.0。

☑　数据库：MySQL 5.5。

☑　开发工具：PhpStorm。

☑　浏览器：谷歌浏览器。

3.3.6　文件夹组织结构

系统功能结构和系统流程设计完成后，接下来设计网站的文件夹结构，合理的文件夹结构不仅易于快速地开发，对后期系统的调试、维护和管理也能起到事半功倍的效果。本系统的文件夹组织结构如图 3.10 所示。

图 3.10　办公自动化管理系统文件夹组织结构

视频讲解

3.4 数据库设计

基于目前的系统开发，没有数据库的支持根本是无法想象的，办公自动化管理系统更是使用了大量的数据表来存储数据。本节就对办公自动化管理系统所需要使用的数据库进行说明与设计。

3.4.1 数据库分析

由于本系统采用的是 PHP 语言，数据库理所当然地使用 MySQL，不仅是因为开发成本低，更重要的是两者之间的默契程度和稳定程度要远远高于其他的数据库组合，并且 MySQL 数据库对于一个企业的内部办公自动化管理系统完全够用。

3.4.2 数据库概念设计

根据以上的需求分析及系统分析，规划出办公自动化管理系统主要的几个实体关系 E-R 图。

1. 用户信息实体

用户信息实体包括职员的账号、密码、姓名、电话等表示个人身份的数据资料，如图 3.11 所示。

2. 考勤登记实体

考勤登记实体包括登记日期、登记时间、登记类别（上班或下班）、登记状态（迟到或早退）和登记人、备注等信息，如图 3.12 所示。

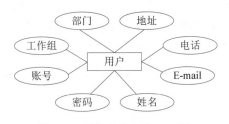

图 3.11 用户信息实体 E-R 图

图 3.12 考勤登记实体 E-R 图

3.4.3 数据库物理结构设计

在本系统中创建了一个数据库 db_office，一共包含 13 个数据表，如图 3.13 所示。

限于篇幅，这里只给出主要的表结构和表说明，其他数据表结构请参见本书附带的资源包。

1. tb_users（用户列表）

用户列表主要用于存储职员的姓名、性别等私人信息及部门、工作组等与公司相关的公共信息。该数据表结构如图 3.14 所示。

表	类型	整理	说明
tb_company	MyISAM	gb2312_chinese_ci	企业信息列表
tb_controller	MyISAM	gb2312_chinese_ci	管理员列表
tb_depart	MyISAM	gb2312_chinese_ci	部门管理列表
tb_group	MyISAM	gb2312_chinese_ci	用户组管理列表
tb_iss	MyISAM	gb2312_chinese_ci	审核列表
tb_list	MyISAM	gb2312_chinese_ci	功能列表
tb_lyb	MyISAM	gb2312_chinese_ci	意见箱列表
tb_person	MyISAM	gb2312_chinese_ci	人事列表
tb_plan	MyISAM	gb2312_chinese_ci	计划列表
tb_register	MyISAM	gb2312_chinese_ci	登记列表
tb_setup	MyISAM	gb2312_chinese_ci	时间列表
tb_superson	MyISAM	gb2312_chinese_ci	优秀员工列表
tb_users	MyISAM	gb2312_chinese_ci	用户列表

图 3.13　db_office 数据库中的数据表列表

服务器: localhost ▶ 数据库: db_office ▶ 表 : tb_users

字段	类型	整理	属性	Null	默认	额外	说明
id	int(4)			否		auto_increment	自动编号
u_user	varchar(50)	gb2312_chinese_ci		否			用户账号
u_pwd	varchar(20)	gb2312_chinese_ci		否			用户密码
u_name	varchar(20)	gb2312_chinese_ci		是	NULL		用户姓名
u_sex	char(1)	gb2312_chinese_ci		是	NULL		用户性别
u_birth	date			是	NULL		用户生日
u_address	varchar(50)	gb2312_chinese_ci		是	NULL		用户住址
u_tel	varchar(20)	gb2312_chinese_ci		是	NULL		用户电话
u_email	varchar(20)	gb2312_chinese_ci		是	NULL		用户Email
u_depart	varchar(20)	gb2312_chinese_ci		否			所属部门
is_on	int(1)			否			激活账号

图 3.14　用户列表

2．tb_person（人事列表）

人事列表用于存储人事部门发布的信息，如信息标题、信息内容、信息时间等。该数据表结构如图 3.15 所示。

服务器: localhost ▶ 数据库: db_office ▶ 表 : tb_person

字段	类型	整理	属性	Null	默认	额外	说明
id	int(4)			否		auto_increment	自动编号
p_title	varchar(50)	gb2312_chinese_ci		否			公告标题
p_content	mediumtext	gb2312_chinese_ci		否			公告内容
p_time	date			否			发布时间
u_id	int(4)			否			消息类别

图 3.15　人事列表

视频讲解

3.5　公共模块设计

本系统的公共模块包括 conn 数据库链接文件、css 样式文件、JavaScript 脚本文件以及 inc 下的自定义函数文件和包含文件等几类文件，其中数据库链接文件和 css 样式文件在前面的章节中有过系统的介绍，这里主要讲解本系统所涉及的 JavaScript 脚本文件和部分自定义函数文件。

3.5.1　JavaScript 脚本

在办公自动化管理系统中，JavaScript 脚本一般用于表单元素验证，如判断 text 文本框输入是否为空，输入格式是否符合标准等。在网页中使用 JavaScript 脚本的方式主要有以下 3 种：

（1）在网页中使用<script></script>标签对。

<script></script>标签对可以放在网页的任意位置，一般放在<head></head>或<body></body>之间。代码如下：

```
<head>
<script>document.write("办公自动化管理系统开发");</script>
</head>
```

（2）在单独文件中使用。

如果 JavaScript 脚本比较多，而且位置分散不易管理，可以统一放到一个扩展名为 js 的文件中，使该文件成为 JavaScript 脚本文件。在脚本文件中，不需要使用<script></script>标签对，直接写脚本代码即可。当有页面需要使用到里面的 JavaScript 脚本时，可以这样引用，代码如下：

```
<script src="ad_js.js" jangauge="javascript"></script>
```

（3）在表单元素或标签中使用。

这是最直接的使用方式，如果是少量的脚本则可以这样使用。例如，在超链接标签<a>中想要使用 JavaScript 脚本，代码格式如下：

```
<a href="#" onclick="alert('hello');">hello</a>
```

在办公自动化管理系统中，这 3 种方法都有使用到，在后面涉及具体应用时再进行说明。下面先来看两个经常使用到的脚本函数。

（1）验证函数，用于判断表单元素是否为空。如果为空，则返回 false，并将光标焦点定位到出问题的表单元素。程序代码如下：

例程 01　　代码位置：资源包\TM\03\oa\js\client_js.js

```
//后台登录界面验证脚本
function check(){
    if(login.username.value==""){          //判断用户名是否为空
        alert("请输入用户名!!");
        login.username.focus();            //将光标焦点定位到该表单元素
        return false;
    }
    if(login.pwd.value==""){               //判断用户密码是否为空
        alert("请输入密码!!");              //如果为空，弹出提示框
        login.pwd.focus();                 //将光标焦点定位到该表单元素
        return false;                      //返回 false
    }
}
```

（2）选择框函数，用于删除确认。当要执行删除操作时，使用 JavaScript 脚本文件进行确认，以免因为误操作而引起不必要的损失。

例程 02　　代码位置：资源包\TM\03\oa\js\client_js.js

```
function cfm(){
    if(confirm('确认要删除吗？'))            //选择框函数
        return true;                        //如果选择确认，则返回 true，继续执行
    else
        return false;                       //否则，返回 false
}
```

3.5.2　自定义函数

在 inc 文件夹下，有两个主要文件：chec.php 文件和 func.php 文件。其中，chec.php 文件是权限检

查文件，是办公自动化管理系统每个页面都要引用的，func.php 文件是自定义函数文件。

1．chec.php 文件

对办公自动化管理系统来说，用户对每个页面的访问都要有该页的权限才可以，如果没有权限级别的限制，随意访问重要的资源和数据，那么只能说明这是个完全失败的系统。chec.php 文件的代码如下：

例程 03　代码位置：资源包\TM\03\oa\inc\chec.php

```php
<?php
session_start();                                                    //开启 session 支持
❶    if(!isset($_SESSION['u_name']))
      echo "<script>alert('您无权访问');location='../index.php';</script>";
❷    if($_SERVER['HTTP_REFERER'] == "")
      echo "<script>alert('本系统不允许从地址栏访问');history.go(-1);</script>";
?>
```

🔊 **代码贴士**

❶ isset()函数：用来判断 session['u_name']是否被创建，如果 session 已经创建，返回 true，否者返回 false。其中 session['u_name']是用户登录验证通过后创建的，如果没有登录的步骤或 session 超时，那么就会提醒用户没有权限。

❷ $_SERVER['HTTP_REFERER']：系统预定义变量，存储的是上一页的 URL 地址。这个判断的作用是防止当前用户访问不属于自己权限内的网页。

2．func.php 文件

限于篇幅，这里只给出两个自定义函数的代码和说明，其他函数请到资源包中自行查看。

（1）读取字段函数 read_field()。

该函数的作用是根据传入的 id 值取得相关的字段名，一共有 4 个参数，函数代码如下：

例程 04　代码位置：资源包\TM\03\oa\inc\func.php

```php
function read_field($conn,$tablename,$fieldname,$n_id){
    $sqlstr = "select ".$fieldname." from ".$tablename." where id = ".$n_id;    //生成 SQL 语句
    $result = mysqli_query($conn ,$sqlstr);                                      //执行 SQL 语句
    $rows = mysqli_fetch_row($result);                                          //返回结果集
    return $rows[0];                                                             //返回需要的字段名
}
```

read_field()函数的参数说明如表 3.1 所示。

表 3.1　read_field()函数的参数说明

参 数 名 称	参 数 说 明
$conn	数据库链接资源变量
$fieldname	要查找的字段名
$tablename	要查找的表名
$n_id	要查找的 id 值

（2）处理消息函数 re_message()。

该函数的作用是返回消息结果，一共有 2 个参数，函数代码和参数解释如下：

例程 05　　代码位置：资源包\TM\03\oa\admin\inc\func.php

```php
function re_message($result,$l_address){
    if($result)
        echo "<script>alert('操作成功！');location='".$l_address."';</script>"; //如果结果为 true, 转到其他页面
    else
        echo "<script>alert('系统繁忙，请稍后再试');history.go(-1);</script>"; //如果结果为 false, 回到上一步
}
```

- ☑ $result：数据库返回结果，如果返回值为 true，说明对数据库的操作成功；如果返回值为 false，说明操作失败。
- ☑ $l_address：操作成功后，要返回的 URL 地址。

3.6　前台首页设计

对于一个办公自动化管理系统来说，首页不可能，也不允许显示太多的内容和复杂的设计，因为办公自动化管理系统的作用是帮助提高企业的管理效率和职员的工作效率。如果页面过于烦琐，会让职员分不清主次，找不到重点。所以一定要突出重点内容，显示关键功能。

3.6.1　前台首页概述

根据用户对各个功能模块的使用频率和重要程度，本系统的首页中要显示的模块主要有以下 3 部分。

- ☑ 网站首部导航栏：包括当前用户、所在部门、当前时间、首页、重新登录和退出登录。
- ☑ 网站左侧导航栏：包括各个管理模块及分类。
  - ➢ 企业信息模块：包括公司简介、规章制度、组织结构和企业管理。
  - ➢ 企业绩效模块：包括任务绩效、质量绩效和绩效评定。
  - ➢ 人事消息模块：包括企业公告、活动安排和消息管理。
  - ➢ 审核批示模块：包括发布审核和批示审核。
  - ➢ 考勤管理模块：包括上下班登记、病事假登记、加班登记和考勤设置。
  - ➢ 个人计划模块：包括工作反馈、周计划、月计划、年计划和任务计划。
  - ➢ 职员天地模块：包括职员浏览、意见箱和个人设定。
- ☑ 网站主显示区：默认显示企业公告、活动安排、个人计划和审核批示。

本案例中提供的前台首页如图 3.16 所示。该首页在本书资源包中的路径为\TM\03\oa\pub_main.php。

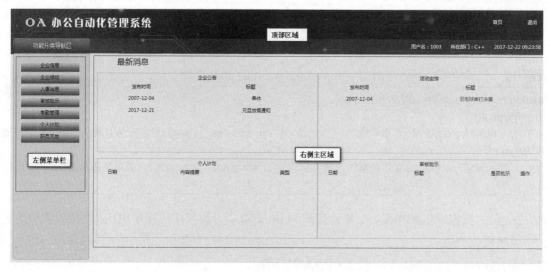

图 3.16　办公自动化管理系统前台首页

3.6.2　前台首页技术分析

本系统前台页面的布局使用的是 Flex 布局。使用 Flex 布局可以简便、完整、响应式地实现各种页面布局。采用 Flex 布局的元素，称为 Flex 容器（flex container），简称"容器"。它的所有子元素自动成为容器成员，称为 Flex 项目（flex item），简称"项目"。

1．Flex 布局格式

框架布局的格式很简单，只要几行代码即可，常用的格式如下：

```
<?php include('top.php') ?>
<div class="container">
    <?php include('left.php') ?>
    <div class="right">
    <!--省略其余代码-->
</div>
</body>
</html>
```

其中 top.php 是顶部内容，left.php 是左侧菜单。Class='Container'是容器，而 class='left'和 class='right'是容器成员。

2．Flex 属性

在前台布局页面的 container 容器中，左侧菜单大小保持不变，而右侧可以自由伸缩。CSS 布局样式如下：

```
.container {
 display: flex;
 display: -webkit-flex;
```

```
flex-flow: row wrap;
-ms-flex-flow: row wrap;
-webkit-flex-flow: row wrap;
}

.left {
    margin: 0px;
    width: 203px;
    height: 505px;
    text-align: center;
    background:url(../images/left.jpg)
}

.right {
    flex: 1;
    -webkit-flex: 1;
    -ms-flex: 1;
    margin:0 20px ;
}
```

3.6.3　前台首页的实现过程

前台首页使用的数据表：tb_users、tb_list、tb_person、tb_register、tb_plan

办公自动化管理系统的前台首页采用的是二分栏结构布局。二分栏布局的特点是简洁、大气、个性鲜明，其框架设计依据其内容形式的变化而灵活多变，结构简练，非常符合办公自动化管理系统的风格。前台首页关键代码如下：

例程 06　代码位置：资源包\TM\03\oa\pub_main.php

```php
<?php
❶    include "inc/chec.php";
❷    include "conn/conn.php";
?>
<?php include('top.php') ?>
<div class="container">
    <?php include('left.php') ?>
    <div class="right">
        <div class="title">
            最新消息
        </div>
        //省略其余代码
</body>
</html>
```

🔊 代码贴士

❶ inc/chec.php：引入登录检测函数。

❷ conn/conn.php：引入数据库连接函数。

3.7　人事消息模块设计

人事消息模块主要是对文件进行收发管理，模块的设计和实现并不复杂，但在整个系统中的位置却很重要。因为公告栏和意见箱面向的是全体用户，企业的最新动向和职员的意见想法首先都是在这里体现出来的。

3.7.1　人事消息模块概述

人事消息模块主要包含了两部分内容：一部分是面向全体用户的，包括查看公告、活动、意见箱等；另一部分是仅对人事部开放，其他用户不允许、也不会看到的页面，如公告管理、意见管理等。人事消息用例图如图 3.17 所示。

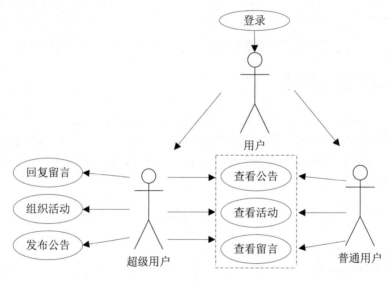

图 3.17　人事消息用例图

3.7.2　人事消息模块技术分析

在人事消息模块中，企业公告和活动安排都是在同一显示页中显示（p_message.php），为了区分不同的操作，需要给显示页（p_message.php）传一个 u_id 值，在数据表中根据不同的 u_id 值，取得不同类别的内容。传值方式有 url 传值方式（如 p_message.php?u_id=1 ）和表单传值方式。

同样地，在接收页中，接收方式也有两种：get 方式和 post 方式。PHP 中使用预定义变量$_GET 和$_POST 来接收传值，格式如下：

```
$_GET/POST['u_id'];          //注意，变量名都为大写
```

对于 url 传值方式，接收页始终用$_GET[]变量来接收，如果使用 form 表单传值，那么就要看 form 表单中 method 属性的设置了。如果 method=get，则使用$_GET[]变量；如果 method=post，则使用$_POST[]

变量。

PHP 对传值方式和接收方式规定很严格，用$_POST['u_id']接收不了 p_message.php?u_id=1 传过来的参数。同样地，用$_GET['u_id']也接收不了 method=post 的表单元素值。

注意 如果在 php.ini 配置文件中 GLOBAL=ON/OFF 这行的值为 ON，那么直接写$name 就可以调用表单元素的值，而不区分 get 和 post；如果为 OFF，则不可以。直接应用表单名称十分方便，但也存在着安全隐患。推荐关闭 GLOBAL。

3.7.3 消息管理的实现过程

消息管理模块使用的数据表：tb_person

单击"人事消息"选项中的"消息管理"子选项，在主框架（mainFrame）内就会显示消息管理页面，在页面中显示发布过的消息列表和对消息的操作，包括"修改"、"删除"和"发布新消息"。消息管理页面的运行结果如图 3.18 所示。

图 3.18 消息管理页面运行结果

在本页面中，系统首先通过权限检查文件（chec.php）判断用户是否为登录用户，是否为非法链接。如果被系统判断为非法操作，系统将直接关闭；如果没有异常情况，则系统继续执行下面的代码（在后面的例程中，几乎每个页面都有 chec.php 文件，如果不是特殊说明，则都为正常登录，到时将不再具体说明），当用户通过检查后，系统将访问数据库，从人事消息数据表中（tb_person）读取出消息发布时间、消息标题，显示在页面中，并通过 id 为每条数据设置"修改"和"删除"操作。程序关键代码如下：

例程 07 代码位置：资源包\TM\03\oa\rsxx\p_manage.php

```php
<?php include('../top.php') ?>
<div class="container">
    <?php include('../left.php') ?>
    <div class="right">
        <table width="765" border="0" cellpadding="0" cellspacing="0" class="big_td">
            <tr>
                <td height="33" background="../images/list.jpg" id="list">消息管理
                </td>
            </tr>
        </table>
```

```
<table width="765" border="0" cellspacing="0" cellpadding="0" bgcolor="#DEEBEF" class="big_td">
    <tr>
        <td width="100" height="25" align="center" valign="middle" scope="col">发布时间</td>
        <td height="25" align="center" valign="middle" scope="col">标题</td>
        <td width="150" height="25" align="center" valign="middle" scope="col">操作</td>
    </tr>
    <?php
        $sqlstr = "select id,p_time,p_title from tb_person";
        $result = mysqli_query($conn,$sqlstr);
        while($rows = mysqli_fetch_row($result)){
            echo "<tr>";
            for($i=1;$i<count($rows);$i++){
                echo "<td height=30 style='text-indent: 30px;'>".$rows[$i]."</td>";
            }
            echo  "<td><a  href='m_message.php?id=".$rows[0]."'> 修 改 </a>/<a  href='d_message_chk.
php?id=".$rows[0]."' onclick='return del_mess();'>删除</a></td>";
            echo "</tr>";
        }
    ?>
    <tr>
        <td height="30" align="right" valign="middle" colspan="3">
            <a href='add_manage.php' target="mainFrame">发布新消息</a>
        </td>
    </tr>
    </table>
</div>
```

下面分别介绍"发布新消息"、"修改"和"删除"消息的实现过程。

1. 发布新消息

单击"发布新消息"超链接，进入发布页面。发布消息页面的运行结果如图 3.19 所示。

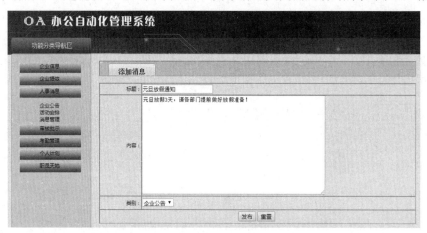

图 3.19 发布消息页面运行结果

发布页面中，主要包含一个消息表单元素，部分表单元素如表 3.2 所示。

表 3.2　发布消息页面的主要表单元素

名　　称	元 素 类 型	重 要 属 性	含　　义
addmess	form	action="add_manage_chk.php" method="post" id="addmess"	发布消息表单
p_title	text	name="p_title" id="p_title"	消息标题
p_content	textarea	name="p_content" id="p_content" cols="60" rows="15"	消息内容
p_type	select	<option value="9">企业公告</option> <option value="10">活动安排</option>	消息类型
submit2	submit	value="发布" onclick="return add_mess();"	"发布" 按钮

在消息页面中输入消息的相关内容后，单击"发布"按钮，系统将会跳到消息处理页（add_manage_chk.php）进行处理，将消息存储到数据库中，然后再返回该页。程序关键代码如下：

例程 08　代码位置：资源包\TM\03\oa\rsxx\add_manage_chk.php

```php
<?php
    session_start();
    include "../inc/chec.php";
    include "../conn/conn.php";
    include "../inc/func.php";
    $sqlstr = "insert into tb_person values('','".$_POST['p_title']."','".$_POST['p_content']."',now(),'".$_POST['p_type']."')";
    $result = mysqli_query($conn,$sqlstr);
    re_message($result,"p_manage.php");
?>
```

2．修改消息

消息发布后，可以随时对消息内容进行修改。在消息管理页面中，选择要修改的消息列，单击"修改"超链接将进入消息修改页面。在消息修改页面中，有一个和发布页面非常相似的"修改"表单。消息修改页面中的主要表单元素如表 3.3 所示。

表 3.3　修改页面的表单元素

名　　称	元 素 类 型	重 要 属 性	含　　义
addmess	form	action="m_message_chk.php" method="post"	修改消息表单
p_title	text	value="<?php echo $rows[1]; ?>"	消息标题
p_content	textarea	<?php echo $rows[2]; ?>	消息内容
p_type	select	<?phpif($rows[4] == "9"){?> 　　　　<option value="9" selected="selected">企业公告</option> 　　　　<option value="10">活动安排</option> <?php}else{?> 　　　　<option value="9">企业公告</option> 　　　　<option value="10" selected="selected">活动安排</option> <?php}?>	消息类型
id	hidden	value="<?php echo $rows[0]; ?>"	修改消息 id
submit2	submit	value="修改" onclick="return add_mess();"	"修改" 按钮

消息修改完成后，单击"修改"按钮，在 m_message_chk.php 页中将会处理修改事件，通过隐藏表单传过来的 id，定位到要修改的消息项，使用 update 语句实现对数据的更新。程序关键代码如下：

例程 09 代码位置：资源包\TM\03\oa\rsxx\m_message_chk.php

```php
<?php
    session_start();                              //开启 session 支持
    include "../inc/chec.php";                    //包含权限检查文件
    include "../conn/conn.php";                   //包含数据链接文件
    /*更新数据库*/
    $sqlstr = "update tb_person set p_title = '".$_POST['p_title']."',p_content = '".$_POST['p_content']."',p_time
= now(),u_id = ".$_POST['p_type']." where id = ".$_POST['id'];
    $result = mysqli_query($conn ,$sqlstr);
    re_message($result,"p_manage.php");           //消息处理函数
/***************/
?>
```

3．删除消息

每隔一段时间管理员就要定期清理一下无用的消息和活动安排，以加速页面的浏览速度，减轻服务器压力。删除消息的运行结果如图 3.20 所示。

图 3.20　删除消息的运行结果

删除消息时，选择要删除的消息列，单击"删除"超链接，弹出确认删除对话框，单击"确定"按钮，将要删除消息的 id 号传给系统，通过消息处理函数将消息删除。关键代码如下：

例程 10 代码位置：资源包\TM\03\oa\rsxx\d_message_chk.php

```php
<?php
    session_start();                              //开启 session 支持
    include "../inc/chec.php";                    //包含权限检查文件
    include "../conn/conn.php";                   //包含数据库链接文件
    include "../inc/func.php";                    //包含函数处理文件
    /*删除数据*/
    $sqlstr = "delete from tb_person where id = ".$_GET['id'];
    $result = mysqli_query($sqlstr, $conn);
    re_message($result,"./p_manage.php");         //消息处理函数
    /*********/
?>
```

3.7.4　意见箱的实现过程

▦　　意见箱模块使用的数据表：tb_lyb

意见箱是用户匿名发言的一个留言板。对于用户的留言，只有人事部的人员才有权回复或删除，对于其他部门的员工则只可以留言和查看，而无法进行其他操作。意见箱的运行结果如图 3.21 所示。

在本页面中，系统首先读取出意见箱数据表（tb_lyb）中的所有数据，并逐条显示，在每条显示记录后，有一个判断式，判断用户所属部门是否为人事部，如果是人事部成员，将显示"回复"和"删除"超链接；如果不是人事部，则不显示这两个操作。这里是强制性的，也就是说，即使是管理员，也无法设置这里的权限，只有开发人员才可以改变。如果想使用这种技术，就一定要确保这项功能权限不会轻易地更改。意见箱页面的关键代码如下：

图 3.21　意见箱页面的运行结果

例程 11　代码位置：资源包\TM\03\oa\zytd\lyb.php

```php
<?php
session_start();                              //开启 session 支持
include "../conn/conn.php";                   //包含数据库链接文件
include "../inc/chec.php";                     //包含权限检查文件
include "../inc/func.php";                     //包含自定义函数文件
/*显示意见箱信息*/
$l_sql = "select id,l_title,l_content,l_time,is_reply,r_back from tb_lyb order by id desc";
$l_rst = mysqli_query($conn, $l_sql);
...
    while($l_rows = mysqli_fetch_array($l_rst)){      //开始循环输出每条记录
?>
  <tr>
    <td width="15%" height="30" align="left" valign="middle" scope="col">
    <?php echo $l_rows['l_time']; ?>
    </td>
    <td align="left" valign="middle" scope="col">
    主题：<?php echo $l_rows['l_title']; ?>
    </td>
    <!--判断登录用户是否为人事部成员-->
    <td width="15%" align="center" valign="middle" scope="col">
```

```
<?php if(($_SESSION['u_depart']) == "人事部"){ ?>
<!--当登录用户是人事部成员时，显示可执行操作-->
<a href="t_back.php?id=<?php echo $l_rows['id']; ?>">回复</a>  <a href="del_ly_chk.php?id=
<?php echo $l_rows['id']; ?>" onclick="return del_mess()">删除</a>
<?php }
?> 
</td>
<!-- ----------------------------------- -- >
</tr><tr> <td height="75" colspan="3" align="left" valign="middle" scope="col" >
<?php echo $l_rows['l_content']; ?>
</td></tr>
<?php
<!--当字段 is_reply 的值为 1 时，说明有回复信息-->
if($l_rows['is_reply'] == 1){
?>
<tr>
<td height="25" colspan="3" align="left" valign="middle" headers="50" scope="col"
onmouseover="this.style.backgroundColor='#FFEEBC'" onmouseout="this.style.backgroundColor=''">
<font color="#FF0000">
<!--显示回复信息-->
<?php   echo $l_rows['r_back']; ?>
</font></td> </tr>
<?php}}
/***************/
?></table>
<!--留言菜单-->
    ...
<!-- -------------------- -- >
```

下面介绍匿名留言和回复、删除留言的实现过程。

1．匿名留言

留言页面主要是一个 HTML 表单，因为允许匿名留言，所以表单中没有隐藏域，该页面中的表单元素列表如表 3.4 所示。

表 3.4　留言页面的菜单表单元素表

名　　称	元 素 类 型	重 要 属 性	含　　义
lyb	form	id="lyb" name="lyb" method="post" action="lyb_chk.php"	留言表单
l_title	text	type="text" name="l_title" size="30"	意见主题
l_content	textarea	name="l_content" cols="75" rows="10"	意见内容
Submit1	hidden	type="reset" value="重置"	"重置" 按钮
Submit	submit	type="submit" value="提交" onclick="return add_lyb();"	"提交" 按钮

当用户填写完意见标题和意见内容后，单击"提交"按钮，发布意见，系统将转到意见处理页（lyb_chk.php）中对意见进行处理：如果意见标题和意见内容都不为空，则执行 insert 语句，向表 tb_lyb 中添加一条新数据。程序关键代码如下：

```php
<?php
    session_start();                                    //开启 session 支持
    include "../conn/conn.php";                         //包含数据库链接文件
    include "../inc/chec.php";                          //包含权限检查文件
    include "../inc/func.php";                          //包含自定义函数文件
/*判断输入是否为空，如果为空，则返回；如果无错误，则执行 insert 语句添加新记录*/
if((trim($_POST['l_title']) != "") and (trim($_POST['l_content']) != "")){
        $l_sql = "insert into tb_lyb values('','".$_POST['l_title']."','".$_POST['l_content']."',now(),'','')";
        $l_rst = mysqli_query($conn, $l_sql);
        re_message($l_rst,"lyb.php?u_id=24");           //使用自定义函数
/*************************************************************/
}
else
        echo "<script>alert('内容和消息不允许为空');history.go(-1);</script>";
?>
```

2．回复、删除留言操作

在意见箱页面中，当系统判断当前登录用户为人事部成员后，将显示留言信息后面的、可操作的功能模块"回复"和"删除"。单击相应留言主题后面的"回复"超链接，进入回复留言页面。回复留言页面的运行结果如图 3.22 所示。

图 3.22　回复留言页面的运行结果

回复留言页面中的主要表单元素如表 3.5 所示。

表 3.5　回复留言表单的主要元素

名　称	元 素 类 型	重 要 属 性	含　义
tback	form	action="t_back_chk.php" method="post"	回复留言表单
t_title	text	value="<?php echo read_field($conn,"tb_lyb","l_title",$_GET[id]); ?>"	意见主题
r_back	textarea	name="r_back" id="r_back" cols="75" rows="10"	回复内容
id	hidden	name="id" value="<?php echo $_GET[id]; ?>"	回复消息 id
submit2	submit	value="回复" onclick="return re_back();"	"回复"按钮

在回复留言页面中，当用户输入回复信息后，单击"回复"按钮提交表单，在表单处理页（t_back_chk.php）中系统将会根据回复信息，更新表记录。关键代码如下：

例程 12 代码位置：资源包\TM\03\oa\zytd\t_back_chk.php

```php
<?php
session_start();                                                    //开启 session 支持
include "../conn/conn.php";                                         //包含数据库链接文件
include "../inc/chec.php";                                          //包含权限检查文件
include "../inc/func.php";                                          //包含自定义函数文件
/*根据 id，更新数据库*/
$sqlstr = "update tb_lyb set r_back='".$_POST['r_back']."',is_reply = 1 where id = ".$_POST['id'];
$result = mysqli_query($conn, $sqlstr);
re_message($result,"lyb.php?u_id=24");                              //信息函数
/********************/
?>
```

对于不需要再保留的留言信息，可将其删除。单击相应消息主题后面的"删除"超链接，弹出确认删除提示对话框，单击"确定"按钮将消息的 id 传给系统，通过 SQL 语句将其删除。程序关键代码如下：

例程 13 代码位置：资源包\TM\03\oa\zytd\del_ly_chk.php

```php
<?php
session_start();                                                    //开启 session 支持
include "../conn/conn.php";                                         //包含数据库链接文件
include "../inc/chec.php";                                          //包含权限检查文件
include "../inc/func.php";                                          //包含自定义函数文件
$sqlstr = "delete from tb_lyb where id = ".$_GET['id'];            //删除信息的 SQL 语句
$result = mysqli_query($conn, $sqlstr);                            //执行语句
re_message($result,"lyb.php?u_id=24");                              //返回结果
?>
```

视频讲解

3.8 考勤管理模块设计

考勤功能是办公自动化管理系统中每天都要使用到的功能模块之一，也是比较重要的模块之一。除了包括正常的上下班登记功能外，还包括病事假登记和加班登记等特殊登记功能。管理员通过考勤记录实现对上下班及加班标准时间的设置。

3.8.1 考勤管理模块概述

考勤模块主要的功能介绍如下。
- ☑　上下班登记：包括上班登记和下班登记。
- ☑　病事假登记：包括病假登记和事假登记。
- ☑　加班登记：包括加班上班登记和加班下班登记。
- ☑　考勤记录：包括上下班标准时间设置和加班标准时间设置。

考勤模块的活动图如图 3.23 所示。

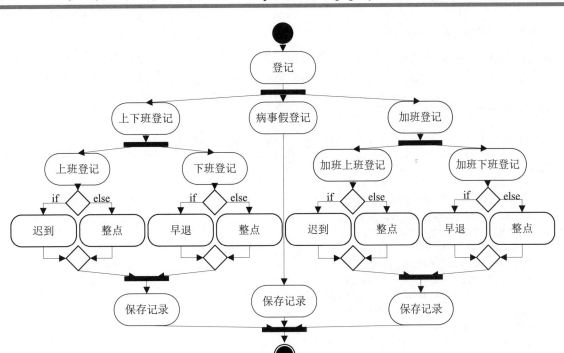

图 3.23 考勤管理活动图

3.8.2 考勤管理模块技术分析

在 PHP 中查询数据表中数据的一般步骤如下：

（1）链接数据库（链接文件 conn.php）。

（2）执行 SQL 语句，返回查询结果集（$result = mysqli_query($conn, $sqlstr)。

（3）配合 while 循环语句输出查询结果（while($rows = mysqli_fetch_row($result))）。

（4）关闭数据库。

在步骤（3）中，如果要取得某个字段的值，使用 $rows[$num] 即可。但通过图 3.23，读者可以发现，从开始登记到保存登记记录，虽然只是一个功能的实现，却要进行至少 3 次判断。如果都用"0,1,2…"做数组下标，过一段时间后，根本记不起取得的数据是什么、有什么作用。在后期测试和系统维护时，还要逐一地查找数据表来比对。除了 mysqli_fetch_row() 函数外，PHP 还提供了其他相似的函数，下面就来学习一下。

1．mysqli_fetch_array() 函数

mysqli_fetch_array() 函数的用法和 mysqli_fetch_row() 函数十分相似，唯一不同的是结果集的数组下标是所查找的数据表的字段值。

例如，读取数据表 tb_register 中的"登记时间"字段，代码如下：

```
$str = $rows['r_time'];
```

这样，即使时间间隔比较长，甚至换人开发，也能明白该变量的含义。

2. mysqli_fetch_object()函数

mysqli_fetch_object()函数与其他两个函数的最大不同就在于：获取的结果集是以对象的形式存储的，而不是数组的形式。也就是说，在读取字段变量时所使用的格式不再是$rows[$num]，代码如下：

```
$str = $rows-->r_time;
```

下面来看一个实例，分别使用上面 3 种不同的函数来获取数据表 tb_setup 的 id 值，代码如下：

```php
<?php
    /*链接数据库*/
    $conn = mysqli_connect("localhost","root","root");
    mysqli_select_db($conn, "db_office");
    mysqli_query("set names utf-8");
    /*创建和执行 SQL 语句*/
    $sqlstr = "select * from tb_setup";
    $result = mysqli_query($conn ,$sqlstr);
    /*使用 mysqli_fetch_row()函数输出字段值*/
    $rows_1 = mysqli_fetch_row($result);
    $str = "mysqli_fetch_rows 函数：".$rows_1[0]."<br>";
    /*使用 mysqli_fetch_array()函数输出字段值*/
    $rows_2 = mysqli_fetch_array($result);
    $str .="mysqli_fetch_array 函数：".$rows_2['id']."<br>";
    /*使用 mysqli_retch_object()函数输出字段值*/
    $rows_3 = mysqli_fetch_object($result);
    $str .= "mysqli_fetch_object 函数：".$rows_3->id."<br>";
    echo "<script>alert('".$str."');</script>";
?>
```

输出结果为：

```
mysqli_fetch_rows 函数：1
mysqli_fetch_array 函数：2
mysqli_fetch_object 函数：3
```

3.8.3 上下班登记的实现过程

📊 上下班登录使用的数据表：tb_register

单击"考勤管理"选项中的"上下班登记"子选项，在主显示区（mainFrame）内显示个人上下班的登记记录和登记链接，用户可以在这里进行登记和查找。上下班登记页面的运行结果如图 3.24 所示。

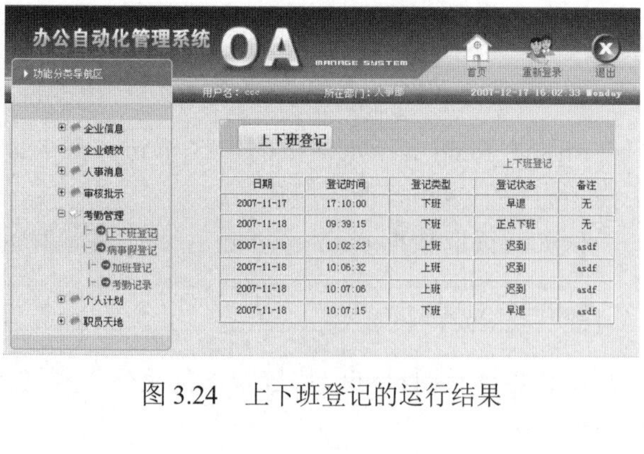

在上下班登记页面中，通过登录用户 id，从数据表 tb_register 中返回用户的登记记录集，并显示在页面中。在显示数据时，需要进行 2 次判

图 3.24 上下班登记的运行结果

断：一次判断用户的登记类型（上班还是下班）；另一次判断用户的登记状态（迟到、早退、正点上下班）。关键代码如下：

例程 14　代码位置：资源包\TM\03\oa\kqgl\work_note.php

```php
<?php
    session_start();                        //开启 session 支持
    include "../inc/chec.php";              //包含权限检查文件
    include "../conn/conn.php";             //包含数据库链接文件
    include "../inc/func.php";              //包含自定义函数文件
?>
<?php include('../top.php') ?>
<div class="container">
    <?php include('../left.php') ?>
    <div class="right">
...
❶   <a href="javascript:;" onclick="workResiger('<?php echo $_GET['u_id']; ?>');">
<?php
    /*判断是哪种功能类型*/
❷   if($_GET['u_id'] == 14){
        echo "上下班登记";
    }else if($_GET['u_id'] == 15){
        echo "病事假登记";
    }else if($_GET['u_id'] == 16){
        echo "加班登记";
    }
?></a>
<?php
    /*显示登记信息*/
    $sqlstr = "select id,r_date,r_time,r_type,r_state,r_remark from tb_register where r_id = ".$_GET[u_id]."
and p_id = ".$_SESSION['id'];
    $result = mysqli_query($conn, $sqlstr);
    while($rows = mysqli_fetch_array($result)){
?>
    <tr>
    <!--输出登记日期-->
        <td height="25" align="center" valign="middle"><?php echo $rows['r_date']; ?></td>
    <!--输出登记时间-->
        <td height="25" align="center" valign="middle"><?php echo $rows['r_time']; ?></td>
        <td height="25" align="center" valign="middle">
<!--输出登记类型-->
        <?php
❸           switch($rows['r_type']){
                case 0:
                    echo  "下班";
                    break;
                case 1:
                    echo "上班";
                    break;
                case 2:
```

```
                                echo "加班签到";
                                break;
                        case 3:
                                echo "加班签退";
                                break;
                        case 4:
                                echo "病假";
                                break;
                        case 5:
                                echo "事假";
                                break;
                }?></td>
            <!-- --------------------- -->
            <td height="25" align="center" valign="middle">
            <!--输出登记状态-->
            <?php
❹              switch($rows['r_type']){
                        case 1:
                                echo ($rows[r_state] == 0)?"正点上班":"迟到";
                                break;
                        case 0:
                                echo ($rows[r_state] == 0)?"早退":"正点下班";
                                break;
                        case 2:
                                echo ($rows[r_state] == 0)?"正点加班":"晚点加班";
                                break;
                        case 3:
                                echo ($rows[r_state] == 0)?"加班早退":"加班下班";
                                break;
                        case 4:
                                echo ($rows[r_state] == 0)?"病假":"事假";
                                break;
                }?>
        <!-- --------------------------------- -- >
            </td>
            <!--输出备注-->
            <td height="25" align="center" valign="middle"><?php echo ($rows[r_remark] != null)?$rows
[r_remark]:无; ?></td>
        </tr>
<?php    }?>
/*******************************/
...
```

🔊 代码贴士

❶ onclick="…"：单击事件，执行 workResiger()函数，该函数使用 Layer 弹层弹出一个窗口。

❷ 根据 u_id，也就是参数 u_id 的值来判断是哪种功能类型。分 3 种情况：上下班登记、病事假登记和加班登记。

❸ 判断登记类型，一共分 6 种情况：上班、下班、病假、事假、加班签到和加班签退。

❹ 判断状态类型，一共分 10 种情况：上班迟到、上班早退、正点上班、正点下班、正点加班、加班下班、加班晚点、加班早退、病假和事假。

当单击"上下班登记"超链接时，就会
弹出登记页面，用户可以进行上下班的登记
操作，在"登记类型"下拉列表框中选择登
记类型，如果是迟到或早退等特殊情况，需
要在"备注"列表框中说明原因，最后单击
"登记"按钮进行登记，如果登记成功，将
显示提示对话框。登记页面的运行结果如
图 3.25 所示。

在登记界面中，主要有 3 个表单元素和
一个隐藏表单，如表 3.6 所示。

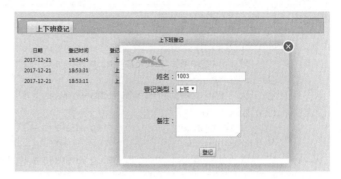

图 3.25　登记页面的运行结果

表 3.6　上下班登记的表单元素

名　　称	元 素 类 型	重 要 属 性	含　　义
Pl	form	method="post" action="p_login_chk.php"	登记表单
u_name	text	value="<?php echo $_SESSION[u_name]; ?>" readonly="readonly"	登记人

u_type	select	`<?php if($_GET['r_id'] == 14){?>`
		　　　`<option value="1">上班</option>`
		　　　`<option value="0">下班</option>`
		`<?php }else if($_GET['r_id'] == 15){?>`
		　　　`<option value="4">病假</option>`
		　　　`<option value="5">事假</option>`
		`<?php }else if($_GET['r_id'] == 16){?>`
		　　　`<option value="2">加班签到</option>`
		　　　`<option value="3">加班签退</option>`
		`<?php }?>`
			登记类型

r_remark	textarea	name="r_remark" rows="5"	备注
r_id	hidden	value="<?php echo $_GET[r_id]; ?>"	功能 id
Submit2	submit	value="回复" onclick="return re_back();"	"登记"按钮

选择相应的登记类型，如上班，提交表单后，系统就会跳到处理页（p_login_chk.php）处理。在处
理页中，首先判断登记类型（上班、下班），然后根据登记类型取得相对应的标准时间，通过两个时间
的对比，得到登记状态（迟到、早退、正点上下班），最后执行 insert 语句，添加新记录。程序关键代
码如下：

例程 15　代码位置：资源包\TM\03\oa\kqgl\p_login_chk.php

```php
<?php
session_start();                          //开启 session 支持
include "../conn/conn.php";               //包含数据库链接文件
include "../inc/chec.php";                //包含权限检查文件
/*1 代表迟到，0 代表正点登记*/
/*判断功能类型，如上下班登记、加班登记*/
```

```
if(($r_id == "14") or ($r_id == "16")){
/*判断登记类型，如上班、下班等*/
    if($u_type == 0)
        $t_sql = "select * from tb_setup where id = 2";          //取得下班标准时间
    else if($u_type == 1)
        $t_sql = "select * from tb_setup where id = 1";          //取得上班标准时间
    else if($u_type == 2)
        $t_sql = "select * from tb_setup where id = 3";          //取得加班上班时间
    else if($u_type == 3)
        $t_sql = "select * from tb_setup where id = 4";          //取得加班下班时间
/**************************************************************/
    $t_rst = mysqli_query($t_sql,$conn);
    $t_rows = mysqli_fetch_row($t_rst);
    $s_time = $t_rows[2];                                        //规定的标准时间
❶  $now_time = date("H:i:s");                                   //当前的登记时间
❷  $l_sql = "insert into tb_register (r_date,r_time,r_type,r_state,r_remark,r_id,p_id)
values("'.date("Y-m-d")."','".date("H:i:s")."',".$_POST['u_type'].",".((strtotime($now_time)
strtotime($s_time) >
0)?1:0).","'.$_POST['r_remark']."',".$_POST['r_id'].",".$_SESSION['id'].")";
}else if($r_id == "15")
    $l_sql = "insert into tb_register (r_date,r_time,r_type,r_state,r_remark,r_id,p_id)
values("'.date("Y-m-d")."','".date("H:i:s")."',".$_POST['u_type'].",,"'.$_POST['r_remark']."',".$_POST['r_id'].",".$_
SESSION['id'].")";
$l_rst = mysqli_query($conn, $l_sql);
/*登记完成后，关闭窗口*/
if($l_rst)
    echo "<script>alert('登记完成');window.close();</script>";
else
    echo "<script>alert('错误');history.go(-1);</script>";
/***********************/
?>
```

🔊 代码贴士

❶ date()时间函数可以通过不同的组合返回不同的时间样式。例如程序中的 date("H:i:s")，还可以加上年、月、日、星期等，如 date("Y-m-d H:i:s l")。

❷ ((strtotime($now_time) - strtotime($s_time) > 0)?1:0)：根据以上内容得到的 SQL 语句，其中 strtotime 函数是 PHP 的一个时间函数，作用是将一个日期时间描述解析为一个 unix 时间戳，如 strtotime("2007-07-11 13:49:29") 输出的结果就是 1184132969，这时对两个时间进行计算，就可以得到时间的大小关系。

3.8.4 设置时间的实现过程

📄 考勤管理使用的数据表：tb_register、tb_setup

考勤记录页面的功能主要有两部分：一是显示所有员工的考勤信息；二是设置标准时间。显示所有员工的考勤信息的实现过程和 3.8.3 节中的实现方式相类似，唯一不同的就是包括了全体职员，只要略微改动 SQL 语句即可。

146

下面主要来看一下设置标准时间页面。在"考勤记录"页面中单击"设置时间"超链接，进入设置时间页面，如图 3.26 所示。

在本页面中，从 tb_setup 表中读取预定义的标准时间，有 4 个标准时间，分别是"上班签到"、"下班签退"、"加班签到"和"加班签退"。程序关键代码如下：

图 3.26　设置时间页面

例程 16　代码位置：资源包\TM\03\oa\kqgl\set_time.php

```php
<?php
    session_start();                                    //开启 session 支持
    include "../inc/chec.php";                          //包含权限检测文件
    include "../conn/conn.php";                         //包含数据库链接文件
?>
<?php include('../top.php') ?>
<div class="container">
  <?php include('../left.php') ?>
  <div class="right">
<form name="form1" method="post" action="set_time_chk.php">
<table border="1" cellspacing="0" cellpadding="0" background="../images/bg.jpg">
  <tr>
    <td width="150" height="25" align="center" valign="middle">上班签到</td>
    <td width="150" height="25" align="center" valign="middle">下班签退</td>
    <td width="150" height="25" align="center" valign="middle">加班签到</td>
     <td width="150" height="25" align="center" valign="middle">加班签退</td>
  </tr>
<?php
    $sqlstr = "select * from tb_setup";                 //提取表中的标准时间
    $result = mysqli_query($conn, $sqlstr);             //返回结果集
    $num = 0;                                           //设置序号
?>
  <tr>
<?php while($rows = mysqli_fetch_row($result)){ ?>
    <td height="30" align="center" valign="middle">
❶    <input type="text" name="l_time<?php echo $num;?>" value="<?php echo $rows[2]; ?>" size=15></td>
<?php $num++;}?>
  </tr> <tr>
❷    <td height="30" align="center" valign="middle"><input type="submit" name="u_logo" value="设置"></td>
    <td height="30" align="center" valign="middle"><input type="submit" name="d_logo" value="设置"></td>
    <td height="30" align="center" valign="middle"><input type="submit" name="a_logo" value="设置"></td>
    <td height="30" align="center" valign="middle"><input type="submit" name="q_logo" value="设置"></td>
  </tr>
</table>
</form>
```

🔊 代码贴士

❶ 变量$num 是为了在 while 循环语句中输出不同的表单元素的名称，每次循环 $num 自加 1。

❷ 生成 4 个设置时间的按钮，在处理页中，根据不同的名字做不同的处理。

当调整了其中的一项后，单击"设置"按钮，进入到处理页，在处理页中，会根据按钮的名称和
text 元素的 value 值来进行相关的操作。程序关键代码如下：

例程 17　代码位置：资源包\TM\03\oa\kqgl\set_time_chk.php

```php
<?php
    session_start();                                        //开启 session 支持
    include "../inc/chec.php";                              //包含权限检查文件
    include "../conn/conn.php";                             //包含数据库链接文件
    /*根据名称判断事件是哪个按钮产生的，并生成不同的 SQL 语句*/
    if(isset($_POST[u_logo])){
        $sqlstr = "update tb_setup set l_time ='".$_POST[l_time0]."' where id = 1";   //设置上班时间
    }else if(isset($_POST[d_logo])){
        $sqlstr = "update tb_setup set l_time ='".$_POST[l_time1]."' where id = 2";   //设置下班时间
    }else if(isset($_POST[a_logo])){
        $sqlstr = "update tb_setup set l_time ='".$_POST[l_time2]."' where id = 3";   //设置加班上班时间
    }else if(isset($_POST[q_logo])){
        $sqlstr = "update tb_setup set l_time ='".$_POST[l_time3]."' where id = 4";   //设置加班下班时间
    }
    else
        echo "<script>alert('非法登录');window.close();</script>";
    /*****************************************************/
    $result = mysqli_query($conn, $sqlstr);
    if($result)
        echo "<script>alert('设置成功');window.close();</script>";
    else
        echo "<script>alert('设置失败');window.close();</script>";
?>
```

视频讲解

3.9　后台首页设计

由于后台管理主要是针对管理员开放的，普通用户无法访问到这里，所以在页面风格的设计上相对
要简单得多。不需要艳丽的图片、极炫的特效，只要干净、整洁，给人一种朴实无华的感觉是最好的。

3.9.1　后台首页概述

如果说前台是系统的外衣，那么后台就是系统的灵魂。数据更新、系统升级，甚至是安全隐患，
都源于后台的设计是否完善，功能是否强大。可以说，后台越完美，系统拥有的外衣才会越华丽，人
们的目光才会被吸引。

办公自动化管理系统的后台首页主要包括的功能如下。

☑　网站首部导航栏：包括当前时间、首页、重新登录和退出登录。

☑　网站左侧导航栏：包括各个管理模块及分类。

☑　部门管理模块：主要用于对部门信息的操作，包括添加、修改、删除和查看功能。

- ☑ 职员管理模块：主要用于对职员信息的统一管理，包括添加、修改、删除和查找职员。
- ☑ 权限管理模块：主要用于对部门、职员和用户组的功能权限分配。
- ☑ 系统管理模块：维护系统日志、修改管理员密码和系统数据的备份。

本案例中提供的后台首页如图 3.27 所示。该首页在本书资源包中的路径为\TM\03\admin\admin_main.php。

3.9.2　后台首页技术分析

后台页面和前台页面的布局是相似的，都是采用"上方固定，左侧嵌套"的框架结构。在上方框架（topFrame）显示 Banner 和首部导航，在左侧框架（leftFrame）中显示功能列表。中间的显示区（manFrame）显示各级窗体。

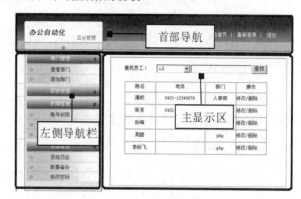

图 3.27　办公自动化管理系统后台首页

3.9.3　后台首页的实现过程

后台首页使用的数据表：tb_controller

下面来看一下后台页面中框架布局的应用，程序代码如下：

例程 18　代码位置：资源包\TM\03\oa\admin\admin_main.php

```
<!--定义顶部框架和框架内显示的内容-->
<frameset rows="88,*" cols="*" frameborder="no" border="1" framespacing="0">
  <frame src="top.php" name="topFrame" scrolling="No" noresize="noresize" id="topFrame" title="topFrame" />
    <!--定义嵌套的左侧框架和框架内显示的内容-->
  <frameset rows="*" cols="216,*" framespacing="0" frameborder="no" border="1">
    <frame src="left.php" name="leftFrame" scrolling="No" noresize="noresize" id="leftFrame" title="leftFrame" />
    <!--定义主框架内容-->
    <frame src="main.php" name="mainFrame" id="mainFrame" title="mainFrame" />
  </frameset>
</frameset>
<!--当浏览器不支持框架时所显示的内容-->
<noframes><body>
</body>
</noframes></html>
```

3.10　部门管理模块设计

视频讲解

一个成熟、稳定的企业一定要有一个合理的部门结构，包括每个部门需要做什么工作、部门之间的协调关系和部门之间的上下级关系等，都要明确下来，这样才能各尽其职，不会出现资源浪费，提高企业整体的效率。

3.10.1　部门管理模块概述

部门管理模块包括查看部门和添加部门两大部分，下面分别介绍。

1．查看部门

查看各个部门名称和部门之间的上下级关系，还可以对部门的信息和级别进行修改，如果是最底层的部门，则可以对其进行删除操作。

2．添加部门

可以添加新的部门，包括部门名称、上级部门和部门备注。

部门管理框架如图 3.28 所示。

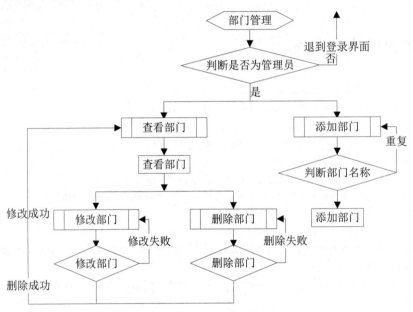

图 3.28　部门管理操作流程图

3.10.2　部门管理模块技术分析

部门管理中的技术难点是：如何实现查看部门模块中的动态显示部门结构的功能。这里用 JavaScript+递归函数来实现。下面详细讲解。

当用户单击"查看部门"时，系统开始查找 tb_depart 数据库。首先找到根部门的信息列表，并判断第一个根部门是否有下级部门。如果没有，则直接输出部门名称、修改和删除操作，然后查找下一个根部门；如果有下级部门，则调用自定义函数 list_menu($num,$wid,&$m)。其中：

- ☑　$num：为上级部门 id 号。
- ☑　$wid：为表格宽度。

☑　$m：为表单元素 id 变量值。

在这个函数中，执行步骤如下：

（1）查找上级部门为$num 的部门列表。

（2）判断第一个部门是否有下级部门。

（3）如果没有，则输出部门名称、修改和删除操作，然后查找下一个同级部门。

（4）如果有下级部门，则再次调用 list_menu($num,$wid,&$m)函数。

（5）重复步骤（1）～（4）。

这时，相信读者已经看出：list_menu()正是一个递归函数。递归函数就是在当满足一定的条件时，函数自己调用自己，经过层层调用，最终达到解决问题的目的。list_menu()函数的代码如下：

例程 19　代码位置：资源包\TM\03\oa\admin\inc\func.php

```php
<?php
    function list_menu($num,$wid,&$m){
    /*连接数据库*/
    $conn = mysqli_connect("localhost","root","root");
    mysqli_select_db($conn ,"db_office");
    mysqli_query("set names utf8");
    /*****************/
    /*查询同级部门*/
    $sqlstr = "select * from tb_depart where up_depart = ".$num;
    $result = mysqli_query($conn, $sqlstr);
    /*******************/
?>
    <!--隐藏域-->
<tr id="OpenMe<?php echo $m; ?>" style="display:none;">
<td> <table width="<?php echo $wid; ?>%"   border="0" cellspacing="0" cellpadding="0">
    <tr>
    <td height="25" align="center"><table width="<?php echo ($wid -3); ?>%" border="0" cellspacing="0"
cellpadding="0">
<?php
/*循环输出同级部门*/
    while($rows = mysqli_fetch_row($result)){
    /*查看下属部门*/
        $sqlstr1 = "select * from tb_depart where up_depart = ".$rows[0];
        $result1 = mysqli_query($conn, $sqlstr1);
        $nu = mysqli_num_rows($result1);
    /*当前部门没有下属部门时*/
        if(!$nu){
            $m += 1;
?>
❶ <tr onMouseOver="this.style.background='#96F7F4'" onMouseOut="this.style.background='''">
        <td width="100%" align="left">   <img src="../images/folder.gif" width="16" height=
"16" border="0"><?php echo $rows[1] ?>-----------------<a href="edit_depart.php?id=<?php echo $rows[0]; ?>">
修改</a>||<a href="del_depart_chk.php?id=<?php echo $rows[0]; ?>" onClick="return cfm();">删除</a></td></tr>
<?php
        }
    /*当前部门有下属部门时*/
```

```
        else{
            $m += 1;
?>
    <!--鼠标划过样式-->
    <tr onMouseOver="this.style.background='#96F7F4'" onMouseOut="this.style.background=''">
❷       <td> <a href="Javascript:ShowMe(img<?php echo $m; ?>,OpenMe<?php echo $m; ?>)">
<img src="../Images/jia.gif" border="0" alt="展开" id="img<?php echo $m; ?>"><?php echo $rows[1];?>
</a>------------------<a href="edit_depart.php?id=<?php echo $rows[0]; ?>">修改</a>||删除</td></tr>
<?php
❸           list_menu($rows[0],$wid,$m);
        }}
?>
    </table></td></tr></table></td></tr>
<?php}?>
```

代码贴士

❶ onMouseOver…onMouseOut：onMouseOver 表示鼠标指针停留在当前元素上时的状态，onMouseOut 事件表示鼠标指针离开当前元素时的状态。本行用不同的颜色表示两种不同的事件。

❷ 当前部门有下属部门时，单击图片或文字链接，触发一个 js 事件，显示隐藏域。

❸ 调用自身函数。

在这个模块中，同时使用了另一个自定义函数 isbool($id,$dname)，该函数将$dname 参数和 tb_depart 表中的部门名称一一比较，如果重复，则返回 true，否则返回 false。$id 是在修改部门时，先去掉要修改的部门的名称再进行比较。在信息处理页中，根据返回的值进行操作。isbool()函数的程序代码如下：

例程 20   代码位置：资源包\TM\03\oa\admin\inc\func.php

```php
function isbool($id,$dname){
    /*连接数据库*/
    $conn = mysqli_connect("localhost","root","root");
    mysqli_select_db($conn ,"db_office");
    mysqli_query("set names utf8");
    /*******************/
    $sqlstr = "select * from tb_depart where id != $id d_name = '$dname'";   //创建查询 SQL 语句
    $result = mysqli_query($conn, $sqlstr);                                  //执行 SQL 语句
    if(mysqli_num_rows($result)>0)                                          //判断是否有记录集
        $isbool = true;                                                     //如果有，$isbool = true
    else
        $isbool = false;                                                    //否则 $isbool = false
    return $isbool;                                                         //返回$isbool
}
```

3.10.3 部门查看的实现过程

部门查看模块使用的数据表：tb_depart

通过选择导航栏中的"部门管理"/"查看部门"选项，进入部门查看页面。在部门查看页面中显

152

示部门设置及架构情况，如图 3.29 所示。

在部门查看页面中，使用到了递归函数。首先查找根部门（根部门的条件是 top_depart = 0），并返回根部门的结果集；接着使用 while 循环输出所有根部门，每输出一个根部门时，都要查看当前部门是否有子部门（下属部门）。如果没有子部门，那么直接输出部门名称和对部门的操作（修改和删除）；如果根部门有子部门，则调用递归函数（list_menu()）。该页面的程序代码如下：

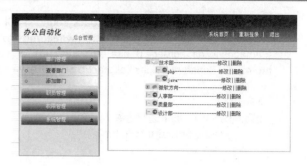

图 3.29 部门查看页面

例程 21 代码位置：资源包\TM\03\oa\admin\bmgl\show_depart.php

```php
<?php
    session_start();                              //开启 session 支持
    include "../inc/chec.php";                    //包含权限检查文件
    include "../conn/conn.php";                   //包含数据库链接文件
    include "../inc/func.php";                    //包含自定义函数文件
?>
<script src="../js/admin_js.js"></script>         //引入 js 脚本文件
<link href="../css/style.css" rel="stylesheet">   //引入外部 css 样式
<body onLoad="ShowMe(img1,OpenMe1)">              //onLoad 事件，表示当页面被载入时调用 ShowMe()方法
<!--查看部门信息-->
<table width="100%" height="25"  border="0" cellpadding="0" cellspacing="0">
<?php
    /*找到根部门*/
    $sqlstr = "select * from tb_depart where top_depart = 0";
    $result = mysqli_query($conn, $sqlstr);
    /*隐藏域 id 号*/
    $m = 1;
    /*循环输出所有根部门*/
    while($rows = mysqli_fetch_row($result)){
        $wid = 100;
    /*查看下属部门*/
        $sqlstr1 = "select * from tb_depart where up_depart = ".$rows[0];
        $result1 = mysqli_query($sqlstr1,$conn);
        $nu = mysqli_num_rows($result1);
    /*当前部门没有下属部门时*/
        if(!$nu){
        ?>
<tr onMouseOver="this.style.background='#96F7F4'" onMouseOut="this.style.background=''">
        <td>    <a href="<?php echo $PHP_SELF; ?>"><img src="../Images/folder.gif"
border="0" alt="展开" id="img<?php echo $m; ?>"><?php echo $rows[1]; ?></a>------------------<a href="edit_
depart.php?id=<?php echo $rows[0]; ?>">修改</a>||<a href="del_depart_chk.php?id=<?php echo $rows[0] ?>"
onClick="return cfm();">删除</a></td>
    </tr>
        <?php
    /*当前部门有下属部门时*/
        }else{
?>
```

153

```
<tr onMouseOver="this.style.background='#96F7F4'" onMouseOut="this.style.background=''">
    <td><a href="Javascript:ShowMe(img<?php echo $m; ?>,OpenMe<?php echo $m; ?>)"><img src=
"../Images/jia.gif" border="0" alt="展开" id="img<?php echo $m; ?>"><?php echo $rows[1]; ?></a>------------------<a
href="edit_depart.php?id=<?php echo $rows[0]; ?>">修改</a>||删除</td>
    </tr>
<?php
/*输出同级部门，调用递归函数*/
    list_menu($rows[0],$wid,$m);
    $m += 1;
    }}
/*循环结束*/
?>
```

1．修改部门

在查看部门页面中，可以对部门的名称、上级部门及主要职责等相关信息进行修改。单击要修改部门名称后面的"修改"超链接，进入修改部门页面，如图 3.30 所示。

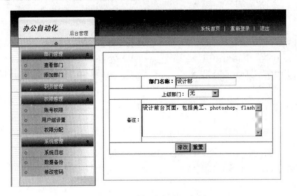

图 3.30　修改部门页面

修改部门页面（edit_depart.php）中的主要表单元素如表 3.7 所示。

表 3.7　修改部门页面中的表单元素

名　　称	元 素 类 型	重 要 属 性	含　　义
d_name	Text	size="20" value="<?php echo $rows[d_name] ?>	部门名称

u_id	select	<?php
		    while($tmprows = mysqli_fetch_array($tmpresult)){
		        if($tmprows[id] == $rows[top_depart]){
		            echo "<option value='".$tmprows[id]."'
		selected>".$tmprows[d_name]."</option>";
		        }else
		            echo "<option value='".$tmprows[id]."'>".$tmprows[d_name]."</option>";
		    }?>
			列出所有部门

remark	textarea	<?php echo $rows[remark] ?>	备注信息
id	hidden	value="<?php echo $rows[id] ?>"	修改部门的 id
Submit	Submit	name="Submit" value="修改" onclick="return a_check();"	"修改"按钮

当管理员修改完相应的信息后单击"修改"按钮提交修改信息，系统转到处理页（edit_depart_chk.php），首先判断输入的部门名称是否重复。如果重复，则返回；如果不重复，则继续执行，确定修改后的上级部门和根部门。关键代码如下：

例程 22　代码位置：资源包\TM\03\oa\admin\bmgl\edit_depart_chk.php

```php
<?
    session_start();                                    //开启 session 支持
    include "../inc/chec.php";                          //包含权限检查文件
    include "../conn/conn.php";                         //包含数据库链接文件
    include "../inc/func.php";                          //包含数据库链接文件
/*判断输入部门名称是否重复*/
if(isbool($_POST['id'],$_POST['d_name'])){
    echo "<script>alert('名称已存在，请重新输入!!');history.go(-1);</script>";
    exit();
}
/*修改部门，确定上级部门和根部门*/
if($_POST['u_id'] != 0){
/*查找上级部门的根部门*/
    $sqlstr = "select top_depart from tb_depart where id = ".$_POST['u_id'];
    $result = mysqli_query($conn, $sqlstr);
    $rows = mysqli_fetch_array($result);
/*如果存在上级部门，就取得上级部门的根部门*/
    if ($rows['top_depart'] != 0)
        $top_depart = $rows['top_depart'];
/*如果不存在，将上级部门作为根部门*/
    else
        $top_depart = $_POST['u_id'];
}else
/*如果没有上级部门，那么就将自身定为根部门*/
    $top_depart = 0;
/*创建、执行修改部门的 SQL 语句*/
    $sqlstr = "update tb_depart set d_name = '".$_POST['d_name']."',top_depart = ".$top_depart.", up_depart = ".$_POST['u_id'].", remark = '".$_POST['remark']."' where id = ".$_POST['id'];
    $result = mysqli_query($conn, $sqlstr);
    re_message($result,"show_depart.php");
?>
```

2．删除部门

如果要取消某个部门，可以将该部门删除。在删除部门时，只能对最底层的部门进行删除，如果部门下面有子部门，其部门后面的"删除"超链接不可用。删除功能的实现相对比较简单一点，单击"删除"超链接后，系统提示"是否确认删除部门"，如果单击"确认"按钮，系统将转到处理页（del_depart_chk.php）进行删除处理。程序代码如下：

例程 23　代码位置：资源包\TM\03\oa\admin\bmgl\del_depart_chk.php

```php
<?php
session_start();                                        //开启 session 支持
```

```
include "../inc/chec.php";                              //包含权限查看文件
include "../conn/conn.php";                             //包含数据库链接文件
include "../inc/func.php";                              //包含自定义文件
$sqlstr = "delete from tb_depart where id = ".$_GET[id]; //删除 SQL 语句
$result = mysqli_query($conn, $sqlstr);                 //执行 SQL 语句
re_message($result,"show_depart.php");                  //返回最后结果
?>
```

3.10.4　部门添加的实现过程

用户单击导航栏中的"部门管理"/"添加部门"选项，进入添加部门页面（add_depart.php），该页面用于设置新添加部门的相关信息，包括部门名称、上级部门和备注，如图 3.31 所示。

添加部门页面（add_depart）主要包含一个添加部门表单，表单元素的名称、说明及属性值如表 3.8 所示。

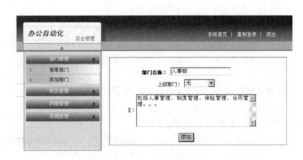

图 3.31　添加部门页面

表 3.8　添加部门页面的表单元素

名　称	元 素 类 型	重 要 属 性	含　义
d_name	Text	name="d_name" id="d_name" size="20"	部门名称

u_id	select	`<?php`
		`　while($rows = mysqli_fetch_row($result1))`
		`　　echo "<option value="".$rows[0]."">".$rows[1]."</option>";`
		`?>`
			列出所有部门

remark	textarea	name="remark" cols="40" rows="5" id="remark"	备注信息
Submit	submit	name="Submit" value="添加" onclick="return a_check();"	"添加"按钮

当管理员提交表单后，进入处理页（add_depart_chk.php）进行添加操作。在处理页中，首先判断输入的部门名称是否重复，如果名称符合要求，则进一步确定上级部门和根部门，最后执行 insert 语句进行添加操作。处理页的代码如下：

例程 24　代码位置：资源包\TM\03\oa\admin\bmgl\add_depart_chk.php

```
<?
    session_start();                                    //开启 session 支持
    include "../inc/chec.php";                          //包含权限检查文件
    include "../conn/conn.php";                         //包含数据库链接文件
    include "../inc/func.php";                          //包含自定义函数文件
    /*判断输入部门名称是否重复*/
    if(isbool($_POST['d_name'])){
        echo "<script>alert('名称已存在，请重新输入!!');history.go(-1);</script>";
        exit;
```

```
        }
        /*确定上级部门和根部门*/
        if($_POST['u_id'] != "0"){
                $sqlstr = "select top_depart from tb_depart where id = ".$_POST['u_id'];
                $result = mysqli_query($conn, $sqlstr);
                $rows = mysqli_fetch_row($result);
                if ($rows[top_depart] != 0)
                        $top_depart = $rows['top_depart'];
                else
                        $top_depart = $_POST['u_id'];
        }
        else
                $top_depart = 0;
        /*添加新部门*/
        $sqlstr = "insert into tb_depart
values('',"'".$_POST['d_name']."','".$top_depart."','".$_POST['u_id']."','".$_POST['remark']."')";
        $result = mysqli_query($conn, $sqlstr);
        /*输出添加结果*/
        re_message($result,"show_depart.php")
?>
```

3.11　系统管理模块设计

视频讲解

系统管理模块在后台系统中占据着非常重要的位置，后台其他的模块都是针对前台
功能而设计的。而系统管理是针对系统本身的一些信息、情况而设计的，一般包括数据备份、管理员信
息修改等，甚至可以对操作系统的配置文件进行操作，可以说是管理员的管理员，是后台系统中必不可
少的组成部分。

3.11.1　系统管理模块概述

系统管理模块包括如下功能。

☑　系统日志：记录了前、后台用户登录时的相关信息。

☑　数据备份：可以对整个数据库进行备份、
恢复和删除。

☑　修改密码：修改后台管理员登录密码。

系统管理用例图如图 3.32 所示。

3.11.2　系统管理模块技术分析

在系统管理模块中，保存数据的方式使用了数
据库和文件，关于数据库技术已经介绍很多了，本
节主要讲解一下文件及文件夹的相关操作。

对文件的操作主要分 3 步：打开文件、读取/写入文件和关闭文件。

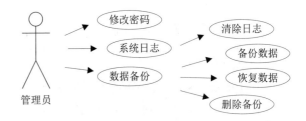

图 3.32　系统管理用例图

1．打开文件

打开文件使用的是 fopen()函数，该函数的一般格式如下：

```
int fopen(string filename,string mode);
```

参数 filename 是要打开的包含路径的文件名，可以是相对路径或绝对路径。如果没有任何前缀，则表示打开的是本地文件；参数 mode 是打开文件的方式，常用的有 a（追加）、w（只写）和 r（只读）。代码如下：

```
$f_open = fopen("../bak/remark.sql","a+");
```

2．读取/写入文件

读取文件的函数有很多，最常用的就是按行读取（fgets()函数）和全部读取（readfile()函数和fpassthru()函数）。

fgets()函数的一般格式如下：

```
string fgets(int filename [,int length]);
```

参数 filename 是被打开的文件，参数 length 是要读取的数据长度。该函数能够实现从 filename 指定的文件中读取一行并返回长度最大值为 length-1 个字节的字符串。在遇到换行符、EOF 或者读取了length-1 个字节后停止。如果没有指定 length 的长度，默认值是 1KB。代码如下：

```
<?php
    $f_open = fopen("../bak/remak.txt","r") ;        //打开文本
        echo fgets($f_open) ;                        //读取其中的数据
    fclose($f_open) ;
?>
```

readfile()函数的一般格式如下：

```
int readfile($filename);
```

参数$filename 为要打开的文件名，使用该函数时，无须进行第 1、3 步，也无须输出语句 echo，直接就可以读取文件的全部内容并显示在页面中。

3．关闭文件

完成对文件的操作后，就可以关闭文件了。关闭文件的命令十分简单，格式如下：

```
fclose($open);
```

其中参数$open 是要关闭的文件资源。

在本模块中，还用到了两个自定义函数 c_log()和 show_file()。c_log()函数的作用是删除日志文件，程序代码如下：

例程 25　代码位置：资源包\TM\03\oa\admin\inc\func.php

```
function c_log(){
    $filename="../log.txt";                          //日志文件路径
```

```
        if(file_exists($filename))               //判断文件是否存在
            unlink($filename);                    //如果文件存在，删除
        else                                      //如果文件不存在，返回上层操作
            echo "<script>alert('暂无系统日志！');history.go(-1);</script>";
}
```

show_file()函数的作用是返回一个目录下的所有文件名列表，并以数组的形式返回。show_file()函数的程序代码如下：

例程 26　代码位置：资源包\TM\03\oa\admin\inc\func.php

```
function show_file(){
    $folder_name = "../bak";                     //数据备份目录
    $d_open = opendir($folder_name);             //打开备份目录
    $num = 0;                                     //数组下标
    while($file = readdir($d_open)){             //循环读取文件
        $filename[$num] = $file;                  //将文件名存为数组
        $num++;
    }
    closedir($d_open);                            //关闭目录
    return $filename;                             //返回文件数组
}
```

3.11.3　系统日志的实现过程

通过导航栏中的"系统管理"/"系统日志"可进入系统日志页面。在该页面中显示系统日志信息，在系统日志中，记录着普通用户和后台管理员所有人员登录系统时的信息，包括登录时间、用户账号、登录 IP 等。这些信息是在用户登录时系统自动添加到数据表中的（关于用户登录的实现请参见本书附带的资源包）。系统日志页面的运行结果如图 3.33 所示。

显示日志是对文件进行读取，定位到日志文件 log.txt 后，使用 fgets()函数读取日志内容，并显示在页面中。程序代码如下：

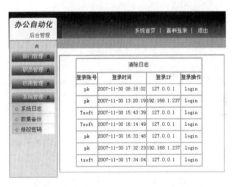

图 3.33　系统日志页面的运行结果

例程 27　代码位置：资源包\TM\03\oa\admin\xtgl\slog.php

```
<?php
    session_start();                             //开启 session 支持
    include "../inc/chec.php";                    //包含权限检查文件
?>
<script src="../js/admin_js.js"></script>        //引入 js 脚本文件
<link href="../css/style.css" rel="stylesheet">  //引入外部 css 样式文件
...
    <tr>
        <td colspan="4" height="30" align="center" valign="middle"><a href="del_slog_chk.php" onclick=
"return del_chk();">清除日志</a></td>
```

```
            </tr>
    ...
    <?php
        $filename =  "../log.txt";                              //日志文件路径
        if($f_open = fopen($filename,"r"))                      //是否以只读形式打开文件
        {
            while($str = fgets($f_open,255)){                   //按行读取日志文件内容
                $chr = split(",",$str);                         //以 "," 为分隔符，返回数组形式的记录集
                echo "<tr>";
                for($i = 0; $i < count($chr); $i++){            //循环输出字段值
                    echo "<td align='center' height='25'>".$chr[$i]."</td>";        }
                echo "</tr>";}
            fclose($f_open);                                    //关闭文件
            } else                                              //如果没有日志文件时
                echo "<script>alert('还没有日志文件！');history.go(-1);</script>";
    ?>
    </table>
    </td></tr></table>
```

对于无用的日志信息需要定期清除，通过页面中的"清除日志"超链接清空日志，实际上就是删除日志文件。程序代码如下：

例程 28   代码位置：资源包\TM\03\oa\admin\xtgl\del_slog_chk.php

```
<?php
    session_start();                                        //开启 session 支持
    include "../inc/chec.php";                              //包含权限检查文件
    include "../inc/func.php";                              //包含自定义函数文件
    c_log();                                                //调用自定义函数
    echo "<script>alert('删除成功！');location='data_stock.php';</script>";
?>
```

3.11.4 数据备份的实现过程

在病毒肆虐的今天，数据备份的重要性是毋需置疑的。没有任何一家网站、一个系统敢说自己是绝对安全的，只要稍不留神就会中招。本着对读者负责的态度，在 3.13 节的技术专题中，将详细地介绍 MySQL 数据的备份与恢复，以及如何在 PHP 中对 MySQL 进行备份操作。这里先简单了解一下本系统数据备份的实现过程。数据备份页面的运行结果如图 3.34 所示。

当单击"备份数据"按钮时，系统执行 exec() 函数，该函数的作用是执行系统命令，通过系统命令来备份数据。数据备份的程序代码如下：

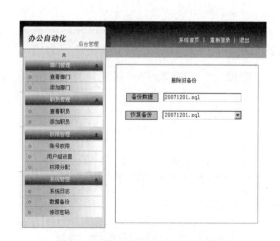

图 3.34 数据备份页面的运行结果

例程 29　代码位置：资源包\TM\03\oa\admin\xtgl\data_stock_chk.php

```php
<?php
    header("Content-type: text/html; charset=utf-8");          //设置文件编码格式
    session_start();
    include "../inc/chec.php";
    include "../conn/conn.php";
    $mysqlstr = "D:\\PhpStudy\\MySQL\\bin\\mysqldump -uroot -hlocalhost -proot --opt -B db_office > ../bak/".
$_POST['b_name'];
    exec($mysqlstr);
    echo "<script>alert('备份成功');location='data_stock.php'</script>";
?>
```

恢复数据和备份数据的执行过程大同小异，都需要使用 exec()函数执行系统命令，只是命令执行的操作是完全相反的。恢复数据的程序代码如下：

例程 30　代码位置：资源包\TM\03\oa\admin\xtgl\rebak_stock_chk.php

```php
<?php
header("Content-type: text/html; charset=utf-8");          //设置文件编码格式
    session_start();
    include "../inc/chec.php";
    include "../conn/conn.php";
    $mysqlstr = "D:\\PhpStudy\\MySQL\\bin\\mysql -uroot -hlocalhost -proot db_office < ../bak/".$_POST['r_name'];
    exec($mysqlstr);
    echo "<script>alert('恢复成功');location='data_stock.php'</script>";
?>
```

删除数据备份实质就是删除备份文件，先使用自定义函数 show_file()返回一个文件名列表数组，再使用 for 循环语句，逐一删除备份文件。程序代码如下：

例程 31　代码位置：资源包\TM\03\oa\admin\xtgl\del_stock_chk.php

```php
<?php
    session_start();                                           //开启 session 支持
    include "../inc/chec.php";                                 //包含权限检查文件
    include "../inc/func.php";                                 //包含自定义函数文件
    $filename = show_file();                                   //调用自定义函数 show_file()，返回文件名列表
    for($num = 2;$num < count($filename);$num++){              //循环删除文件
        unlink("../bak/".$filename[$num]);
    }
    echo "<script>alert('删除成功！');location='data_stock.php'</script>";
?>
```

3.12　开发技巧与难点分析

3.12.1　使用 JavaScript 关联多选列表框

在本系统中，多个模块都使用了这种技术，即在两个多选列表框之间产生关联，从列表框 A 中删

除的数据被相应地添加到列表框 B 中，反之从列表框 B 中删除的数据会被添加到列表框 A 中。

　　在权限管理模块中的用户组设置，就是用这种技术实现的"添加新用户组"功能，首先在左侧的多选列表框中选取要添加的成员，单击"添加组员"超链接，被选中的成员就被添加到右侧列表框，同时删除在左侧列表框中的成员，运行结果如图 3.35 所示。

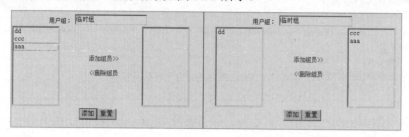

图 3.35　使用 JavaScript 关联多选列表框

　　下面来看一下具体的操作，首先创建一个表单，其中两个多选列表框为必选的表单元素，分别命名为 left 和 right，放在左、右两边，其中 left 列表框中的数据是从数据库中读取的，right 列表框则初始为空。程序代码如下：

例程 32　代码位置：资源包\TM\03\oa\admin\qxgl\add_group.php

```
...
<!--输出左侧列表框-->
<SELECT name="left" size="10" multiple style="width:100px; ">
    <?php
        while($rows = mysqli_fetch_row($result)){
            echo "<option value='".$rows[1]."'>".$rows[1]."</option>";      //从数据库中读取列表值
        }
    ?>
</SELECT>
<!-- ---------------------- -->
</td>
<!-- "添加"和"删除"超链接-->
<td width="96" align="center" valign="middle">
    <a href="#" onClick="activeList(document.form1.left,document.form1.right)">添加组员&gt;&gt;</a><br>
    <br>
    <a href="#" onClick="activeList(document.form1.right,document.form1.left)">&lt;&lt;删除组员</a></td>
<!--右侧列表框-->
    <td colspan="2" align="center" valign="middle"><select name="right" size="10" multiple style="width:100px; ">
    </select></td>
</tr>
<tr>
    <td height="30" colspan="4" align="center" valign="middle">
        <input type="hidden" name="g_list" />
    <!--"添加"按钮-->
        <input type="submit" value="添加" onclick="return glist()" /><input type="reset" value="重置" />
...
```

　　上面的代码主要是 HTML 和 PHP 语言，和普通的页面没有什么区别，核心的语句就是代码中的加粗部分（不是注释），当单击"添加组员"或"删除组员"超链接时，将触发 JavaScript 脚本事件，执行 activeList()函数。函数代码如下：

例程 33 代码位置：资源包\TM\03\oa\admin\js\admin_js.js

```
/*关联多选列表
*headStream：源多选列表
*endStream：目的多选列表
*/
function activeList(headStream,endStream){
    var valueList = new Array();                                    //数组，用来存储要移动数据的 value 值
    var textList = new Array();                                     //数组，用来存储要移动数据的 text 值
    var valueTmpText = new Array();                                 //数组，用来存储要移动数据的 option 项
    var index = 0;                                                  //数组下标
/*存储源列表中被选中的数据*/
    for(var i=0; i<headStream.options.length; i++){
        if(headStream.options[i].selected){                        //判断元素是否被选中
            valueList[index] = headStream.options[i].value;        //存储 value 值
            textList[index] = headStream.options[i].text;          //存储 text 值
            valueTmpText[valueList[index]] = headStream.options[i];//存储 option 项
            index ++;
        }}
/*向目的列表中添加数据，同时删除对应的源列表数据*/
    for(var i=0; i<textList.length; i++) {
        var foption = document.createElement("option");            //建立新的 option 项
        foption.text = textList[i];
        foption.value = valueList[i];
        endStream.add(foption);                                    //向目标列表添加新建 option 项
        headStream.removeChild(valueTmpText[valueList[i]]);        //从源列表中移除 option 项
    }}
```

3.12.2 用户组设置

在后台的权限管理模块中，放弃了常用的"读"和"写"这样的常规操作，而是采用了用户组的模式。用户组的设置主要是两方面：一方面是用户组成员，同一用户可以分配在不同的用户组；另一方面是功能列表，可以设置用户组的访问权限，不同的用户组，所看到的功能列表也会不同。这样，可以使用用户的权利更加细化，防止居心叵测的用户恶意破坏。用户组 A 和用户组 B 的对比结果如图 3.36 所示。

在功能列表的设置中，首先默认所有的功能都是可访问的，当有的功能需要进行限制时，就将其从用户组中删除。程序代码如下：

图 3.36 用户组权限对比

例程 34 代码位置：资源包\TM\03\oa\admin\qxgl\pur_assign.php

```php
<?php
    session_start();                                    //开启 session 支持
    include "../inc/chec.php";                          //包含权限检查文件
    include "../conn/conn.php";                         //包含数据库链接文件
    $sqlstr = "select id,f_name,o_group from tb_list";  //生成 SQL 语句
?>
<script src="../js/admin_js.js"></script>              //引入 js 脚本文件
<link href="../css/style.css" rel="stylesheet">        //引入外部 css 样式文件
...
        <tr><td width="75" height="20" align="center" valign="middle">功能</td>
            <td width="75" height="20" align="center" valign="middle">开放组</td>
            <td width="75" height="20" align="center" valign="middle">操作</td></tr>
<?php
    /*输出功能列表项*/
    $result = mysqli_query($conn, $sqlstr);
    while($rows = mysqli_fetch_row($result)){
        echo "<tr>";
        for($i = 1;$i < count($rows); $i++){
            echo "<td align=center valign=middle>".$rows[$i]."</td>";
        }
        echo "<td align=center valign=middle><a href='modify_assign.php?id=".$rows[0]."'>修改</a></td>";
        echo "</tr>";
    }
/**********************************/
?>
</table>
</td></tr></table>
```

本节是 3.12.1 节关联多选列表框的延伸，是具体应用关联列表实现的一项功能。在实际的应用中，应多开动脑筋，才能用平凡的技术实现不平凡的功能。

3.13　MySQL 数据备份专题

关于备份数据的重要性，这里就不再多做介绍。本节先来了解常用数据库备份的方式，再学习 MySQL 数据备份与恢复的方法，最后看一看在 PHP 中是如何对 MySQL 数据进行备份的。

1. 数据库备份类型

（1）完全备份。

这是大多数人常用的方式，它可以备份整个数据库，但需要花费更多的时间和空间，所以一般推荐一周做一次。

（2）事务日志备份。

事务日志就是对数据库操作的记录，它记录数据库的改变，备份时只需要备份自上次备份以来对数据库所做的改变，所以只需要很少的时间。推荐每小时一次。

（3）差异备份。

差异备份也叫增量备份。它是另一种只备份一小部分数据库的方法，但它不使用事务日志，相反，它使用整个数据库的一种新映象。差异备份比最初的完全备份小，因为它只包含自上次完全备份以来所改变的数据库。其优点是存储和恢复速度快。推荐每天做一次。

（4）文件备份。

数据库可以由硬盘上的许多文件构成。如果这个数据库非常大，恐怕一个晚上也不能将它备份完，可以每天备份数据库的一部分。由于一般情况下数据库不会大到必须使用多个文件存储，所以这种备份不是很常用。

2．MySQL 数据备份与恢复

MySQL 中的备份是非常灵活的，既可以对单独的数据表进行备份，也可以对整个数据库进行备份，下面分别进行介绍。

（1）数据表备份。

备份数据表的语法如下：

```
SELECT * INTO OUTFILE 'file_name' FROM tbl_name
```

☑　　file_name：备份的文件名，如 user.sql。

☑　　tb1_name：备份的数据表名，如 tb_users。

使用该备份语句首先要登录到 MySQL，并进入到相对应的数据库中，如要备份的表 tb_users 是属于数据库 db_office 的，备份文件名为 users.sql，则完整的备份流程如图 3.37 所示。

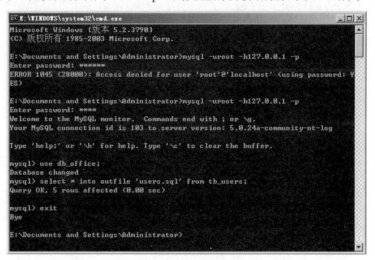

图 3.37　数据表备份

备份后的文件保存在数据表所在目录中，如本例中表 tb_users 所在的目录为 D:\AppServ\MySQL\data\db_office，则备份的 sql 文件就保存在这个路径下。

如果要恢复备份文件，代码如下：

```
LOAD DATA INFILE 'user.sql' REPLACE into table 'tb_users'
```

（2）数据库备份。

数据库备份时，可以不用登录到 SQL 中，直接使用 mysqldump 命令即可。该命令格式如下：

```
mysqldump -uroot -proot db_office > c:\\remark.txt
```

备份的数据表，实际就是一个完整的建库流程，如果要恢复备份，直接用 MySQL 命令即可。语句如下：

```
mysql -uroot -proot db_office < c:\\remark.txt
```

mysqldump 语句的功能十分强大，备份只是其中的一个功能，感兴趣的读者可以参考 mysqldump 的帮助文档。

3．在 PHP 中备份数据库

在 PHP 中备份数据库，主要通过 exec()函数执行系统命令。

exec()函数的格式如下：

```
string exec(string command)
```

参数 command 为要执行的系统命令。这里为备份数据表的命令，代码如下：

```
exec("D:\\PhpStudy\\MySQL\\bin\\mysqldump -uroot -hlocalhost -proot --opt -B db_office > ../bak/remark.sql");
```

> **注意** 虽然在安装时 MySQL 已经设置了环境变量，但如果要在 PHP 中执行 mysqldump、mysql 命令，则必须给出命令的完整路径；否则，就会出现文件大小为 0KB 的结果。

3.14 本章总结

本章通过一个完整的办公自动化管理系统开发过程，向读者讲述了系统开发的几个重要环节，还包括几个主要模块的功能实现，最后又着重介绍了 MySQL 备份的相关知识。通过本章的学习，读者对如何开发一个真实的项目会有进一步的了解。相信读者通过自己动手实践，完成一个功能相似的办公自动化管理系统是完全不成问题的。

第 4 章

铭成在线考试系统

（PHP+MySQL+组件化开发实现）

随着科技的发展，网络技术已经深入到人们的日常生活中，同时带来了教育方式的一次变革。而网络考试则是一个很重要的方向。基于 Web 技术的网络考试系统可以借助于遍布全球的 Internet 进行。因此考试既可以在本地进行，也可以在异地进行，大大拓展了考试的灵活性，并且缩短了传统考试要求老师打印试卷、安排考试、监考、收集试卷、评改试卷、讲评试卷和分析试卷这个漫长而复杂的过程，使考试更趋于客观、公正。本章介绍了一个具有在线考试、即时阅卷、成绩查询以及试卷和考题信息管理等功能的铭成在线考试系统。

通过阅读本章，可以学习到：

▶▶ 掌握铭成在线考试的开发过程

▶▶ 掌握组件化开发

▶▶ 理解 MVC 模式

▶▶ 掌握数据库对象关系映射 ORM

▶▶ 掌握 Ajax 技术

配置说明

视频讲解

4.1 开 发 背 景

随着教育改革的不断深入，近几年来出现了一些新的教育形式，如网上授课、网上考试等。×××高校是一所师资力量非常雄厚的学校，随着院校的扩招，学生数量不断增加。为了适应新形式的发展，改变传统的教学模式，方便学生随时随地地对自己的学习情况进行检测，减轻教师的工作压力，现委托其他公司开发网上在线考试系统。这种无纸的网络考试系统，使考务管理突破时空限制，提高考试工作效率和标准化水平，使学校管理者、教师和学生可以在任何时候、任何地点通过网络进行考试。网络在线考试系统已经成为教育技术发展与研究的方向。

4.2 系 统 分 析

4.2.1 需求分析

随着计算机技术的发展和网络技术的日益成熟，通过网络进行信息交流已成为一种快捷的交互方式。在这种网络环境下，学校或考试机构希望通过建立网络在线考试网站来扩大知名度、降低管理成本和减少人力、物力的投资，从而为考生提供更全面、更灵活的服务，并全面、准确地对考试进行跟踪和评价。与此同时，考生希望根据自己的学习情况进行测试，并能够得到客观、科学的评价；教务人员希望能够有效地改进现有的考试模式，提高考试效率。

通过实际情况的调查，要求网络在线考试系统具有以下功能：

- ☑ 界面设计美观大方、方便、快捷、操作灵活，树立企业形象。
- ☑ 要求实现在线考试功能，自动核算考试成绩。
- ☑ 要求提供考试时间倒计时功能，使考生实时了解考试剩余时间。
- ☑ 要求系统自动阅卷，保证考试成绩真实有效。
- ☑ 要求考生可以查询考试成绩，以保证信息安全。
- ☑ 系统运行稳定、安全可靠。
- ☑ 要求对考生及考题信息进行严格管理。

4.2.2 可行性分析

可行性分析的目的就是要用最小的代价在尽可能短的时间内确定问题是否能够解决。通过分析解法的利弊，来判定系统目标和规模是否现实，系统完成后所能带来的效益是否达到值得去投资开发这个系统的程度。网络在线考试系统的可行性可从以下两方面考虑。

1. 经济可行性

定期地组织考试是各个院校及时掌握学生学习成绩的有效方式。利用网络在线考试系统，一方面可以节省人力资源，降低考试成本；另一方面，在线考试系统能够快速进行考试和评分，体现出考试的客观与公正性。

2. 技术可行性

开发一个网络在线考试系统，涉及的最核心的技术问题就是如何实现在不刷新页面的情况下实时显示考试时间及剩余时间，并做到到达考试结束时间时自动提交试卷的功能。通过 JavaScript 技术可以轻松实现这些功能，这为网络在线考试系统的开发提供了技术保障。

4.3　系　统　设　计

4.3.1　系统目标

根据前面所作的需求分析及用户的需求可知，铭成在线考试系统属于中小型软件，在系统实施后应达到以下目标：

- ☑ 采用开放、动态的系统架构，加强用户与网站的动态交互性。
- ☑ 具有空间性。被授权的用户可以在异地登录网络在线考试系统，无须到指定地点进行考试。
- ☑ 操作简单方便、界面简洁美观。
- ☑ 系统提供考试时间倒计时功能，使考生实时了解考试剩余时间。
- ☑ 实现自动提交试卷的功能。当考试时间到达规定时间时，如果考生还未提交试卷，系统将自动交卷，以保证考试严肃、公正地进行。
- ☑ 系统自动阅卷，保证成绩真实准确。
- ☑ 考生可以查询考试成绩。
- ☑ 系统运行稳定、安全可靠。

4.3.2　系统功能结构

铭成在线考试系统中的各个功能模块均围绕着前台数据展示、后台逻辑控制这两个方面进行设计。铭成在线考试系统功能结构图如图 4.1 所示。

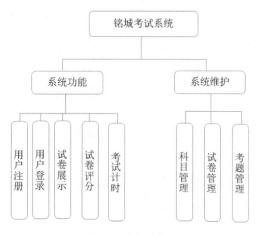

图 4.1　功能结构图

4.3.3 系统流程图

铭成在线考试系统的业务流程：首先系统维护人员编辑一份试卷、添加试卷、添加问题、添加答案、单选/多选、总分等；然后用户选择试卷、开始答题并计时、回答试题、提交试卷等；最后由后台判断从前台传递给后台的答案对错、试卷评分、完成评卷等。铭成在线考试系统考试流程如图 4.2 所示。

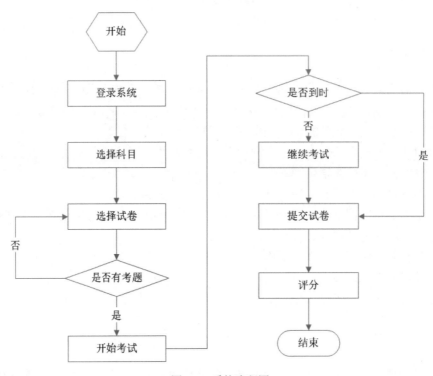

图 4.2 系统流程图

4.3.4 系统预览

铭成在线考试系统由多个页面组成，下面仅列出几个典型页面，其他页面参见资源包中的源程序。

系统首页如图 4.3 所示。用户参数考试，首先需要登录，考试登录页面运行效果如图 4.4 所示。如果用户没有账号，则需要注册账号，考试注册页面运行效果如图 4.5 所示。登录成功后，用户选择考试科目页面如图 4.6 所示，该页面列举出所有考试科目。选择考试试卷页面如图 4.7 所示，该页面用于选择所有科目下的试卷。在线答题页面如图 4.8 所示，该页面实现在线答题功能，同时提供了显示考试剩余时间及自动提交试卷功能。考试成绩页面如图 4.9 所示，该页面显示了本次考试的成绩。

网站管理员可以在后台设置考试科目、试卷和考题等相关内容，后台登录页面如图 4.10 所示，后台考试科目设置页面如图 4.11 所示，填写试题页面如图 4.12 所示。

图 4.3　系统首页

图 4.4　登录页面

图 4.5　注册页面

图 4.6　选择考试科目页面效果

图 4.7 选择考试试卷页面效果

图 4.8 考题页面效果

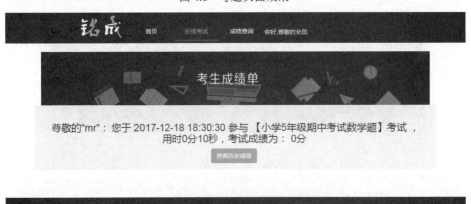

图 4.9 本次考试成绩页面效果

图 4.10　后台登录页面

图 4.11　后台考试科目设置页面效果

图 4.12　填写试题页面效果

4.3.5 开发环境

在开发网络在线考试系统时，该项目使用的
软件开发环境如下。

- ☑ 操作系统：Windows 07 及以上/Linux
  （推荐）。
- ☑ 集成开发环境：phpStudy2016。
- ☑ PHP 软件：PHP 7.0。
- ☑ 开发工具：PhpStorm 9。
- ☑ 包管理工具：Composer。
- ☑ 浏览器：谷歌浏览器。

4.3.6 文件夹组织结构

铭成在线考试系统的项目目录结构如图 4.13
所示。

图 4.13　铭成在线考试系统的文件夹组织结构

4.4　数据库设计

4.4.1 数据库分析

本系统采用 MySQL 作为数据库，数据库名称为 exam，其数据表名称及作用如表 4.1 所示。

表 4.1　数据库表结构

表　名	含　义	作　用
admin	管理员表	用于存储管理员用户信息
users	用户表	用于存储用户信息
subjects	科目表	用于存储考试科目信息
papers	试卷表	用于存储试卷信息
questions	考题表	用于存储考题信息

4.4.2 数据表结构

由于篇幅所限，这里只给出较重要的数据表的部分字段，完整数据表请参见本书附带资源包。

- ☑ subjects（科目表）

表 subjects 用于保存考试科目数据信息，其结构如表 4.2 所示。

表 4.2　考试科目表结构

字　段　名	数 据 类 型	默 认 值	允 许 为 空	自 动 递 增	备　　注
id	int(8)		NO	是	主键
subject_name	varchar(255)		YES		科目名称
updated_at	datetime		YES		更新时间
created_at	datetime		YES		创建时间

☑　papers（试卷表）

表 papers 用于存储试卷信息，其结构如表 4.3 所示。

表 4.3　试卷表结构

字　段　名	数 据 类 型	默 认 值	允 许 为 空	自 动 递 增	备　　注
id	int(8)		NO	是	主键
paper_name	varchar(255)		YES		试卷名称
teacher_name	varchar(255)		YES		出题老师名称
subject_id	int(8)		YES		所属科目 ID
subject_name	varchar(255)		YES		所属科目名称
created_at	datetime		YES		创建时间
updated_at	datetime		YES		修改时间
total_time	int(8)		YES		答题时间，单位是秒

☑　questions（考题表）

表 questions 用于存储考题信息，其结构如表 4.4 所示。

表 4.4　考题表结构

字　段　名	数 据 类 型	默 认 值	允 许 为 空	自 动 递 增	备　　注
id	int(8)		NO	是	主键
paper_id	int(8)		YES		试卷 ID
paper_name	varchar(255)		YES		试卷名称
order	int(8)		YES		题号
score	int(8)		YES		分数
title	varchar(255)		YES		题目
type	tinyint(1)		YES		类型：1 单选；2 多选
options	text		YES		选项
answers	varchar(255)		YES		答案

☑　results（考试成绩表）

表 results 用于存储考试成绩信息，其结构如表 4.5 所示。

表 4.5　考试成绩结构

字　段　名	数 据 类 型	默 认 值	允许为空	自 动 递 增	备　　注
id	int(8)		NO	是	主键
user_id	int(8)		NO		用户 ID
username	varchar(255)		NO		考生姓名
paper_id	int(8)		NO		试卷 ID
score	int(8)		YES		得分
start_time	datetime		YES		开始时间
end_time	datetime		YES		结束时间
paper_name	varchar(255)		NO		试卷名称

4.4.3　数据表关系

铭成在线考试系统中数据表的关系为：一个考试科目（subjects 表）对应多份试卷（papers 表），一份试卷对应多道试题（questions 表）。一份试卷对应多个成绩（result）。数据库关系图如图 4.14 所示。

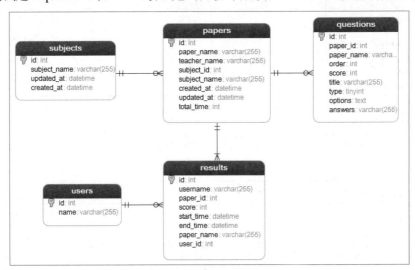

图 4.14　数据库关系图

视频讲解

4.5　组　件　开　发

4.5.1　什么是组件

组件是一组打包的代码，是一系列相关的类、接口和 Trait，用于帮助我们解决 PHP 应用中某个具体问题。例如，你的 PHP 应用需要收发 HTTP 请求，可以使用现成的组件如 guzzle/guzzle 实现。我们使用组件不是为了重新实现已经实现的功能，而是把更多时间花在实现项目的长远目标上。

4.5.2　为什么使用组件

很多开发者用了大量时间创建、优化和测试专门的组件，我们使用已有的组件开发，就可以避免重复造轮子。一个优秀的 PHP 组件具备以下特性：

- ☑ 作用单一：专注于解决一个问题，而且使用简单的接口封装功能。
- ☑ 小型：小巧玲珑，只包含解决某个问题所需的最少代码。
- ☑ 合作：PHP 组件之间可以良好合作，组合在一起实现大型项目。
- ☑ 测试良好：本身提供测试，而且有充足的测试覆盖度。
- ☑ 文档完善：应该提供完善的文档，能让开发者轻易安装、理解和使用。

4.5.3　查找组件

在 Packagist（官方网址：https://packagist.org）中可以查找各种 PHP 组件，这个网站用于收集 PHP 组件，最好的 PHP 组件在 Packagist 中都能找到。Packagist 网站如图 4.15 所示。比如我们想使用一个 http 组件用于收发 HTTP 消息，在搜索框中搜索 "http"，会查找到所有关于 HTTP 的组件。

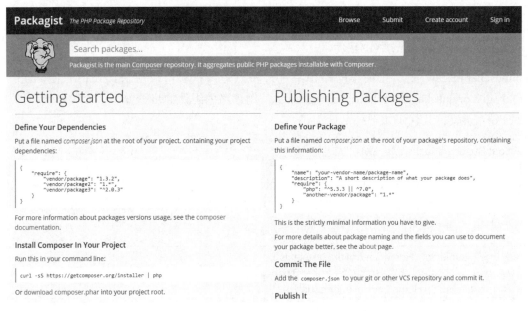

图 4.15　Packagist 首页

4.5.4　使用 PHP 组件

使用 PHP 组件必须解决两个问题：依赖管理和自动加载。可以使用 Composer 去解决它。Composer 是安装 PHP 组件的工具，也是 PHP 组件的依赖管理器，运行在命令行中。

Composer 能和 Packagist 配合，如果需要通过 Composer 下载组件，Composer 会通过 Packagist 获取相关组件。

说明 使用 PHP 组件前，请读者先安装 Composer。由于国内防火墙的原因，国外的网站连接速度很慢，请使用 Packagist/Composer 中国全量镜像安装 PHP 组件。

在项目根目录下创建 composr.json 文件，安装组件的关键代码如下：

```
{
  "require": {
    "noahbuscher/macaw": "dev-master",
    "illuminate/database": "*",
    "jasongrimes/paginator": "~1.0"
  },
  "repositories": {
    "packagist": {
      "type": "composer",
      "url": "https://packagist.phpcomposer.com"
    }
  }
}
```

composr.json 文件中引入了 3 个组件，下面简要介绍一下每个组件。

1．noahbuscher/macaw 路由组件

noahbuscher/macaw 是一个简单的路由组件，特点是体积小，反应快，使用方便。组件地址：https://packagist.org/packages/noahbuscher/macaw。使用该路由组件的步骤如下：

（1）导入类文件。代码如下：

```
use\NoahBuscher\Macaw\Macaw;
```

（2）配置路由文件。路由文件的目录是"/config/routes.php"，该文件中，配置了铭成在线网站的路由信息。路由中常用的方式有 3 种：普通 GET 方式、带参数的 GET 方式和 POST 方式。示例代码如下：

```
Macaw::get('/subjects', 'HomeController@subjects');
Macaw::get('/subject/(:num)', 'HomeController@papers');
Macaw::post('/result', 'HomeController@result');
```

当访问"/subjects"时，执行 app\controllers\HomeController.php 文件下 HomeController 类的 subjects() 方法；当访问"/subject/1"时，执行 HomeController 类的 papers()方法；当以 post 方式提交表单到"/result"路径时，执行 HomeController 类的 resutl()方法。

（3）调度路由。Macaw::get()方法只是获取路由配置信息，而真正执行路由调度的是 Macaw:: dispatch()方法。所以，通常在路由配置文件的最后，添加如下代码：

```
Macaw::dispatch();
```

2．illuminate/database 数据库组件

illuminate/database 是一个完整的数据库工具包，提供了漂亮、简洁的 ActiveRecord 实现来和数据库进行交互。每个数据库表都有一个对应的"模型"可用来跟数据表进行交互。可以通过模型查询数据表内的数据，以及将记录添加到数据表中。组件地址为 https://packagist.org/packages/illuminate/database。

使用该数据库组件的步骤如下：

（1）创建 Capsule 管理器实例。代码如下：

```
use Illuminate\Database\Capsule\Manager as Capsule;
$capsule = new Capsule;                          //实例化类
```

（2）添加配置信息，代码如下：

```
$capsule->addConnection(require BASE_PATH.'/config/database.php');
```

上述代码中调用了 addConnection()方法，并且传递数据库的配置参数。config/database.php 代码如下：

```php
<?php
return [
    'driver'    => 'mysql',                      //数据库类型
    'host'      => 127.0.0.1,                    //主机地址
    'database'  => 'exam',                       //数据库名
    'username'  => 'root',                       //数据库用户名
    'password'  => 'root',                       //数据库密码
    'charset'   => 'utf8',                       //数据库编码
    'collation' => 'utf8_general_ci',            //整理
    'prefix'    => ''                            //表前缀
    ];
```

（3）调用 bootEloquent()方法启动 Eloquent ORM。代码如下：

```
$capsule->bootEloquent();
```

（4）使用 Eloquent ORM。示例代码如下：

```php
class User extends Illuminate\Database\Eloquent\Model {}
$users = User::where('votes', '>', 1)->get();
```

3．jasongrimes/paginator 分页组件

jasongrimes/paginator 是一个轻量级的分页组件，在分页列表中，可以使用"前一页"和"后一页"等样式。组件地址为 https://packagist.org/packages/jasongrimes/paginator。

使用该分页组件的步骤如下：

（1）导入类文件。代码如下：

```
use JasonGrimes\Paginator;
```

（2）实例化分页类。实例化分页类需要传递 4 个参数，代码如下：

```
$totalItems = 1000;                              //总条数
$itemsPerPage = 50;                              //每页显示数量
$currentPage = 8;                                //当前所在页码
$urlPattern = '/foo/page/(:num)';                //url 类型

$paginator = new Paginator($totalItems, $itemsPerPage, $currentPage, $urlPattern); //实例化分页类
```

（3）模板赋值。将生成的$paginator 变量赋值到模板页面。示例代码如下：

```html
<html>
  <head>
    <!-- The default, built-in template supports the Twitter Bootstrap pagination styles. -->
    <link rel="stylesheet" href="//maxcdn.bootstrapcdn.com/bootstrap/3.2.0/css/bootstrap.min.css">
  </head>
  <body>
    <?php
      echo $paginator;                           //分页内容
    ?>
  </body>
</html>
```

4.5.5　入口文件

配置网站时，需要将 Exam/public 文件夹放置在网站根目录，并且设置.htaccess 文件，将 index.php 文件作为项目的入口文件。设置完成后，访问网站任何路由，都会从 index.php 入口文件开始执行程序，index.php 代码如下：

```php
<?php

//定义 PUBLIC_PATH
define('PUBLIC_PATH', __DIR__);

//启动器
❶ require PUBLIC_PATH.'/../bootstrap.php';

//路由配置、开始处理
❷ require BASE_PATH.'/config/routes.php';
```

📢 代码贴士

❶ bootstrap.php：项目启动文件。

❷ routes.php：路由文件。

index.php 入口文件中引入了 bootstrap.php 项目启动文件，该文件主要为项目执行前做准备，代码如下：

```php
<?php
//定义 BASE_PATH
```

```
define('BASE_PATH', __DIR__);
//导入 Illuminate\Database
❶ use Illuminate\Database\Capsule\Manager as Capsule;
//Autoload 自动载入
❷ require BASE_PATH.'/vendor/autoload.php';
//Eloquent ORM
$capsule = new Capsule;
$capsule->addConnection(require BASE_PATH.'/config/database.php');
$capsule->bootEloquent();

❸ date_default_timezone_set('Asia/Shanghai'); //设置时区
```

🔊))) 代码贴士

❶ use：导入数据库组件。

❷ autoload.php：自动加载类文件。

❸ date_default_timezone_set()：该函数用于设置时区。默认时间是格林威治标准时间，和北京时间差了 8 个小时。

视频讲解

4.6　考试科目模块设计

4.6.1　考试科目模块概述

考试科目模块主要包括获取并显示考试科目和获取并显示指定考试科目的所有试卷 2 个主要功能页面。操作流程是"选择科目"/"选择试卷"/"开始考试"。用户单击"在线考试"导航，进入到考试科目页面，该页面显示所有考试的科目，如"语文""数学""英语"等。当用户选择完科目后，进入该科目的试卷选择页面。用户需要选择一门试卷，如"小学 5 年级期中考试考题"，如果该试卷下存在考题，则开始考试，否则提示"该试卷下暂无考题，请选择其他试卷"。

4.6.2　考试科目模块技术分析

在铭成在线考试系统中，通过查询 subjects 表，获得考试科目的数据。根据 subjects 表中的 ID，查询 paper 表中所有 subject_id 为该 ID 的数据，即为该科目下的所有试卷信息。然后再根据 paper 表的 ID，查询所有 questions 表中 paper_id 为该 ID 的数据，即为该试卷的考题信息。

4.6.3　获取并显示考试科目

▦　获取并显示考试科目使用的数据表：subjects

1. 获取考试科目数据

考试科目数据存储在 subjects 表中，我们使用 illuminate/database 数据库组件，通过表名::all()方法来获取 subjects 表全部数据，关键代码如下：

例程 01　代码位置：资源包\TM\04\Exam\app\controllers\HomeController.php

```php
//选择科目
public function subjects()
{
    $subjects = Subjects::all();                                          //获取所有考试科目数据
    $this->view = View::make('home.subjects')->with('subjects',$subjects); //渲染视图模板
}
```

上述代码中，$subjects 是一个存储考试科目信息的集合，我们使用 noahbuscher/macaw 路由组件，通过 View::make()方法生成路由，并将$subjects 变量传递到模板文件。

2. 显示考试科目

前台所有模板文件均在 app\views\home 目录下，其中头部模板、导航模板和底部信息模板都是公共模板，我们将其放置在 partials 目录下。具体代码如下：

例程 02　代码位置：资源包\TM\04\Exam\app\views\home\subjects.php

```php
<!--引入头部文件-->
❶ <?php require(BASE_PATH.'/app/views/partials/head.php');?>
<!--引入导航文件-->
<?php require(BASE_PATH.'/app/views/partials/home_nav.php');?>
<div class="container" style="padding-top: 65px;">
    <img alt="" src="./images/fenlei01.png" class="img-responsive">
</div>

<div class="container" style="padding-top: 50px;">
    <img alt="" src="./images/fenlei02.png" class="img-responsive">
</div>
<div class="container subjects">
    <table class="table table-bordered " style="border-spacing: 30px;margin-bottom: 100px" >
        <tr>
            <!--遍历数据-->
❷          <?php foreach($subjects as $subject) :?>
            <td >
                <div style="height: 80px;padding-top: 25px;">
                    <span class="glyphicon glyphicon-pencil"></span>
                       
❸                  <a href="/subject/<?php echo $subject->id?>">
                        <strong class="text-danger" style="font-size: 18px;">
                            <?php echo $subject->subject_name?></strong>
                    </a>
                </div>
            </td>
            <?php endforeach?>
        </tr>
    </table>
</div>
<!--引入底部文件-->
<?php require(BASE_PATH.'/app/views/partials/home_footer.php');?>
```

```
<script type="text/javascript">
    function hideFooter(){
        $("#footer").hide();
    }
</script>
</body>
</html>
```

📢 代码贴士

❶ require：引入公共文件。

❷ foreach：foreach 遍历数据，注意 foreach 和 endforeach 是一对标签。

❸ $subject->id：可以使用箭头符号从集合中获取数据。

4.6.4　获取并显示指定考试科目的所有试卷

📋　获取并显示指定考试科目的所有试卷使用的数据表：papers

1．获取试卷数据

由于每个考试科目中可能存在多张考试试卷，为了获取指定考试科目下的全部考试试卷，将通过某一考试科目的 ID 获取该考试科目下的全部考试试卷。也就是说，考试科目与该考试科目下的全部考试试卷存在一对多的关系。关键代码如下：

例程 03　代码位置：资源包\TM\04\Exam\app\controllers\HomeController.php

```
public function papers($subject_id)
{
    $papers = Papers::where('subject_id',$subject_id)->orderBy('created_at','desc')->get(); //获取试卷信息，并
根据创建时间排序
    //渲染视图模板
    $this->view = View::make('home.papers')->with('subject_id',$subject_id)
                                          ->with('papers',$papers);
}
```

上述代码中，由于添加了 subject_id 这个筛选条件，所以使用 get() 来获取数据，并且使用 orderBy() 方法对 creaded_at 字段降序排序。

2．显示试卷信息

当获取到某一个科目下的所有试卷后，需要遍历所有试卷信息，并且以下拉列表的方式展示试卷信息。当选择完试卷后，单击"开始考试"按钮，使用 Ajax 异步提交的方式检查试卷下是否有考题，如果有，则跳转至考试页面，否则提示错误信息。显示试卷的代码如下：

例程 04　代码位置：资源包\TM\04\Exam\app\views\home\papers.php

```
<div class="input-group" style="padding-top: 50px;">
    <span class="input-group-addon">
        请选择试卷
```

```
        </span>
        <select id='papers' name="papers" class="form-control">
❶          <option value="0">请选择</option>
❷          <?php foreach($papers as $paper) : ?>
                <option value="<?php echo $paper->id ?>"><?php echo $paper->paper_name ?></option>
            <?php endforeach ?>
        </select>
❸   <span class="input-group-btn" onclick="startExam(<?php echo $paper->id ?>)">
            <button type="submit" class="btn" style="background-color:#73CA33;">开始考试</button>
        </span>
</div>

<script>
    //跳转至开始考试
  function startExam(){
        //获取选中的试卷 ID
        var paper_id = $('#papers').val();
❹       if(paper_id == 0){
            layer.msg(' 请选择试卷');
            return false;
        }
        $.ajax({
❺          url:'/check_paper',
            type:'POST',
            dataType:'json',
            data:{'paper_id':paper_id},
            success:function(res){
                if(res.status == 1){
                    layer.msg(res.msg);
❻                  window.location.href = '/exam/paper/'+paper_id;
                }else{
                    layer.msg(res.msg);
                }
            }
        });
        return false;
    }
</script>
```

代码贴士

❶ value = 0：请选择信息。

❷ foreach： foreach 遍历数据，注意 foreach 和 endforeach 是一对标签。

❸ onclick="startExam()"： 单击事件。

❹ paper_id == 0： 判断是否选择试卷。

❺ url:'/check_paper'： 异步提交到 check_paper 路由。

❻ window.location.href： 页面跳转。

上述代码中，单击"开始考试"按钮后，使用 Ajax 异步提交到"/check_paper"路由，该路由对应

Home 控制器的 checkPaper()方法，具体代码如下：

例程 05　代码位置：资源包\TM\04\Exam\app\controllers\HomeController.php

```
//检测试卷
public function checkPaper(){
    $paper_id = $_POST['paper_id'];
    $questions = Questions::where('paper_id',$paper_id)->get()->toArray();
    if(!$questions){
        $res['status'] = 0;
        $res['msg'] = '该试卷下暂无考题，请选择其他试卷';
    }else{
        $res['status'] = 1;
        $res['msg'] = '正在加载试卷，准备考试';
    }
    echo json_encode($res); //将数组转化为 json 格式
}
```

当未选择考题单击"开始考试"按钮时，运行结果如图 4.16 所示。当试卷下没有考题，单击"开始考试"按钮时，运行结果如图 4.17 所示。试卷下有考题运行结果如图 4.18 所示。

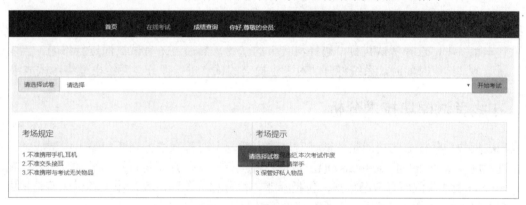

图 4.16　未选择考题运行结果

图 4.17　试卷下无考题运行结果

图 4.18　试卷下有考题运行结果

4.7　在线考试模块设计

视频讲解

4.7.1　在线考试模块概述

在线考试模块的主要功能是允许考生在网站上针对指定的课程进行考试。在该模块中，考生首先需要登录到本系统中，选择考试科目，选择科目下的试卷，然后进入考试页面进行答题，当考生提交试卷或者到达考试结束时间时，系统将自动对考生提交的试卷进行评分，并给出最终考试成绩。

4.7.2　在线考试模块技术分析

在线考试模块中最核心的功能是考试计时、输出考题、对答案进行判断和输出考试成绩。考试计时模块通过使用 JavaScript 的 setInterval()函数每秒钟执行一次，判断是否到达考试时间。在输出考题时，从 questions 表中获取所有考题数据，包括标题、得分和选项等内容。输出考试成绩是将用户选择的答案与标准答案进行对比，然后计算所有正确答案的总分数。

4.7.3　考试计时的实现过程

　　考试计时使用的数据表：papers、questions

1．计算剩余时间

每套试卷都可以在后台设置考试时间，也就是 papers 表中 total_time 字段的值（单位是秒）。每隔 1 秒钟，总时长减 1，并将剩余时长填充到页面。自定义一个 jquery.timeout.js 文件实现该功能，具体代码如下：

例程 06　代码位置：资源包\TM\04\Exam\app\public\js\jquery.timeout.js

```
//倒计时功能
(function($){
    $.fn.timeout = function(options){
```

186

```
        options = $.extend({
❶           "maxTime":60,                               //时限（秒数）
            "onTimeOver":function(){}                   //到时间时执行的函数
        }, options);
        var $thisObj = this;
❷       var maxTime = options.maxTime;                  //倒计时（秒数）
❸       var timer = setInterval(update,1000);           //1 秒钟更新一次
❹       update();                                       //自动更新第一次
        //自动更新
        function update(){
            if(maxTime>=0){
                var minutes = Math.floor(maxTime/60);   //计算分钟数
                var seconds = Math.floor(maxTime%60);   //计算秒数
❺               $thisObj.text(fill(minutes)+"分"+fill(seconds)+"秒");
                --maxTime;
            }else{
                clearInterval(timer);
                options.onTimeOver();                   //调用函数
            }
        }
        //不足 10 位自动补 0
        function fill(s) {
            return s < 10 ? '0' + s: s;
        }
    };
})(jQuery);
```

📢 代码贴士

❶ maxTime：设置默认时长。

❷ options.maxTime：考试时长。

❸ setInterval：按照指定的周期（以毫秒计）来调用函数或计算表达式。

❹ update()：自定义更新函数，每秒钟时长减 1，并将总秒数转化为"时：分"形式。

❺ fill()：自定义方法，将剩余时间写入页面。

运行效果如图 4.19 所示。

图 4.19 考试倒计时效果

2. 超时自动提交试卷

当用户答题时间超过考试时间，系统自动提交试卷。jquery.timeout.js 中定义了一个 onTimeOver

方法，这是一个空方法，需要在 exam.php 文件中覆盖该方法，具体代码如下：

例程 07 代码位置：资源包\TM\04\Exam\app\views\home\exam.php

```
$(".timeout").timeout({
    //考试时间（页面刷新时，时间会重置。）
❶    "maxTime": maxTime,
    //到达时间自动交卷（如果浏览器禁用 JavaScript，此功能不会生效）
    "onTimeOver": function() {
❷        timeOver = true;
        alert("考试时间结束，系统自动交卷。");
❸        $("#form-submit").submit();                    //交卷
    }
});
```

📢 代码贴士

❶ maxTime: 考试时长。

❷ timeOver: 设置标识为 true，即标识已经超时。

❸ submit(): 提交表单。

运行结果如图 4.20 所示。

图 4.20 自动提交试卷效果图

3. 刷新或关闭页面提示

在考试期间用户刷新或关闭页面会视为放弃考试，所以在用户刷新或关闭页面时，可以使用 beforeunload()方法弹出提示信息。如果用户依然选择"离开"，则本次考试结束。如果选择"留下"，则继续考试。代码如下：

例程 08 代码位置：资源包\TM\04\Exam\app\views\home\exam.php

```
//关闭页面前提示
$(window).on("beforeunload", function() {
    return "您尚未交卷！此操作将导致您的回答丢失。";
});
```

📝 **说明** 浏览器对于 beforeunload()方法展示效果不同，有些浏览器会将返回的字符串展示在弹框里，但有些其他浏览器只展示它们自定义的信息（如谷歌浏览器只展示它自定义的信息：系统可能不会保存您所做的更改）。没有赋值时，该事件不做任何响应。

运行效果如图 4.21 所示。

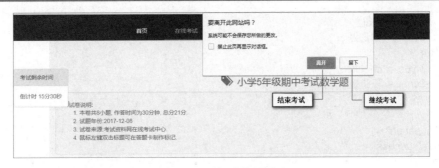

图 4.21　刷新或关闭提示

4.7.4　考题页面的实现过程

1. 获取考题数据

Exam 表存储着所有考题信息，为获取某个试卷的信息以及考题信息，需要根据试卷 ID 筛选出该试卷的考题。具体代码如下：

例程 09　代码位置：资源包\TM\04\Exam\app\controllers\HomeController.php

```php
/**
 * 考试页面
 * @param $paper_id：试卷 ID
 */
public function exam($paper_id)
{
❶    $paper = Papers::find($paper_id);
     $questions = Questions::where('paper_id',$paper_id)->orderBy('order','asc')->get();
❷    $this->view = View::make('home.exam')->with('paper',$paper)
                                          ->with('questions',$questions);
}
```

🔊 **代码贴士**

❶ find()：根据试卷 ID，获取试卷信息。

❷ with：向模板中赋值多个变量。

2. 展示考题

在考试页面，由于单选和多选题的展现形式不同，在遍历考题数据的时需要判断考题类型。如果 questions 表中 type 字段值为 1 是单选题，单选题类型为"radio"；type 字段值为 2 是多选题，多选题类型为"checkbox"。此外，由于选项信息存储在 questions 表的 option 字段中，遍历每道题时，需要拆分 4 个选项。关键代码如下：

例程 10　代码位置：资源包\TM\04\Exam\app\views\home\exam.php

```php
<?php foreach($questions as $question) :
        $i = 0;
❶      $options =   explode(',',$question->options);
❷      if($question->type == 1 ){
```

```
                    $type = 'radio';
                    $char = '单选题';
             }else{
                    $type = 'checkbox';
                    $char = '多选题';
             }
?>
<div class="question">
      <tr class="success" >
          <th >
              <a name="a<?php echo $question->order ?>" style="padding-top: 61px;"></a>
              <h4 style="color: #000000;">
                  <span class="glyphicon glyphicon-paperclip text-danger"></span>
                  <?php echo $question->order ?>.
                  <?php echo $char ?>
                  <?php echo $question->title ?>
                  [<a href="javascript:void(0)" onclick="setFlag(<?php echo $question->order ?>)">
                  答题标记</a>]
                  （本题<?php echo $question->score ?>分）
              </h4>
          </th>
      </tr>
      <tr>
          <td style="padding-left: 40px">
              <ol type='A' class="text-primary" style="font-size: 14px;">
❸                <?php foreach(range('A', 'D') as $char) : ?>
                      <li>
                          <div class="<?php echo $type ?>">
❹                            <label><input type="<?php echo $type ?>"
                                  value="<?php echo $char ?>"
❺                                name="answers[<?php echo $question->id ?>][]">
❻                                <?php echo $options[$i++] ?>
                              </label>
                          </div>
                      </li>
                  <?php endforeach ?>
              </ol>
              <br/>
          </td>
      </tr>
</div>
<?php endforeach?>
```

🔊 代码贴士

❶ explode()：字符串拼接成数组。

❷ $question->type：判断题目类型。

❸ range('A', 'D')：创建一个包含从 "A" 到 "D" 之间的元素范围的数组。

❹ type：输入类型，值为 "radio" 是单选，值为 "checkbox" 是多选。

❺ name：值为二维数组。

❻ $options：依次获取选项信息。

运行结果如图 4.22 所示。

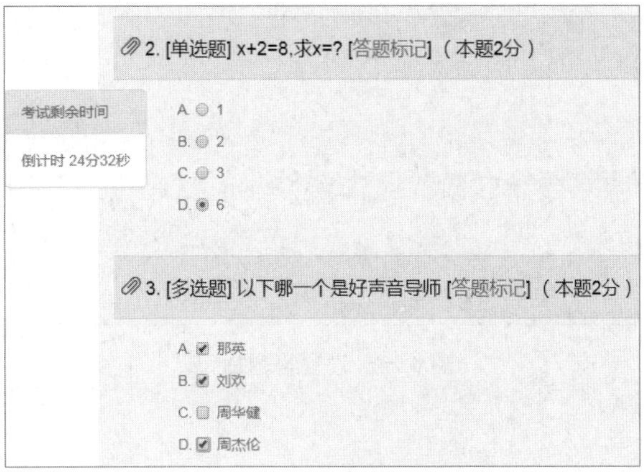

图 4.22　考试考题运行效果

3．标记答题卡

在题目较多情况下，用户很可能出现漏答现象，为此，我们设计了答题卡功能。当用户每答完一题，可以单击题目右侧的"答题标记"，此时答题卡中显示该题的背景颜色为黄色，即提示用户该题已经答完。当再次单击"答题标记"，此时答题卡中显示该题的背景颜色消失。实现该功能的关键代码如下：

例程 11　代码位置：资源包\TM\04\Exam\app\views\home\exam.php

```php
<tr class="success" >
    <th>
        <a name="a<?php echo $question->order ?>" style="padding-top: 61px;"></a>
        <h4 style="color: #000000;">
            <span class="glyphicon glyphicon-paperclip text-danger"></span>
            <?php echo $question->order; ?>.
            [<?php echo $char; ?>]
            <?php echo $question->title ?>
            [<a href="javascript:void(0)" onclick="setFlag(<?php echo $question->order ?>)">答题标记</a>]
            （本题<?php echo $question->score ?>分）
        </h4>
    </th>
</tr>
//添加删除标记
function setFlag(flag){
    if ($("#dtk"+flag).hasClass('btn-info')){
        $("#dtk"+flag).removeClass('btn-info').addClass('btn-warning');
    }else{
        $("#dtk"+flag).removeClass('btn-warning').addClass('btn-info');
    }
}
```

运行结果如图 4.23 所示。

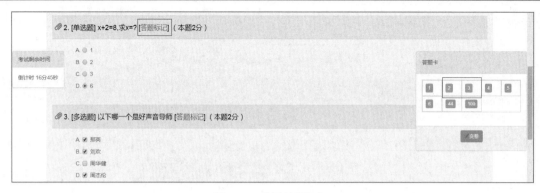

图 4.23　设置答题标记

4．提交试卷

用户在考试时间内答完题目，可以单击"交卷"按钮提交试卷。提交试卷前，会弹出确认提示框，当用户单击"确定"按钮，开始提交试卷，否则不提交试卷。实现该功能的关键代码如下：

例程 12　代码位置：资源包\TM\04\Exam\app\views\home\exam.php

```
<div class="panel-footer" >
    <p class="text-center">
        <button type="button" class="btn btn-success btn-sm" onclick="submitGo();">
            <span class="glyphicon glyphicon-pencil" ></span>交卷
        </button>
    </p>
</div>
//提交表单
function submitGo(){
    layer.confirm('是否确定提交答卷',function(){
        var end_time = new Date().getTime();        //获取当前时间作为交卷时间
        $('#end_time').val(end_time/1000);          //毫秒转化为秒
        $("#form-submit").submit();                 //提交表单
    });
}
```

运行效果如图 4.24 所示。

图 4.24　表单提交的提示信息

4.7.5　分数统计和成绩保存的实现过程

　　分数统计和成绩保存使用的数据表：questions、results

　　在线考试模块中不但可以完成考试的答题和判卷的操作，而且可以直接对考试的分数进行统计，获取考生的最终得分，将考生的成绩保存到数据库中。考试分数统计和存储考试成绩的关键代码如下：

例程 13　代码位置：资源包\TM\04\Exam\app\controllers\HomeController.php

```php
public function result(){
    /**计算分数**/
    $total    = 0;
    $answers = isset($_POST['answers']) ? $_POST['answers'] : array();    //获取答案数组
    if(!empty($answers)){
        foreach($answers as $k => $answer){
            $question = Questions::find($k);                              //获取正确答案
            if($question->answers == implode(',',$answer)){               //判断答案是否正确
                $total += $question->score;                               //统计分数
            }
        }
    }
    $paper = Papers::find($_POST['paper_id']);                            //查找试卷信息
    /**写入 result 表**/
    $result = new Results;
    $result->user_id   = $_SESSION['id'];                                //用户 ID
    $result->username = $_SESSION['username'];                           //用户名
    $result->paper_id = $_POST['paper_id'];                              //试卷 ID
    $result->paper_name = $paper->paper_name;                            //试卷名称
    $result->score       = $total;                                      //总分数
    $result->start_time = date('Y-m-d H:i:s',$_POST['start_time']);      //开始时间
    if(!$_POST['end_time']){                                             //系统自动提交
        $differ = $paper->total_time;                                   //答题用时
        $result->end_time = date('Y-m-d H:i:s',$_POST['start_time'] + $differ); //结束时间
    }else{                                                              //用户主动提交
        $differ = $_POST['end_time'] - $_POST['start_time'];            //答题用时
        $result->end_time = date('Y-m-d H:i:s',$_POST['end_time']);     //结束时间
    }
    $minites = intval($differ/60);                                      //转化为分
    $seconds = $differ % 60;                                            //转化为秒
    $use_time = $minites.'分'.$seconds.'秒';                            //拼接用户考试用时
    $result->save();                                                   //保存成绩
    /**模板赋值**/
    $this->view = View::make('home.result')->with('paper_name',$paper->paper_name)
                             ->with('start_time',$result->start_time)
                             ->with('use_time',$use_time)
```

```
                                                          ->with('total',$total);
}
```

上述代码中，用户提交的每一道题的答案是一个数组，使用 implode()函数先将数组拆分为逗号隔开的字符串，然后将该字符串和 question 表中的答案进行对比。如果相同，则令$score 加上该题的分数，最后得到总分数。此外，需要注意系统自动提交答卷和用户主动提交答卷时，获取结束时间的区别。运行效果如图 4.25 所示。

图 4.25　统计分数

4.7.6　查看历史成绩的实现过程

1．获取历史成绩数据

从 results 表中筛选用户 ID 为当前用户 ID 的所有数据，然后根据考试开始时间降序排序，获取用户历史成绩的关键代码如下：

例程 14　代码位置：资源包\TM\04\Exam\app\controllers\HomeController.php

```
//历史成绩
public function history(){
    $user_id = $_SESSION['id'];                                              //获取用户 ID
    $results = Results::where('user_id',$user_id)->orderBy('start_time','desc')->get();   //查找 results 表数据
    $this->view = View::make('home.history')->with('results',$results);      //渲染模板
}
```

2．显示历史成绩

在历史成绩页面，我们以表格的形式展示试卷名称、开始时间、交卷时间和考试分数 4 个字段，关键代码如下：

例程 15　代码位置：资源包\TM\04\Exam\app\views\home\history.php

```
<?php require(BASE_PATH.'/app/views/partials/head.php'); ?>
<?php require(BASE_PATH.'/app/views/partials/home_nav.php'); ?>

<div class="container" style="padding-top: 20px;">
    <img alt="" src="images/chaxun03.png" class="img-responsive">
</div>
```

```html
<div class="container" style="padding-top: 20px;">
    <img alt="" src="images/chaxun01.png" class="img-responsive">
</div>
<div class="container" >
    <table class="table table-bordered text-center">
        <tr>
            <th class="text-center" style="background-color: #F1FAEA">试卷名称</th>
            <th class="text-center" style="background-color: #F1FAEA">开始时间</th>
            <th class="text-center" style="background-color: #F1FAEA">交卷时间</th>
            <th class="text-center" style="background-color: #F1FAEA">考试分数</th>
        </tr>
        <?php foreach($results as $result) : ?>
            <tr>
                <td><strong><?php echo $result->paper_name ?></strong></td>
                <td><strong><?php echo $result->start_time ?></strong></td>
                <td><strong><?php echo $result->end_time ?></strong></td>
                <td><strong><?php echo $result->score ?></strong></td>
            </tr>
        <?php endforeach ?>
    </table>
</div>
```

运行结果如图 4.26 所示。

图 4.26　考试成绩单运行效果

4.8　后台管理模块设计

视频讲解

4.8.1　后台管理模块概述

后台管理模块主要包括考试科目管理、试卷管理和考题管理 3 个模块，而每个模块都包含添加、修改和删除等功能。后台管理模块的框架如图 4.27 所示。

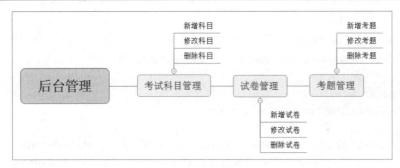

图 4.27　后台管理模块框架

4.8.2　后台管理模块技术分析

后台管理模块重点在于厘清考试科目管理、试卷管理和考题管理 3 个模块之间的关系，以及如何传递 ID。例如，考试科目管理页面要将考试科目 ID 传递到试卷管理页面。而试卷管理页面需要将试卷 ID 传递到考题管理页面中。我们通过在链接地址中添加 ID 的方式来实现 ID 的传递。

4.8.3　科目管理的实现过程

　科目管理使用的数据表：subjects

在科目管理模块中，重点讲解科目列表页的实现。科目列表页包含所有的科目信息，并且具有分页功能。具体代码如下：

例程 16　代码位置：资源包\TM\04\Exam\app\controllers\SubjectsController.php

```
class SubjectsController extends BaseController
{
    public function index($page=1)
    {
        $totalItems   = Subjects::count();                    //总条数
        $itemsPerPage = 8;                                    //每页显示条数
        $currentPage  = $page;                                //当前页码
❶       $urlPattern = '/admin/subjects/index/page/(:num)';    //url 类型
❷       $paginator = new Paginator($totalItems, $itemsPerPage, $currentPage, $urlPattern); //实例化分页类
❸       $offset = ($page-1)*$itemsPerPage;                    //设置开始位置
❹       $subjects = Subjects::orderBy('created_at','desc')->limit($itemsPerPage)->offset($offset)->get();
        $this->view = View::make('subjects.index')
                            ->with('subjects',$subjects)
                            ->with('paginator',$paginator);
    }
}
```

代码贴士

❶ urlPattern：分页的 url 形式。

❷ new Paginator()：实例化分页类，该分页类已经通过 Composer 引入。

❸ $offset：设置分页的开始位置。

❹ offset()：调用分页方法。

获取到数据后渲染模板，模板页面代码如下：

例程 17　代码位置：资源包\TM\04\Exam\app\views\subjects\index.php

```html
<div class="main-right   col-md-10 col-md-offset-2">
    <div class="col-md-12">
        <div class="panel panel-default ">
            <div class="panel-heading">
                <div class="row">
                    <div class="col-sm-4">
                        <div class="input-button">
                            <a href="/admin/subjects/add">
                                <button class="btn btn-primary add" type="button">
                                    <i class="glyphicon glyphicon-plus"></i> 新增
                                </button>
                            </a>
                        </div>
                    </div>
                </div>
            </div>
            <div class="panel-body">
                <table class="table table-bordered tb-hover tb-bg" style="margin-bottom: 5px; ">
                    <thead>
                    <tr>
                        <td>ID</td>
                        <td>科目名称</td>
                        <td>创建时间</td>
                        <td>更新时间</td>
                        <td class="text-center">操作</td>
                    </tr>
                    </thead>
                    <tbody>
                    <?php foreach ($subjects as $subject) : ?>
                        <tr>
                            <td><?php echo $subject->id; ?></td>
                            <td><?php echo $subject->subject_name; ?></td>
                            <td><?php echo $subject->created_at; ?></td>
                            <td><?php echo $subject->updated_at; ?></td>
                            <td style="width:250px">
                                <a href="/admin/papers/index/subject/<?php echo $subject->id ?>">
                                    <button class="btn btn-warning " type="button">试卷管理</button>
                                </a>
                                <a href="/admin/subjects/edit/<?php echo $subject->id ?>">
                                    <button class="btn btn-info " type="button">编辑</button>
                                </a>
                                <a href="/admin/subjects/delete" class="del"
                                   value="<?php echo $subject->id ?>">
                                    <button class="btn btn-danger " type="button">删除</button>
                                </a>
                            </td>
```

❶

```
                            </tr>
                        <?php endforeach; ?>
                        </tbody>
                    </table>
                </div>
                <!--分页-->
                <div class="paginator" style="padding-right: 10px">
❷                       <?php echo $paginator;?>
                </div>
            </div>
        </div>
</div>
```

📢 代码贴士

❶ herf: 跳转到试卷管理页面。

❷ $paginator: 分页样式。

考试科目管理的运行效果如图 4.28 所示。

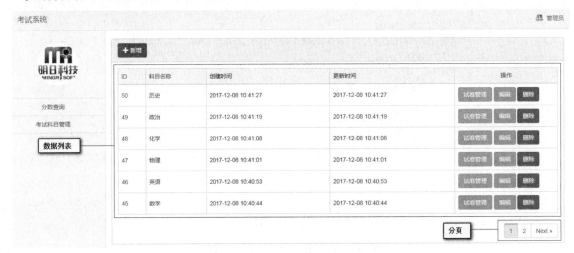

图 4.28　考试科目管理页运行效果

4.8.4　试卷管理的实现过程

在考试科目管理页面，单击相应科目的"考题管理"按钮，进入到试卷管理页面。试卷管理页面功能与科目管理页面相似，运行效果如图 4.29 所示。单击试卷页面上方的"新增"按钮，进入新增试卷页面，由于当前科目是"数学"，所以在新增试卷页面，所属科目默认为"数学"，运行效果如图 4.30 所示。在考试科目管理单击"编辑"按钮，运行效果如图 4.31 所示。单击"删除"按钮，提示"确认删除该试卷吗？"，当单击"确定"按钮时，首先判断该试卷下是否有考题，如果有考题，提示"该试卷下存在考题，请先删除该试卷的考题"，运行效果如图 4.32 和图 4.33 所示。在试卷管理模块，我们重点讲解试卷的编辑和删除功能。

图 4.29　试卷管理页面运行效果

图 4.30　新增试卷页面效果　　　　　　　　　　图 4.31　编辑试卷页面效果

图 4.32　删除试卷的提示　　　　　图 4.33　提示先删除试题

1．编辑试卷

如果要编辑试卷，首先需要根据试卷的 ID 进入相应试卷的编辑页面，进入编辑页面后，获取页面内容，然后修改内容，最后提交表单。编辑页面获取内容的代码如下：

例程 18　代码位置：资源包\TM\04\Exam\app\views\papers\edit.php

```
<div class="main-right    col-md-10 col-md-offset-2">
    <div class="col-md-12">
```

```html
<div class="panel panel-default ">
    <div class="panel-heading">
        修改试卷信息
    </div>
    <div class="panel-body">
        <form id="submit-form" action="/admin/papers/update" method="post" class="col-md-6" >
            <input type="hidden" id="subject_id" name="subject_id"
                value="<?php echo $subject->id ?>">
            <div class="form-group">
                <label for="subject_name">所属科目</label>
                <input type="text" class="form-control" id="subject_name" readonly
                    name="subject_name" value="<?php echo $paper->subject_name ?>">
            </div>
            <div class="form-group">
                <label for="paper_name">试卷名称</label>
                <input type="text" class="form-control" id="paper_name"
                    name="paper_name" value="<?php echo $paper->paper_name ?>">
            </div>
            <div class="form-group">
                <label for="paper_name">答题时间</label>
                <input type="text" class="form-control" id="total_time"
                    name="paper_name" value="<?php echo $paper->total_time ?>"
                    placeholder="单位是秒，如 1 小时填写 3600">
            </div>
            <div class="form-group">
                <label for="teacher_name">出题人</label>
                <input type="text" class="form-control" id="teacher_name"
                    name="teacher_name" value="<?php echo $paper->teacher_name ?>">
            </div>
            <button id="submit"    class="btn btn-primary">提交</button>
        </form>
    </div>
</div>
</div>
</div>
<script>
    $('#submit').click(function(){
        var paper_id    = <?php echo $paper->id ?>;
        //验证
        var paper_name = $("#paper_name").val();
        if(!checkField('#paper_name','请输入试卷名称!')){
            return false;
        }
        var teacher_name = $("#teacher_name").val();
        if(!checkField('#teacher_name','请输入试卷名称!')){
            return false;
        }
```

```
                //Ajax 提交
                var url = $('#submit-form').attr('action');
                var jump = "/admin/papers/index/subject/"+<?php echo $paper->subject_id ?>;
                $.ajax({
                        url:url,
                        type:'POST',
                        dataType:'json',
                        data:{'id':paper_id,'paper_name':paper_name,'teacher_name':teacher_name},
                        success:function(res){
                            if(res.status == 1){
                                layer.msg(res.msg);
                                window.location.href = jump;
                            }else{
                                layer.msg(res.msg);
                            }
                        }
                });
                return false;
        });

        //检测字段是否为空
        function checkField(id,message){
            if($(id).val() == ""){
                layer.tips(message, id, {time: 2000, tips: 2});
                $(id).focus();
                return false;
            }
            return true;
        }
</script>
```

当用户单击"提交"按钮，会使用 Ajax 异步提交到 PapersController 类的 update()方法，在 update() 方法中更新 papers 表数据。update()方法的具体代码如下：

例程 19　代码位置：资源包\TM\04\Exam\app\controllers\PapersController.php

```php
public function update()
{
    $id = $_POST['id'];                                    //获取 ID
    $subjects = Papers::find($id);                         //实例化 Paper 类
    $subjects->paper_name    =  $_POST['paper_name'];      //获取试卷名称
    $subjects->total_time    =  $_POST['total_time'];      //获取试卷名称
    $subjects->teacher_name  =  $_POST['teacher_name'];    //获取老师名称
    if($subjects->save()){                                 //保存数据
        $res['status'] = 1;
        $res['msg'] = '操作成功';
    }else{
        $res['status'] = 0;
```

```
            $res['msg'] = '操作失败';
        }
        echo json_encode($res);                        //将数组转化为 json 格式
    }
```

2．删除试卷

首先看一下试卷列表页面中的"删除"按钮。当单击"删除"按钮时，触发单击事件，关键代码如下：

例程 20　代码位置：资源包\TM\04\Exam\app\views\papers\index.php

```
<script>
    $(function() {
        $('.del').on('click',function() {
            var id   = $(this).attr('value');
            var url = $(".del").attr('href');
            //弹出确认框
            layer.confirm('确认删除该试卷吗?',function(){
                $.ajax({
                    url:url,
                    type:'POST',
                    dataType:'json',
                    data:{'id':id},
                    success:function(res){
                        if(res.status == 1){
                            layer.msg(res.msg);
                            window.location.reload();
                        }else{
                            layer.msg(res.msg);
                        }
                    }
                });
            });
            return false;
        })
    })
</script>
```

上述代码中，使用 Ajax 异步提交到 PaperController 类下的 delete()方法，具体代码如下：

例程 21　代码位置：资源包\TM\04\Exam\app\controllers\PapersController.php

```
public function delete()
{
    $id = $_POST['id'];                            //获取 ID
    $paper = Papers::find($id);                     //Subject 调用 find()方法
    /**判断试卷是否有考题**/
    $questions = Questions::where('paper_id',$id)->get();
```

```
❶    if($questions->toArray()){
          $res['status'] = -1;
          $res['msg'] = '该试卷下存在考题，请先删除该试卷的考题';
❷        echo json_encode($res);                      //将数组转化为 json 格式
          die;
     }
     if($paper->delete()){                            //删除数据
          $res['status'] = 1;
          $res['msg'] = '操作成功';
     }else{
          $res['status'] = 0;
          $res['msg'] = '操作失败';
     }
     echo json_encode($res);                          //将数组转化为 json 格式
}
```

📢)) 代码贴士

❶ toArray()：转化为数组形式。

❷ json_encode()：将数组转化为 json 格式。

4.8.5　考题管理的实现过程

在试卷管理页面，单击相应试卷的"考题管理"按钮，进入到考题管理页面。考题管理页面功能与科目管理页面相似，运行效果如图 4.25 所示。本节重点介绍一下添加考题功能。

考题共有两种类型：单选题和多选题。对于单选题，只有一个标准答案；对于多题，有一个或多个答案。后台管理员在添加考题时，需要选择考题的类型，并且能够自动切换单选题和多选题，然后在对应选项后选中单选按钮或复选框选择答案。我们使用 JavaScript 来实现该功能。关键代码如下：

例程 22　代码位置：资源包\TM\04\Exam\app\views\questions\add.php

```
$(document).ready(function() {
    //切换单选或多选
    $("#type").bind("change",function(){            //切换 select 下拉菜单选项
        if($(this).val()==1){                        //如果值为 1，表示单选
            $(".single").show();                     //显示单选内容
            $(".multiple").hide();                   //隐藏多选内容
        }
        else{                                        //否则为多选
            $(".single").hide();                     //隐藏单选内容
            $(".multiple").show();                   //显示多选内容
        }
    });
});
```

选择单选题的运行效果如图 4.34 所示，选择多选题的运行效果如图 4.35 所示。

图 4.34　单选题运行效果　　　　　　　图 4.35　多选题运行效果

填写完考题后，单击"提交"按钮，需要验证提交的考题信息。例如，用户是否填写了题号、题目、选项和答案等内容。此外，还需要获取考题答案，例如单选题的答案是"B"，多选题的答案是"A,B"，然后将所有信息写入 questions 表。关键代码如下：

例程 23　代码位置：资源包\TM\04\Exam\app\views\questions\add.php

```
$('#submit').click(function(){
    //验证题号、分数、题目
❶  if(!checkField('#order','请输入题号!')){
        return false;
    }
    if(!checkField('#score','请输入分数!')){
        return false;
    }
    if(!checkField('#title','请输入题目!')){
        return false;
    }
    var obj;
    var answers ='';
    var options ='';
❷  if($('#type').val() == 1){
        obj = $('.single input[name="option"]');
❸      answers = $('input[type="radio"] [name="answer"]:checked').val();        //获取答案
    }else{
        obj = $('.multiple input[name="option"]');
        //获取答案
❹      $('input[type="checkbox"][name="answer"]:checked').each(function(){
            answers = answers + ',' + $(this).val();
        });
❺      answers = trim(answers);                                                  //去除第一个逗号
    }
```

```
        var loop = true;
        obj.each(function(){
            //检测选项内容是否为空
            if(!$(this).val()){
                layer.tips('请填写选项内容', $(this), {time: 2000, tips: 2});
                loop = false;
                return false;
            }else{
                //获取选项
                options = options + ',' + $(this).val();      //结果示例：  ，选项 A 内容，选项 B 内容
            }
            console.log(options);
        });
        if(loop == false){
            return false;
        }
        options = trim(options);                              //去除第一个逗号，结果示例：选项 A 内容，选项 B 内容
        if(!answers){
            layer.tips('请在右侧勾选答案', '#items', {time: 2000, tips: 2});
            return false;
        }

        //Ajax 提交
        var paper_id = <?php echo $paper->id ?>;
        var paper_name = $('#paper_name').val();
        var order = $('#order').val();
        var score = $('#score').val();
        var title = $('#title').val();
        var type   = $('#type').val();
        var url = $('#submit-form').attr('action');
        var jump = "/admin/questions/index/paper/"+paper_id;
❻   $.ajax({
            url:url,
            type:'POST',
            dataType:'json',
            data:{'paper_id':paper_id,'paper_name':paper_name,'order':order,'score':score,'title':title,
                'type':type,'options':options,'answers':answers
            },                                       //submit-form 是表单的 id
            success:function(res){
                if(res.status == 1){
                    layer.msg(res.msg);
                    window.location.href = jump;
                }else{
                    layer.msg(res.msg);
                }
            }
        });
        return false;
    });
```

```
//检测字段是否为空
function checkField(id,message){
    if($(id).val() == ''){
        layer.tips(message, id, {time: 2000, tips: 2});
        $(id).focus();
        return false;
    }
    return true;
}
//去除第一个字符
function trim(str){
    str = str.substring(1,str.length);    //去除第一个字符
    return str;
}
```

🔊 代码贴士

❶ checkField()：检查字段是否为空，如果为空，使用 Layer 弹层插件提示错误信息。

❷ $('#type').val()：获取题型的值，如果为 1，则是单选题；如果为 2，则是多选题。

❸ answers：获取单选题答案。

❹ each：遍历多选题答案。

❺ trim：去除多选题第一个逗号，将 ",A,B" 更改为 "A,B"。

❻ $.ajax：异步提交表单数据。

提交表单时，如果没有选择答案，运行效果如图 4.36 所示。

填写试题信息		
所属试卷：	小学5年级期中考试数学题	
题号：	9	分数： 4
题目：	X的平方=4，求X的值？	
题型：	多选	
选项：	请在右侧勾选答案	☐
	B -2	☐
	C 3	☐
	D -3	☐
提交		

图 4.36　表单提交验证

当用户填写完成试题内容，单击"提交"按钮，使用 Ajax 异步提交到 QuestionsController 控制器下的 store() 方法。具体代码如下：

例程 24　代码位置：资源包\TM\04\Exam\app\controllers\QuestionsController.php

```php
public function store()
{
    $questions = new Questions;                             //实例化 Questions 类
    $questions->paper_id     =   $_POST['paper_id'];        //获取试卷 ID
    $questions->paper_name   =   $_POST['paper_name'];      //获取试卷名称
    $questions->order        =   $_POST['order'];           //获取考题序号
    $questions->score        =   $_POST['score'];           //获取考题分数
    $questions->title        =   $_POST['title'];           //获取考题标题
    $questions->type         =   $_POST['type'];            //获取考题类型
    $questions->options      =   $_POST['options'];         //获取考题选项
    $questions->answers      =   $_POST['answers'];         //获取考题答案
    if($questions->save()){                                 //保存数据
        $res['status'] = 1;
        $res['msg'] = '操作成功';
    }else{
        $res['status'] = 0;
        $res['msg'] = '操作失败';
    }
    echo json_encode($res);                                 //将数组转化为 json 格式
}
```

4.9　开发技巧与难点分析

4.9.1　Composer 常用命令

在开发过程中，我们使用 Composer 对组件进行管理，由于 Composer 运行在命令行中，所以需要了解一些常用 Composer 命令。常用命令如下。

- ☑ composer list：显示所有命令。
- ☑ composer show：显示所有包信息。
- ☑ composer install：在 composer.json 配置中添加依赖库之后运行此命令安装。
- ☑ composer create-project laravel/laravel Laravel –prefer-dist "5.1.*"：创建项目。
- ☑ composer search packagename：搜索包。
- ☑ composer update：更新所有包。
- ☑ composer update monolog/monolog：更新指定包。
- ☑ composer remove monolog/monolog：移除指定的包。
- ☑ composer require monolog/monolog：添加指定包。
- ☑ composer require monolog/monolog:1.19：添加指定包和版本。
- ☑ composer require monolog/monolog=1.19。
- ☑ composer require monolog/monolog 1.19。
- ☑ composer dump-autoload：如果更新了 composer.json，需要更新 autoload。

4.9.2 中断 jQuery 的 each()方法

在后台添加考题模块中，提交考题前，需要验证考题选项是否为空。我们使用 jQuery 的 each()方法遍历选项，如果发现一个选项为空，中断循环并弹出提示信息。可以在 each()方法内，使用 return false 来中断循环。值得注意的是，虽然循环中断了，但是程序会继续执行 each()方法外的代码。为了解决这个问题，可以设置一个全局变量 loop，初始值为 true。当中断循环时，设置 loop 值为 false。具体代码如下：

```
var loop = true;
obj.each(function(){
    //检测选项内容是否为空
    if(!$(this).val()){
        layer.tips('请填写选项内容', $(this), {time: 2000, tips: 2});
        loop = false;
        return false;
    }else{
        //获取选项
        options = options + ',' + $(this).val();        //结果示例：   ，选项 A 内容，选项 B 内容
    }
});
if(loop == false){
    return false;
}
```

4.10 Ajax 无刷新技术专题

4.10.1 Ajax 概述

Ajax 是 Asynchronous JavaScript and XML 的缩写，意思是异步的 JavaScript 与 XML。

Ajax 并不是一种新技术，或者说它不是一种技术，实际上，它是将 JavaScript、XHTML 和 CSS、DOM、XML 和 XSTL、XMLHttpRequest 等编程技术以新的强大方式组合而成的，可以让开发人员构建基于 PHP 技术的 Web 应用，并打破了使用页面重载的惯例。Ajax 包含以下方面：

- ☑ XHTML 和 CSS 技术实现标准页面。
- ☑ Document Object Model 技术实现动态显示和交互。
- ☑ XML 和 XSLT 技术实现数据的交换和维护。
- ☑ XMLHttpRequest 技术实现异步数据接收。
- ☑ JavaScript 绑定和处理所有数据。

Ajax 是一种运用浏览器的技术，它可以在浏览器和服务器之间得到异步通信机制进行数据通信，从而允许浏览器向服务器获取少量信息而不是刷新整个页面。

4.10.2 Ajax 的优点

Ajax 是使用客户端脚本与 Web 服务器交换数据的 Web 应用开发方法。这样，Web 页面不用打断

交互流程进行重新加载，就可以动态地更新。Ajax 的优点介绍如下：

（1）减轻服务器的负担。

Ajax 的原则是"按需取数据"，可以最大程度地减少冗余请求，从而减轻对服务器造成的负担。

（2）无刷新更新页面，减少用户心理和实际的等待时间。

"按需取数据"的模式减少了数据的实际读取量。如果说重载的方式是从一个终点回到原点再到另一个终点的话（如图 4.37 所示），那么 Ajax 就是以一个终点为基点到达另一个终点（如图 4.38 所示）。

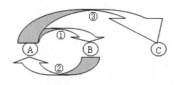

图 4.37   重载方式

图 4.38   Ajax 方式

其次，即使要读取较大的数据，也不会出现白屏的情况。Ajax 使用 XMLHTTP 对象发送请求并得到服务器响应，在不重新载入整个页面的情况下用 JavaScript 操作 DOM 最终更新页面，所以在读取数据的过程中，用户所面对的不是白屏，而是原来的页面状态；页面只有在接收到全部数据后才更新相应部分的内容，而这种更新也是瞬间的，用户几乎感觉不到。

（3）带来更好的用户体验。

（4）把部分服务器负担的工作转交给客户端，利用客户端闲置的能力来处理任务，从而减轻服务器和带宽的负担，节约空间和宽带租用成本。

（5）可以调用外部数据。

（6）是一种基于标准化并被广泛支持的技术，不需要下载插件或者小程序。

（7）进一步促进 Web 页面展现形式与数据的分离。

4.10.3　Ajax 的工作原理

传统的 Web 模式强制用户进入"提交/等待/重新显示"网页，用户的动作总是与服务器进行同步思考，客户在网页上的操作转化为 HTTP 请求传回服务器，而服务器接收请求以及相关数据，然后解析数据并将其发送给相应的处理单元后，将返回的数据转成 HTML 页返还给客户。而当服务器处理数据时，用户只能等待，每一步操作都需要等待服务器返回新的网页。由于每次应用的交互都需要向服务器发送请求，应用的响应时间就依赖于服务器的响应时间，这就导致了用户页面的响应比本地应用慢得多。

运用了 Ajax 技术的 Web 应用模型，它的工作原理相当于在客户端和服务器端之间添加了一个中间层，称为 Ajax 引擎（采用 JavaScript 编写，通常在一个隐藏的框架中），实现了与服务器进行异步思考的通信能力，从而使用户从请求/响应的循环中解脱出来，向服务器发出异步请求，也就是不用等待服务器的通信。所以用户不用再打开一个空白窗口，等待服务器完成后再进行响应。Ajax 应用可以仅向服务器发送并取回必需的数据，它使用 SOAP 或其他一些基于 XML 的 Web Service 接口，并在客户端采用 JavaScript 处理来自服务器的响应。因为在服务器和浏览器之间交换的数据大量减少，所以 Web 站点看起来是即时响应的。同时很多的处理工作可以在发出请求的客户端机器上完成，所以 Web 服务器的处理时间也减少了。

引入 Ajax 的 Web 模型与传统的 Web 模型比较如图 4.39 所示。

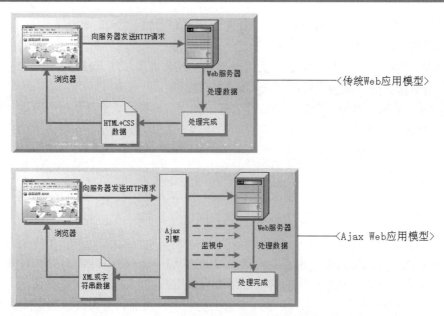

图 4.39　传统 Web 应用模型与 Ajax Web 应用模型的比较

4.10.4　Ajax 的工作流程

使用 Ajax，用户可以创建接近本地桌面应用的更直接、更可用、更丰富、更动态的 Web 用户界面。Ajax 内部的工作流程如图 4.40 所示。

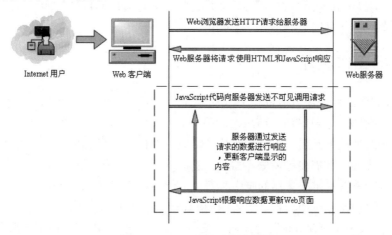

图 4.40　Ajax 内部工作流程图

4.11　本章总结

至此，一个完整的在线考试系统已经全部完成。在程序的开发过程中，使用组件化方式快速实现特定功能。同时，为了增加交互性，系统中应用了 Ajax 技术。希望读者能认真学习，并做到融会贯通。

第 5 章

物流配送信息网

（Apache+PHP+MySQL 5.5 实现）

　　物流信息化是指物流企业运用现代信息技术对物流过程中产生的全部或部分信息进行采集、分类、传递、汇总、查询等一系列处理活动，以实现对货物流动过程的控制，从而降低成本、提高效益的管理活动。

　　物流企业信息化的目的就是要满足企业自身管理的需要和不同类型企业在物流业务外包过程中对信息交换方的要求，也就是通过建设物流信息系统，提高信息流转效率，降低物流运作成本。

　　目前我国正处于全面推进信息化的进程之中，所以物流领域的信息化已成为一个必然。物流信息化将成为现代物流的灵魂，将是现代物流发展的必经之路。

　　本章开发的物流配送信息网就是为了增强企业的市场竞争力，加快企业的信息化进程，使企业在市场竞争中立于不败之地。

　　通过阅读本章，可以学习到：

▶▶　物流配送系统开发的基本过程

▶▶　如何创建 MySQL 数据库的存储过程

▶▶　如何通过 MySQL 数据库存储过程实现用户登录

▶▶　如何实现数据库中数据的模糊查询技术

▶▶　如何实现订单的打印技术

配置说明

视频讲解

5.1 开发背景

随着我国信息化进程的全面推进，各领域的信息化进程都在飞速的发展，同样也推动着物流领域的信息化进程飞快的向前发展。由于信息化进程的全面推进，对现代物流提出更高的要求：信息化、自动化、网络化、智能化和柔性化等。物流行业的竞争日益激烈，客户需求的标准也越来越高，物流企业要想在市场中占有一席之地，必须要建立一个高效、快捷、方便的物流信息系统，为客户提供一流的服务，并且能够及时、准确地掌握客户的需求，对客户的需求做出快速的反映，在最短的时间内以最大限度挖掘和优化物流资源来满足客户的需求，从而建立高效的数字化物流经济。

5.2 系统分析

5.2.1 需求分析

随着现代物流信息化进程的加快，传统的物流管理方式已经不再适应当前物流发展的要求，取而代之的将是以计算机为基础的网络化物流管理方式。某物流配送公司为适应物流信息化进程的发展，急需开发一个物流配送系统，通过网络来实现对物流操作流程进行管理，不但可以为企业的运营过程节省大量的人力、物力、财力和时间，提高物流系统运行的效率，而且可以使企业在客户心中树立一个全新的形象，为企业的发展奠定一个良好的基础。现根据对该物流配送公司的实际调查，以及公司的具体要求，制定出物流配送信息网的规划方案。具体内容如下：

- ☑ 网站页面设计要求美观大方，能够展示企业形象。
- ☑ 为企业在客户中树立一个全新的形象。
- ☑ 网站的操作流程简单、方便，能够提高工作效率。
- ☑ 提供物流配送的全程跟踪。
- ☑ 提供配送信息的及时查询。
- ☑ 实现对配送车辆的管理。
- ☑ 实现对客户信息的管理。
- ☑ 实现发货单打印的功能。

5.2.2 可行性分析

物流配送信息网的开发不但能使物流企业走上科学化、网络化管理的道路，而且能够为企业带来巨大的经济效益和技术上飞速的发展。

1. 经济性

科学的管理方法，便捷的操作环境，系统的经营模式，将为企业带来更多的客户资源，树立企业的品牌形象，提高企业的经济效益。

2. 技术性

网络化的物流管理方式，在操作过程中能够快捷地查找出车源信息、客户订单以及客户信息；能够对货物进行全程跟踪，了解货物的托运情况，从而使企业能够根据实际情况，做好运营过程中的各项准备工作，作出及时准确的调整；能够保证托运人以及收货人对货物进行及时的处理。

5.3　系　统　设　计

5.3.1　系统目标

结合目前网络上物流配送系统的设计方案，对客户做的调查结果以及企业的实际需求，本项目在设计时应该满足以下目标：

- ☑　界面设计美观大方、操作简单。
- ☑　功能完善、结构清晰。
- ☑　能够快速查询车源信息。
- ☑　能够准确填写订单。
- ☑　能够实现订单查询、打印。
- ☑　能够实现对回单处理。
- ☑　能够对车源信息进行添加、修改和删除。
- ☑　能够对客户信息进行管理。
- ☑　能够及时、准确地对网站进行维护和更新。
- ☑　良好的数据库系统支持。
- ☑　系统运行稳定，具备良好的防范措施。

5.3.2　系统功能结构

结合需求分析和系统目标中的内容，物流配送信息网的功能结构已经设计完成。为了使读者能够更清楚地了解网站的结构，下面给出物流配送信息网的功能模块结构图和工作流程图。

物流配送信息网的功能模块结构图如图 5.1 所示。

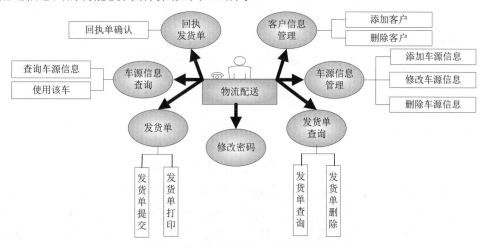

图 5.1　物流配送信息网功能模块结构图

物流配送信息网的工作流程图如图 5.2 所示。

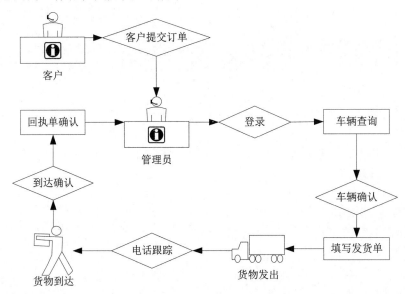

图 5.2　物流配送信息网的工作流程图

5.3.3　系统预览

物流配送信息网由多个程序页面组成，下面给出几个典型页面，其他页面参见资源包中的源程序。物流配送信息网主页如图 5.3 所示，该页面用于展示本系统的车源信息查询模块。登录页面如图 5.4 所示。

图 5.3　主页（资源包\TM\05\Logistics\index.php）

发货单管理页面如图 5.5 所示，该页面主要用于实现对发货单的处理。单击"新增"按钮，可以添加发货单。单击"回执确认"按钮，可以确认发货单回执。单击"查看明细"按钮，可以查看发货单明细。单击"编辑"按钮，可以编辑发货单。单击"删除"按钮，可以删除发货单。在输入框内填写"发货单号"或"发货人"，单击"搜索"图标，即可搜索满足搜索条件的发货单。

图 5.4　登录页面（资源包\TM\05\Logistics\login.php）

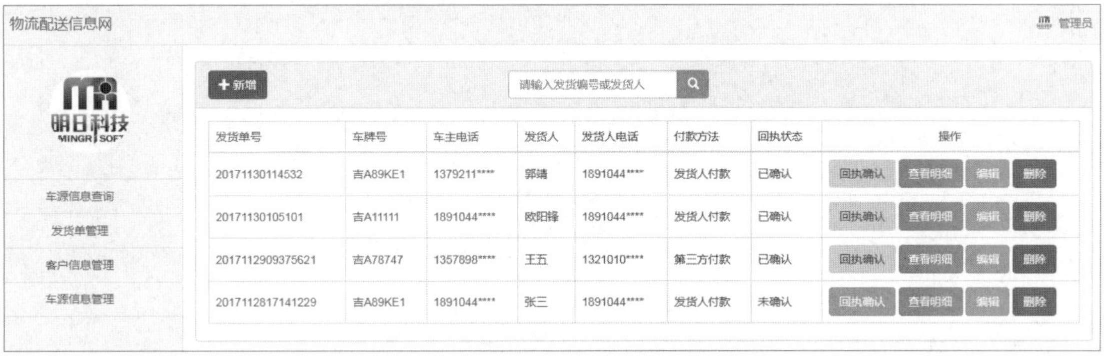

图 5.5　发货单管理页面（资源包\TM\05\Logistics\order.php）

客户信息管理模块的页面效果如图 5.6 所示，该页面实现对客户信息的添加、修改和删除操作。

物流配送信息网

客户姓名	电话	联系地址	操作
郭靖	1891044****	长春	编辑　删除
欧阳锋	1891044****	长春汽车厂	编辑　删除
王五	1321010****	长春	编辑　删除
张三	1891044****	卫星广场	编辑　删除

明日科技 吉ICP备 07500273号
Copyright@2017吉林省明日科技有限公司

图 5.6　客户信息管理页面（资源包\TM\05\Logistics\customer.php）

车源信息管理模块的页面效果如图 5.7 所示，该页面实现对车源信息的添加、修改和删除操作。

图 5.7　车源信息管理页面（资源包\TM\05\Logistics\car.php）

修改管理员密码模块的页面效果如图 5.8 和图 5.9 所示，该页面实现对管理员密码的修改。

图 5.8　单击修改密码页面　　　　图 5.9　修改密码页面（资源包\TM\05\Logistics\change_pwd.php）

5.3.4　开发环境

在开发物流配送信息网时，该项目使用的软件开发环境如下。

1．服务器端

☑　操作系统：Windows/Linux（推荐）。

☑　服务器：Apache 2.4.18。

☑　PHP 软件：PHP 7.0。

☑　数据库：MySQL 5.5.47。

☑　MySQL 图形化管理软件：Navicat 11。

☑　开发工具：PhpStorm 9。

☑　浏览器：谷歌浏览器。

2．客户端

☑　浏览器：谷歌浏览器。

5.3.5　文件夹组织结构

在进行网站开发之前，要对网站的整体文件夹组织架构进行规划。对网站中使用的文件进行合理的分类，分别放置于不同的文件夹下。通过对文件夹组织架构的规划，可以确保网站文件目录明确、条理清晰，同样也便于网站后期的更新和维护。物流配送信息网的文件夹组织结构如图 5.10 所示。

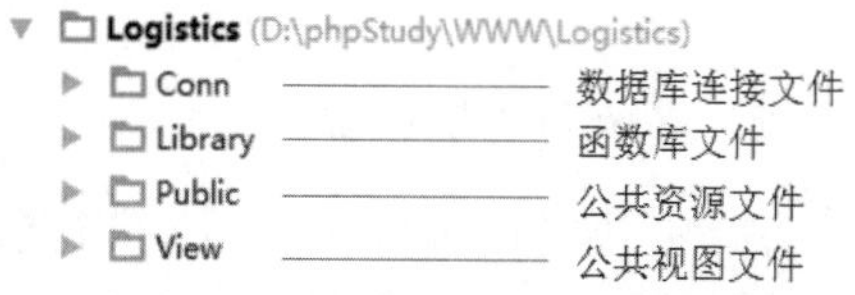

图 5.10　文件夹组织结构

5.4　数据库设计

物流配送信息网必须拥有数据库的支持，所有物流配送的数据都应该存储到数据库中，便于管理员查找车辆、订单和客户的信息。如果没有数据库的支持，那么物流配送信息网将没有任何意义。本节将对物流配送信息网的数据库设计进行详细介绍。

5.4.1　数据库分析

物流配送信息网是一个中小型的企业管理系统，考虑到开发的成本、搭配的合理性以及操作的灵活性等，使用 MySQL 数据库是最佳的选择。MySQL 数据库是完全免费的，使用它不需要任何费用，可以直接从网上免费下载；MySQL 数据库的操作也非常方便，不但可以在命令模式下操作，而且配备目前比较流行的图形化管理工具 Navicat，能够轻松地实现对 MySQL 数据库的管理和操作。

5.4.2　数据库概念设计

根据上述各节对物流配送信息网做的需求分析和系统设计,整理出物流配送信息网的实体关系 E-R 图。其中包括管理员信息实体、车源信息实体、车辆日志信息实体、客户信息实体和发货单信息实体。

1．管理员信息实体

管理员信息实体用于存储管理员的登录名称和密码信息，包括用户名和密码两项内容。管理员信息实体的 E-R 图如图 5.11 所示。

2．车源信息实体

车源信息实体用于存储企业拥有的车辆信息，包括车主姓名、车主身份证号、车牌号码、车主联

图 5.11　管理员信息实体的 E-R 图

系电话、车主家庭地址、车辆行驶路线和车辆描述。车源信息实体的 E-R 图如图 5.12 所示。

图 5.12　车源信息实体的 E-R 图

3．车辆日志信息实体

车辆日志信息实体记录车辆当前是否被占用，以及使用的时间、执行的任务，包括车牌号码、车辆日志信息（详细的车辆使用描述）、日志时间和发货单 ID（即执行的任务）。车辆日志信息实体的 E-R 图如图 5.13 所示。

4．客户信息实体

客户信息实体用于存储客户的信息，包括客户姓名、客户电话和客户联系地址。客户信息实体的 E-R 图如图 5.14 所示。

图 5.13　车辆日志信息实体的 E-R 图　　　　图 5.14　客户信息实体的 E-R 图

5．发货单信息实体

发货单信息实体用于存储客户填写的发货单信息，包括车牌号码、车主电话、货物描述、发货人、发货时间、发货人电话、发货地址、收货人、收货人电话、收货地址和付款方式。发货单信息实体的 E-R 图如图 5.15 所示。

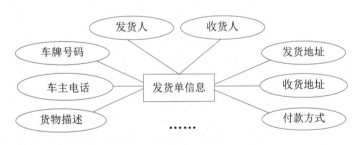

图 5.15　发货单信息实体的 E-R 图

5.4.3　创建数据库及数据表

在物流配送信息网中应用的是 db_logistics 数据库，其中涉及 5 个数据表，如表 5.1 所示。

表 5.1　数据表名称及说明

表　名	说　明	表　名	说　明
tb_admin	管理员信息表	tb_customer	客户信息表
tb_car	车源信息表	tb_shopping	发货单信息表
tb_car_log	车辆日志信息表		

下面介绍物流配送信息网中使用的数据表。

1．tb_admin（管理员信息表）

管理员信息表主要用于存储管理员的登录名和密码。该数据表的结构如表 5.2 所示。

表 5.2　管理员信息表结构

字　段　名	数 据 类 型	默　认　值	允 许 为 空	自 动 递 增	备　　注
id	int(10)		NO	是	主键
admin_user	varchar(50)		NO		管理员名
admin_pass	varchar(50)		NO		密码

2．tb_car（车源信息表）

车源信息表主要用于存储配送公司拥有的车辆信息，主要包括车主姓名、车主的身份证号码、车牌号码、车主电话、车主联系地址、车辆行驶路线和车辆描述。该数据表的结构如表 5.3 所示。

表 5.3　车源信息表结构

字　段　名	数 据 类 型	默　认　值	允 许 为 空	自 动 递 增	备　　注
id	int(10)		NO	是	主键
username	varchar(50)		NO		车主名称
user_number	varchar(50)		NO		身份证号
car_number	varchar(50)		NO		车牌号
tel	varchar(50)		NO		车主电话
address	varchar(80)		NO		车主地址
car_road	mediumtext		NO		路线
car_content	mediumtext		NO		车辆描述

3．tb_car_log（车辆日志信息表）

车辆日志信息表主要用于存储车辆的使用情况信息，主要包括车牌号码、车辆日志信息、日志创建时间和发货单的 ID。该数据表的结构如表 5.4 所示。

表 5.4　车源信息表结构

字　段　名	数 据 类 型	默　认　值	允 许 为 空	自 动 递 增	备　　注
log_id	int(10)		NO	是	主键
car_number	varchar(50)		NO		车牌号
car_log	mediumtext		NO		车辆日志信息
log_date	datetime		NO		日志创建时间
fahuo_id	varchar(50)		NO		发货单 ID

4．tb_customer（客户信息表）

客户信息表主要用于存储客户的信息，包括客户姓名、客户电话以及联系地址。该数据表的结构如表 5.5 所示。

表 5.5 客户信息表结构

字 段 名	数据类型	默 认 值	允 许 为 空	自 动 递 增	备 注
customer_id	int(10)		NO	是	主键
customer_user	varchar(50)		NO		客户姓名
customer_tel	varchar(50)		NO		客户电话
customer_address	varchar(80)		NO		客户地址

5．tb_shopping（发货单信息表）

发货单信息表主要用于存储客户填写的发货单中的信息，主要包括车牌号码、车主电话、货物描述、发货人、发货时间、发货人电话、发货地址、收货人、收货人电话、收货地址和付款方式。该数据表的结构如表 5.6 所示。

表 5.6 发货单信息表结构

字 段 名	数据类型	默 认 值	允 许 为 空	自 动 递 增	备 注
id	int(10)		NO	是	主键
car_number	varchar(50)		NO		车牌号
fahuo_content	mediumtext		NO		货物描述
fahuo_id	varchar(50)		NO		发货单 ID
fahuo_user	varchar(50)		NO		发货人
fahuo_time	datetime		NO		发货时间
fahuo_ys	tinyint(20)	0	YES		回执单确认，0：未确认；1：已确认
fahuo_fk	tinyint(20)	0	NO		付款方式，0：发货人付款；1：第三方付款
fahuo_tel	varchar(50)		NO		发货人电话
fahuo_address	mediumtext		NO		发货地址
car_tel	varchar(50)		NO		车主电话
shouhuo_user	varchar(50)		NO		收货人姓名
shouhuo_address	mediumtext		NO		收货人地址
shouhuo_tel	varchar(50)		NO		收货人电话

视频讲解

5.5 网站首页设计

5.5.1 网站首页概述

本系统是专为管理员开发的后台系统，而网站首页是浏览者看到的第一视觉界面，所以在设计网站的首页时应该将网站中主要的内容尽量展示给浏览者，让浏览者能够更快地了解网站的内容。物流配送信息网的首页主要包括如下功能。

- ☑ 车源信息查询：主要实现车辆信息查询，及时为客户选择货物配送的方案。
- ☑ 发货单管理：主要用于客户发货单信息填写。
- ☑ 客户信息管理：主要用于对客户的信息进行管理。
- ☑ 车源信息管理：主要用于对企业拥有的车辆信息进行管理。
- ☑ 修改密码：主要用于对管理员登录的密码进行修改。

本案例中提供的网站首页如图 5.16 所示。该页面在本书资源包中的路径为\TM\05\Logistics\index.php。

图 5.16　物流配送信息网首页

5.5.2　网站首页技术分析

物流配送信息网是为物流配送公司设计的一个物流管理系统，其页面的设计突出简洁、方便，功能的实现以便于操作和维护为根本。网站首页的页面设计如图 5.16 所示，由一个简单的框架组成，其结构由如下 4 个部分组成。

- ☑ 顶部信息：主要用于展示网站 logo，以及显示"退出"和"修改密码"的按钮。
- ☑ 菜单栏：主要展示网站的主要功能菜单。
- ☑ 功能模块内容：主要显示对应菜单的功能。
- ☑ 底部信息：主要用于展示网站版权信息。

在以上 4 个部分中，顶部信息、菜单栏和底部信息均是固定不变的内容，可以作为通用模板在每个页面中使用。主体框架结构代码如下：

```
<!--头部内容-->
<?php include('View/header.html') ?>
<div class="container-fluid">
```

```
<!--顶部导航-->
<?php include('View/nav.html') ?>
<!--主区域开始-->
<div class="row" style="margin-top:70px">
    <!--左侧菜单-->
    <?php include('View/menu.html') ?>
    <!--右侧主区域开始-->
    <div class="main-right    col-md-10 col-md-offset-2">
        <div class="col-md-12">
    <!--省略部分代码-->
    </div>
        <!--右侧主区域结束-->
    </div>
    <!--主区域结束-->
</div>
<!--底部信息-->
<?php include('View\footer.html') ?>
```

选择不同的菜单栏，会展示相应的功能模块内容。在默认情况下，用户成功登录后进入到车源信息查询模块，因为该模块最常用，所以在 index.php 页面中显示该模块。

5.5.3 网站首页的实现过程

物流配送信息网的首页设计非常简单，主要应用一个简单的菜单功能，并且以超链接作为辅助，最终实现在不同功能模块之间的跳转。

首先连接数据库，判断登录用户的身份，如果是管理员，则可以进入网站进行操作；否则将提示"请先登录！"并且跳转到网站的登录页面。关键代码如下：

例程 01   代码位置：资源包\TM\05\Logistics\index.php

```php
<?php
    include('Conn\config.php');          //引入配置文件
    include('Library\function.php');     //引入函数库
    //判断是否登录
    if(!checkLogin()){
        msg(2,' 请先登录','login.php');    //如未登录时跳转到登录页面
    }
    <!--省略了部分代码-->
?>
```

上述代码中使用的 checkLogin() 是一个自定义函数，用于判读用户是否登录。本项目中所有自定义函数均在"/Library/function.php"文件中。checkLogin() 函数的代码如下：

例程 02   代码位置：资源包\TM\05\Logistics\Libary\function.php

```php
<?php
function checkLogin()
```

```
{
    session_start();                                    //开启 session
    //用户未登录返回 false，已登录返回 true
    if(!isset($_SESSION['user']) || empty($_SESSION['user']))
    {
        return false;
    }
    return true;
}
?>
```

在未登录的情况下访问 index.php 文件，会执行 msg(2,' 请先登录','login.php')语句，其中 msg()函数也是一个自定义的函数，用来实现提示信息并跳转页面的功能。具体代码如下：

例程 03　代码位置：资源包\TM\05\Logistics\Library\function.php

```
/**
 * 消息提示
 * @param int $type 1:成功  2:失败
 * @param null $msg
 * @param null $url
 */
function msg($type, $msg = null, $url = null)
{
    $toUrl = "Location:msg.php?type={$type}";            //跳转到 msg.php 函数，并且传递参数
    //当 msg 为空时  url 不写入
    $toUrl .= $msg ? "&msg={$msg}" : '';                 //将$msg 参数拼接到 url 中
    //当 url 为空  toUrl 不写入
    $toUrl .= $url ? "&url={$url}" : '';                 //将$url 参数拼接到 url 中
    header($toUrl);
    exit;
}
```

在未登录的情况下访问 localhost/logistics/index.php 文件，运行效果如图 5.17 所示。

图 5.17　跳转到登录页面

视频讲解

5.6 车源信息查询模块设计

5.6.1 车源信息查询模块概述

车源信息查询模块的功能是根据客户提供的货物配送的地点，从数据库中查询有关该路线的车辆，为客户提供一个合理配送的路线，最后确定发货订单。操作流程如图 5.18 所示。

5.6.2 车源信息查询模块技术分析

车源信息查询模块的主要功能就是查询车辆的使用信息，为客户提供最合适的货物配送路线。其中应用的关键技术自然就是查询方法，为了给客户提供最合适、最满意、最快捷的配送服务，这里使用的是模糊查询技术。

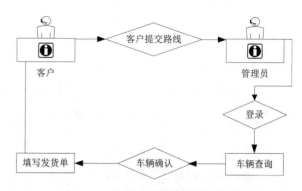

图 5.18　车源信息查询的操作流程

通过模糊查询技术，只要客户提出配送货物的出发地点和到达地点，管理员就可以从数据库中提取出所有与该路线相关的车辆信息，包括车辆的承载能力、车辆是否被占用和车辆的使用情况，客户可以根据实际的情况（时间、货物数量、路线等）选择车辆，确认后填写发货单。

在 MySQL 中，可以使用 like 语句实现模糊查询，语法格式如下：

```
SELECT field1, field2,...fieldN   FROM table_name WHERE field1 LIKE condition1 [AND [OR]] filed2 = 'somevalue'
```

like 子句可以代替等号，通常与 % 一同使用，类似于一个元字符的搜索。例如，查找所有以"王"字开头的用户，查询语句如下：

```
select  *  from  tb_car  where  username like "王%"
```

再如，查找所有名字中包含"明"的用户，查询语句如下：

```
select  *  from  tb_car  where  username like "%明%"
```

5.6.3 车源信息查询模块的实现过程

　　🖼 **车源信息查询模块使用的数据表：tb_car、tb_car_log**

模糊查询技术的实现是在 index.php 文件中完成的，首先要与数据库建立连接；然后创建一个 form 表单，设置两个文本框 start 和 end 用于提交出发地点和到达地点，将表单的值提交到当前页；最后接收数据，以表单中获取的数据为条件，执行 like 模糊查询，从数据库的指定表中查询符合条件的信息，并且将查询出的信息显示到页面中。程序的关键代码如下：

例程 04　代码位置：资源包\TM\05\Logistics\index.php

```php
<?php
    include('Conn\config.php');                          //引入配置文件
    include('Library\function.php');                     //引入函数库
    //判断是否登录
    if(!checkLogin()){
        msg(2,' 请先登录','login.php');
    }
    //获取查询条件
❶   $start = isset($_GET['start']) ? $_GET['start'] : "";
    $end    = isset($_GET['end']) ? $_GET['end'] : "";
    /**分页设置**/
❷   $page = isset($_GET['page']) ? intval($_GET['page']) : 1;    //检查 page 参数
    $page = max($page, 1);                               //把 page 与 1 对比，取中间最大值
    $pageSize = 5;                                       //每页显示条数
    $show = 6;                                           //按钮显示数量
    $offset = ($page - 1) * $pageSize;                   //设置起点
    //获取分页数据
❸   $query_all = "select count(*) from tb_car where car_road like '%$start%' and car_road like '%$end%' ";
    $result = $pdo->prepare($query_all);
    $result->execute();
    $total = $result->fetchColumn();
❹   $pages = pages($total,$page,$pageSize,$show);        //调用分页方法
    /** 筛选数据 **/
❺   $query = "select tb_car.*,tb_car_log.car_log from tb_car left join tb_car_log on tb_car_log.car_number = tb_car.car_number ";
    $query .= "where car_road like '%$start%' and car_road like '%$end%' order by id desc limit {$offset},{$pageSize} ";
    $res = $pdo->prepare($query);
    $res->execute();
?>
```

代码贴士

❶ start：指定出发地点，当没有输入出发地点时，默认传递空值，会查询出所有数据。

❷ page：获取当前所在页，默认为第 1 页。

❸ like：执行模糊查询，从数据库中读取符合条件的数据总数，为分页做准备。

❹ pages()：自定义分页函数，接收 4 个参数，返回分页样式表。

❺ join：使用 join 实现级联查询，因为在获取 tb_car 表所有字段信息的同时，还需要获取 tb_car_log 表的 tb_car_log 字段信息，所以使用 left join 左级联方式联合查询。

　　在车源信息查询模块的查询输入框中，出发地点输入"长春"，目的地输入"北京"，单击"搜索"图标，查询所有满足条件的车源，运行效果如图 5.19 所示。

图 5.19　查询车源信息

视频讲解

5.7　发货单管理模块设计

5.7.1　发货单管理模块概述

发货单管理模块主要包括发货单的填写、发货单查询、发货单打印和发货单删除。发货单管理模块的主要功能如图 5.20 所示。

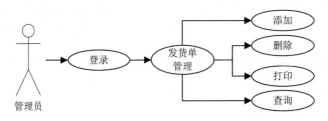

图 5.20　发货单管理模块的功能结构图

5.7.2　发货单管理模块技术分析

如何才能发挥函数的最大作用？设计者不但要能够从表面理解函数的功能和作用，而且要能够以一种发散的思维方式去考虑问题，不要被其本身的功能所束缚，要将函数中某些功能有机地结合起来，从而发挥其更大的作用。

在发货单管理模块中应用到一个发货单的编号，该编号是发货单的唯一标识，不允许存在重复。在编写生成这个编号的程序时，首选方案是应用随机函数获取随机的数字作为编号，这是一个最直接的做法，但是考虑到发货单编号不但具有唯一性，而且还要使其具有一定的标志性，从这个角度考虑使用随机函数就有些不适合，因为其不具备一定的标志性。这时，如果应用 date() 函数，则可以达到上述所说的要求，不但编号具有唯一性，而且还有规律可循。

为了能够更好地理解这种发散思维的编程思想，首先介绍一下 date() 函数。语法格式如下：

```
string date(string format, int timestamp)
```

该函数返回将参数 timestamp 按照指定格式格式化而产生的字符串，其中参数 timestamp 是可选的，默认值为 time()，即如果没有给出时间戳，则使用本地当前时间。

date() 函数的参数 format 的格式化选项如表 5.7 所示。

表 5.7 参数 format 的格式化选项

参 数	说 明
a	小写的上午和下午值，返回值为 am 或 pm
A	大写的上午和下午值，返回值为 AM 或 PM
B	Swatch Internet 标准时，返回值为 000～999
d	月份中的第几天，有前导零的 2 位数字，返回值为 01～31
D	星期中的第几天，文本格式，3 个字母，返回值为 Mon～Sun
F	月份，完整的文本格式，返回值为 January～December
g	小时，12 小时格式，没有前导零，返回值为 1～12
G	小时，24 小时格式，没有前导零，返回值为 0～23
h	小时，12 小时格式，有前导零，返回值为 01～12
H	小时，24 小时格式，有前导零，返回值为 00～23
i	有前导零的分钟数，返回值为 00～59
I	判断是否为夏令时，如果是，返回值为 1，否则为 0
j	月份中的第几天，没有前导零，返回值为 1～31
l	星期数，完整的文本格式，返回值为 Sunday 到 Saturday
L	判断是否为闰年，如果是，返回值为 1，否则为 0
m	数字表示的月份，有前导零，返回值为 01～12
M	3 个字母缩写表示的月份，返回值为 Jan～Dec
n	数字表示的月份，没有前导零，返回值为 1～12
o	与格林威治时间相差的小时数，例如 0200
r	RFC 822 格式的日期，例如 Thu，21 Dec 2000 16：01：07 +0200
s	秒数，有前导零，返回值为 00～59
S	每月天数后面的英文后缀，2 个字符，例如 st、nd、rd 或者 th。可以和 j 一起使用
t	指定月份所应有的天数
T	本机所在的时区
U	从 UNIX 纪元（January 1 1970 00:00:00 GMT）开始至今的秒数
w	星期中的第几天，数字表示，返回值为 0～6
W	ISO-8601 格式年份中的第几周，每周从星期一开始
Y	4 位数字完整表示的年份，返回值如 1998、2008
y	2 位数字表示的年份，返回值如 88 或 08
z	年份中的第几天，返回值为 0～366
Z	时差偏移量的秒数。UTC 西边的时区偏移量总是负的，UTC 东边的时区偏移量总是正的，返回值为-43200～43200

在本项目中的发货单填单模块中就是应用 date()函数获取当前时间作为发货单的编号。关键代码如下：

例程 05 代码位置：资源包\TM\05\Logistics\add_order.php

```
<td>发货单号：</td>
<td>
```

```
<input type="text" id="fahuo_id" class="form-control" name="fahuo_id" readonly
    value="<?php echo date("YmdHis").$car_id;?>">
</td>
```

其运行结果如图 5.21 所示。

图 5.21　发货单编号生成的运行结果

5.7.3　发货单填单的实现过程

📰　发货单填单模块使用的数据表：tb_customer、tb_car_log、tb_shopping

发货单的填写是客户在确定物流配送路线以后填写的一个货物配送详细信息单据，内容包括发货单编号、车牌号码、车主电话、发货人、发货人电话、发货地址、付款方式、货物描述、收货人、收货人电话、收货地址和说明。发货单填单的运行结果如图 5.22 所示。

图 5.22　发货单填单的运行结果

　　发货单填单的实现通过 add_order.php 文件来完成，首先随机生成一个订单编号，然后创建一个 form 表单，最后将表单中的数据提交到数据库中。在 add_order.php 文件中使用的重要表单元素如表 5.8 所示。

表 5.8　发货单填单中使用的重要表单元素

名　　称	元 素 类 型	重 要 属 性	含　　义
add-form	form	action="store_order.php" method="post"	表单
fahuo_id	text	name="fahuo_id" readonly value="<?php echo date("YmdHis");?>"	发货单编号
car_number	text	name="car_number" value="<?php echo $row['car_number']?>"	车牌号码
car_tel	text	name="tel" value="<?php echo $row['tel']?>"	车主电话
fahuo_fk	select	<option value="0">发货人付款</option> <option value="1">第三方付款</option>	付款方式
car_log	textarea	rows="3" name="car_log"	说明

　　单击"提交"按钮前，需要对于表单中的数据进行验证，例如输入的用户名是否为空，电话号码格式是否正确等。对于前台数据的验证，可以使用 JavaScript 来实现，关键代码如下：

例程 06　代码位置：资源包\TM\05\Logistics\add_order.php

```
<script>
    $(function() {
        //提交表单
        $('#add-form').submit(function() {
            if(!checkPhone('#tel','请输入车主电话')){
                return false;
            }
            if(!checkField('#fahuo_user','请输入发货人!')){
                return false;
            }
            if(!checkPhone('#fahuo_tel','请输入发货人电话')){
                return false;
            }
            if(!checkField('#fahuo_content','请输入货物信息!')){
                return false;
            }
            if(!checkField('#fahuo_address','请输入发货地址!')){
                return false;
            }
            if(!checkField('#shouhuo_user','请输入收货人!')){
                return false;
            }
            if(!checkPhone('#shouhuo_tel','请输入收货人电话')){
                return false;
            }
            if(!checkField('#shouhuo_address','请输入收货地址!')){
                return false;
            }
            if(!checkField('#car_log','请输入车辆使用信息!')){
```

```
            return false;
        }
        return true;
    })
});
//检测字段是否为空
function checkField(id,message){
    if($(id).val() == ''){
        layer.tips(message, id, {time: 2000, tips: 2});
        $(id).focus();
        return false;
    }
    return true;
}
//检测电话格式是否正确
function checkPhone(id,message){
    if(!checkField(id,message)){
        return false;
    }
    var tel = $(id).val();
    if(!(/^(\d{3}-)(\d{8})$|^(\d{4}-)(\d{7})$|^(\d{4}-)(\d{8})$|^(\d{11})$/.test(tel))){
        layer.tips('电话格式错误!', id, {time: 2000, tips: 2});
        $(id).focus();
        return false;
    }
    return true;
}
</script>
```

上述代码中，定义了 2 个函数，checkField()函数用于检测输入的字段值是否为空，checkPhone() 函数使用正则表达式方式检测电话号码格式是否正确。如果不满足条件，使用 Layer 弹层插件（官网：http://layer.layui.com）弹出提示信息。运行效果如图 5.23 和图 5.24 所示。

图 5.23　未填写数据提示

图 5.24　电话格式错误提示

将表单中提交的数据存储到数据库是通过 store.php 文件来完成的，在该文件中首先连接数据库，然后通过 preg_match()函数判断表单中提交的电话号码格式是否正确，最后将表单中提交的数据存储到 tb_shopping 表中，并且将车辆使用的说明提交到 tb_car_log 表中，将客户信息提交到 tb_customer 表中。关键代码如下：

例程 07　代码位置：资源包\TM\05\Logistics\store_order.php

```php
<?php
    include('Conn\config.php');             //引入配置文件
    include('Library\function.php');        //引入函数库
```

```php
//判断是否登录
if(!checkLogin()){
    msg(2,' 请先登录','login.php');
}
/**接收数据**/
$fahuo_id      = $_POST['fahuo_id'];
$car_number = $_POST['car_number'];
$car_tel      = $_POST['tel'];
$fahuo_user = $_POST['fahuo_user'];
$fahuo_tel   = $_POST['fahuo_tel'];
$fahuo_fk     = $_POST['fahuo_fk'];
$fahuo_content = $_POST['fahuo_content'];
$fahuo_address = $_POST['fahuo_address'];
$fahuo_time      = date("Y-m-d H:i:s");
$shouhuo_user   = $_POST['shouhuo_user'];
$shouhuo_tel    = $_POST['shouhuo_tel'];
$shouhuo_address = $_POST['shouhuo_address'];
$car_log     = $_POST['car_log'];

/**后台验证数据**/
if(empty($fahuo_user))
{
    msg(2, '请输入发货人！');
}
if(empty($fahuo_content))
{
    msg(2, '请输入货物信息!');
}
if(empty($fahuo_address))
{
    msg(2, '请输入发货地址!');
}
if(empty($shouhuo_user))
{
    msg(2, '请输入收货人!');
}
if(empty($shouhuo_address))
{
    msg(2, '请输入收货地址!');
}
if(empty($car_log))
{
    msg(2, '请输入车辆使用信息!');
}
$rule = "/^(\d{3}-)(\d{8})$|^(\d{4}-)(\d{7})$|^(\d{4}-)(\d{8})$|^(\d{11})$/";
if(!preg_match($rule,$car_tel))
{
    msg(2,'车主电话格式错误！');
}
```

```php
if(!preg_match($rule,$fahuo_tel))
{
    msg(2,'发货人电话格式错误！');
}
if(!preg_match($rule,$shouhuo_tel))
{
    msg(2,'收货人电话格式错误！');
}

/**新增或编辑情况**/
if(isset($_POST['id'])){
    /**编辑**/
    //更改 tb_shopping 表
    $id = $_POST['id'];
    $shopping_query = "update tb_shopping set car_number='$car_number',car_tel='$car_tel',
            fahuo_user='$fahuo_user',fahuo_tel='$fahuo_tel',fahuo_address='$fahuo_address',
            fahuo_content='$fahuo_content',fahuo_time='$fahuo_time',fahuo_fk='$fahuo_fk',
            shouhuo_user='$shouhuo_user',shouhuo_address='$shouhuo_address',shouhuo_tel=
            '$shouhuo_tel',car_number='$car_number',car_tel='$car_tel',fahuo_id='$fahuo_id',
            fahuo_user='$fahuo_user',fahuo_tel='$fahuo_tel',fahuo_address='$fahuo_address',
            fahuo_content='$fahuo_content',fahuo_time='$fahuo_time',fahuo_fk='$fahuo_fk',
            shouhuo_user='$shouhuo_user',shouhuo_address='$shouhuo_address',shouhuo_tel=
            '$shouhuo_tel' where id = $id";
    $res = $pdo->prepare($shopping_query);
    if(!$res->execute()){
        msg(2,'操作失败');
    }
    //更改 tb_car_log 表
    $cat_query = "update tb_car_log set car_log='$car_log',car_number='$car_number',
            log_date='$fahuo_time' where fahuo_id='$fahuo_id' ";
    $res = $pdo->prepare($cat_query);
    if(!$res->execute()){
        msg(2,'操作失败');
    }
}else{
    /**新增**/
    //写入 tb_shopping 表
    $shopping_query = "insert into tb_shopping (car_number,car_tel,fahuo_id,fahuo_user,      fahuo_tel,
            fahuo_address,fahuo_content,fahuo_time,fahuo_fk,shouhuo_user,
            shouhuo_address,shouhuo_tel)values('$car_number','$car_tel','$fahuo_id',
            '$fahuo_user','$fahuo_tel','$fahuo_address','$fahuo_content','$fahuo_time',
            '$fahuo_fk','$shouhuo_user','$shouhuo_address','$shouhuo_tel')";
    $res = $pdo->prepare($shopping_query);
    if(!$res->execute()){
        msg(2,'操作失败');
    }
    //写入 tb_car_log 表
    $cat_query = "insert into tb_car_log(car_log,car_number,log_date,fahuo_id)
                    values('$car_log','$car_number','$fahuo_time','$fahuo_id')";
```

```
        $res = $pdo->prepare($cat_query);
        if(!$res->execute()){
            msg(2,'操作失败');
        }
        //写入 tb_customer 表
        $customer_query = "insert into tb_customer (customer_user,customer_tel,customer_address)
                           values('$fahuo_user','$fahuo_tel','$fahuo_address')";
        $res = $pdo->prepare($customer_query);
        $res->execute();
        if(!$res->execute()){
            msg(2,'操作失败');
        }
    }
    msg(1,'操作成功','order.php');
?>
```

在上述代码中，首先接收表单传递过来的数据，然后再次检验数据（不能完全相信前台提交的数据）。由于"新增"页面和"编辑"页面提交的内容相同，所以在 store_order.php 文件中可以同时完成。判断如果$_POST['id']存在，则是从"编辑"页面提交的数据，使用 update 语句更新 tb_shopping 和 tb_car_log 表。否则是从"新增"页面提交的数据，使用 insert 语句将提交信息分别写入 tb_shopping、tb_car_log 和 tb_customer 表。

5.7.4　发货单查询的实现过程

📄　发货单查询模块使用的数据表：tb_car_log、tb_shopping

发货单查询是为了便于对发货单进行查找以及处理而设计的一个功能，通过其可以准确地查找到指定的发货单，并且还设置一个发货单删除的功能，可以对已经失效或者作废的发货单进行删除。其实现的原理主要是通过以发货单编号为条件的精确查找或者以发货人姓名为条件的模糊查询，然后将查询的结果输出到页面中。

发货单查询的实现主要通过 order.php 文件完成，首先与数据库建立连接，然后创建一个 Form 表单，通过该表单来提交查询的条件，可以选择精确查找（以发货单编号为条件）或者模糊查询（以发货人姓名为条件），最后根据 Form 表单中提交的数据，执行查询语句，从数据库中读取出符合条件的发货单的内容。程序的关键代码如下：

例程 08　代码位置：资源包\TM\05\Logistics\order.php

```
<?php
    include('Conn\config.php');              //引入配置文件
    include('Library\function.php');         //引入函数库
    //判断是否登录
    if(!checkLogin()){
        msg(2,' 请先登录','login.php');
    }
❶   $keyword = isset($_GET['keyword']) ? $_GET['keyword'] : '';
    //检查 page 参数
```

```
$page = isset($_GET['page']) ? intval($_GET['page']) : 1;
$page = max($page, 1);                              //把 page 与 1 对比，取中间最大值
$pageSize = 5;                                      //每页显示条数
$show = 6;                                          //按钮数量
$offset = ($page - 1) * $pageSize;
/**分页**/
$query_all = "select count(*) from tb_shopping
❷               where fahuo_id = '$keyword' or fahuo_user like '%$keyword%' ";
$result = $pdo->prepare($query_all);
$result->execute();
$total = $result->fetchColumn();
$pages = pages($total,$page,$pageSize,$show);       //调用分页方法
/**筛选数据**/
$query = "select * from tb_shopping where fahuo_id = '$keyword' or fahuo_user
            like '%$keyword%' order by id desc limit {$offset},{$pageSize} ";
$res = $pdo->prepare($query);
$res->execute();
?>
```

◀)) 代码贴士

❶ keyword：接收传递过来的搜索内容，赋值给变量$keyword。如果没有输入任何内容，则$keyword 为空，查询所有数据。

❷ or：or 表示"或"，即两个条件任意一个满足即可。

运行结果如图 5.25 和图 5.26 所示。

图 5.25　以发货单编号为条件的查询结果

图 5.26　以发货人姓名为条件的模糊查询结果

5.7.5　发货单删除的实现过程

📖　发货单删除使用的数据表：tb_car_log、tb_shopping

在发货单管理页面单击"删除"按钮，弹出一个提示框，如果单击"确认"按钮，则执行删除操

作，否则，取消删除。通过 JavaScript 和 Layer 弹层插件可以实现该功能，程序的关键代码如下：

例程 09　代码位置：资源包\TM\05\Logistics\order.php

```
//删除发货单
$('.del').on('click',function() {                          //单击事件
    var url = $(this).attr('href');                         //获取跳转的 url
    layer.confirm('确认删除该发货单吗?',function(){        //调用 Layer 弹层插件的 confirm()方法
        window.location = url;                              //单击"确定"按钮后，页面跳转
    });
    return false;                                           //终止程序
});
```

页面运行效果如图 5.27 所示。

图 5.27　删除提示确认效果

发货单删除的操作通过 delete_order.php 文件来完成,主要根据超链接中提供的发货单 ID 执行删除的操作，删除发货单的同时，还要删除车辆日志信息。关键代码如下：

例程 10　代码位置：资源包\TM\05\Logistics\delete_order.php

```
<?php
    include('Conn\config.php');                            //引入配置文件
    include('Library\function.php');                       //引入函数库
    //判断是否登录
    if(!checkLogin()){
        msg(2,'请先登录','login.php');
    }
    $id = intval($_GET['id']);
    if(empty($id)){
        msg(2,'非法操作','order.php');
    }
    //查找发货 id
    $query = 'select fahuo_id from tb_shopping where id = '.$id;
    $res = $pdo->prepare($query);
    $res->execute();
    $fahuo_id = $res->fetchColumn();
```

```
//删除 tb_car_log 表
$query_log = 'delete from tb_car_log where fahuo_id = :fahuo_id';
$res_log = $pdo->prepare($query_log);
$res_log->bindParam(':fahuo_id',$fahuo_id);
$res_log->execute();
//删除 tb_shopping 表
$query_shopping = 'delete from tb_shopping where id = :id';
$res_shopping = $pdo->prepare($query_shopping);
$res_shopping->bindParam(':id',$id);
$res_shopping->execute();
if($res_shopping->rowCount()){
    msg(1,'操作成功','order.php');
}else{
    msg(2,'操作失败','order.php');
}
?>
```

❶

代码贴士

❶ bindParam：该函数用于绑定参数，:fahuo_id 的值将被$fahuo_id 替换。

上述代码中，首先接收 tb_shopping 表的 ID，然后查找该 ID 所在记录的发货 ID 字段，接着根据发货 ID 删除 tb_car_log 车辆日志表。最后再删除 tb_shopping 表的记录。

5.7.6　查看发货单明细的实现过程

查看发货单明细使用的数据表：tb_car_log、tb_shopping

在发货单管理页面中，每个表格内只显示了这条订单的主要信息，如要查看订单的完整信息，可以单击"查看明细"按钮。此时会弹出一个弹窗，弹窗包含了该发货单的完整信息。可以使用 Layer 插件的 open()方法实现该功能，关键代码如下：

例程 11　代码位置：资源包\TM\05\Logistics\order.php

```
//查看发货单明细
$('.show-order').click(function(){
    var order_id = $(this).attr('order_id');        //获取发货单 ID
    layer.open({                                     //调用 open()方法
        //设置参数
        type: 2,                                     //弹出层类型
        title: '查看明细',                           //弹窗标题
        shadeClose: true,                            //使用遮罩层
        shade: 0.5,                                  //遮罩比例
        area: ['960px', '90%'],                      //弹窗大小
        content: 'order_detail.php?id='+order_id     //弹窗内容的 url
    });
})
```

📢 **代码贴士**

❶ content：content 参数是弹窗的内容，内容来源于 order_detail.php 页面，并且接受一个参数。

运行效果如图 5.28 所示。

图 5.28　查看发货单明细效果

5.7.7　发货单打印的实现过程

📋　发货单打印使用的数据表：tb_car_log、tb_shopping

发货单的打印是为货物的发送提供一个书面的依据，作为企业与客户商业活动的凭证，其内容必须真实、准确。单击发货单明细下方的"打印订单"按钮，应用 onClick 事件调用 printpage()自定义方法，该方法调用 window.print()方法实现打印功能。程序代码如下：

例程 12　代码位置：资源包\TM\05\Logistics\order_detail.php

```
<div class="text-center" onclick="printpage()">
    <button class="btn btn-primary">打印订单</button>
</div>
<script type="text/javascript" onclick="printpage()">
    function printpage()
    {
        window.print()                          //调用打印功能
    }
</script>
```

运行结果如图 5.29 所示。

图 5.29　打印预览效果

5.7.8　回执单验收的实现过程

回执单验收使用的数据表：tb_car_log、tb_shopping

回执单验收的主要功能就是对货物配送完成确认：将该发货单执行类型更新为"1"，表明该次物流配送已经完成；清空该车辆的使用日志，便于执行下一个订单。该模块的业务操作流程如图 5.30 所示。

在回执单验收的实现过程中，首先需要判断该回执单状态，如果回执单已经确认，在发货单管理模块中，回执状态为"已确认"，"回执确认"按钮的颜色为灰色，且按钮不可单击。否则，回执状态为"未确认"，"回执确认"按钮的颜色为黄色，按钮可单击，页面效果如图 5.31 所示。

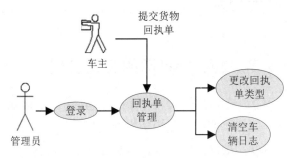

图 5.30　回执单验收的业务操作流程

图 5.31　回执单状态效果

单击回执状态为"未确认"的按钮，弹出确认提示框，单击"确定"按钮，则使用 Ajax 方式异步提交数据，将 tb_shopping 表的 ys 字段值更改为 1，并且删除对应的车辆使用信息。关键代码如下：

例程 13　代码位置：资源包\TM\05\Logistics\order.php

```
//确认发货单
$('.confirm-order').on('click',function() {
    var order_id = $(this).attr('order_id');          //获取发货单 ID
    var fahuo_id = $(this).attr('fahuo_id');          //获取发货 ID
    layer.confirm('确认发货单回执?',function(){        //调用 Layer 插件的 confirm()方法
        //异步提交数据
        $.post('confirm_order.php', {id:order_id,fahuo_id:fahuo_id}, function(res) {
            if(res){                                   //判断返回值
                layer.msg('更改成功');                 //输出提示信息
                window.location.href = "order.php";    //页面跳转
            }else{
                layer.msg('更改失败');                 //输出提示信息
            }
        });
    });
    return false;
});
```

上述代码中，使用$.post()方法将 order_id 和 fahuo_id 两个值传递到 confirm_order.php 文件，在 confirm_order.php 文件中执行业务逻辑，关键代码如下：

例程 14　代码位置：资源包\TM\05\Logistics\confirm_order.php

```
<?php
    include('Conn\config.php');
    include('Library\function.php');
    $id      = intval($_POST['id']);
    $fahuo_id = $_POST['fahuo_id'];
    if(empty($id)){
        msg(2,'非法操作','order.php');
    }
    //清空车辆日志
    $query_delete ="delete from tb_car_log where fahuo_id='$fahuo_id'";
    $res_delete = $pdo->prepare($query_delete);
    $res_delete->execute();
    //更改状态
    $query = 'update tb_shopping set fahuo_ys = 1 where id = '.$id;
    $res = $pdo->prepare($query);
    $res->execute();
    if($res->rowCount()){
        echo True;
    }else{
        echo False;
    }
?>
```

上述代码中，首先根据发货 ID 删除车辆的使用日志，然后根据发货单 ID 更改 tb_shopping 表状态。页面运行结果如图 5.32 和图 5.33 所示。

图 5.32 回执单确认

图 5.33 回执确认结果

视频讲解

5.8 基础信息管理模块设计

5.8.1 基础信息管理模块概述

基础信息管理模块主要包括客户信息管理，用于添加客户信息和删除客户信息；车源信息管理，主要用于对车源信息进行管理，实现车源信息的添加、修改和删除功能；管理员信息管理，用于修改管理员的密码。基础信息管理模块的功能结果如图 5.34 所示。

5.8.2 管理员信息管理模块的实现过程

📋 管理员信息管理模块使用的数据表：tb_admin

修改管理员密码的模块中，需要输入管理员名、原始密码、新密码以及确认密码。首先需要在前端检测原始密码和新密码不能相同，其次要检测原始密码

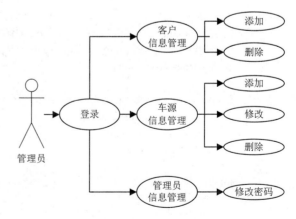

图 5.34 基础信息管理模块的功能结构图

和确认密码是否一致。关键代码如下：

例程 15　代码位置：资源包\TM\05\Logistics\change_pwd.php

```
$(function() {
    $('#password-form').submit(function() {
        if(!checkField('#admin_user','请输入管理员名!')){
            return false;
        }
        if(!checkField('#admin_pass','请输入原始密码')){
            return false;
        }
        if(!checkField('#admin_new_pass','请输入原始密码')){
            return false;
        }
        //判断新密码与原始密码是否相同
        if($('#admin_pass').val() == $('#admin_new_pass').val()) {
            layer.tips('新密码与原始密码不应相同', '#admin_new_pass', {time: 2000, tips: 2});
            $("#admin_new_pass").focus();
            return false;
        }
        //判断两次输入新密码是否一致
        if($('#admin_new_pass').val() != $('#admin_new_pass2').val()) {
            layer.tips('两次输入密码不一致', '#admin_new_pass2', {time: 2000, tips: 2});
            $("#admin_new_pass2").focus();
            return false;
        }
        return true;
    })
});
```

上述代码中，使用 Layer 插件的 tips()方法弹出提示信息，运行效果如图 5.35 所示。

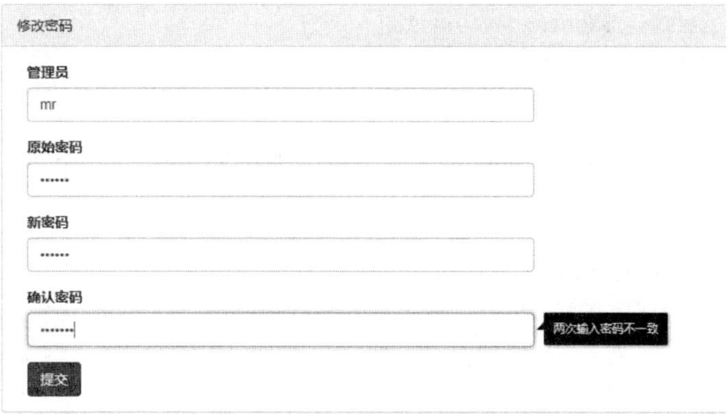

图 5.35　检测输入信息

更改密码的功能主要是通过 store_pwd.php 文件实现的，在这个文件中，首先判断用户输入的管理员和原始密码是否匹配，如果不匹配，提示"原始密码错误！"，如果匹配，则更改原始密码为新密码。关键代码如下：

例程 16　代码位置：资源包\TM\05\Logistics\store_pwd.php

```php
<?php
    include('Conn\config.php');                              //引入配置文件
    include('Library\function.php');                         //引入函数库
    //判断是否登录
    if(!checkLogin()){
        msg(2,' 请先登录','login.php');
    }    /**接收数据**/
    $admin_user = $_POST['admin_user'];
    $admin_pass = md5($_POST['admin_pass']);                 //使用 md5 加密
    $admin_new_pass   = md5($_POST['admin_new_pass']);       //使用 md5 加密
    $admin_new_pass2 = md5($_POST['admin_new_pass2']);       //使用 md5 加密

    /**后台验证数据**/
    if(empty($admin_user))
    {
        msg(2, '请输入管理员名！ ');
    }
    if(empty($admin_pass))
    {
        msg(2, '请输入原始密码!');
    }
    if(empty($admin_new_pass))
    {
        msg(2, '请输入新密码!');
    }
    if($admin_new_pass == $admin_pass){
        msg(2,'新密码与原始密码不应相同');
    }
    if($admin_new_pass !== $admin_new_pass2){
        msg(2, '两次输入密码不一致!');
    }
    /**判断原始密码是否正确**/
    $query = "select * from tb_admin where admin_user = '$admin_user' and admin_pass = '$admin_pass'";
    $res = $pdo->prepare($query);
    $res->execute();
❶  $count = $res->fetchColumn();
    if(empty($count)){
        msg(2, '原始密码错误!','change_pwd.php');
    }
    //更改 tb_admin 表
❷  $query = "update tb_admin set admin_pass = '$admin_new_pass' where admin_user ='$admin_user' ";
    $update = $pdo->prepare($query);
    $update->execute();
❸  if($update->rowCount()){
```

```
        msg(1,'操作成功','change_pwd.php');
    }else{
        msg(2,'操作失败','change_pwd.php');
    }

?>
```

上述代码中，使用 md5 对输入的密码加密，再将加密后的结果与数据库中数据进行对比。

📢 代码贴士

❶ fetchColumn：从结果集中的下一行返回单独的一列。

❷ update：用于更新数据表中的字段值。

❸ rowCount：返回受影响的行数。

5.8.3　客户信息管理的实现过程

📇　客户信息管理模块使用的数据表：tb_customer

客户信息管理模块的主要功能就是向数据库中添加客户信息，并且可以对指定的客户进行删除操作。客户信息管理模块的运行结果如图 5.36 所示。

图 5.36　客户信息管理模块的运行结果

客户信息管理模块主要通过 customer.php、add_customer.php 和 delete_customer.php 文件来完成。首先通过 customer.php 文件来输出数据库中的所有客户信息，设置查找、新增、编辑和删除客户信息的超链接。其输出客户详细信息的关键代码如下：

例程 17　代码位置：资源包\TM\05\Logistics\customer.php

```php
<tbody>
<?php while($row = $res->fetch(PDO::FETCH_ASSOC)){ ?>
    <tr>
        <td><?php echo $row['customer_user'] ?></td>
        <td><?php echo $row['customer_tel'] ?></td>
        <td><?php echo $row['customer_address'] ?></td>
        <td class="col-md-2">
            <a href="add_customer.php?id=<?php echo $row['customer_id']?>">
                <button class="btn btn-info " type="button"><i class="glyphicon glyphicon-edit"></i>
                 编辑</button>
```

```
                </a>
                <a href="delete_customer.php?id=<?php echo $row['customer_id']?>" class="del">
                    <button class="btn btn-danger " type="button"><i class="glyphicon glyphicon-trash"></i>
                     删除</button>
                </a>
            </td>
        </tr>
<?php } ?>
</tbody>
```

客户信息添加和编辑的操作通过 add_customer.php 文件完成，首先连接数据库，然后判断提交的电话号码格式是否正确，接着判断是新增操作或是编辑操作，若 ID 存在是编辑操作，根据客户 ID 获取客户信息，否则为新增操作。最后将客户信息数据提交到数据库中。程序的关键代码如下：

例程 18　代码位置：资源包\TM\05\Logistics\add_customer.php

```php
<?php
include('Conn\config.php');                     //引入配置文件
include('Library\function.php');                //引入函数库
//判断是否登录
if(!checkLogin()){
    msg(2,' 请先登录','login.php');
}
$customer_id = isset($_GET['id']) ? $_GET['id'] : 0;
$query = 'select * from tb_customer where customer_id = '.$customer_id;
$res = $pdo->prepare($query);
$res->execute();
$row = $res->fetch(PDO::FETCH_ASSOC);
?>
```

页面运行效果如图 5.37 所示。

图 5.37　编辑页面的运行结果

客户信息删除的操作通过 delete_customer.php 文件来完成，主要以超链接中提交的变量为根据，删除数据库中指定的客户信息。程序的关键代码如下：

例程 19　代码位置：资源包\TM\05\Logistics\delete_customer.php

```php
<?php
    include('Conn\config.php');                    //引入配置文件
    include('Library\function.php');               //引入函数库
    //判断是否登录
    if(!checkLogin()){
        msg(2,' 请先登录','login.php');
    }
    $customer_id = $_GET['id'];                     //获取客户 id
    if(empty($customer_id)){
        msg(2,'非法操作','customer.php');
    }
    /**执行删除操作**/
    $query = 'delete from tb_customer where customer_id = :id';
    $res = $pdo->prepare($query);
    $res->bindParam(':id',$customer_id);
    $res->execute();
    if($res->rowCount()){
        msg(1,'删除成功','customer.php');
    }else{
        msg(2,'删除失败');
    }
?>
```

5.8.4　车源信息管理的实现过程

▦　车源信息管理模块使用的数据表：tb_car

车源信息管理模块主要实现对车辆信息的添加、修改和删除操作。车源信息管理模块的运行结果如图 5.38 所示。

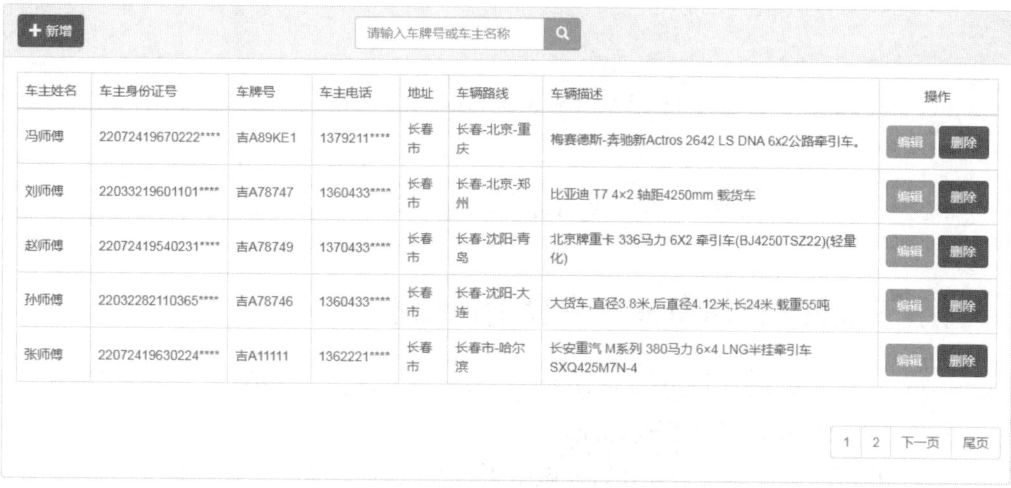

车主姓名	车主身份证号	车牌号	车主电话	地址	车辆路线	车辆描述	操作
冯师傅	22072419670222****	吉A89KE1	1379211****	长春市	长春-北京-重庆	梅赛德斯-奔驰新Actros 2642 LS DNA 6x2公路牵引车。	编辑　删除
刘师傅	22033219601101****	吉A78747	1360433****	长春市	长春-北京-郑州	比亚迪 T7 4×2 轴距4250mm 载货车	编辑　删除
赵师傅	22072419540231****	吉A78749	1370433****	长春市	长春-沈阳-青岛	北京牌重卡 336马力 6X2 牵引车(BJ4250TSZ22)(轻量化)	编辑　删除
孙师傅	22032282110365****	吉A78746	1360433****	长春市	长春-沈阳-大连	大货车,直径3.8米,后直径4.12米,长24米,载重55吨	编辑　删除
张师傅	22072419630224****	吉A11111	1362221****	长春市	长春市-哈尔滨	长安重汽 M系列 380马力 6×4 LNG半挂牵引车 SXQ425M7N-4	编辑　删除

图 5.38　车源信息管理模块的运行结果

车源信息管理模块主要由 3 个文件组成。car.php 文件用于输出车辆的信息和搜索车辆的信息。根据车牌号码从数据库中读取对应车辆的信息，进而实现对该车辆信息的修改或者删除操作；add_car.php 文件用于添加和编辑车辆信息到数据库。delete.php 文件用于删除指定的车辆信息。add_car.php 文件中 Form 表单使用的重要元素如表 5.9 所示。

表 5.9　车源信息管理模块中使用的重要表单元素

名　　称	元 素 类 型	重 要 属 性	含　　义
add-form	form	action="store_car.php" method="post"	表单
username	text	name="username" value="<?php echo $row['username'] ?>"	车主姓名
car_number	text	name="car_number" value="<?php echo $row['car_number']?>"	车牌号码
car_tel	text	name="tel" value="<?php echo $row['tel'] ?>"	车主电话
user_number	text	name="user_number" value="<?php echo $row['user_number']?>"	身份证号码
car_content	textarea	<?php echo $row['car_content'] ?>	车辆描述
address	textarea	name="address" value="<?php echo $row['address'] ?>"	家庭地址
car_road	textarea	<?php echo $row['car_road'] ?>	运输路线

添加和编辑车源信息的功能如图 5.39 所示。

图 5.39　编辑车源信息的运行结果

5.9　开发技巧与难点分析

5.9.1　应用 Session 存储有关用户会话的信息

在物流配送信息网系统中，判断管理员是否登录是通过 Session 会话来实现的。下面就来讲解一下 Session 会话的相关知识以及如何使用 Session。

当运行一个应用程序时，经常会打开它，做些更改，然后关闭它。这很像一次会话。计算机清楚你是谁。它知道你何时启动应用程序，并在何时终止。但是在因特网上，存在一个问题：服务器不知道你是谁以及你做什么，这是由于 HTTP 地址不能维持状态。

　　Session 通过在服务器上存储用户信息解决了这个问题。不过，会话信息是临时的，在用户离开网站后将被删除。Session 的工作机制是：为每个访问者创建一个唯一的 id（UID），并基于这个 UID 来存储变量。UID 存储在 Cookie 中，亦或通过 URL 进行传导。

　　Session 的存储和读取非常简单，首先使用 session_start()函数来开启 Session，如果将$user 变量存储到 Session，可以按如下方式存储 Session 变量：

$_Session['user'] = $user

　　在登录页面，当用户输入正确的用户名和密码后，需要将用户信息存储到 Session，以方便后面判断用户登录状态。程序的关键代码如下：

例程 20　代码位置：资源包\TM\05\Logistics\login.php

```
/**判断账户密码是否正确**/
$query = "select * from tb_admin where admin_user = :user and admin_pass = :password";
$res = $pdo->prepare($query);
$res->execute(array(':user'=>$admin_user,':password'=>md5($admin_pass)));
$admin = $res->fetch(PDO::FETCH_ASSOC);
if(is_array($admin) && !empty($admin)){
❶    session_start();
❷    $_SESSION['user'] = $admin;
      echo true;
}else{
      echo false;
}
```

📢 代码贴士

　　❶ session_start：该函数用于开启 Session。

　　❷ $_SESSION['user']：存储$admin 变量，该变量是一个数组。

　　接下来读取 Session，可以直接使用$_SESSION['user']来获取。如果$_SESSION['user']存在，则表示用户已经登录，否则未登录。由于每一个需要登录权限的页面都需判断$_SESSION['user']是否存在，所以定义一个函数来简化代码，程序代码如下：

例程 21　代码位置：资源包\TM\05\Logistics\Library\function.php

```
function checkLogin()
{
    //开启 session
    session_start();
    //用户未登录
    if(!isset($_SESSION['user']) || empty($_SESSION['user']))
    {
        return false;
    }
```

```
        return true;
}
```

在需要登录权限的页面，直接调用 checkLogin() 函数即可。例如，首页判断管理员是否登录，如未登录，跳转到登录页，关键代码如下：

例程 22　代码位置：资源包\TM\05\Logistics\index.php

```
<?php
include('Library\function.php');
//判断是否登录
if(checkLogin())
{
        msg(1,'您已登录','index.php');
}
?>
```

5.9.2　应用正则表达式验证电话号码

在物流配送信息网中，确认输入的电话号码正确与否是一个非常重要的问题，如果客户在填写订单时使用了错误的电话号码，那么就会带来很多不必要的麻烦，所以在填写电话号码时一定要注意电话号码的准确性。为了更好地确保电话号码输入的准确性，可以通过程序对其进行控制。虽然程序不能判断电话号码输入得是否正确，但是通过程序可以对电话号码的格式进行判断，从而避免一些电话号码在录入的过程中出现多写或者漏写数字的错误。

验证电话号码格式是否正确可以通过正则表达式来完成。通过正则表达式可以有效地判断输入电话号码的格式是否正确。

在进行判断之前首先要对电话号码的格式进行分类：第一类区号是 3 位数字，其他是 8 位数字；第 2 类区号是 4 位数字，其他是 7 位数字；第 3 类区号是 4 位数字，其他是 8 位数字；第 4 类是手机电话号码，由 11 位数字组成。

然后编写一个判断电话号码格式的正则表达式，其代码如下：

/^(\d{3}-)(\d{8})$|^(\d{4}-)(\d{7})$|^(\d{4}-)(\d{8})$|^(\d{11})$/

正则表达式的功能分析如下：使用 "^" 和 "$" 对字符串进行边界限制，对区号从字符串的开始进行匹配，对其他号码从字符串的末尾开始进行匹配；将括号 "()" 中的内容作为一个原子使用；使用 "\d" 来匹配一个数字，区号为 3 或 4 个数字，其他数字为 7 或 8 个，或者直接判断为 11 个数字；使用 "{}" 来对前字符进行重复匹配；使用 "|" 对匹配的模式进行选择，分成 4 个模式。

正则表达式创建完成后就可以应用到程序中对电话号码进行判断，要完成对电话号码的判断还需要应用 preg_match() 函数。

preg_match() 函数对正则表达式进行匹配。返回匹配的次数，0 次（没有匹配）或者 1 次，如果出错则返回 false。preg_match() 函数的参数说明如表 5.10 所示。

表 5.10　preg_match()函数的参数说明

参　　数	说　　明
pattern	必要参数，指定匹配的正则表达式
subject	必要参数，指定要搜索的字符串
subpatterns	可选参数，如果提供了 subpatterns，则其会被搜索的结果所填充。$ subpatterns[0] 将包含与整个模式匹配的文本，$ subpatterns[1] 将包含与第一个捕获的括号中的子模式所匹配的文本，以此类推
flags	可选参数，如果设定标记 PREG_OFFSET_CAPTURE，则每个出现的匹配结果也同时返回其附属的字符串偏移量。注意这改变了返回数组的值，使其中的每个单元也是一个数组，其中第一项为匹配字符串，第二项为其偏移量。本参数自 PHP 4.3.0 开始使用

最后将正则表达式和 preg_match()函数应用到实际的程序中，实现对电话号码格式的判断。这里以 store_order.php 文件中的代码为例，关键代码如下：

例程 23　代码位置：资源包\TM\05\Logistics\store_order.php

```php
<?php
$rule = "/^(\d{3}-)(\d{8})$|^(\d{4}-)(\d{7})$|^(\d{4}-)(\d{8})$|^(\d{11})$/";
if(!preg_match($rule,$car_tel))
{
    msg(2,'车主电话格式错误！');
}
?>
```

5.10　本 章 总 结

本章从某物流配送公司的实际需求角度出发，开发一个完整的物流配送信息管理系统，详细地讲解了物流配送信息网的开发流程，从最初的需求分析、可行性分析，到系统的设计、数据库的设计，其中重点突出车源信息查询模块、发货单管理模块和回执单验收管理模块的设计。通过本章的学习，读者不但可以了解物流配送系统开发的整体思路，而且能够掌握很多关键的技术和技巧：函数的灵活运用、MySQL 存储过程的创建和应用、报表打印技术的实现和应用正则表达式验证电话号码等。

第 **6** 章

学校图书馆管理系统
（**Apache+PHP+phpMyAdmin+MySQL 5.5** 实现）

　　随着网络技术的高速发展和计算机应用的普及，利用计算机对图书馆的日常工作进行管理势在必行。虽然目前很多大型的图书馆已经有一整套比较完善的管理系统，但是在一些中小型的图书馆中，大部分工作仍需由手工完成，工作起来效率比较低，管理员不能及时了解图书馆内各类图书的借阅情况，读者需要的图书难以在短时间内找到，不便于动态及时地调整图书结构。为了更好地适应当前读者的借阅需求，解决手工管理中存在的许多弊端，越来越多的中小型图书馆正在逐步向计算机信息化管理转变。本章通过开发一个流行的图书馆管理系统，为读者讲解详细的项目开发流程。

　　通过阅读本章，可以学习到：

- ▶▶ 图书馆管理系统开发的基本过程
- ▶▶ 系统设计的方法
- ▶▶ 如何分析并设计数据库、数据表
- ▶▶ 多表查询的方法
- ▶▶ 面向对象的编程方法
- ▶▶ 主要功能模块的实现方法
- ▶▶ 单元测试的方法
- ▶▶ 如何自动计算图书归还日期
- ▶▶ 内联接和外联接语句的使用方法

配置说明

视频讲解

6.1　开　发　背　景

知源图书馆是一家吉林××大学的大型图书馆。随着学校图书馆规模的不断壮大，经营的图书品种、数量也逐渐增多。在学校图书馆不断发展的同时，校图书馆常年采用的传统的人工方式管理暴露了一些问题。例如，查找读者借阅的某一本图书的具体摆放位置，需要靠人工记忆在书海中苦苦查找，由于图书储存量大，很难准确定位图书的具体位置，因此每天都要浪费大量宝贵的时间资源。学校图书馆为提高工作效率，同时摆脱图书管理人员在工作中出现的种种弊端，现需要委托某单位开发一个学校图书馆管理系统。

6.2　需　求　分　析

通过计算机对图书进行管理，不仅为图书馆的管理注入了新的生机，而且在运营过程中还节省了大量的人力、物力、财力和时间；不仅提高了图书馆的工作效率，还为图书馆在读者群中树立了一个全新的形象，为图书馆日后发展奠定了一个良好的基础。通过对一些大型图书馆的实际考察、分析，并结合图书馆的要求以及实际的市场调查，要求本系统具有以下功能：

- ☑ 网站设计页面要求美观大方、个性化，功能全面，操作简单。
- ☑ 要求实现基础信息的管理平台。
- ☑ 要求对所有读者进行管理。
- ☑ 要求实现图书借阅排行、了解当前的畅销书。
- ☑ 商品分类详尽，可按不同类别查看图书信息。
- ☑ 提供快速的图书信息、图书借阅检索功能，保证数据查询的灵活性。
- ☑ 实现图书借阅、图书续借、图书归还的功能。
- ☑ 实现综合条件查询，如按用户指定条件查询、按日期时间段查询、综合条件查询等。
- ☑ 要求图书借阅、续借、归还时记下每一笔记录的操作员。
- ☑ 实现对图书借阅、续借和归还过程的全程数据信息跟踪。
- ☑ 提供借阅到期提醒功能，使管理者可以及时了解到已经到达归还日期的图书借阅信息。
- ☑ 提供灵活、方便的权限设置功能，使整个系统的管理分工明确。
- ☑ 具有易维护性和易操作性。

6.3　系　统　设　计

6.3.1　系统目标

根据前面所作的需求分析及用户的需求可以得出，学校图书馆管理系统实施后，应达到以下目标：

- ☑ 网站设计页面要求美观大方、功能全面，操作简单。
- ☑ 网站整体结构和操作流程合理顺畅，实现人性化设计。
- ☑ 规范、完善的基础信息设置。
- ☑ 对操作员设置不同的操作权限，为管理员提供修改权限功能。
- ☑ 对所有读者进行集中管理。
- ☑ 对图书信息进行集中管理。
- ☑ 实现图书借阅排行，以便了解当前的畅销书。
- ☑ 提供快速的图书信息、图书借阅检索功能。
- ☑ 实现图书借阅、图书续借、图书归还功能。
- ☑ 实现综合条件查询，如按用户指定条件查询、按日期时间段查询、综合条件查询等。
- ☑ 实现图书借阅、续借、归还时记下每一笔记录的操作员。
- ☑ 支持图书到期提醒功能。
- ☑ 为操作员提供密码修改功能。
- ☑ 系统运行稳定、安全可靠。

6.3.2 系统功能结构

根据学校图书馆管理系统的特点，可以将其分为系统设置、读者管理、图书档案管理、图书借还、系统查询等 5 个部分，其中各个部分及其包括的具体功能模块如图 6.1 所示。

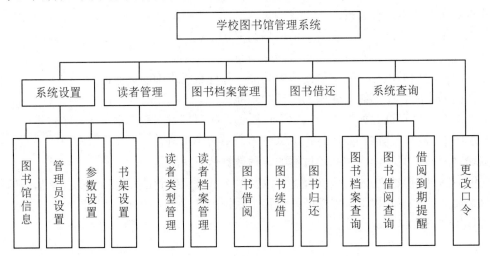

图 6.1　学校图书馆管理系统功能结构图

6.3.3 系统流程图

学校图书馆管理系统的流程如图 6.2 所示。

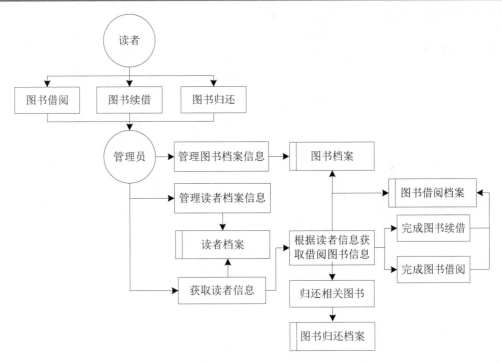

图 6.2　学校图书馆管理系统流程图

6.3.4　系统预览

学校图书馆管理系统由多个程序页面组成，下面仅列出几个典型页面，其他页面参见资源包中的源程序。

系统登录页面如图 6.3 所示，该页面用于实现管理员登录。系统首页如图 6.4 所示，该页面用于实现显示系统导航、图书借阅排行和版权信息等功能。

图 6.3　系统登录（资源包\TM\06\library\login.php）

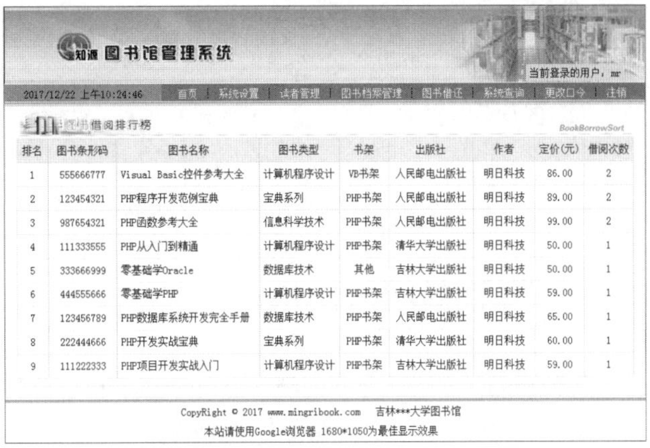

图 6.4　系统首页（资源包\TM\06\library\index.php）

图书借阅页面如图 6.5 所示，该页面用于实现图书借阅功能。图书借阅查询页面如图 6.6 所示，该页面用于实现按照复合条件查询图书借阅信息。

253

图 6.5　图书借阅

（资源包\TM\06\library\bookBorrow.php）

图 6.6　图书借阅查询

（资源包\TM\06\library\borrowQuery.php）

6.3.5　开发环境

在开发学校图书馆管理系统时，该项目使用的软件开发环境如下。

1．服务器端

☑　操作系统：Windows 7/Linux（推荐）。

☑　服务器：Apache 2.4.18。

☑　PHP 软件：PHP 7.0.12。

☑　数据库：MySQL 5.5.47。

☑　MySQL 图形化管理软件：phpMyAdmin-3.5.8。

☑　开发工具：PhpStorm 2016.3。

☑　浏览器：Google Chrome。

☑　分辨率：最佳效果为 1680×1050 像素。

2．客户端

☑　浏览器：Google Chrome。

☑　分辨率：最佳效果为 1680×1050 像素。

6.3.6　文件夹组织结构

在编写代码之前，可以把系统中可能用到的文件夹先创建出来（例如，创建一个名为 Images 的文件夹，用于保存网站中所使用的图片），这样不但可以方便以后的开发工作，也可以规范网站的整体架构。笔者在开发学校图书馆管理系统时，设计了如图 6.7 所示的文件夹组织结构图。在开发时，

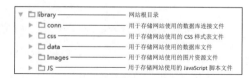

图 6.7　文件夹组织结构

只需要将所创建的文件保存在相应的文件夹中即可。

6.4　数据库设计

视频讲解

学校图书馆管理系统是一个数据库开发的 Web 网站。下面对学校图书馆使用的数据库进行分析和介绍。

6.4.1　数据库分析

由于本系统是为中小型的图书馆开发的程序，需要充分考虑到成本问题及使用需求（如跨平台）等问题，而 MySQL 是世界上最为流行的开放源码的数据库，是完全网络化的跨平台的关系型数据库系统，这正好满足了中小型企业的需求，所以本系统采用 MySQL 数据库。

6.4.2　数据库概念设计

根据以上各节对系统所做的需求分析、系统设计，规划出本系统中使用的数据库实体分别为图书档案实体、读者档案实体、借阅档案实体、归还档案实体和管理员实体。下面将介绍几个关键实体的 E-R 图。

1. 图书档案实体

图书档案实体包括编号、条形码、书名、类型、作者、译者、出版社、价格、页码、书架、录入时间和操作员等属性。图书档案实体的 E-R 图如图 6.8 所示。

2. 读者档案实体

读者档案实体包括编号、姓名、性别、条形码、职业、出生日期、有效证件、证件号码、电话、电子邮件、登记日期、操作员、类型和备注等属性。读者档案实体的 E-R 图如图 6.9 所示。

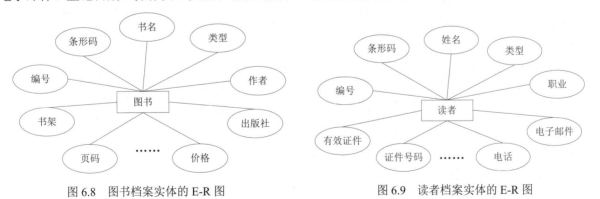

图 6.8　图书档案实体的 E-R 图　　　　　图 6.9　读者档案实体的 E-R 图

3. 借阅档案实体

借阅档案实体包括编号、读者编号、图书编号、借书时间、应还时间、操作员和是否归还等属性。

借阅档案实体的 E-R 图如图 6.10 所示。

4．归还档案实体

归还档案实体包括编号、读者编号、图书编号、归还时间和操作员等属性。归还档案实体的 E-R 图如图 6.11 所示。

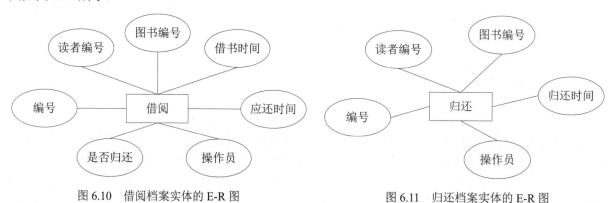

图 6.10　借阅档案实体的 E-R 图　　　　　图 6.11　归还档案实体的 E-R 图

6.4.3　创建数据库及数据表

结合实际情况及对用户需求的分析，学校图书馆管理系统 db_library 数据库主要包含 11 个数据表，如表 6.1 所示。

表 6.1　db_library 数据库中的数据表

表	类　　型	整　　理	说　　明
tb_bookcase	MyISAM	utf8_general_ci	图书书架信息表
tb_bookinfo	MyISAM	utf8_general_ci	图书信息表
tb_booktype	MyISAM	utf8_general_ci	图书类型信息表
tb_borrow	MyISAM	utf8_general_ci	图书借阅信息表
tb_library	MyISAM	utf8_general_ci	图书馆信息表
tb_manager	MyISAM	utf8_general_ci	管理员信息表
tb_parameter	MyISAM	utf8_general_ci	参数设置信息表
tb_publishing	MyISAM	utf8_general_ci	出版社信息表
tb_purview	MyISAM	utf8_general_ci	权限信息表
tb_reader	MyISAM	utf8_general_ci	读者信息表
tb_readertype	MyISAM	utf8_general_ci	读者类型信息表

结合数据表的创建方法，读者可以自行创建以下数据表。

1．tb_bookinfo（图书信息表）

图书信息表主要用于存储图书的基础信息。该数据表的结构如表 6.2 所示。

表 6.2　图书信息表结构

名　字	类　型	整　理	空	默　认	额　外	说　明
barcode	varchar(30)	utf8_general_ci	是	NULL		图书条形码
bookname	varchar(70)	utf8_general_ci	是	NULL		图书名称
typeid	int(10)		是	NULL		图书类型
author	varchar(30)	utf8_general_ci	是	NULL		图书作者
translator	varchar(30)	utf8_general_ci	是	NULL		图书译者
ISBN	varchar(20)	utf8_general_ci	是	NULL		图书 ISBN
price	float(8,2)		是	NULL		图书定价
page	int(10)		是	NULL		图书页码
bookcase	int(10)		是	NULL		图书书架
storage	int(10)		是	NULL		图书库存
inTime	date		是	NULL		入库时间
operator	varchar(30)	utf8_general_ci	是	NULL		操作员
del	tinyint(1)		是	0		是否删除
id	int(11)		否	无	AUTO_INCREMENT	自动编号

2．tb_borrow（图书借阅信息表）

图书借阅信息表主要用于存储图书的借阅信息。该数据表的结构如表 6.3 所示。

表 6.3　图书借阅信息表结构

名　字	类　型	整　理	空	默　认	额　外	说　明
id	int(10)		否	无	AUTO_INCREMENT	自动编号
readerid	int(10)		是	NULL		读者编号
bookid	int(10)		是	NULL		图书编号
borrowTime	date		是	NULL		图书借阅时间
backTime	date		是	NULL		图书归还时间
operator	varchar(30)	utf8_general_ci	是	NULL		操作员
ifback	tinyint(1)		是	0		是否归还

3．tb_library（图书馆信息表）

图书馆信息表主要用于存储图书馆信息。该数据表的结构如表 6.4 所示。

表 6.4　图书馆信息表结构

名　字	类　型	整　理	空	默　认	额　外	说　明
id	int(10)		否	无	AUTO_INCREMENT	自动编号
libraryname	varchar(50)	utf8_general_ci	是	NULL		图书馆名称
curator	varchar(10)	utf8_general_ci	是	NULL		馆长名称

续表

名　字	类　型	整　理	空	默　认	额　外	说　明
tel	varchar(20)	utf8_general_ci	是	NULL		联系电话
address	varchar(100)	utf8_general_ci	是	NULL		联系地址
email	varchar(100)	utf8_general_ci	是	NULL		E-mail
url	varchar(100)	utf8_general_ci	是	NULL		图书馆网址
createDate	date		是	NULL		建馆时间
introduce	text	utf8_general_ci	是	NULL		图书馆简介

4．tb_reader（读者信息表）

读者信息表主要用于存储读者的基础信息。该数据表的结构如表 6.5 所示。

表 6.5　读者信息表结构

名　字	类　型	整　理	空	默　认	额　外	说　明
id	int(10)		否	无	AUTO_INCREMENT	自动编号
name	varchar(20)	utf8_general_ci	是	NULL		读者姓名
sex	varchar(4)	utf8_general_ci	是	NULL		性别
barcode	varchar(30)	utf8_general_ci	是	NULL		读者条形码
vocation	varchar(50)	utf8_general_ci	是	NULL		读者职业
birthday	date		是	NULL		出生日期
paperType	varchar(10)	utf8_general_ci	是	NULL		读者证件
paperNO	varchar(20)	utf8_general_ci	是	NULL		证件号码
tel	varchar(20)	utf8_general_ci	是	NULL		读者电话
email	varchar(100)	utf8_general_ci	是	NULL		E-mail 地址
createDate	date		是	NULL		办卡时间
operator	varchar(30)	utf8_general_ci	是	NULL		操作员
remark	mediumtext	utf8_general_ci	是	NULL		备注
typeid	int(11)		是	NULL		读者类型

 说明　限于篇幅，笔者在此只给出较重要的数据表，其他数据表参见本书附带的资源包。

视频讲解

6.5　首　页　设　计

6.5.1　首页概述

管理员通过系统登录模块的验证后，可以登录到图书馆管理系统的首页。系统首页主要包括导航栏、排行榜和版权信息 3 部分。其中，导航栏中的功能菜单将根据登录管理员的权限进行显示。例如，系统管理员 mr 登录后，将拥有整个系统的全部功能，因为它是超级管理员。

本案例中提供的系统首页如图 6.12 所示。该页面在本书资源包中的路径为\TM\06\library\index.php。

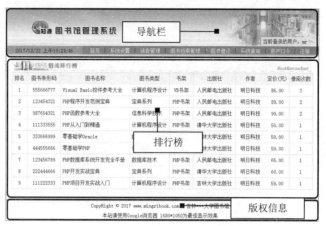

图 6.12　学校图书馆管理系统首页

6.5.2　首页技术分析

学校图书馆管理系统是一个功能全面、大型的 Web 网站，通过对网站的安全性考虑，本网站对该系统进行权限的分配，只有管理员级别的超级用户可以对普通用户的权限进行管理和设置。系统首页主要通过判断管理员的权限来显示该用户所操作的功能模块，关键代码如下：

例程 01　代码位置：资源包\TM\06\library\navigation.php

```php
<?php
include("conn/conn.php");                               //连接数据库文件
$query=mysqli_query($conn,"select m.id,m.name,p.id,p.sysset,p.readerset,p.bookset,p.borrowback,p.sysquery from
tb_manager as m left join (select * from tb_purview) as p on m.id=p.id where name='".$_SESSION['admin_
name']."'");
$info=mysqli_fetch_array($query);                       //检索用户权限
?>
<!--检索用户所对应的权限，如果权限值为 1，则说明该功能可用，并输出到浏览器，否则不显示-->
<td align="center">
<a href="index.php" class="a1">首页</a>  │
  <?php if($info['sysset']==1){ ?><a  onmouseover=showmenu(event,sysmenu) onmouseout=delayhidemenu()
style="CURSOR:hand"   class="a1">系统设置</a>  │  <?php } ?>
<?php if($info['readerset']==1){?><a  onmouseover=showmenu(event,readermenu) onmouseout=delayhidemenu()
style="CURSOR:hand" class="a1">读者管理</a>  │  <?php } ?>
<?php if($info['bookset']==1){ ?><a href="book.php" class="a1">图书档案管理</a>  │  <?php }?>
<?php if($info['borrowback']==1){?><a   onmouseover=showmenu(event,borrowmenu) onmouseout=
delayhidemenu() style="CURSOR:hand"class="a1" >图书借还</a>  │  <?php }?>
<?php if($info['sysquery']==1){ ?><a onmouseover=showmenu(event,querymenu) onmouseout=delayhidemenu()
style="CURSOR:hand" class="a1">系统查询</a>  │  <?php } ?>
<a   href="pwd_Modify.php" class="a1">更改口令</a>  │
```

```
<a href="safequit.php" class="a1">注销</a>
</td>
```

在实现系统导航菜单时，引用了 JavaScript 文件 menu.JS，该文件中包含全部实现半透明背景菜单的 JavaScript 代码。

6.5.3 首页的实现过程

系统首页的内容显示区用于显示图书的排行信息，并将排行结果按借阅数量降序排列。该页的关键代码如下：

例程 02   代码位置：资源包\TM\06\library\index.php

```php
<?php
include ("check_login.php");                    //包含检测是否登录的文件
include("conn/conn.php");                       //连接数据源文件
$sql=mysqli_query($conn,"select * from (select bookid,count(bookid) as degree from tb_borrow group by bookid)
as borr join (select b.*,c.name as bookcasename,p.pubname,t.typename from tb_bookinfo b left join
tb_bookcase c on b.bookcase=c.id join tb_publishing p on b.ISBN=p.ISBN join tb_booktype t on b.typeid=t.id
where b.del=0) as book on borr.bookid=book.id order by borr.degree desc limit 10");
$info=mysqli_fetch_array($sql);                 //检索图书借阅信息
$i=1;
do{                                             //应用 do…while 循环语句显示图书信息
?>
<tr>
    <tdalign="center"><?php echo $i;?></td>
    <td align="center"><?php echo $info['barcode'];?></td>
    <td><?php echo $info['bookname'];?></td>
    <td><?php echo $info['typename'];?></td>
    <td align="center"><?php echo $info['bookcasename'];?></td>
    <td align="center"><?php echo $info['pubname'];?></td>
    <td align="center"><?php echo $info['author'];?></td>
    <td align="center"><?php echo $info['price'];?></td>
    <td align="center"><?php echo $info['degree'];?></td>
</tr>
<?php
```

```
$i=$i+1;                                //变量自加 1 操作
}while($info=mysqli_fetch_array($sql));  //do…while 循环语句结束
?>
```

6.6 管理员模块设计

视频讲解

6.6.1 管理员模块概述

管理员模块主要包括管理员登录、查看管理员列表、添加管理员信息、管理员权限设置、管理员删除和更改口令等 6 个功能。管理员模块的框架如图 6.13 所示。

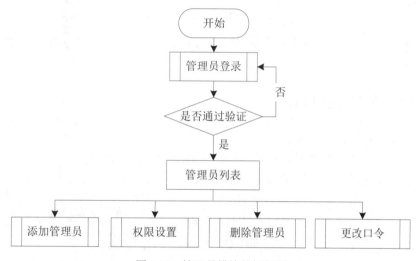

图 6.13 管理员模块的框架图

6.6.2 管理员模块技术分析

在管理员模块中，涉及的数据表是 tb_manager（管理员信息表）和 tb_purview（权限表）。其中，管理员信息表中保存的是管理员名称和密码等信息，权限表中保存的是各管理员的权限信息，这两个表通过各自的 id 字段相关联。通过这两个表可以获得完整的管理员信息。

注意　在实现系统登录前，需要在 MySQL 数据库中手动添加一条系统管理员的数据（管理员名为 mr，密码为 mrsoft，拥有所有权限），即在 MySQL 的客户端命令行中应用下面的语句分别向管理员信息表 tb_manager 和权限表 tb_purview 中各添加一条数据。

```
#添加管理员信息
insert into tb_manager (name,pwd) values('mr','mrsoft');
#添加权限信息
insert into tb_purview values(1,1,1,1,1,1);
```

从网站安全的角度考虑，仅仅有上面介绍的系统登录页面并不能有效地保证系统的安全，一旦系统首页面的地址被他人获得，就可以通过在地址栏中输入系统的首页面地址而直接进入到系统中。为了便于网站的维护，因此将验证用户是否登录的代码封装在独立的 PHP 文件中，即 check_login.php 文件。验证用户是否登录的具体代码如下：

例程 03　代码位置：资源包\TM\06\library\check_login.php

```php
<?php
session_start();                                      //初始化 session 变量
header("content-type:text/html;charset=utf-8");       //设置页面编码格式
if(!isset($_SESSION['admin_name'])){                  //如果 session 变量为空，则说明用户未登录
    echo "<script>alert('对不起，请通过正确的途径登录知源图书馆管理系统!');window.location.href='login.php';</script>";
}
?>
```

当系统调用首页时，会判断 session 变量 admin_name 是否存在，如果不存在，将页面重定向到系统登录（login.php）页面。

6.6.3　系统登录的实现过程

　　系统登录使用的数据表：tb_manager

系统登录是进入学校图书馆管理系统的入口，主要用于验证管理员的身份。运行本系统，首先进入的是系统登录页面，在该页面中，系统管理员可以通过输入正确的管理员名称和密码登录到系统首页，当用户没有输入管理员名称或密码时，系统会通过 JavaScript 进行判断，并给予信息提示。系统登录页面的运行结果如图 6.14 所示。

图 6.14　系统登录页面的运行结果

系统登录页面主要用于收集管理员的输入信息及通过自定义的 JavaScript 函数验证输入信息是否为空。该页面中所涉及的表单元素如表 6.6 所示。

表 6.6　系统登录页面所涉及的表单元素

名　　称	元 素 类 型	重 要 属 性	含　　义
form1	form	method="post" action="chklogin.php"	管理员登录表单
name	text	size="25"	管理员名称
pwd	password	size="25"	管理员密码
submit	submit	value="确定" onclick="return check(form1)"	"确定" 按钮
submit3	reset	value="重置"	"重置" 按钮
submit2	button	value="关闭" onClick="window.close();"	"关闭" 按钮

编写自定义的 JavaScript 函数，用于判断管理员名称和密码是否为空。代码如下：

例程 04　代码位置：资源包\TM\06\library\login.php

```
<script language="javascript">
function check(form){                              //自定义一个 JavaScript 函数 check()
    if (form.name.value==""){                      //如果管理员名称为空，则弹出提示信息，并重新返回焦点
        alert("请输入管理员名称!");form.name.focus();return false;
    }
    if (form.pwd.value==""){                        //如果管理员密码为空，则弹出提示信息，并重新返回焦点
        alert("请输入密码!");form.pwd.focus();return false;
    }
}
</script>
```

提交表单到数据处理页，页面中为了防止非法用户进入学校图书馆管理系统首页，通过调用类的 chkinput()方法实现判断用户名和密码是否正确。如果为合法用户，则可以登录学校图书馆管理系统的首页；否则，弹出相应的错误提示。关键代码如下：

例程 05　代码位置：资源包\TM\06\library\chklogin.php

```
<?php
session_start();                                   //初始化 session 变量
header("content-type:text/html;charset=utf-8");    //设置页面编码格式
$A_name=$_POST['name'];                             //接收表单提交的用户名
$A_pwd=$_POST['pwd'];                               //接收表单提交的密码
❶    class chkinput{                               //定义类
    var $name;
    var $pwd;
    function __construct ($x,$y){                   //定义一个方法
        $this->name=$x;                             //将管理员名称传给类对象$this->name
        $this->pwd=$y;                              //将管理员密码传给类对象$this->pwd
    }
    function checkinput(){
        include("conn/conn.php");                   //连接数据库文件
        $sql=mysqli_query($conn,"select * from tb_manager where name='".$this->name."' and pwd='".$this->pwd."'");
        $info=mysqli_fetch_array($sql);             //检索管理员名称和密码是否正确
        if($info==false){                           //如果管理员名称或密码不正确，则弹出相关提示信息
            echo "<script language='javascript'>alert('您输入的管理员名称或密码错误，请重新输入！'); history.back();
</script>";
            exit;
        }
        else{                                       //如果管理员名称或密码正确，则弹出相关提示信息
            echo "<script>alert('管理员登录成功!');window.location='index.php';</script>";
            $_SESSION['admin_name']=$info['name']; //将管理员名称存到$_SESSION['admin_name']变量中
            $_SESSION['pwd']=$info['pwd'];          //将管理员密码存到$_SESSION['pwd']变量中
        }
    }
}
❷        $obj=new chkinput(trim($name),trim($pwd));  //创建对象
❸    $obj->checkinput();                             //调用类
?>
```

🔊 代码贴士

❶ class: 创建一个 PHP 类时，必须使用关键字 class 进行声明，该关键字后紧跟类的名称，之后用大括号将类体进行封装。

❷ new: 在 PHP 中应用 new 关键字创建对象。该模块创建了一个名为 chkinput 的验证管理员类。

❸ $obj->checkinput();: 通过 $obj 对象调用 checkinput 类中的属性和方法，即管理员名称和密码。

6.6.4 查看管理员的实现过程

📋 查看管理员使用的数据表：tb_manager、tb_purview

管理员登录后，选择"系统设置"/"管理员设置"菜单项，进入到查看管理员列表页面。在该页面中，将以表格的形式显示全部管理员及其权限信息，并提供添加管理员信息、删除管理员信息和设置管理员权限的超链接。查看管理员列表页面的运行结果如图 6.15 所示。

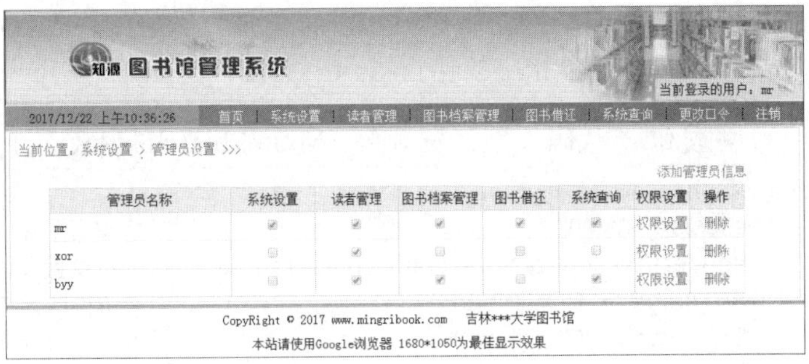

首先使用左外联接语句（left join…on）从数据表 tb_manager 和 tb_purview 中查询出符合条件的数据，然后将查询结果应用 do…while 循环语句输出到浏览器。关键代码如下：

图 6.15 查看管理员列表页面的运行结果

例程 06 代码位置：资源包\TM\02\library\manager.php

```php
<?php
include("conn/conn.php");                                  //连接数据库文件
❶    $sql=mysqli_query($conn,"select  m.id,m.name,p.sysset,p.readerset,p.bookset,p.borrowback,p.sysquery
from tb_manager as m left join (select * from tb_purview) as p on m.id=p.id");
$info=mysqli_fetch_array($sql);                            //检索数据信息
do{                                                        //应用 do…while 循环语句输出查询结果
?>
/* ****************************输出符合查询条件的记录**************************** */
<tr>
      <td style="padding:5px;"><?php echo $info['name'];?></td>
❷    <td align="center"><input name="checkbox" type="checkbox" class="noborder" value="checkbox"
disabled="disabled" <?php if($info['sysset']==1){echo ("checked");}?>></td>
      <td align="center"><input name="checkbox" type="checkbox" class="noborder" value="checkbox"
 disabled="disabled" <?php if($info['readerset']==1){echo("checked");}?>></td>
      <td align="center"><input name="checkbox" type="checkbox" class="noborder" value="checkbox" disabled
<?php if($info['bookset']==1){echo("checked");}?>></td>
      <td align="center"><input name="checkbox" type="checkbox" class="noborder" value="checkbox" disabled
<?php if($info['borrowback']==1){echo("checked");}?>></td>
      <td align="center"><input name="checkbox" type="checkbox" class="noborder" value="checkbox" disabled
<?php if($info['sysquery']==1){echo("checked");}?>></td>
      <td align="center"><a href="#" onClick="window.open('manager_modify.php?id=<?php echo
```

```
$info['id']; ?>','','width=340,height=215)">权限设置</a></td>
    <td align="center"><a href="manager_del.php?id=<?php echo $info['id'];?>">删除</a></td>
  </tr>
/* ****************************************************************** */
<?php
  }while($info=mysqli_fetch_array($sql));                      //do…while 循环语句结束
?>
```

📢 代码贴士

❶ left join…on：应用左外联接将两个表或多个表连接起来，返回部分或全部匹配行，详解参见 6.10.2 节。

❷ <?php if($info['sysset']==1){echo ("checked");}?>：如果系统设置字段的值为 1，则复选框处于选中状态。

6.6.5　添加管理员的实现过程

🖥 添加管理员使用的数据表：tb_manager

管理员登录后，选择"系统设置"/"管理员设置"菜单项，进入到查看管理员列表页面，在该页面中单击"添加管理员信息"超链接，打开添加管理员信息页面。添加管理员信息页面的运行结果如图 6.16 所示。

📢 注意　新添加的管理员信息没有权限，必须通过设置管理员权限为其指定可操作的功能模块。

图 6.16　添加管理员信息页面的运行结果

在查看管理员列表页面，单击"添加管理员信息"超链接文字的 HTML 代码如下：

例程 07　代码位置：资源包\TM\06\library\manager.php

```
<a href="#" onClick="window.open('manager_add.php','','width=340,height=215)">添加管理员信息</a>
```

添加管理员页面主要用于收集输入的管理员信息及通过自定义的 JavaScript 函数验证输入信息是否合法。该页面中所涉及的表单元素如表 6.7 所示。

表 6.7　添加管理页面所涉及的表单元素

名　称	元 素 类 型	重 要 属 性	含　义
form1	form	method="post" action="manager_ok.php"	表单
name	text		管理员名称
pwd	password		管理员密码
pwd1	password		确认密码
submit	submit	value="保存" onClick="return check(form1)"	"保存"按钮
submit2	button	value="关闭" onClick="window.close();"	"关闭"按钮

在添加管理员页面中，输入合法的管理员名称及密码后，单击"保存"按钮，提交表单信息到数据处理页，将添加的管理员信息保存到数据表中。如果添加成功，弹出成功的提示信息；否则，弹出

错误提示。代码如下：

例程 08   代码位置：资源包\TM\02\library\manager_ok.php

```php
<?php
header("content-type:text/html;charset=utf-8");          //设置页面编码格式
include("conn/conn.php");                                 //连接数据库文件
if($_POST['submit']!=""){                                 //如果单击了"保存"按钮，则执行下面的操作
$name=$_POST['name'];                                     //获取管理员名称
$pwd=$_POST['pwd'];                                       //获取管理员密码
$sql=mysqli_query($conn,"insert into tb_manager (name,pwd) values('$name','$pwd')");
if($sql==true){                                           //向数据表中添加管理员信息成功，则给出提示信息
echo "<script language=javascript>alert('管理员添加成功！');window.close();window.opener.location.reload();
</script>";
}
else{                                                     //向数据表中添加管理员信息失败，则给出提示信息
echo "<script language=javascript>alert('管理员添加失败！');window.close();window.opener.location.reload();
</script>";
}
}
?>
```

 技巧 在添加管理员处理页中应用 "window.opener.location.reload();" 语句刷新父窗口中的信息。

6.6.6   设置管理员权限的实现过程

▦   设置管理员权限使用的数据表：tb_manager、tb_purview

在查看管理员列表页面单击指定管理员后面的"权限设置"超链接，即可进入到"权限设置"页面，设置该管理员的操作权限。权限设置页面的运行结果如图 6.17 所示。

权限设置页面中所涉及的表单元素如表 6.8 所示。

图 6.17   权限设置页面的运行结果

表 6.8   权限设置页面所涉及的表单元素

名　称	元素类型	重 要 属 性	含　义
form1	form	method="post" action="manager_modifyok.php"	表单
id	hidden	value="<?php echo $info['id'];?>"	管理员编号
name	text	value="<?php echo $info['name'];?>"	管理员名称
sysset	checkbox	<?php if($info['sysset']==1){echo("checked");}?>	系统设置
readerset	checkbox	<?php if($info['readerset']==1){echo("checked");}?>	读者管理
bookset	checkbox	<?php if($info['bookset']==1){echo("checked");}?>	图书管理
borrowback	checkbox	<?php if($info['borrowback']==1){echo("checked");}?>	图书借还
sysquery	checkbox	<?php if($info['sysquery']==1){echo("checked");}?>	系统查询
submit	submit	class="btn_grey"	"保存"按钮
Submit2	button	value="关闭" onClick="window.close();"	"关闭"按钮

在查看管理员列表页面中，添加权限设置列，并在该列中添加以下用于打开权限设置页面的超链接代码。

例程 09　代码位置：资源包\TM\06\library\manager.php

```
<a href="#" onClick="window.open('manager_modify.php?id=<?php echo $info['id']; ?>','','width=340,height=215)">权限设置</a>
```

从上面的 URL 地址中可以获取设置管理员权限页所涉及的 id 号，将 id 号提交给处理页 manager_modifyok.php，修改 id 号所对应的管理员信息。具体代码如下：

例程 10　代码位置：资源包\TM\06\library\manager_modifyok.php

```
<?php
header("content-type:text/html;charset=utf-8");            //设置页面编码格式
include("conn/conn.php");                                  //连接数据库文件
if($_POST['submit']!=""){                                  //如果提交表单，则执行以下操作
$id=$_POST['id'];                                          //获取 id 信息
❶     $sysset=!isset($_POST['sysset'])?0:1;               //应用三目运算符求出"系统设置"复选框的值
$readerset=!isset($_POST['readerset'])?0:1;               //应用三目运算符求出"读者管理"复选框的值
$bookset=!isset($_POST['bookset'])?0:1;                   //应用三目运算符求出"图书管理"复选框的值
$borrowback=!isset($_POST['borrowback'])?0:1;            //应用三目运算符求出"图书借还"复选框的值
$sysquery=!isset($_POST['sysquery'])?0:1;                //应用三目运算符求出"系统查询"复选框的值
$query=mysqli_query($conn,"select * from tb_purview where id=$id");
      $info=mysqli_fetch_array($query);                   //检索权限信息表中是否存在该管理员
if($info==false){                                         //如果不存在，向权限表中添加管理员权限信息
❷     mysqli_query($conn,"insert into tb_purview(id,sysset,readerset,bookset,borrowback,sysquery)
values($id,$sysset,$readerset,$bookset,$borrowback,$sysquery)");
}
else{                                                     //否则，更新管理员的权限信息
      mysqli_query($conn,"update tb_purview set
 sysset=$sysset,readerset=$readerset,bookset=$bookset,borrowback=$borrowback,sysquery=$sysquery
where id='$id'");
}
echo"<script language=javascript>alert('权限设置修改成功！');window.close();window.opener.location.reload();
</script>";                                               //更新成功，弹出提示信息，并更新父窗口
}
?>
```

🔊 **代码贴士**

❶ $_POST['sysset']==""?0:1;: 应用三目运算符求出"系统设置"复选框的值，如果等于空，值为 0，否则值为 1。

❷ insert…into: 向权限信息表中添加一行数据信息，insert…into 语句只适用于对单行数据的插入。

6.6.7　删除管理员的实现过程

📋　删除管理员使用的数据表：tb_manager、tb_purview

在查看管理员列表页面中，单击指定管理员信息后面的"删除"超链接，该管理员及其权限信息将被删除。

在查看管理员列表页面中添加以下用于删除管理员信息的超链接代码。

例程 11　代码位置：资源包\TM\06\library\manager.php

```
<a href="manager_del.php?id=<?php echo $info['id'];?>">删除</a>
```

从上面的 URL 地址中，可以获取删除管理员所涉及的 id 号，将 id 号提交给 manager_del.php 处理页删除 id 号所对应的管理员信息。具体代码如下：

例程 12　代码位置：资源包\TM\06\library\manager_del.php

```php
<?php
header("content-type:text/html;charset=utf-8");                       //设置页面编码格式
include("conn/conn.php");                                             //连接数据库文件
$id=$_GET['id'];                                                      //获取管理员的 id 号
$sql=mysqli_query($conn,"delete from tb_manager where id='$id'");     //删除管理员表中 id 号所对应的管理员信息
$query=mysqli_query($conn,"delete from tb_purview where id='$id'");   //删除权限表中 id 号所对应的管理员权限
if($sql==true and $query==true){                                     //如果删除操作成功，则弹出提示信息
    echo "<script language=javascript>alert('管理员删除成功！');history.back();</script>";
}
else{                                                                 //如果删除操作失败，则弹出提示信息
    echo "<script language=javascript>alert('管理员删除失败！');history.back();</script>";
}
?>
```

6.6.8　单元测试

在开发完管理员模块后，需要对该模块进行单元测试。当管理员修改操作员的权限时，如果未赋予该操作员所有权限，那么在单击"保存"按钮后，该操作员的权限并没有改变。下面给出修改权限设置处理页的源代码：

```php
<?php
header("content-type:text/html;charset=utf-8");                      //设置页面编码格式
include("conn/conn.php");                                            //连接数据库文件
if($_POST['submit']!=""){                                            //如果提交表单，则执行以下操作
$id=$_POST['id'];                                                    //获取 id 信息
$sysset=$_POST['sysset'];                                            //获取"系统设置"复选框的值
$readerset=$_POST['readerset'];                                      //获取"读者管理"复选框的值
$bookset=$_POST['bookset'];                                          //获取"图书管理"复选框的值
$borrowback=$_POST['borrowback'];                                    //获取"图书借还"复选框的值
$sysquery=$_POST['sysquery'];                                        //获取"系统查询"复选框的值
$query=mysqli_query($conn,"select * from tb_purview where id=$id");
$info=mysqli_fetch_array($query);                                    //检索权限信息表中是否存在该管理员
if($info==false){                                                    //如果不存在，向权限表中添加管理员权限信息
    mysqli_query($conn,"insert into tb_purview(id,sysset,readerset,bookset,borrowback,sysquery)
values($id,$sysset,$readerset,$bookset,$borrowback,$sysquery)");
}
else{                                                                //否则，更新管理员的权限信息
```

```
        mysqli_query($conn,"update tb_purview set
sysset=$sysset,readerset=$readerset,bookset=$bookset,borrowback=$borrowback,sysquery=$sysquery
where id='$id'");
}
echo"<script  language=javascript>alert('权限设置修改成功！');window.close();window.opener.location.reload();
</script>";                                    //更新成功，弹出提示信息，并更新父窗口
}
?>
```

为了找出错误的原因，笔者应用 echo()语句对$sysset 等一系列传递的值进行输出，输出的结果显示，当未选中某个权限时，页面中会输出错误提示，这充分说明在未选中某个复选框时，没有获取到该复选框的值。

解决该问题的方法是对提交的复选框的状态进行判断，如果复选框处于未选中状态，则值为 0；如果处于选中状态，则值为 1。这样就可以获取到复选框状态的值。

处理复选框的状态有两种方法：一种是应用 if 条件语句对逐个值进行判断，判断复选框的当前状态，并赋予其值（但这种方法过于烦琐）；另一种是应用三目运算符，简单快捷地计算复选框的值（这种方法可以简化代码，本模块采用该方法获取复选框的值）。

应用三目运算符获取复选框的值的代码如下：

```
$sysset=!isset($_POST['sysset'])?0:1;              //应用三目运算符求出“系统设置”复选框的值
$readerset=!isset($_POST['readerset'])?0:1;        //应用三目运算符求出“读者管理”复选框的值
$bookset=!isset($_POST['bookset'])?0:1;            //应用三目运算符求出“图书管理”复选框的值
$borrowback=!isset($_POST['borrowback'])?0:1;      //应用三目运算符求出“图书借还”复选框的值
$sysquery=!isset($_POST['sysquery'])?0:1;          //应用三目运算符求出“系统查询”复选框的值
```

完整的权限设置处理页的代码参见例程 10。

视频讲解

6.7　读者档案管理模块设计

6.7.1　读者档案管理模块概述

读者档案管理模块主要包括查看读者列表、添加读者信息、修改读者信息、删除读者信息和查看读者详细信息等 5 个功能。读者档案模块的框架如图 6.18 所示。

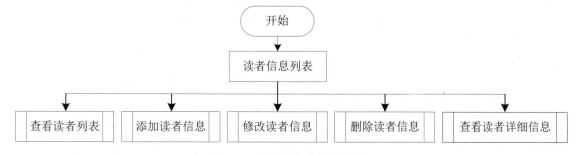

图 6.18　读者档案模块的框架图

6.7.2 读者档案管理模块技术分析

在读者档案管理模块中，涉及的数据表是 tb_reader（读者信息表）和 tb_readertype（读者类型信息表），其中，读者信息表中保存的是读者的姓名、条形码和读者类型等信息，读者类型信息表中保存的是读者的类型，这两个数据表间通过读者类型 id 字段进行关联。通过这两个数据表可以获得完整的读者档案信息。对读者详细信息进行查询的 SQL 语句如下：

```
$sql=mysqli_query($conn,"select r.id,r.barcode,r.name,r.sex,t.name as typename,r.vocation,r.birthday,r.paperType,
r.paperNO,r.tel,r.email,r.remark   from tb_reader as r join (select * from tb_readertype) as t on r.typeid=t.id where
r.id='".$_GET['id']."'");
```

> **注意** 本模块主要应用联接语句实现多表查询，关于联接语句的详细讲解参见 6.11 节。

6.7.3 查看读者信息列表的实现过程

📁 查看读者信息列表使用的数据表：tb_reader、tb_readertype

管理员登录后，选择"读者管理" / "读者档案管理"菜单项，进入到查看读者列表页面，在该页面中将显示全部读者信息，同时提供添加读者信息、修改读者信息和删除读者信息的超链接。查看读者信息列表页面的运行结果如图 6.19 所示。

在查询全部读者信息时，首先应用 join…on 内联接语句将 tb_reader 和 tb_readertype 数据表连接起来，然后应用 do…while 语句循环输出查询结果。查看读者信息列表页面的代码如下：

图 6.19　查看读者信息列表的运行结果

例程 13　代码位置：资源包\TM\06\library\reader.php

```php
<?php
include("conn/conn.php");                          //连接数据库文件
$sql=mysqli_query($conn,"select r.id,r.barcode,r.name,t.name as typename,r.paperType,r.paperNO,r.tel,r.email
from tb_reader as r join (select * from tb_readertype) as t on r.typeid=t.id");
$info=mysqli_fetch_array($sql);                    //应用内联接检索读者信息
?>
…                                                  //省略读者信息标题 HTML 标记部分
<?php
 do{                                               //应用 do…while 循环语句输出查询结果
?>
  <tr>
    <td><?php echo $info['barcode'];?> </td>
```

```
    <td><a href="reader_info.php?id=<?php echo $info['id']; ?> "><?php echo $info['name'];?> </a></td>
    <td><?php echo $info['typename'];?> </td>
    <td align="center"><?php echo $info['paperType'];?> </td>
    <td><?php echo $info['paperNO'];?> </td>
    <td align="center"><?php echo $info['tel'];?> </td>
    <td><?php echo $info['email'];?> </td>
    <td width="6%" align="center"><a href="reader_modify.php?id=<?php echo $info['id'];?>">修改</a></td>
    <td width="5%" align="center"><a href="reader_del.php?id=<?php echo $info['id'];?> ">删除</a></td>
  </tr>
<?php
  }while($info=mysqli_fetch_array($sql));                              //do…while 循环语句结束
?>
```

6.7.4　查看读者详细信息的实现过程

　　📄　**查看读者详细信息使用的数据表：tb_reader、tb_readertype**

　　管理员登录后，在读者列表页面中单击读者姓名的超链接，可以进入到查看指定读者详细信息的页面。在该页面中将显示该读者的详细信息。查看读者详细信息页面的运行结果如图 6.20 所示。

图 6.20　查看读者详细信息的运行结果

　　在查询读者详细信息时，以 URL 中传递的读者 id 作为查询条件，应用 join…on 内联接语句对 tb_reader 和 tb_readertype 数据表进行查询。查看读者详细信息页面的代码如下：

　　例程 14　代码位置：资源包\TM\06\library\reader_info.php

```
<?php
    include("conn/conn.php");                                         //连接数据库文件
    $sql=mysqli_query($conn,"select  r.id,r.barcode,r.name,r.sex,t.name  as  typename,r.vocation,r.birthday,r.
paperType,r.paperNO,r.tel,r.email,r.remark   from tb_reader as r join (select * from tb_readertype) as t on
r.typeid=t.id where r.id='".$_GET['id']."'");                         //定义内联接语句
    $info=mysqli_fetch_array($sql);                                   //检索读者信息
```

```
?>
    <table width="600" height="432" border="0" cellpadding="0" cellspacing="0" bgcolor="#FFFFFF">
    <tr>
      <td width="173" align="center">姓名：</td>
      <td width="427" height="39">
        <input name="name" type="text" value="<?php echo $info['name'];?>">
      </td>
    </tr>
    <tr>
      <td width="173" align="center">性别：</td>
      <td height="35">
<?php
if($info['sex']=="男"){
?>
          <input name="sex" type="radio" class="noborder" id="radiobutton"    value="男" checked>男
<?php
}else{
?>
          <input name="sex" type="radio" class="noborder" value="女" checked>女
<?php}?>
      </td>
    </tr>
    <tr>
      <td align="center">条形码：</td>
      <td><input name="barcode" type="text" id="barcode" value="<?php echo $info['barcode'];?>">
  </td>
    </tr>
    <tr>
      <td align="center">读者类型：</td>
      <td><input name="typename" type="text" id="typename" value="<?php echo $info['typename'];?>">
</td>
    </tr>
    <tr>
      <td align="center">职业：</td>
      <td><input name="vocation" type="text" id="vocation" value="<?php echo $info['vocation'];?>"></td>
    </tr>
    <tr>
      <td align="center">出生日期：</td>
      <td><input name="birthday" type="text" id="birthday" value="<?php echo $info['birthday'];?>"></td>
    </tr>
    <tr>
      <td align="center">有效证件：</td>
      <td><input name="paperType" type="text" id="paperType" value="<?php echo $info['paperType'];?>">
</td>
    </tr>
    <tr>
      <td align="center">证件号码：</td>
      <td><input name="paperNO" type="text" id="paperNO" value="<?php echo $info['paperNO'];?>">
        </td>
    </tr>
```

```
      <tr>
        <td align="center">电话：</td>
        <td><input name="tel" type="text" id="tel" value="<?php echo $info['tel'];?>"></td>
      </tr>
      <tr>
        <td align="center">E-mail：</td>
        <td><input name="email" type="text" id="email" value="<?php echo $info['email'];?>" size="50">
          </td>
      </tr>
      <tr>
        <td align="center">备注：</td>
        <td><textarea name="remark" cols="60" rows="6" class="wenbenkuang" id="remark"><?php echo
$info['remark'];?></textarea></td>
      </tr>
      <tr>
        <td align="center"> </td>
        <td>
    <input name="Submit2" type="button" class="btn_grey" value="返回" onClick="history.back()"></td></tr>
      </table>
```

6.7.5　添加读者信息的实现过程

📋　添加读者信息使用的数据表：tb_reader、tb_readertype

管理员登录系统后，在读者列表页面中单击"添加读者信息"超链接，进入到添加读者信息页面。添加读者信息页面的运行结果如图 6.21 所示。

图 6.21　添加读者信息页面的运行结果

在查看读者列表页面中，设置"添加读者信息"超链接的代码如下：

例程 15　代码位置：资源包\TM\06\library\reader.php

```
<a href="reader_add.php">添加读者信息</a>
```

添加读者信息页面主要用于收集输入的读者信息，并通过自定义的 JavaScript 函数验证输入信息是否合法。该页面中所涉及的重要表单元素如表 6.9 所示。

表 6.9　添加读者信息页面所涉及的重要表单元素

名　　称	元　素　类　型	重　要　属　性	含　　义
form1	form	method="post" action="reader_ok.php"	表单
barcode	text	id="barcode"	读者条形码
typeid	select	<?php include("conn/conn.php"); 　　$sql=mysqli_query($conn,"select * from tb_readertype"); 　　$info=mysqli_fetch_array($sql); 　　do{ ?> <option value="<?php echo $info['id'];?>"> <?php echo $info['name'];?></option> <?php}while($info=mysqli_fetch_array($sql));?>	读者类型
paperType	select	<option value="身份证" selected>身份证</option> <option value="学生证">学生证</option> <option value="军官证">军官证</option> <option value="工作证">工作证</option>	有效证件
operator	hidden	value="<?php echo $_SESSION['admin_name'];?>"	操作员
Submit	submit	onClick="return check(form1)"	"保存"按钮
Submit2	button	onClick="history.back();"	"返回"按钮

在添加读者信息页面的表单中输入读者信息后，单击"保存"按钮，提交表单信息到数据处理页，将添加的读者信息保存到数据表中。如果添加成功，弹出成功的提示信息；否则，弹出失败的提示信息。代码如下：

例程 16　代码位置：资源包\TM\06\library\reader_ok.php

```php
<?php
header("content-type:text/html;charset=utf-8");        //设置文件编码格式
include("conn/conn.php");                               //连接数据库文件
date_default_timezone_set("PRC");                       //设置时区
if($_POST['Submit']!=""){                               //如果单击了"保存"按钮
    $name=$_POST['name'];                               //获取读者姓名
    $sex=$_POST['sex'];                                 //获取读者性别
    $barcode=$_POST['barcode'];                         //获取读者条形码
    $typeid=$_POST['typeid'];                           //获取读者类型 id
    $vocation=$_POST['vocation'];                       //获取读者职业
    $birthday=$_POST['birthday'];                       //获取读者出生日期
    $paperType=$_POST['paperType'];                     //获取读者证件类型
    $paperNO=$_POST['paperNO'];                         //获取读者证件号码
    $tel=$_POST['tel'];                                 //获取读者电话
    $email=$_POST['email'];                             //获取读者邮箱地址
```

```
$createDate=date("Y-m-d");                          //获取当前日期
$operator=$_POST['operator'];                       //获取操作员
$remark=$_POST['remark'];                           //获取备注信息
$sql=mysqli_query($conn,"insert  into  tb_reader  (name,sex,barcode,typeid,vocation,birthday,paperType,
paperNO,tel,email,createDate,operator,remark)
values('$name','$sex','$barcode','$typeid','$vocation','$birthday','$paperType','$paperNO','$tel','$email','$create
Date','$operator','$remark')");                     //定义并执行插入语句
if($sql==true){
    echo "<script language=javascript>alert('读者信息添加成功！');history.back();location.href='reader.php';
</script>";
    }
    else{
    echo "<script language=javascript>alert('读者信息添加失败！');history.back();window.opener.location.
reload();</script>";
    }
}
?>
```

6.7.6　修改读者信息的实现过程

 　修改读者信息使用的数据表：tb_reader、tb_readertype

管理员登录系统后，在读者列表页面中单击读者信息后面的"修改"超链接，进入到"修改读者信息"页面。修改读者信息页面的运行结果如图 6.22 所示。

图 6.22　修改读者信息页面的运行结果

在读者信息列表页面中，添加"修改"超链接的代码如下：

例程 17　代码位置：资源包\TM\06\library\reader.php

```
<a href="reader_modify.php?id=<?php echo $info['id'];?>">修改</a>
```

在修改读者信息页面中修改读者信息后，单击"保存"按钮，提交表单信息到数据处理页 reader_modifyok.php，应用 UPDATE 语句将修改的读者信息保存到数据表 tb_reader 中，并弹出"读者信息修改成功！"的提示信息，将页面重定向到读者信息列表页。数据处理页的代码如下：

例程 18 　代码位置：资源包\TM\06\library\reader_modifyok.php

```php
<?php
session_start();                                        //初始化 session 变量
header("content-type:text/html;charset=utf-8");         //设置页面编码格式
include("conn/conn.php");                               //连接数据库文件
$id=$_POST['readerid'];                                 //获取读者 id
$name=$_POST['name'];                                   //获取读者姓名
$sex=$_POST['sex'];                                     //获取读者性别
$barcode=$_POST['barcode'];                             //获取读者条形码
$vocation=$_POST['vocation'];                           //获取读者职业
$birthday=$_POST['birthday'];                           //获取读者出生日期
$paperType=$_POST['paperType'];                         //获取读者证件类型
$paperNO=$_POST['paperNO'];                             //获取读者证件号码
$tel=$_POST['tel'];                                     //获取读者电话
$email=$_POST['email'];                                 //获取读者邮箱地址
$remark=$_POST['remark'];                               //获取读者备注信息
$typeid=$_POST['typeid'];                               //获取读者类型 id
mysqli_query($conn,"update tb_reader set name='$name',sex='$sex',barcode='$barcode',vocation='$vocation',
birthday='$birthday',paperType='$paperType',paperNO='$paperNO',tel='$tel',email='$email',remark='$remark',ty
peid='$typeid' where id='$id'");
echo "<script language='javascript'>alert('读者信息修改成功!');window.location.href='reader.php';</script>";
?>
```

6.7.7 删除读者信息的实现过程

　　删除读者信息使用的数据表：tb_reader、tb_readertype

管理员登录系统后，在读者列表页面中单击读者信息后面的"删除"超链接，即可把指定的读者信息删除。例如，删除姓名为"叮当"的读者后的运行结果如图 6.23 所示。

条形码	姓名	读者类型	证件类型	证件号码	电话	E-mail	操作	
32165555	李三	学生	军官证	2201043******	1569669****	dream@**u.com	修改	删除
123456789	张章	公务员	身份证	22010412331***	1363333****	xor@s**u.com	修改	删除
111111	侍剑	图书爱好者	身份证	21212345546***	136********	xx***@163.com	修改	删除
123456	阿秀	程序员	身份证	220106*********	136********	xl***@163.com	修改	删除
222222	小贝	硬件维护	身份证	2132123*****	136********	xg**@163.com	修改	删除
556699	木木	文艺工作者	身份证	220316*******	1396666****	xor*@**.com	修改	删除

图 6.23　删除读者信息后的运行结果

在查看读者列表页面中，设置"删除"超链接的代码如下：

例程 19　代码位置：资源包\TM\06\library\reader.php

```
<a href="reader_del.php?id=<?php echo $info['id'];?> ">删除</a>
```

单击想要删除的读者信息后面的"删除"超链接，提交表单信息到数据处理页 reader_del.php，应用 DELETE 语句将指定的读者信息从数据表 tb_reader 中删除，如果删除操作执行成功，则弹出"读者信息删除成功！"的提示信息，并将页面重定向到读者信息列表页面。数据处理页的代码如下：

例程 20　代码位置：资源包\TM\06\library\reader_del.php

```php
<?php
header("content-type:text/html;charset=utf-8");          //设置页面编码格式
include("conn/conn.php");                                 //连接数据库文件
$id=$_GET['id'];                                          //获取删除读者信息的 id
$sql=mysqli_query($conn,"delete from tb_reader where id='$id'");   //执行删除语句
if($sql){                                                 //如果信息删除成功，则弹出提示
    echo "<script language=javascript>alert('读者信息删除成功！');window.location.href='reader.php';</script>";
}
else{
    echo "<script language=javascript>alert('读者信息删除失败！');window.location.href='reader.php';</script>";
}
?>
```

6.8　图书档案管理模块设计

6.8.1　图书档案管理模块概述

图书档案管理模块主要包括查看图书列表、添加图书信息、修改图书信息、删除图书信息和查看图书详细信息等 5 个功能。图书档案模块的框架如图 6.24 所示。

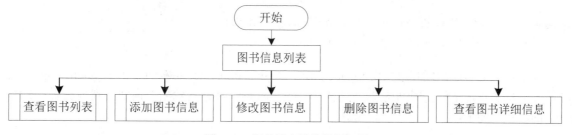

图 6.24　图书档案模块的框架图

6.8.2　图书档案管理模块技术分析

在图书档案管理模块中，涉及的数据表是 tb_bookinfo（图书信息表）、tb_bookcase（书架设置表）、tb_booktype（图书类型表）和 tb_publishing（出版社信息表），这 4 个数据表间通过相应的字段进行关

联，如图 6.25 所示。通过以上 4 个表可以获得完整的图书档案信息。

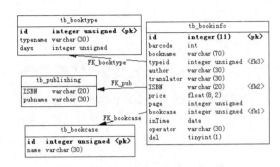

图 6.25　图书档案管理模块各表间关系图

> **注意**　本模块主要应用联接语句实现多表查询，关于联接语句的详细讲解参见 6.11 节。

6.8.3　查看图书信息列表的实现过程

　　查看图书信息列表使用的数据表：tb_bookinfo、tb_bookcase、tb_booktype、tb_publishing

管理员登录后，在导航栏中选择"图书档案管理"菜单项，进入到查看图书列表页面，在该页面中将显示全部图书信息列表，同时提供添加图书信息、删除图书信息、修改图书信息的超链接。查看图书信息列表页面的运行结果如图 6.26 所示。

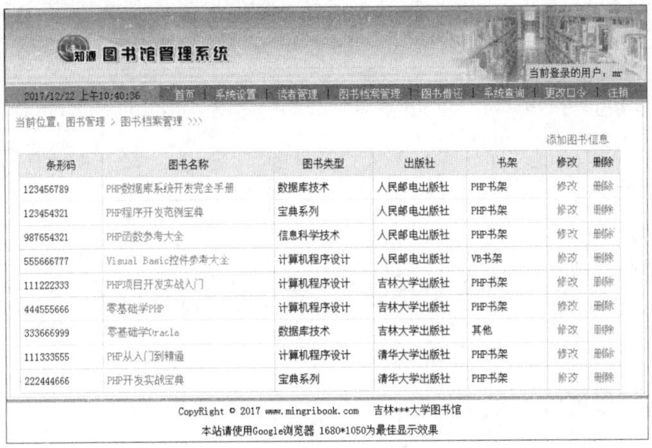

图 6.26　查看图书信息列表的运行结果

打开功能导航 navigation.php 文件，设置"图书档案管理"菜单项的超链接的代码如下：

例程 21　代码位置：资源包\TM\06\library\navigation.php

```
<a href="book.php" class="a1">图书档案管理</a>
```

首先应用 join…on 内联接语句将 tb_bookinfo、tb_bookcase、tb_booktype 和 tb_publishing 4 个数据表连接起来检索指定条件的图书信息，然后应用 do…while 循环语句输出查询结果到浏览器。查看图书信息页面的代码如下：

例程 22　代码位置：资源包\TM\06\library\book.php

```php
<?php
include("conn/conn.php");                    //连接数据库文件
$query=mysqli_query($conn,"select book.barcode,book.id as bookid,book.bookname,bt.typename,pb.pubname,
bc. name from tb_bookinfo book join tb_booktype bt on book.typeid=bt.id join tb_publishing pb on book.ISBN=
pb.ISBN join tb_bookcase bc on book.bookcase=bc.id");
```

```
$result=mysqli_fetch_array($query);                        //应用外联接检索图书信息
?>
…                                                          //省略图书信息标题 HTML 标记部分
<?php
 do{                                                       //应用 do…while 循环语句输出查询结果
?>
  <tr>
    <td><?php echo $result['barcode'];?></td>
    <td><a href="book_look.php?id=<?php echo $result['bookid'];?>"><?php echo
$result['bookname'];?></a></td>
    <td><?php echo $result['typename'];?></td>
    <td><?php echo $result['pubname'];?></td>
    <td><?php echo $result['name'];?></td>
    <td align="center"><a href="book_Modify.php?id=<?php echo $result['bookid'];?>">修改</a></td>
    <td align="center"><a href="book_del.php?id=<?php echo $result['bookid'];?>">删除</a></td>
  </tr>
<?
  }while($result=mysqli_fetch_array($query));              //do…while 循环语句结束
?>
```

注意 关于 join…on 内联接语句的使用方法参见 6.11.1 节。

6.8.4　添加图书信息的实现过程

　　添加图书信息使用的数据表：tb_bookinfo、tb_bookcase、tb_booktype、tb_publishing

　　管理员登录系统后，在导航栏中单击"图书档案管理"超链接，进入到查看图书列表页面。在该页面中单击"添加图书信息"超链接，进入到添加图书信息页面。添加图书信息页面的运行结果如图 6.27 所示。

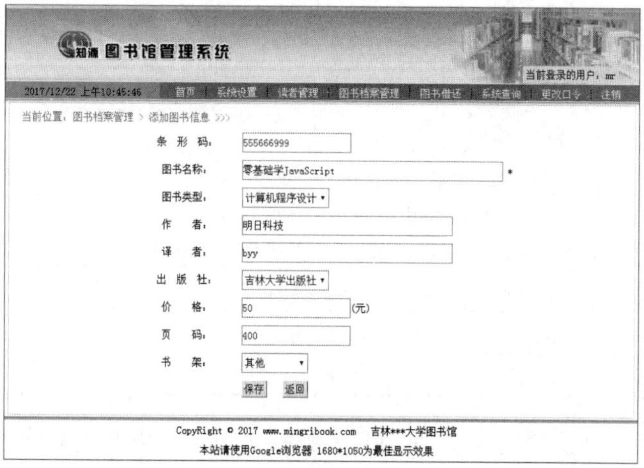

图 6.27　添加图书信息页面的运行结果

279

在查看图书列表页面中，设置"添加图书信息"超链接的代码如下：

例程 23　代码位置：资源包\TM\06\library\book.php

```
<a href="book_add.php">添加图书信息</a>
```

添加图书信息页面主要用于收集输入的图书信息以及通过自定义的 JavaScript 函数验证输入信息是否合法。该页面中所涉及的重要表单元素如表 6.10 所示。

表 6.10　添加图书信息页面所涉及的重要表单元素

名　　称	元素类型	重要属性	含　　义
form1	form	method="post" action="book_ok.php"	表单
typeId	select	`<?php include("conn/conn.php");` `    $sql=mysqli_query($conn,"select * from tb_booktype");`	图书类型

typeId	select	`$info=mysqli_fetch_array($sql);`
		`    do{`
		`?>`
		`<option value="<?php echo $info['id'];?>">`
		`<?php echo $info['typename'];?></option>`
		`<?php}while($info=mysqli_fetch_array($sql));?>`
			图书类型

isbn	select	`<?php`
		`    $sql2=mysqli_query($conn,"select * from tb_publishing");`
		`    $info2=mysqli_fetch_array($sql2);`
		`    do{`
		`?>`
		`<option value="<?php echo $info2['ISBN'];?>">`
		`<?php echo $info2['pubname'];?></option>`
		`<?php}while($info2=mysqli_fetch_array($sql2));?>`
			出版社

bookcaseid	select	`<?php`
		`    $sql3=mysqli_query($conn,"select * from tb_bookcase");`
		`    $info3=mysqli_fetch_array($sql3);`
		`    do{`
		`?>`
		`<option value="<?php echo $info3['id'];?>">`
		`<?php echo $info3['name'];?></option>`
		`<?php}while($info3=mysqli_fetch_array($sql3));?>`
			书架名称

operator	hidden	value="<?php echo $info3['name'];?>"	操作员
Submit	submit	onClick="return check(form1)"	"保存"按钮
Submit2	button	onClick="history.back();"	"返回"按钮

由于添加图书信息的方法同添加管理员信息的方法类似，所以此处只给出向图书信息表中插入数据的 SQL 语句，详细代码参见资源包。向图书信息表中插入数据的 SQL 语句如下：

例程 24　代码位置：资源包\TM\06\library\book_ok.php

```
mysqli_query($conn,"insert into
tb_bookinfo(barcode,bookName,typeid,author,translator,ISBN,price,page,bookcase,inTime,operator )values('$b
arcode','$bookName','$typeid','$author','$translator','$isbn','$price','$page','$bookcaseid','$inTime','$operator')");
```

6.8.5　修改图书信息的实现过程

　　修改图书信息使用的数据表：tb_bookinfo、tb_bookcase、tb_booktype、tb_publishing
　　管理员登录系统后，在导航栏中单击"图书档案管理"超链接，进入到查看图书列表页面。单击想要修改的图书信息后面的"修改"超链接，进入到"修改图书信息"页面。修改图书信息页面的运行结果如图 6.28 所示。

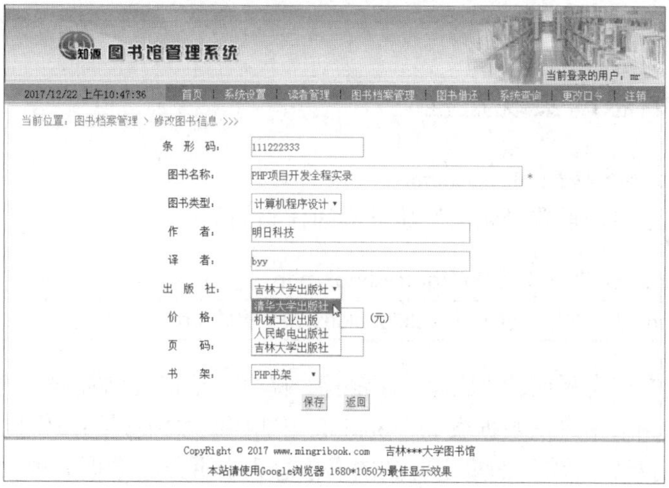

图 6.28　修改图书信息页面的运行结果

　　在图书信息列表页面中，添加"修改"超链接的代码如下：

例程 25　代码位置：资源包\TM\06\library\book.php

```
<a href="book_Modify.php?id=<?php echo $result['bookid'];?>">修改</a>
```

　　在修改图书信息页面中修改图书信息后，单击"保存"按钮，提交表单信息到数据处理页 book_Modify_ok.php，应用 UPDATE 语句将修改的图书信息保存到数据表 tb_bookinfo 中，并弹出"图书信息修改成功！"提示信息，将页面重定向到修改图书信息页。数据处理页的代码如下：

例程 26　代码位置：资源包\TM\06\library\book_Modify_ok.php

```
<?php
session_start();                                    //初始化 session 变量
header("content-type:text/html;charset=utf-8");     //设置页面编码格式
include("conn/conn.php");                            //连接数据库文件
date_default_timezone_set("PRC");                   //设置时区
$bid=$_POST['bid'];                                 //获取图书 id 号
$operator=$_SESSION['admin_name'];                  //获取管理员名称
```

```
$barcode=$_POST['barcode'];                                    //获取图书条形码
$bookName=$_POST['bookName'];                                  //获取图书名称
$typeid=$_POST['typeId'];                                      //获取图书类型 id 号
$author=$_POST['author'];                                      //获取图书作者
$translator=$_POST['translator'];                              //获取图书译者
$isbn=$_POST['isbn'];                                          //获取出版社 ISBN
$price=$_POST['price'];                                        //获取图书单价
$page=$_POST['page'];                                          //获取图书页码
$bookcase=$_POST['bookcaseid'];                                //获取图书书架 id 号
$inTime=date("Y-m-d");                                         //设置图书更新日期为当前日期
$query=mysqli_query($conn,"update tb_bookinfo set barcode='$barcode', bookName='$bookName' , typeid='$typeid',
author='$author', translator='$translator', ISBN='$isbn' , price='$price' , page='$page' , bookcase='$bookcaseid',
inTime='$inTime', operator='$operator' where id=$bid");        //更新数据表
echo "<script language='javascript'>alert('图书信息修改成功!');history.back();</script>";
?>
```

6.8.6   删除图书信息的实现过程

⊞   删除图书信息使用的数据表：tb_bookinfo

在查看图书列表页面中，设置"删除"超链接的代码如下：

例程 27   代码位置：资源包\TM\06\library\book.php

```
<a href="book_del.php?id=<?php echo $result['bookid'];?>">删除</a>
```

单击想要删除的图书信息后面的"删除"超链接，提交表单信息到数据处理页 book_del.php，应用
DELETE 语句将指定的图书信息从数据表 tb_bookinfo 中删除，如果删除操作执行成功，则弹出"图书
信息删除成功！"提示信息，并将页面重定向到图书信息列表页面。数据处理页的代码如下：

例程 28   代码位置：资源包\TM\06\library\book_del.php

```
<?php
include("conn/conn.php");                                      //连接数据库文件
header("content-type:text/html;charset=utf-8");                //设置页面编码格式
$info_del=mysqli_query($conn,"delete from tb_bookinfo where id=".$_GET['id']); //删除指定的图书信息
if($info_del){                                                 //如果信息删除成功，则弹出提示
    echo "<script language='javascript'>alert('图书信息删除成功!');history.back();</script> ";
}
?>
```

视频讲解

6.9   图书借还模块设计

6.9.1   图书借还模块概述

图书借还模块主要包括图书借阅、图书续借、图书归还、图书档案查询、图书借阅查询、借阅到

期提醒等 6 个功能。在图书借阅模块中的用户只有一种身份，那就是操作员，通过该身份可以进行图书借还等相关操作。图书借还模块的用例图如图 6.29 所示。

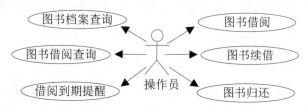

图 6.29　图书借还模块的用例图

6.9.2　图书借还模块技术分析

在图书借还模块中涉及的数据表是 tb_borrow（图书借阅信息表）、tb_bookinfo（图书信息表）和 tb_reader（读者信息表），这 3 个数据表间通过相应的字段进行关联，如图 6.30 所示。

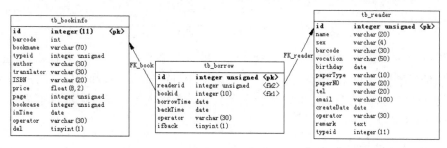

图 6.30　图书借还管理模块各表间关系图

 注意　本模块主要应用联接语句实现多表查询，关于联接语句的详细讲解参见 6.11 节。

6.9.3　图书借阅的实现过程

　　图书借阅使用的数据表：tb_borrow、tb_bookinfo、tb_reader

管理员登录后，选择"图书借还"/"图书借阅"菜单项，进入到图书借阅页面，在该页面的"读者条形码"文本框中输入读者的条形码（如 556699）后，单击"确定"按钮，系统会自动检索出该读者的基本信息和未归还的借阅图书信息。如果检索到对应的读者信息，将其显示在页面中，此时输入图书的条形码或图书名称后，单击"确定"按钮，借阅指定的图书，运行结果如图 6.31 所示。

说明　当读者借阅图书完毕后，操作员通过单击"完成借阅"按钮，将重新载入图书借阅页面，当前页处于空信息状态，从而方便操作员对下一个读者进行借阅图书操作。

图书借阅页面总体上可以分为两个部分：一部分用于查询并显示读者信息；另一部分用于显示读者的借阅信息和添加读者借阅信息。

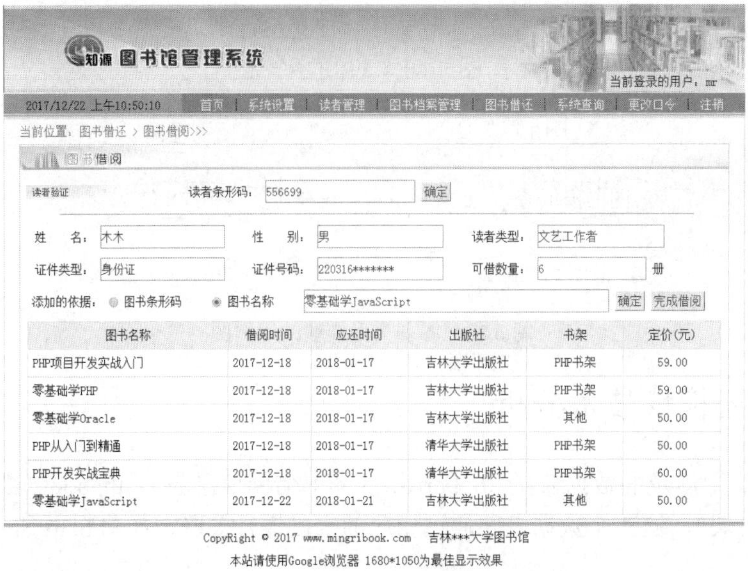

图 6.31   图书借阅页面的运行结果

在进行图书借阅时，系统要求每个读者只能同时借阅一定数量的图书，并且该数量由读者类型表 tb_readertype 中的可借数量 number 决定，所以笔者编写了自定义的 checkbook() 函数，用于判断当前选择的读者是否还可以借阅新的图书，同时该函数还具有判断输入读者条形码或图书名称文本框是否为空的功能。代码如下：

例程 29   代码位置：资源包\TM\06\bookBorrow.php

```javascript
<script language="javascript">
function checkbook(form){                                   //自定义一个 JavaScript 函数 checkbook()
    if(form.barcode.value==""){                             //如果读者条形码为空
            alert("请输入读者条形码!");form.barcode.focus();return;  //弹出提示，焦点返回到条形码文本框
    }
    if(form.inputkey.value==""){                            //如果图书查询文本框的值为空
            alert("请输入查询关键字!");form.inputkey.focus();return; //弹出提示，焦点返回到图书查询文本框
    }
    if(form.number.value!="" && form.number.value-form.borrowNumber.value<=0){   //如果图书的借阅数量超
过了可借数量
            alert("您不能再借阅其他图书了!");return;                //弹出提示信息
    }
  form.submit();                                            //提交表单
  }
</script>
```

技巧   在 JavaScript 中比较两个数值型文本框的值时，不使用运算符"=="，而是将这两个值相减，再判断其结果。

检索读者的基本信息的 SQL 语句如下：

例程 30　代码位置：资源包\TM\06\library\bookborrow.php

```
$sql=mysqli_query($conn,"select r.*,t.name as typename,t.number from tb_reader r left join tb_readerType t on
r.typeid=t.id where r.barcode='".$barcode."'");
$info=mysqli_fetch_array($sql);                    //检索读者信息
```

获取读者借阅信息的 SQL 语句如下：

例程 31　代码位置：资源包\TM\06\library\bookborrow.php

```
$sql1=mysqli_query($conn,"select r.*,borr.borrowTime,borr.backTime,book.bookname,book.price,pub.pubname,bc.
name as bookcase from tb_borrow as borr join tb_bookinfo as book on book.id=borr.bookid join tb_publishing as
pub on book.ISBN=pub.ISBN join tb_bookcase as bc on book.bookcase=bc.id join tb_reader as r on
borr.readerid= r.id    where borr.readerid='$readerid' and borr.ifback=0");
$info1=mysqli_fetch_array($sql1);                  //检索读者的借阅信息
$borrowNumber=mysqli_num_rows($sql1);              //获取结果集中行的数目
```

在"图书条形码"/"图书名称"文本框中输入图书条形码或图书名称后，单击"确定"按钮，检索该图书在图书借阅信息表中是否存在，如果不存在，则向图书借阅信息表中添加该读者的图书的借阅记录，完成图书借阅操作；否则，弹出该书不能被同一读者重复借阅的提示信息。图书借阅的具体代码如下：

例程 32　代码位置：资源包\TM\06\library\bookBorrow.php

```
<?php
if($info && isset($_POST['inputkey']) && $_POST['inputkey']!=""){//如果"图书条形码"/"图书名称"文本框不为空
$f=$_POST['f'];                                    //获取用户选择的条件值
❶  $inputkey=trim($_POST['inputkey']);            //获取用户输入的查询关键字
$barcode=$_POST['barcode'];                        //获取读者的条形码
❷  $borrowTime=date('Y-m-d');                      //图书的借阅时间为系统当前时间
❸  $backTime=date("Y-m-d",(time()+3600*24*30));    //归还图书日期为当前期日期+30 天期限
$query=mysqli_query($conn,"select * from tb_bookinfo where $f='$inputkey'");
$result=mysqli_fetch_array($query);               //检索图书信息是否存在
if($result==false){                               //如果读者借阅的图书不存在，那么弹出提示信息
    echo "<script language='javascript'>alert('该图书不存在！
');window.location.href='bookBorrow.php?barcode=$barcode'; </script>";
}
else{                                             //检索该读者所借阅的图书是否与再借图书重复
    $query1=mysqli_query($conn,"select  r.*,borr.borrowTime,borr.backTime,book.bookname,book.price, pub.pubname,
bc. name as bookcase from tb_borrow as borr join tb_reader as r on borr.readerid=r.id join tb_bookinfo as book
on book.id=borr.bookid join tb_publishing as pub on book.ISBN=pub.ISBN join tb_bookcase as bc on book.
bookcase=bc.id where borr.bookid=$result[id] and borr.readerid=$readerid and ifback=0");
    $result1=mysqli_fetch_array($query1);
    if($result1==true){                           //如果所借图书已被该读者借阅，那么提示不能重复借阅
        echo  "<script  language='javascript'>alert('该图书已经借阅！');window.location.href='bookBorrow.php?
barcode=$barcode';</script>";
    }
    else{                                         //否则，完成图书借阅操作，并弹出借阅成功提示信息
        $bookid=$result['id'];                    //将读者 id 号赋给一变量
        mysqli_query($conn,"insert into
```

```
tb_borrow(readerid,bookid,borrowTime,backTime,operator,ifback)values('$readerid','$bookid','$borrowTime','$back
Time','".$_SESSION['admin_name']."',0)");                    //向借阅信息表中添加一条借阅信息
        echo "<script language='javascript'>alert('图书借阅操作成功！'
);window.location.href='bookBorrow.php?barcode=$barcode';</script>";
    }
    }
}
?>
```

📢 代码贴士

❶ trim()：删除字符串中首尾的空白或者其他字符，以达到精确查询。

❷ date('Y-m-d')：获取系统的当前日期为图书借阅的日期，并格式化日期格式。

❸ date("Y-m-d",(time()+3600*24*30))：归还图书日期=当前期日期+30 天期限。当前日期时间戳应用 time()函数获取，30 天期限的时间戳等于 3600 秒×24 小时×30 天，并通过 date()函数格式化为指定日期格式。

6.9.4　图书续借的实现过程

　　图书续借使用的数据表：tb_borrow、tb_bookinfo、tb_reader

　　管理员登录后，选择"图书借还"/"图书续借"菜单项，进入到图书续借页面。在该页面的"读者条形码"文本框中输入读者的条形码（如 556699）后，单击"确定"按钮，系统会自动检索出该读者的基本信息和未归还的借阅图书信息。如果检索到对应的读者信息，则将其显示在页面中，此时单击"续借"超链接，即可续借指定图书（即将该图书的归还时间加上该书的可借天数 30 天计算得出）。

✏️ 说明　当读者续借完图书后，操作员通过单击"完成续借"按钮，将重新载入图书续借页面，当前页处于空信息状态，从而方便操作员进行下一个读者续借图书操作。

　　图书续借页面的设计方法同图书借阅类似，所不同的是，在图书续借页面中没有添加借阅图书的功能，而是添加了"续借"超链接。图书续借页面的运行结果如图 6.32 所示。

图 6.32　图书续借页面的运行结果

单击"续借"超链接时，还需要将读者条形码、借阅 id 号和图书归还时间一同传递到图书续借的处理页 borrow_oncemore.php 中。代码如下：

例程 33　代码位置：资源包\TM\06\library\bookRenew.php

```
<a href="borrow_oncemore.php?barcode=<?php echo $info['barcode'];?>&borrid=<?php echo
$info['borrid'];?>&backTime=<?php echo $info['backTime'];?>">续借</a>
```

检索读者信息和读者借阅信息的 SQL 语句如下：

例程 34　代码位置：资源包\TM\06\library\bookRenew.php

```
$sql=mysqli_query($conn,"select  borr.id  as  borrid,borr.borrowTime,borr.backTime,borr.ifback,r.*,t.name  as
typename, t.number, book.bookname,book.price,pub.pubname,bc.name as bookcase from tb_borrow as borr
join tb_reader r on borr.readerid=r.id join tb_readerType t on r.typeid=t.id join tb_bookinfo as book on book.id=
borr.bookid join tb_publishing as pub on book.ISBN=pub.ISBN  join tb_bookcase as bc on book.bookcase=
bc.id where r.barcode='".$barcode."' and borr.ifback=0");
$info=mysqli_fetch_array($sql);                                    //检索读者信息和借阅信息
```

单击"续借"超链接，提交到数据处理页 borrow_oncemore.php，主要用于完成图书的续借功能，主要通过更改图书的归还日期（即将该图书的归还时间加上该书的可借天数 30 天计算得出，续借日期的具体算法参见 6.10.1 节的详细讲解）实现。数据处理页的代码如下：

例程 35　代码位置：资源包\TM\06\library\borrow_oncemore.php

```
<?php
session_start();                                         //初始化 session 变量
header("content-type:text/html;charset=utf-8");          //设置页面编码格式
include("conn/conn.php");                                 //连接数据库文件
$barcode=$_GET['barcode'];                                //获取图书条形码
$new=$_GET['backTime'];                                   //获取图书归还时间
date_default_timezone_set("PRC");                         //设置时区
//更新续借期，将动态获取的还书日期转化为时间戳，然后再求出续借后的还书日期
$newbackTime=date("Y-m-d",(mktime(0, 0, 0, substr($new,5,2), substr($new,8,2), substr($new,0,4))+3600*24*30));
$borrid=$_GET['borrid'];                                  //获取续借图书的 id 号
mysqli_query($conn,"update tb_borrow set backTime='$newbackTime',ifback=0,operator='".$_SESSION['admin_
name']."' where id=$borrid");
echo "<script language='javascript'>alert('图书续借操作成功！');window.location.href='bookRenew.php? barcode=
$barcode'; </script>";                                   //弹出图书续借成功的提示信息
?>
```

6.9.5　图书归还的实现过程

　　图书归还使用的数据表：tb_borrow、tb_bookinfo、tb_reader

管理员登录后，选择"图书借还"/"图书归还"菜单项，进入到图书归还页面。在该页面的"读者条形码"文本框中输入读者的条形码（如 556699）后，单击"确定"按钮，系统会自动检索出该读者的基本信息和未归还的借阅图书信息。如果检索到对应的读者信息，则将其输出到浏览器，此时单击"归还"超链接，即可将指定图书归还。图书归还页面的运行结果如图 6.33 所示。

图 6.33　图书归还页面的运行结果

图书归还页面的设计方法同图书续借类似，所不同的是，将图书续借页面中的"续借"超链接更换为"归还"超链接。在单击"归还"超链接时，也需要将读者条形码和借阅 id 号一同传递到图书归还处理页。代码如下：

例程 36　代码位置：资源包\TM\06\library\bookBack.php

```
<a href="bookBack_ok.php?borrid=<?php echo $info['borrid'];?>&barcode=<?php echo $info['barcode'];?>">归
还</a>
```

检索读者信息及读者借阅信息的 SQL 语句如下：

例程 37　代码位置：资源包\TM\06\library\bookBack.php

```
$sql=mysqli_query($conn,"select  borr.id  as  borrid,borr.borrowTime,borr.backTime,borr.ifback,r.*,t.name  as
typename, t.number,book.bookname,book.price,pub.pubname,bc.name as bookcase from tb_borrow as borr
join tb_reader r on borr.readerid=r.id join tb_readerType t on r.typeid=t.id join tb_bookinfo as book on book.id=
borr.bookid join tb_publishing as pub on book.ISBN=pub.ISBN  join tb_bookcase as bc on book.bookcase=
bc.id where r.barcode='".$barcode."' and borr.ifback=0");
$info=mysqli_fetch_array($sql);                                //检索读者信息及该读者的借阅信息
```

单击"归还"超链接，即可将指定图书归还。数据处理页的代码如下：

例程 38　代码位置：资源包\TM\06\library\bookBack_ok.php

```
<?php
session_start();                                               //初始化 session 变量
header("content-type:text/html;charset=utf-8");                //设置页面编码格式
include("conn/conn.php");                                      //连接数据库文件
date_default_timezone_set("PRC");                              //设置时区
$backTime=date("Y-m-d");                                       //归还图书日期
$borrid=$_GET['borrid'];                                       //获取读者的 id 号
mysqli_query($conn,"update  tb_borrow  set  backTime='$backTime',ifback=1,operator='".$_SESSION['admin_
name']."' where id=$borrid");                                  //更新读者的借阅信息
```

```
echo "<script language='javascript'>alert('图书归还操作成功！');window.location.href='bookBack.php?barcode=
$barcode';</script>";                              ///弹出图书归还成功的提示信息
?>
```

6.9.6　图书借阅查询的实现过程

　　图书借阅查询使用的数据表：tb_borrow、tb_bookinfo、tb_reader

　　管理员登录后，选择"系统查询"/"图书借阅查询"菜单项，进入到图书借阅查询页面。图书借阅查询页面的运行结果如图 6.34 所示。在该页面中可以按指定的字段或某一时间段进行查询，同时还可以实现按指定字段及时间段进行综合条件查询。

图 6.34　图书借阅查询页面的运行结果

　　图书借阅查询页面主要用于收集查询条件和显示查询结果，并通过自定义的 JavaScript 函数验证输入的查询条件是否合法。该页面中所涉及的表单元素如表 6.11 所示。

表 6.11　图书借阅查询页面所涉及的表单元素

名　称	元 素 类 型	重 要 属 性	含　义
myform	form	method="post" action=""	表单
flag1	checkbox	value="a"	请选择查询依据
flag2	checkbox	value="b"	借阅时间
f	select	<option value="k.barcode" >图书条形码</option> <option value="k.bookname">图书名称</option> <option value="r.barcode">读者条形码</option> <option value="r.name">读者名称</option>	查询字段
key1	text	size="50"	关键字
sdate	text	id="sdate"	开始日期
edate	text	id="edate"	结束日期
Submit	submit	onClick="return check(myform);"	"查询"按钮

289

在图书借阅查询页面中，指定查询条件后，提交表单信息到当前页。首先获取表单元素复选框的值，然后根据复选框的值组合查询字符串。

如果 flag1 的值等于 a，那么按指定的字段检索图书借阅信息；如果 flag2 的值等于 b，那么按指定的时间段检索图书借阅信息；如果 flag1 的值等于 a，并且 flag2 的值等于 b，那么按以上两个条件的综合条件检索图书借阅信息，并将查询结果输出到浏览器。具体代码如下：

例程 39　代码位置：资源包\TM\06\library\borrowQuery.php

```php
<?php
include("conn/conn.php");                                    //连接数据库文件
$sql=mysqli_query($conn,"select   b.borrowTime,b.backTime,b.ifback,r.barcode   as   readerbarcode,r.name,k.id,k.barcode,
k.bookname from tb_borrow b join tb_reader r on b.readerid=r.id join tb_bookinfo k on b.bookid=k.id");      //查询
图书借阅信息
if(isset($_POST['Submit'])){                                 //如果提交了表单，则执行以下操作
    $f=$_POST['f'];                                          //获取操作员选择的查询条件
    $key1=$_POST['key1'];                                    //获取查询关键字
    $sdate=$_POST['sdate'];                                  //获取借阅的起始日期
    $edate=$_POST['edate'];                                  //获取借阅的结束日期
    $flag1=isset($_POST['flag1'])?$_POST['flag1']:"";        //获取按指定条件查询的复选框值
    $flag2=isset($_POST['flag2'])?$_POST['flag2']:"";        //获取按日期查询的复选框值
    if($flag1=="a"){                                         //如果按指定条件查询，则执行以下语句
    $sql=mysqli_query($conn,"select b.borrowTime,b.backTime,b.ifback,r.barcode as readerbarcode,r.name,k.id,
k.barcode, k.bookname from tb_borrow b join tb_reader r on b.readerid=r.id join tb_bookinfo k on b.bookid=k.id
where $f like '%$key1%'");
    }
    if($flag2=="b"){                                         //如果按时间段查询，则执行以下语句
    $sql=mysqli_query($conn,"select   b.borrowTime,b.backTime,b.ifback,r.barcode   as   readerbarcode,r.name,   k.id,
k.barcode,k.bookname from tb_borrow b join tb_reader r on b.readerid=r.id join tb_bookinfo k on b.bookid=k.id
where borrowTime between '$sdate' and '$edate'");
    }
    if($flag1=="a" && $flag2=="b"){                          //如果按综合条件查询，则执行以下语句
    $sql=mysqli_query($conn,"select  b.borrowTime,b.backTime,b.ifback,r.barcode  as  readerbarcode,r.name,
k.id,k.barcode,k.bookname  from  tb_borrow  b  join  tb_reader  r  on  b.readerid=r.id  join  tb_bookinfo  k  on
b.bookid=k.id where borrowTime between '$sdate' and '$edate' and $f like '%$key1%'");
    }
}
$result=mysqli_fetch_array($sql);                            //检索查询结果
if($result==false){                                         //如果查询结果不存在，则弹出提示信息
?>
<table width="100%" height="30"   border="0" cellpadding="0" cellspacing="0">
  <tr>
    <td height="36" align="center">暂无图书借阅信息！</td>
  </tr>
</table>
<?php
}
else{                                                        //否则，输出图书借阅信息
```

```
?>
<table width="946"   border="1" cellpadding="6" cellspacing="0" bordercolor="#E1E1E1" style="border-collapse:
collapse;">
   <tr align="center" bgcolor="#D0E9F8">
     <td width="13%">图书条形码</td>
     <td width="27%">图书名称</td>
     <td width="15%">读者条形码</td>
     <td width="9%">读者名称</td>
     <td width="13%">借阅时间</td>
     <td width="13%">归还时间</td>
     <td width="10%">是否归还</td>
   </tr>
<?php
do{
if($result['ifback']=="0"){                                      //如果"是否归还"等于 0，则输出"未归还"
     $ifbackstr="未归还";
}
else{                                                            //如果"是否归还"等于 1，则输出"已归还"
     $ifbackstr="已归还";
}
?>
/* ****************************输出符合查询条件的记录**************************** */
<tr>
   <td><?php echo $result['barcode'];?></td>
   <td><a href="book_look.php?id=<?php echo $result['id']; ?>"><?php echo $result ['bookname']; ?></a></td>
   <td><?php echo $result['readerbarcode'];?></td>
   <td align="center"><?php echo $result['name'];?></td>
   <td align="center"><?php echo $result['borrowTime'];?></td>
   <td align="center"><?php echo $result['backTime'];?></td>
   <td align="center"><?php echo $ifbackstr;?></td>
</tr>
/* ************************************************************************** */
<?php
     }while($result=mysqli_fetch_array($sql));
}
?>
```

6.9.7　单元测试

在开发完图书借还模块后，对该模块进行了单元测试。当操作员按指定字段进行条件查询时，能够实现图书借阅查询；当操作员按指定的时间段进行查询时，也能够实现图书借阅查询；但是当操作员按以上两个条件同时进行查询时，则不能实现图书借阅查询。

图书借还模块的表单元素代码如下：

```
<input name="flag" type="checkbox" class="noborder" value="a" checked>
<input name="flag" type="checkbox" class="noborder" id="flag" value="b">
```

完成图书借阅查询的 SQL 语句如下：

```
if($flag=="a"){
    $sql=mysqli_query($conn,"select b.borrowTime,b.backTime,b.ifback,r.barcode as readerbarcode,r.name,k.id,
    k.barcode, k.bookname from tb_borrow b join tb_reader r on b.readerid=r.id join tb_bookinfo k on b.bookid=k.id where $f
    like '%$key1%'");
}
if($flag=="b"){
    $sql=mysqli_query($conn,"select   b.borrowTime,b.backTime,b.ifback,r.barcode   as   readerbarcode,r.name,k.id,
    k.barcode, k.bookname from tb_borrow b join tb_reader r on b.readerid=r.id join tb_bookinfo k on b.bookid=k.id
    where borrowTime between '$sdate' and '$edate'");
}
if($flag=="a" && $flag=="b"){
    $sql=mysqli_query($conn,"select   b.borrowTime,b.backTime,b.ifback,r.barcode   as   readerbarcode,r.name,k.id,
    k.barcode,k.bookname from tb_borrow b join tb_reader r on b.readerid=r.id join tb_bookinfo k on b.bookid=k.id
    where borrowTime between '$sdate' and '$edate' and $f like '%$key1%'");
}
```

为了找出错误的原因，笔者应用 echo()语句对$flag 的值进行输出，输出的结果显示$flag 等于 b，不执行$flag 等于 a。这充分说明在对同名复选框进行查询时，它只能获取最后一个复选框的值。

解决该问题的方法是将两个复选框分别定义为两个不同的名称，然后赋予不同的值，再进行判断，就可以实现按指定字段、指定的条件进行综合条件查询。

因此将表单中的 HTML 标记中的 flag 进行重命名，代码如下：

```
<input name="flag1" type="checkbox" class="noborder" value="a" checked>
<input name="flag2" type="checkbox" class="noborder" id="flag" value="b">
```

修改后的完成图书借阅查询的 SQL 语句如下：

```
if($flag1=="a"){
    $sql=mysqli_query($conn,"select   b.borrowTime,b.backTime,b.ifback,r.barcode   as   readerbarcode,r.name,k.id,
    k.barcode,k.bookname from tb_borrow b join tb_reader r on b.readerid=r.id join tb_bookinfo k on b.bookid=k.id
    where $f like '%$key1%'");
}
if($flag2=="b"){
    $sql=mysqli_query($conn,"select   b.borrowTime,b.backTime,b.ifback,r.barcode   as   readerbarcode,r.name,k.id,
    k.barcode,k.bookname from tb_borrow b join tb_reader r on b.readerid=r.id join tb_bookinfo k on b.bookid=k.id
    where borrowTime between '$sdate' and '$edate'");
}
if($flag1=="a" && $flag2=="b"){
    $sql=mysqli_query($conn,"select   b.borrowTime,b.backTime,b.ifback,r.barcode   as   readerbarcode,r.name,k.id,
    k.barcode,k.bookname from tb_borrow b join tb_reader r on b.readerid=r.id join tb_bookinfo k on b.bookid=k.id
    where borrowTime between '$sdate' and '$edate' and $f like '%$key1%'");
}
```

6.10　开发技巧与难点分析

6.10.1　如何自动计算图书归还日期

在图书馆管理系统中会遇到这样的问题：在借阅图书时，需要自动计算图书的归还日期。

1. 图书归还日期

根据图书馆还书的规律一般都以 30 天为一个期限，因此在图书归还时，可以设置一个固定的值，即 30 天。计算归还日期的方法如下：

图书归还日期=系统当前日期+借阅天数固定值 30 天。

自动计算图书归还日期的具体代码如下：

```
date("Y-m-d",(time()+3600*24*30))                          //图书归还日期
```

2. 续借图书归还日期

续借图书归还日期是在原来数据库保存该图书归还日期（这个日期是不固定的）的基础上再次借阅所计算的时间，它是需要根据数据表中保存的归还日期来计算的。计算图书续借归还日期的方法如下：

续借图书归还日期=所借图书在数据表中的归还日期+借阅天数固定值 30 天。

首先应用 substr()函数分别取出所借图书在数据表中原定的归还日期 "月""日""年"，然后应用 mktime()函数计算出归还日期的时间戳，最后应用 date()函数格式化日期为 "YYYY-MM-DD" 格式。

自动计算续借图书归还日期的代码如下：

```
$new=$_GET['backTime'];                          //获取传递过来的该图书在数据表中的归还日期
//更新续借期，将动态获取的还书日期转化为时间戳，然后再求出续借后的还书日期
date("Y-m-d",(mktime(0, 0, 0, substr($new,5,2), substr($new,8,2), substr($new,0,4))+3600*24*30));
```

6.10.2　如何对图书借阅信息进行统计排行

在图书馆管理系统的首页中，提供了显示图书借阅排行榜功能。要实现该功能，最重要的是如何获取统计排行信息，这可以通过一条 SQL 语句实现。本系统中实现对图书借阅信息进行统计排行的 SQL 语句如下：

```
select * from (select bookid,count(bookid) as degree from tb_borrow group by bookid) as borr join (select b.*,
c.name as bookcasename,p.pubname,t.typename from tb_bookinfo b left join tb_bookcase c on b.bookcase=
c.id join tb_publishing p on b.ISBN=p.ISBN join tb_booktype t on b.typeid=t.id where b.del=0) as book on borr.
bookid=book.id order by borr.degree desc limit 10
```

下面将对该 SQL 语句进行分析：

（1）对图书借阅信息表进行分组并统计每本图书的借阅次数，然后使用 as 为其指定别名为 borr。

代码如下：

```
(select bookid,count(bookid) as degree from tb_borrow group by bookid) as borr
```

（2）使用左联接查询出图书的完整信息，然后使用 as 为其指定别名为 book。代码如下：

```
(select b.*,c.name as  bookcasename,p.pubname,t.typename from tb_bookinfo b left join tb_bookcase c on
b.bookcase=c.id join tb_publishing p on b.ISBN=p.ISBN join tb_booktype t on b.typeid=t.id where b.del=0) as book
```

（3）使用 join on 语句将 borr 和 book 连接起来，再对其按统计的借阅次数 degree 进行降序排序，并使用 limit 子句限制返回的行数。

6.11　联接语句技术专题

在实际网站开发过程中，经常需要从多个表中查询信息，在 MySQL 数据库中可以通过连接的方式实现多表查询，连接方式分为内联接和外联接两种。下面对这两种连接方式进行详细讲解。

6.11.1　内联接语句

inner join 即内联接查询方式，是程序开发中常用的连接方式。内联接称为相等联接，它返回两个表中的所有列，但只返回在联接列中具有相等值的行。内联接查询的语法格式如下：

```
select fieldlist
from    table1 [inner] join table2
on table1.column=table2.column
```

- ☑　fieldlist：要查询的字段列表。
- ☑　table1、table2：为要连接的表名。
- ☑　inner：可选项，表示表之间的连接方式为内联接。
- ☑　on table1.column=table2.column：用于指明表 table1 和表 table2 之间的连接条件。

下面通过内联接方式实现员工信息表和员工工资表的连接，并显示查询结果。代码如下：

```
$sql=mysqli_query($conn,"select
tb_yg.userid,tb_yg.name,tb_yg.sex,tb_yg.age,tb_yg.tel,tb_yg.bm,tb_yg_info.gz from tb_yg inner join tb_yg_info
on tb_yg.userid=tb_yg_info.ygid");
$info=mysqli_fetch_array($sql);
```

6.11.2　外联接语句

内联接返回的是两个表中符合条件的数据，而外联接返回部分或全部匹配行，这主要取决于所建立的外联接的类型。外联接分为左外联接和右外联接，下面对这两个外联接的使用方法进行详细讲解。

1．左外联接（left outer join）

左外联接返回的查询结果包含左表中的所有符合查询条件及右表中所有满足连接条件的行。MySQL 数据库中使用左外联接的语法格式如下：

```
select field 1[field2…]
    from table1 left [outer] join table2
    on join_condition
[where search_condition]
```

- ☑　left outer join：表示表之间通过左外联接方式相互连接，也可以简写成 left join。
- ☑　on join_condition：指多表建立连接所使用的连接条件。
- ☑　where search_condition：可选项，用于设置查询条件。

下面通过左外联接的方式建立员工信息表和员工工资表的连接，并显示查询结果。代码如下：

```
$sql=mysqli_query($conn,"select * from tb_yg left outer join tb_yg_info on tb_yg.userid=tb_yg_info.ygid ");
$info=mysqli_fetch_array($sql);
```

2．右外联接（right outer join）

右外联接返回的查询结果包含左表中的所有符合连接条件以及右表中所有满足查询条件的行。MySQL 数据库中使用右外联接的语法格式如下：

```
select field 1[field2…] from table1 right [outer] join table2 on join_condition [where search_condition]
```

- ☑　right outer join：表示表之间通过右外联接方式相互连接，也可以简写成 right join。
- ☑　outer：可选项，表示表之间的联接方式为完全联接。
- ☑　on join_condition：指多表建立联接所使用的连接条件。
- ☑　where search_condition：可选项，用于设置查询条件。

下面通过右外联接的方式建立员工信息表和员工工资表的连接，并显示查询结果。代码如下：

```
$sql=mysqli_query($conn,"select * from tb_yg right outer join tb_yg_info on tb_yg.userid=tb_yg_info.ygid ");
$info=mysqli_fetch_array($sql);
```

6.12　本 章 总 结

本章运用软件工程的设计思想，通过一个完整的图书馆管理系统引导读者深入了解系统的开发流程。在这个系统的实现过程中，除了应用一些基本的 PHP 技术之外，还涉及一些独特的技术细节，如权限设置、多表查询技术等需要读者掌握，并能在实际的操作中灵活应用，举一反三。

第 7 章

博客管理系统
（Apache+PHP+phpMyAdmin+MySQL 5.5 实现）

如果有人问"什么是 Web 2.0？"，恐怕没几个人能说得清楚，但是要问什么是博客，哪怕是从不上网的人也是耳熟能详的了。博客正是 Web 2.0 概念中重要的组成部分之一（大家熟知的还包括 IM 即时通和 RSS 阅读器）。

Blog（博客），全名 Weblog，后来缩写为 Blog。Blogger 就是写 Blog 的人，习惯于在网上写出日记、发布个人照片、展示个性自我的用户群体。对于 Blog/Blogger 的中文名称，有翻译成"博客"，也有翻译为"网志"，但大多数人都已经认可了"博客"。

通过阅读本章，可以学习到：

▶▶ 博客管理系统的开发流程

▶▶ 进一步掌握如何做项目需求分析与系统设计

▶▶ 实现一个简单的公告栏管理模块

▶▶ 掌握不同的图片上传技术

▶▶ 掌握一种采用JavaScript+CSS技术来实现的半透明动态下拉菜单

配置说明

视频讲解

7.1　开 发 背 景

　　博客管理系统给人们提供抒发个人情感、人与人之间进行良好沟通的平台，博客拥
有真实的内容，可以通过博客记录工作、学习、生活和娱乐的点滴，以及发表文章和评论，从而在网
上建立一个完全属于自己的个人天地，成为当今网络最为个性化和平民化的个人展示空间。对于网民，
只要拥有博客，就可以超越现实生活，拥有不同以往的全新网上生活；对于博客服务商，则必须从功
能提供转型到全方位社会服务的提供，建立虚拟社会，并负责维护运行，保证博客日常生活；对于社
会而言，有利于构建和谐的互联网空间，维护和谐的社会环境。从这个角度来说，构建新生活方式，
将是互联网发展的一个里程碑。

7.2　需 求 分 析

　　信息时代的今天，博客已经成为一种新的生活方式。在网络中构建一个赋有个性化的个人博客，
提供了一种可信任的和实时连通的网络环境，通过网络开放性和交互性的特点，让用户在任何时间、
任何地点，通过网络方便地"生活"，不仅可以进行信息传递与获取，还可以进行群体交流和资源共享，
展示自我，为个人发展带来新机遇。

　　通过对多个博客网的调查分析，客户要求本博客管理系统具有以下功能：

☑　要求系统采用 B/S 架构，实现人机交互。

☑　要求系统界面个性化，色彩搭配和谐，具有很强的视觉冲击力，操作简便。

☑　要求突出主题，显示最新文章和公告。

☑　要求游客可以浏览文章、浏览图片、发表评论。

☑　要求具有强大的搜索查询功能，实现精确查询和模糊查询。

☑　完善的文章管理功能，包括文章的发表、删除，以及对文章的评论与回复。

☑　支持图片上传功能，可以上传各种类型的图片。

☑　支持好友功能。

☑　系统运行稳定，安全可靠。

7.3　系 统 设 计

7.3.1　系统目标

　　该系统主要实现如下目标：

☑　系统采用 B/S 架构，实现人机交互。

☑　系统界面设计以浅色为主，美观友好，操作简便。

- ☑ 突出重点内容，显示最新文章。
- ☑ 非登录用户可以浏览文章、浏览图片、发表评论。
- ☑ 全面的搜索查询功能，包括精确查询和模糊查询。
- ☑ 完善的文章管理功能，包括文章的发表、删除，以及对文章的评论与回复。
- ☑ 支持图片上传功能。
- ☑ 支持好友功能。
- ☑ 支持公告栏功能。
- ☑ 系统运行稳定，安全可靠。

7.3.2 系统功能结构

博客管理系统的功能结构如图 7.1 所示。

7.3.3 系统功能预览

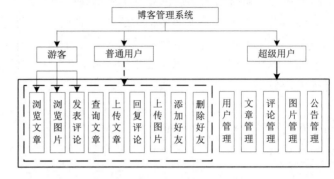

图 7.1　博客管理系统功能结构图

为了让读者对本系统有个初步的了解和认识，下面给出本系统的几个页面运行效果图，如果想查看完整的效果图，请参见资源包源程序。

博客管理系统的首页如图 7.2 所示，该页面包含了系统大部分的功能链接，包括用户注册、用户登录、文章浏览等。用户注册页面如图 7.3 所示，该页面显示了用户注册时需要填写的资料、注意事项等。

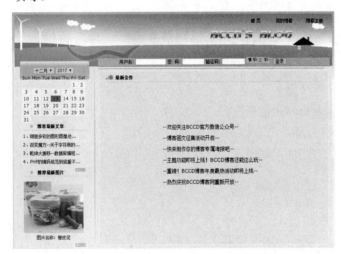

图 7.2　博客首页　（资源包\TM\07\online\index.php）

图 7.3　用户注册（资源包\TM\07\online\Register.php）

浏览文章页面如图 7.4 所示，该页面用于显示文章及相关的评论，也可以发表评论。发表文章页面如图 7.5 所示，该页面用于登录用户发表文章，包括文章标题、文字编辑区和文章内容。

图片上传页面用于上传图片，如图 7.6 所示，通过该页面用户可以将图片或照片添加到博客中。添加好友页面如图 7.7 所示，该页面用于输入用户好友的详细信息，包括姓名、性别、生日等。

图 7.4　浏览文章（资源包\TM\07\online\article.php）

图 7.5　发表文章（资源包\TM\07\online\file.php）

图 7.6　图片上传（资源包\TM\07\online\add_pic.php）

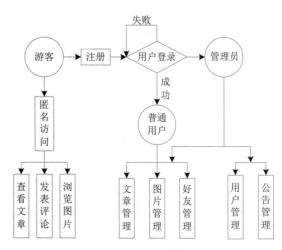

图 7.7　添加好友（资源包\TM\07\online\friend.php）

7.3.4　系统流程图

博客管理系统的流程图如图 7.8 所示。

7.3.5　开发环境

在开发博客管理系统平台时，该项目使用的软件
开发环境如下。

1．服务器端

☑　操作系统：Windows 7。

☑　服务器：Apache 2.4.18。

☑　PHP 软件：PHP 7.0.12。

☑　数据库：MySQL 5.5.47。

图 7.8　博客管理系统流程图

☑ MySQL 图形化管理软件：phpMyAdmin-3.5.8。

☑ 开发工具：PhpStorm 2016.3。

☑ 浏览器：Google Chrome。

☑ 分辨率：最佳效果为 1680×1050 像素。

2．客户端

☑ 浏览器：推荐使用 Google Chrome。

☑ 分辨率：最佳效果为 1680×1050 像素。

7.3.6 文件夹组织结构

博客系统的目录比较少，结构比较简单，主要有数据库链接文件目录、CSS 样式目录、JS 脚本目录及背景图片目录。文件夹组织结构如图 7.9 所示。

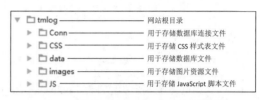

图 7.9 博客管理系统文件夹组织结构

视频讲解

7.4 数据库设计

7.4.1 数据库分析

本系统属于中小型个人网站，毫无争议的，本系统采用的依然是 PHP+MySQL 这对黄金组合，无论是从成本、性能、安全上考虑，还是从易操作性上考虑，MySQL 都是最佳选择。

7.4.2 数据库概念设计

通过需求分析和功能上的设计，本系统规划出用户信息实体、上传图片实体、朋友圈实体、文章实体和留言实体。下面给出主要的实体及 E-R 图。

用户信息实体包括注册用户的详细个人信息，如果想在本系统中进行发表文章、上传图片等操作，则必须要先进行注册。用户信息实体 E-R 图如图 7.10 所示。

上传图片实体主要包括图片名称、图片 id、上传用户、上传时间和图片空间等，实体 E-R 图如图 7.11 所示。

图 7.10 用户信息实体 E-R 图　　　　　　　图 7.11 上传图片实体 E-R 图

文章实体主要包括文章 id、文章作者、文章标题、文章内容和上传时间等，实体 E-R 图如图 7.12 所示。

7.4.3　数据库物理结构设计

根据实体 E-R 图和本系统的实际情况，在博客管理系统的数据库 db_tmlog 中需要创建 6 张数据表，如表 7.1 所示。

图 7.12　文章实体 E-R 图

表 7.1　db_tmlog 数据库中的数据表

表	类　　型	整　　理	说　　明
tb_article	MyISAM	utf8_general_ci	文章列表
tb_filecomment	MyISAM	utf8_general_ci	评论列表
tb_friend	MyISAM	utf8_general_ci	好友列表
tb_public	MyISAM	utf8_general_ci	公告列表
tb_tpsc	MyISAM	utf8_general_ci	图片列表
tb_user	MyISAM	utf8_general_ci	用户列表

下面来具体看一下这 6 张数据表的结构设计。

1．tb_user（用户列表）

用户列表主要存储用户的个人信息。tb_user 表的结构如表 7.2 所示。

表 7.2　用户列表结构

名　字	类　型	整　理	空	默　认	额　外	说　明
id	int(20)		否	无	AUTO_INCREMENT	自动编号
regname	varchar(20)	utf8_general_ci	否	无		用户名
regrealname	varchar(20)	utf8_general_ci	否	无		真实姓名
regpwd	varchar(40)	utf8_general_ci	否	无		用户密码
regbirthday	date		否	0000-00-00		用户生日
regemail	varchar(100)	utf8_general_ci	否	无		E-mail
regcity	varchar(100)	utf8_general_ci	否	无		所在城市
regico	varchar(50)	utf8_general_ci	否	无		用户头像
regsex	varchar(4)	utf8_general_ci	否	无		用户性别
regqq	varchar(40)	utf8_general_ci	否	无		用户 QQ
reghomepage	varchar(100)	utf8_general_ci	否	无		个人主页
regsign	varchar(200)	utf8_general_ci	否	无		个性化签名
regintroduce	mediumtext	utf8_general_ci	否	无		自我介绍
ip	varchar(20)	utf8_general_ci	否	无		登录 IP
fig	int(1)		否	0		是否管理员

2．tb_article（文章列表）

文章列表存储的是用户发表过的文章信息。tb_article 表的结构如表 7.3 所示。

表 7.3　文章列表结构

名　字	类　型	整　理	空	默　认	额　外	说　明
id	int(10)		否	无	AUTO_INCREMENT	自动编号
content	mediumtext	utf8_general_ci	否	无		文章内容
author	varchar(20)	utf8_general_ci	否	无		文章作者
now	datetime		否	0000-00-00 00:00:00		上传时间
title	varchar(200)	utf8_general_ci	否	无		文章标题

3．tb_filecomment（评论列表）

评论列表存储的是用户对文章的评论，包括注册用户和游客都可以发表评论。tb_filecomment 表的结构如表 7.4 所示。

表 7.4　评论列表结构

名　字	类　型	整　理	空	默　认	额　外	说　明
id	int(4)		否	无	AUTO_INCREMENT	自动编号
fileid	int(4)		否	0		文章 id
username	varchar(20)	utf8_general_ci	否	无		评价用户
content	text	utf8_general_ci	否	无		评价内容
datetime	datetime		否	0000-00-00 00:00:00		评价时间

4．tb_tpsc（图片列表）

图片列表存储的是上传图片的信息，如图片名称、上传用户、上传时间等。tb_tpsc 表的结构如表 7.5 所示。

表 7.5　图片列表结构

名　字	类　型	整　理	空	默　认	额　外	说　明
id	int(10)		否	无	AUTO_INCREMENT	自动编号
tpmc	varchar(30)	utf8_general_ci	否	无		图片名称
file	blob		否	无		二进制图片
author	varchar(20)	utf8_general_ci	否	无		上传用户
scsj	date		否	0000-00-00		上传时间

5．tb_friend（好友列表）

好友列表主要记录了姓名、性别、生日等好友的个人信息。tb_friend 表的结构如表 7.6 所示。

表 7.6　好友列表结构

名　字	类　型	整　理	空	默　认	额　外	说　明
id	int(4)		否	无	AUTO_INCREMENT	自动编号
name	varchar(50)	utf8_general_ci	否	无		好友姓名
sex	varchar(10)	utf8_general_ci	否	无		好友性别
bir	date		否	0000-00-00		好友生日
city	varchar(50)	utf8_general_ci	否	无		所在城市
address	varchar(100)	utf8_general_ci	否	无		家庭住址
postcode	varchar(6)	utf8_general_ci	否	无		邮政编码
email	varchar(50)	utf8_general_ci	否	无		E-mail
tel	varchar(20)	utf8_general_ci	否	无		家庭电话
handset	varchar(20)	utf8_general_ci	否	0		手机号码
QQ	varchar(20)	utf8_general_ci	否	0		好友 QQ
username	varchar(20)	utf8_general_ci	否	无		用户名

6．tb_public（公告列表）

公告列表主要记录了网站情况、博客系统的版本情况或是网站活动等。公告列表的结构如表 7.7 所示。

表 7.7　公告列表结构

名　字	类　型	整　理	空	默　认	额　外	说　明
id	int(4)		否	无	AUTO_INCREMENT	自动编号
title	varchar(50)	utf8_general_ci	否	无		公告主题
content	varchar(200)	utf8_general_ci	否	无		公告内容
pub_time	date		否	无		发布时间

7.5　首　页　设　计

视频讲解

7.5.1　首页概述

本系统首页页面设计简洁，主要包括以下 3 部分内容。

☑　首部导航栏：包括首页链接、注册和登录模块。

☑　左侧显示区：包括最新文章、最新图片和系统时间模块。游客主要通过该区域浏览文章、浏览图片及发表评论。

☑　主显示区：为系统公告栏，显示系统及网站的最新咨询。

本案例中提供的首页如图 7.13 所示。该首页在本书资源包中的路径为\TM\07\tmlog\index.php。

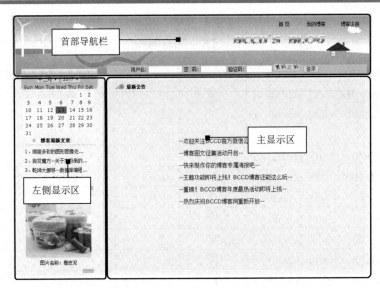

图 7.13　博客管理系统首页

7.5.2　首页技术分析

在首页主显示区，是一个公告栏模块。公告栏主要用于公布系统版本的更新或升级情况、网站的最新活动安排等，也可以链接一些用户的精彩文章。本系统的公告栏模块是通过<marquee>标签来实现的。<marquee>标签是 HTML 自带的，也是初学者最常用的公告栏实现方式。使用<marquee>标签，可以实现文字或图片的滚动效果，增加了实用性的同时，也增加了观赏性。下面就来学习这个标签的常用方法及属性。

> **注意**　<marquee>标签是微软与网景等公司私制的，从来没有被 W3C 当作正式标签来使用，所以除了 IE 浏览器外，有些属性是不被其他浏览器所支持的，在使用时一定要留意。

1．<marquee>标签的文字移动属性

<marquee>标签的特点就是可以使文字或图片动起来，在早些时候，这可是一个了不起的技术。随着 W3C 标准的逐渐完善，<marquee>标签已经越来越少有用武之地了，但有些技术是永远不变的，如<marquee>标签中的属性名称和属性值，了解 CSS 样式表和 JavaScript 脚本语言的人会感觉到非常熟悉，因为这些属性名称和属性值都经常被提及和使用。<marquee>标签用的文字移动属性及说明如表 7.8 所示。

表 7.8　<marquee>标签常用的文字移动属性及说明

属 性 名 称	属 性 值	属 性 说 明	应 用 举 例
marquee	无	标签基本语法，除了文字外，还可以是图片	<marquee>你好，PHP</marquee>
direction	left,right,up,down	文字移动属性，分别表示从右往左、从左往右、从下到上、从上到下	<marquee direction="up">从下到上移动</marquee>

属 性 名 称	属 性 值	属 性 说 明	应 用 举 例
Behavior	scroll,slide,alternate	文字移动方式，分别表示沿同一方向不停滚动、只滚动一次、在两个边界内来回滚动	`<marquee behavior="scroll">`不停的循环播放`</marquee>`
loop	数值 1,2,3…	循环次数，不指定则表示为无限循环	`<marquee loop=5 behavior=slide>`只循环滚动 3 次`</marquee>`
scrollmount	数值 10,20,30…	滚动速度，数值越大，速度越快	`<marquee scrollmount=25>`我漂起来了！！`</marquee>`
Scrolldelay	数值 100,200,300…	延时，每动一次，停止的时间	`<marquee scrolldelay="500" scrollamount=100>`停停走走`</marquee>`

2．<marquee>标签的外观设置

<marquee>标签不仅可以设置文字移动效果，还能设置标签的外观。外观包括对齐方式、标签底色、面积等。<marquee>标签常用的外观属性及说明如表 7.9 所示。

表 7.9　<marquee>标签常用的外观属性及说明

属 性 名 称	属 性 值	属 性 说 明	应 用 举 例
align	top,middle,bottom	指定文本的对齐方式	`<marquee align="middle">`我在中间`</marquee>`
bgcolor	颜色值"#000000"	滚动栏的颜色	`<marquee bgcolor="#DEEBEF">`看到了吗？`</marquee>`
height	数值 10,20,30…	滚动栏高度	`<marquee height="15">`不要，太矮了`</marquee>`
width	数值 10,20,30…	滚动栏宽度	`<marquee width="100">`哇！好大的房子啊`</marquee>`

3．<marquee>标签的其他属性

除了以上的常规设置，<marquee>标签还有两个特殊的属性，即 start()和 stop()，它们可以配合 JavaScript 事件产生很有意思的效果。例如：

```
onMouseOut="this.start()";                    //当鼠标移出该区域时，开始滚动
onMouseOver="this.stop()";                    //当鼠标进入该区域时，停止滚动
```

7.5.3　首页的实现过程

博客管理系统采用二分栏结构，表单布局。具体实现代码如下：

例程 01　代码位置：资源包\TM\07\tmlog\index.php

```php
<?php
session_start();                              //开启 session 支持
include "Conn/conn.php";                       //包含数据库链接文件
include "function.php";                        //包含函数文件
```

```
?>
<table width="920" border="0" align="center" cellpadding="0" cellspacing="0">
  <tr align="right" valign="top">
    <td height="149" colspan="2" background="images/head.jpg">
      ...                                                        <!--上部导航栏-->
    </td>
  </tr>
  <tr>
    <td width="236" height="501" style="background:url(images/left.jpg) no-repeat">
      ...                                                        <!--左侧导航栏-->
    </td>
    <td width="684" height="501" align="center" background=" images/right.jpg">
      <!-- ----------------------------------------系统公告区----------------------------------------- -- >
        <?php
          $p_sql = "select * from tb_public order by id desc";    //从数据表中读取数据
          $p_rst = mysqli_query($link,$p_sql);                    //执行 SQL 语句
        ?>
        <! -- ----------------------------------------<marquee>标签开始----------------------------------------- -- >
❶      <marquee onMouseOver=this.stop() onMouseOut=this. start()   scrollamount=2 scrolldelay=
7 direction=up>
        <?php
          while($p_row = mysqli_fetch_row($p_rst)){              //循环输出公告标题
        ?>
❷          <a  href="#"  style="height:30px;  line-height:30px;  font-size:14px"  onclick="wopen=open
('show_pub.php?id=<?php echo
$p_row[0]; ?>','','height=200,width=500,scollbars=no')">--<?php echo $p_row[1]; ?>--</a><br>
        <?}?>
      </marquee>
      <! -- ------------------------------------------------------------------------------------------- -->
    </td>
  </tr>
</table>
```

📢 代码贴士

❶ <marquee>标签：<marquee>标签中包含了 start 和 stop 两个特殊的属性，还有速度属性 scollamount 和延迟属性 scrolldelay，而公告栏的高度（height）和宽度（width）则是通过 CSS 样式设置的。

❷ <?php echo $p_row[1]; ?>：循环输出公告标题，并为每个公告添加超链接，这里用到了 JavaScript 脚本的 open() 方法，该方法的作用是打开一个新窗口，同时可以对窗口样式做出设置。open()方法的一般格式为：open("链接的 url","自定义名称","窗口样式")。

视频讲解

7.6 文章管理模块设计

7.6.1 文章管理模块概述

对一个博客系统来说，文章管理是最基本的功能，但同时也是最复杂的一个功能。本系统的文章

管理模块包括"添加博客文章"、"查找博客文章"、"管理我的博客"、"发表评论"、"删除文章"和"删除评论"等 6 大功能。其中，普通用户只能删除自己的文章及对文章的评论，只有管理员才有权删除任何一篇文章及回复。文章管理模块的框架如图 7.14 所示。

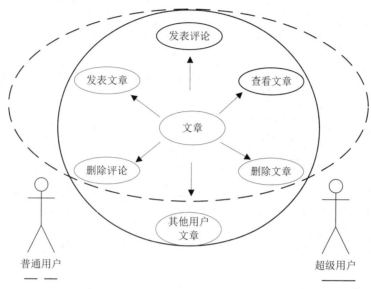

图 7.14　文章管理模块框架图

7.6.2　文章管理模块技术分析

想要使用文章管理模块，前提是用户必须登录，匿名用户是无法访问这些功能的；想要删除文章和评论，前提是当前用户要么是管理员权限，要么是文章拥有者，否则不会显示删除功能的。这两方面的控制都需要 session 的配合，本节就来讲一下 session 的应用及常见的问题处理。

session 的中文译名为"会话"，是指用户从进入网站开始，直到关闭网站这段时间内，所有网页共同使用的公共变量的存储机制。session 比 cookie 更有优势：session 是存储在服务器端的，不易被伪造；session 的存储没有长度限制；session 的控制更容易等。

PHP 中的 session 功能一直令许多初学者望而生畏，因为经常出现一些莫名其妙的错误，而又不知道如何去解决。其实，大多数的错误都是因为对 session 的配置不了解而使用方法不正确造成的，在 php.ini 中对 session 的配置如表 7.10 所示。

表 7.10　session 的常用配置选项

配 置 选 项	说　　明
session.save_path = c:/temp	保存 session 变量的目录，在 Linux/UNIX 下为/tmp
session.ues_cookies = 1	是否使用 cookie
session.name = PHPSESSID	表示会话 ID
session.auto_start = 0	是否自动启用 session，当为 1 时，在每页中就不必调用 session_start()函数了
session.cookie_lifetime = 0	设定 cookie 送到浏览器后的保存时间，单位为秒。默认值为 0，表示直到浏览器关闭
session.cookie_path = /	cookie 有效路径

续表

配 置 选 项	说 明
session.cookie_domain =	有效域名
session.serialize_handler = php	定义序列化数据的标识，本功能只有 WDDX 模块或 PHP 内部使用，默认值为 PHP
session.gc_probability = 1	设定每次临时文件开始处理的处理概率。默认值为 1
session.gc_maxlifetime = 1440	设定保存 session 的临时文件被清除前的存活秒数
session.referer_check =	决定参照到客户端的 session 代码是否要删除。有时出于安全或其他考虑，会设定不删除。默认值为 0
session.cache_limiter = nocache	设定 session 缓冲限制
session.cache_expire = 180	文档有效期，单位为分钟
session.save_handler = files	用于保存 session 变量，默认情况下用文件

对于初学者来说，session 在 php.ini 中不需要特意去改动，因为安装时会根据操作系统自行做出适当的调整。只在少数的几项，如 session 存活周期（session.cookie_lifetime = 0）、自动开启 session（session.auto_start）等稍加改动即可。

PHP 主要是通过会话（session）处理函数来对 session 进行控制和使用的。常用的处理函数如表 7.11 所示。

表 7.11　PHP 常用的会话处理函数

函 数	函 数 说 明
session_start();	开启 session 或返回已经存在的 session
$_SESSION['name'] = value;	注册一个 session 变量
session_id()	设定或取得当前的 session_id 值
isset($_SESSION['name'])	检测指定的 session 值是否存在。isset 不只可以检测 session，还可以检测其他类型，如 isset($_POST['name'])、isset($_GET['name'])等
session_regenerate_id()	更改 session_id 的值
session_name()	返回或改变当前 session 的 name
unset($_SESSION['name'])	删除名为 name 的 session
session_destroy()	结束当前会话，删除所有 session

注意　（1）如果要改变当前 session 的 name 值，必须在 session()之前调用 session_name()函数，而且 session_name 不能全部是数字，否则会不停地生成新的 session_id。

（2）不可以写成 unset($_SESSION)，这样会禁止整个会话的功能。

在本节最后，介绍使用 session 时要注意的几个问题。

1. 尽可能地将 session_start()放到第 1 行

这种情况是新手最容易犯的错误。产生的错误代码为：

Warning: session_start() [function.session-start]: Cannot send session cache limiter - headers already sent…

其原因就是在使用 session_start()之前，就有 HTML 代码输出了。也许有的读者会说："没有，session_start()之前没有任何代码，绝对没有。"那么，请检查你的程序是不是有空行，或类似 echo 语句的输出。如果有，请去掉，因为就算是一个小小的空格都是不可以的。所以，为了避免这类错误的发生，尽可能地将 session_start()放到第 1 行。

2．在使用 session 之前一定要先写 session_start()

大多数读者在使用 session 之前都能先调用 session_start()函数，但对于 session_destroy()函数却经常忽略。session_destroy()虽然是结束当前会话并删除所有 session，但在删除之前，也要先开启 session 支持才可以，不然会产生这样的错误代码：

session_destroy() [function.session-destroy]: Trying to destroy uninitialized session in…

所以，凡是在使用 session 或 session 函数的页面中，都要加上 session_start()这句话。

3．删除所有 session

如果想删除所有 session，但又不想结束当前会话，用 unset 一个一个删除实在是太麻烦了，最简单的办法就是将一个空数组赋给$_SESSION，如$_SESSION = array()，这样就解决了。

7.6.3　添加文章的实现过程

　　　添加文章模块使用的数据表：tb_article

当用户登录后，系统会直接进入到文章添加页（file.php），也可以通过单击"文章管理"/"添加博客文章"回到 file.php 页。添加文章页面的运行结果如图 7.15 所示。

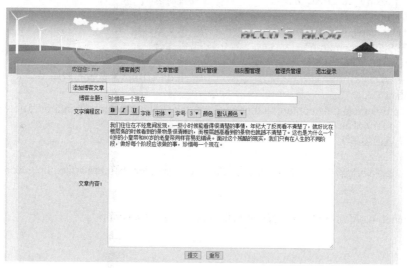

图 7.15　添加文章页面的运行结果

添加文章页为一个发布表单，包括文章主题、文字编辑、文章内容等元素。部分表单元素如表 7.12 所示。

表 7.12　添加文章页面的主要表单元素

名　称	元素类型	重要属性	含　义
myform	form	method="post" action="check_file.php"	添加文章表单
txt_title	text	id="txt_title" size="68"	文章标题
font	select	name="font" class="wenbenkuang" id="font" onChange="showfont(this.options[this.selectedIndex].value)"	文章字体
size	select	class="wenbenkuang" onChange="showsize(this.options[this.selectedIndex].value)"	字体大小
color	select	onChange="showcolor(this.options[this.selectedIndex].value)" name="color" size="1" class="wenbenkuang" id="select"	字体颜色
file	textarea	cols="75" rows="20" id="file" style="border:0px;width:520px;"	文章内容
btn_tj	submit	id="btn_tj" value="提交" onClick="return check();"	"提交"按钮

当用户填写完博客主题和文章内容后，单击"提交"按钮，系统将跳转到处理页（check_file.php）进行处理。在处理页中，将传过来的文章标题、文章作者和文章内容等参数组成 insert 语句，并最终保存到数据表中。如果添加信息成功，系统返回到本页，可继续执行添加操作；如果添加失败，则返回到上一步。程序的关键代码如下：

例程 02　代码位置：资源包\TM\07\tmlog\check_file.php

```php
<?php
header("Content-type: text/html; charset=utf-8");       //设置文件编码格式
session_start();                                         //开启 session 支持
include "Conn/conn.php";                                 //包含数据库链接文件
date_default_timezone_set("PRC");                        //设置时区
if(isset($_POST['btn_tj'])){                             //判断传值页面
$title=$_POST['txt_title'];                              //取得文章标题
$author=$_SESSION['username'];                           //取得作者
$content=$_POST['file'];                                 //取得文章内容
$now=date("Y-m-d H:i:s");                                //使用 date()函数生成发布时间
/*生成 insert 语句*/
$sql="Insert Into tb_article (title,content,author,now) Values ('$title','$content','$author','$now')";
$result=mysqli_query($link,$sql);                        //执行 insert 语句
/*根据$result，返回结果*/
if($result){
    echo "<script>alert('恭喜您，你的文章发表成功!!!');window.location.href='file.php';</script>";
}
else{
    echo "<script>alert('对不起，添加操作失败!!!');history.go(-1);</script>";
}
}
?>
```

说明　文章添加页面中，使用了部分 UBB 语法，由于 UBB 语法不属于本书的范畴，所以这里不做讲解，请感兴趣的朋友查看相关的书籍。

7.6.4　文章列表的实现过程

📑　　查看文章列表使用的数据表：tb_article

单击"文章管理"/"我的文章"，将显示用户发表过的文章列表。文章列表页面（myfiles.php）的运行结果如图 7.16 所示。

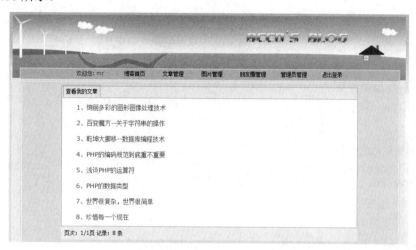

图 7.16　文章列表页面的运行结果

文章列表页面使用了分页技术和 do…while 循环语句来输出文章标题。程序关键代码如下：

例程03　　代码位置：资源包\TM\07\tmlog\myfiles.php

```php
<?php
session_start();                                    //开启 session 支持
include "Conn/conn.php";                            //包含数据库链接文件
include "check_login.php";                          //包含权限检查文件
?>
/*分页*/
<?php
/*$page 为当前页，如果$_GET['page']不存在，则初始化为 1*/
    if (!isset($_GET['page'])){
        $page=1;
    }else{
        $page=$_GET['page'];
    }
    $page_size=10;                                   //每页显示 10 条记录
    $query="select count(*) as total from tb_article where author = '".$_SESSION['username']."' order by id desc";
    $result=mysqli_query($link,$query);              //查询符合条件的记录总条数
    $data = mysqli_fetch_array($result);             //将查询结果返回到数组
    $message_count=$data['total'];                   //获取查询总记录数
    $page_count=ceil($message_count/$page_size);     //根据记录总数除以每页显示的记录数求出所分的页数
    $offset=($page-1)*$page_size;                    //计算下一页从第几条数据开始循环
```

```
        $sql=mysqli_query($link,"select id,title from tb_article where author = '".$_SESSION['username']."' order by
id desc limit $offset, $page_size");
        $info=mysqli_fetch_array($sql);
?>
…
<?php
/*输出结果集*/
if(!$info){
?>
<tr><td align="center"><font color=#ff0000>您还未添加任何文章!</font></td></tr>
<?php
}else{
        $i=$offset+1;//文章序号
❶       do{                                             //do…while 循环开始
?>
<tr>
<!--显示文章序号和文章标题-->
<td height="35" style="padding-left:30px"><a style="font-size:14px; color:#0066FF" href="showmy.php?file_id=
<?php echo $info['id'];?>"><?php echo $i."、".$info['title'];?></a> </td>
</tr>
<?php
$i=$i+1;
}while($info=mysqli_fetch_array($sql));               //循环结束
?>
</table></td>
</tr>
</table></td>
</tr>
…
<!--翻页条-->
<td width="33%">  页次：<?php echo $page;?>/<?php echo $page_count;?>页 记录：<?php
echo $message_count;?> 条  </td>
<td width="67%" align="right" class="hongse01">
<?php
/*如果当前页不是首页*/
if($page!=1){
/*显示"首页"超链接*/
echo   "<a href=myfiles.php?page=1>首页</a> ";
/*显示"上一页"超链接*/
echo "<a href=myfiles.php?page=".($page-1).">上一页</a> ";
}
/*如果当前页不是尾页*/
if($page<$page_count)
{
/*显示"下一页"超链接*/
echo "<a href=myfiles.php?page=".($page+1).">下一页</a> ";
/*显示"尾页"超链接*/
echo   "<a href=myfiles.php?page=".$page_count.">尾页</a>";
}}
?>
```

代码贴士

❶ do…while 循环和 while 循环：do…while 循环是先执行{}中的代码段，然后判断 while 中的条件表达式是否成立，如果成立返回 true，重复输出{}中的内容，否则结束循环，执行 while 下面的语句。while 循环是先判断 while 中的表达式，当返回 true 时，再执行{}中的代码。两者的区别是：do…while 循环比 while 循环多输出 1 次结果。

7.6.5　查看文章、评论的实现过程

查看文章、评论使用的数据表：tb_article、tb_filecomment

单击列表中任意一个文章标题，都会看到对应的文章内容和文章评论。查看文章页面（showmy.php）的运行结果如图 7.17 所示。

图 7.17　查看文章页面的运行结果

系统根据当前页面传过来的文章 id 值从数据表 tb_article 中返回对应的文章信息（包括文章 id、文章作者、文章标题、文章内容和发表时间）、输出文章信息后，开始查找表 tb_filecomment 中 fileid 字段值等于文章 id 的所有评论集，并通过分页显示出来。显示文章页面（showmy.php）的关键代码如下：

例程 04　代码位置：资源包\TM\07\tmlog\showmy.php

```php
<?php
session_start();                          //开启 session 支持
include "Conn/conn.php";                   //包含数据库链接文件
include "check_login.php";                 //包含权限检查文件
$file_id=$_GET['file_id'];                 //取得文章 ID 号
$bool = false;                             //判断用户删除权限，默认的 false 没有权限
?>
        <!--首部导航栏-->
...
```

```
<! -- -------------------------------------------- -- >
        <!--文章显示区-->
<?php
    $sql=mysqli_query($link,"select * from tb_article where id = ".$file_id);    //根据文章 ID 号查找文章
    $result=mysqli_fetch_array($sql);                                            //返回结果集
?>
<!-- ----------------------------------------------------显示文章---------------------------------------------------- -->
<table width="666"   border="0" cellpadding="5" cellspacing="1" bordercolor="#D6E7A5" bgcolor="#FFFFFF"
class="i_table">
    <tr bgcolor="#FFFFFF" height="30">
        <td width="14%" align="center">博客 ID 号</td>
        <!-- -----------------------------------------------显示文章 id----------------------------------------- -->
        <td width="15%"><?php echo $result['id']; ?></td>
        <td width="11%" align="center">作者</td>
        <!-- -----------------------------------------------显示文章作者----------------------------------------- -->
        <td width="18%"><?php echo $result['author']; ?></td>
        <td width="12%" align="center">发表时间</td>
        <!-- -----------------------------------------------显示发表时间----------------------------------------- -->
        <td width="20%"><?php echo $result['now']; ?></td>
    </tr> <tr bgcolor="#FFFFFF" height="30">
        <td align="center">博客主题</td>
        <!-- -----------------------------------------------文章主题----------------------------------------- -->
        <td colspan="5">    <?php echo $result['title']; ?></td>
    </tr> <tr bgcolor="#FFFFFF">
        <td align="center">文章内容</td>
        <!-- -----------------------------------------------文章内容----------------------------------------- -->
        <td colspan="4" style="line-height:1.5">    <?php echo $result['content']; ?></td>
        <td>
<?php
    /*判断登录用户是否为管理员，或者是文章的作者*/
        if($_SESSION['fig']==1 or ($_SESSION['username'] == $result['author'])){
    /*如果是，就将$bool 设为 true*/
            $bool = true;
?>
        <!-- --------------------同时显示"删除"按钮，并将文章 id 作为 url 后缀一起传到处理页----------------- -->
<a href="del_file.php?file_id=<?php echo $result['id'];?>"><img src="images/A_delete.gif" width="52" height=
"16" alt="删除博客文章" onClick="return d_chk();"></a>
<?php } ?>
<?php
...                                                                             //分页代码部分略
$sql=mysqli_query($link,"select * from tb_filecomment where fileid='$file_id' order by id desc limit $offset,
$page_size");
$result=mysqli_fetch_array($sql);
/********************************根据返回记录集输出记录********************************/
if($result==false){
echo "<tr><td align='center'><font color=#ff0000>对不起，没有相关评论!</font></td></tr>";
}else{
    do{
?>
```

```
<tr>
    <td align="center" valign="top" ><table width="666"  border="0" cellpadding="5"
cellspacing="1" bordercolor="#D6E7A5" bgcolor="#FFFFFF" class="i_table">
        <tr bgcolor="#FFFFFF" height="30">
            <td width="14%" align="center">评论 ID 号</td>
            <!-- ----------------------------评论 id----------------------- -->
            <td width="15%"><?php echo $result['id']; ?></td>
            <td width="11%" align="center">评论人</td>
            <!-- ------------------------------评论人------------------- -->
            <td width="18%"><?php echo $result['username']; ?></td>
            <td width="12%" align="center">评论时间</td>
            <!-- -----------------------------评论时间----------------------- -->
            <td width="20%"><?php echo $result['datetime']; ?></td>
        </tr>
        <tr bgcolor="#FFFFFF">
            <td align="center">评论内容</td>
            <!-- -----------------------------评论内容----------------------- -->
            <td colspan="4"  style="line-height:1.5">    <?php  echo  $result
['content']; ?></td>
            <td>
<?php
        /*如果$bool 为真，输出删除超链接，否则跳过*/
if ($bool){
?>
            <a  href="del_comment.php?comment_id=<?php  echo  $result['id']?>"><img src="images/A_delete.
gif" width="52" height="16" alt="删除博客文章评论" onClick="return d_chk();"></a>
<?php }?>
</td></tr> </table></td> </tr>
<?php
        }while($result=mysqli_fetch_array($sql));
}
?>
</table>
…                          <!--翻页功能代码部分略-->
```

7.6.6　删除文章、评论的实现过程

📇　删除文章、评论模块使用的数据表：tb_article、tb_filecomment

在查看文章评论页面，当系统判定当前用户为管理员或文章作者时，在每篇文章和评论的后面，都将显示相应的"删除"按钮。单击任意的"删除"按钮，系统会提示是否删除，如果确认，将跳转到处理页（del_file.php 和 del_comment.php），完成删除操作。

在删除文章的处理页中，删除文章的同时，也删除了该篇文章相关的评论。处理页首先在文章列表（tb_article）中删除 id 等于$file_id 的记录，如果没有可删除记录，则提示失败，并返回上一步；如果删除成功，则转到评论列表（tb_filecomment）中，删除所有该篇文章的评论。删除文章页（del_file.php）的关键代码如下：

例程 05　代码位置：资源包\TM\07\tmlog\del_file.php

```php
<?php
    header("Content-type: text/html; charset=utf-8");              //设置文件编码格式
    session_start();                                                //开启 session 支持
    include "check_login.php";                                      //包含权限检查文件
    include "Conn/conn.php";                                         //包含数据库链接文件
    $sql="delete from tb_article where id=".$_GET['file_id'];       //删除文章的 delete 语句
    $result=mysqli_query($link,$sql);                               //执行删除操作
    if($result){
        $sql1 = "delete from tb_filecomment where fileid = ".$_GET['file_id']; //删除相对应的文章评论
        $rst1 = mysqli_query($link,$sql1);                          //执行删除评论的操作
        if($rst1)
            echo "<script>alert('博客文章已被删除!');location='myfiles.php';</script>";
        else
            echo "<script>alert('删除失败!');history.go(-1);</script>";
    }
    else{
        echo "<script>alert('博客文章删除操作失败!');history.go(-1);</script>";
    }
?>
```

因为删除文章的过程也包含了删除评论的过程，所以这里就不给出删除评论的代码了。

视频讲解

7.7　图片上传模块设计

由于动态网络编程技术的诞生，使得网络更加人性化，为了能够和用户更好地互动，很多网站都提供了让用户上传图片的功能。一个网站拥有图片上传功能是非常必要的。

7.7.1　图片上传模块概述

图片上传在动态网页开发过程中应用非常广泛。如果有比较好的图片想和其他人一同分享，就可以通过图片上传功能来实现，以增加网站的核心竞争力。本系统的图片上传模块主要实现对图片的添加、浏览、查询和删除操作，而对图片的删除则只有管理员才有权限。图片上传模块框架图如图 7.18 所示。

7.7.2　图片上传模块技术分析

既然是图片上传模块，显而易见本节的主要技术就是上传图片功能了。上传图片和上传文件的原理基本相同，下面就来学习如

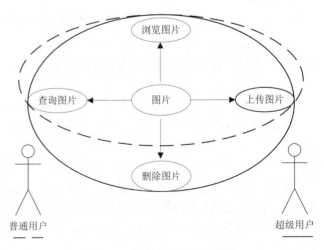

图 7.18　图片上传模块框架图

何上传图片和图片的两种保存方式。

1．上传图片的基本流程

在网页中实现上传图片功能的步骤如下：

（1）通过<form>表单中的 file 元素选取上传数据。

使用 file 元素上传数据时注意一点：就是在 form 表单中要加上属性 enctype="multipart/form-data"，否则上传不了文件（图片）。

（2）在处理页中使用$_FILES 变量中的属性判断上传文件类型和上传文件（图片）大小是否符合要求。

$_FILES 变量为系统预定义变量，保存的是上传文件（图片）的相关属性。使用格式如下：

$_FILES[name][property];

$_FILES 的相关属性如表 7.13 所示。

表 7.13　$_FILES 的相关属性

属　性　值	说　　明
name	上传文件的文件名
type	上传文件的类型
size	上传文件的大小
tmp_name	上传文件在服务器中的临时文件名
error	上传文件失败的错误代码

（3）使用 move_uploaded_file()函数上传文件（图片）或将文件（图片）以二进制的形式保存到数据库中。

使用函数将文件（图片）保存到对应的文件夹中和以二进制的形式保存到数据库中是上传文件（图片）的两种形式，稍后将单独做介绍。

（4）返回页面等待下一步操作。

2．使用上传函数保存文件（图片）

使用上传函数上传文件（图片）的本质就是将文件（图片）从浏览器端复制到服务器端指定的文件夹中，数据库所存储的就是文件（图片）的相对地址。当页面显示图片时，实际是分两步：第一步是读取数据表中的地址；第二步是根据地址找到并在页面中显示图片。使用目录保存文件的好处是减少了数据库的容量和对数据库的压力，而且图片很容易被搜索引擎抓到，从而提高网站的流量和人气。

move_uploaded_file()函数的一般格式如下：

bool move_uploaded_file(string filename, string destination);

☑　filename：上传到服务器中的临时文件名。

☑　destination：保存文件的实际路径。

这里的 filename 为临时文件名，而不是上传文件的原文件名，可以通过$_FILES['filename']['tmp_name']来获取。

下面看一个实例，程序代码如下：

```html
<label>请选择要上传的图片（文件小于 500K）：</label>
<!--上传文件的 form 表单-->
<form method="post" action="#" enctype="multipart/form-data">
    <input type="hidden" name="action" value="upload" />
    <input type="file" name="u_file"/>
    <input type="submit" value="上传" />
</form>
<!----------------------------------->
```
```php
<?php
    /*判断是否为上传动作*/
    if(isset($_POST['action'])){
        $file_path = "./";                              //上传文件存放路径，./为当前目录下
        $profix = array(".jpg",".gif",".jpeg");         //设置允许上传的文件后缀类型
        $f_name = $_FILES['u_file']['name'];            //取得要上传的文件名
        $pro_name=substr($f_name,strrpos($f_name,"."));  //取得上传文件的后缀
        if(!in_array($pro_name, $profix)){               //判断上传文件的类型是否为允许类型
            echo "文件格式不对";
            exit();
        }
        if($_FILES['u_file']['size'] >= 500000){          //判断上传文件的大小
            echo "文件上传错误，或文件大于 500KB,请重新上传";  //如果文件过大，提示错误
        }
        else{
            /*上传文件函数*/
            move_uploaded_file($_FILES['u_file']['tmp_name'],$file_path.$_FILES['u_file']['name']);
            echo "上传成功!";
        }
    }
?>
```

3. 使用二进制保存图片

上传图片的另一种保存方式是以二进制的形式存储在数据库中。在计算机看来，再美的图片、再感人的文章，也不过就是一堆"0111010011…"的代码段而已，和其他数据没有什么区别，存到数据表中都是一样的。存储图片不再需要使用 move_uploads_file()函数，在处理页中直接使用二进制的形式读取出文件图片，并存到数据表中。本系统采用的就是以二进制的形式来保存图片，具体操作将在实现过程中给出。

使用二进制来保存图片的好处是安全，特别是涉及个人隐私，不易被窃取；存储方便，和表中其他数据同等操作就可以；节省磁盘空间，由于文件系统类型的限制，放到数据表中的数据一定比直接放到磁盘中要节省空间。

当然二进制形式的图片也有很大弊端，在传出的过程中，如果某个二进制位出现丢失或损坏，那么整张图片将无法显示，而是变为一堆乱码，而且如果存储的图片过多，造成数据库过于庞大，将影

响其他数据的正常读取，增大服务器的负担。所以，对于太大的文件，就不适宜保存到数据库中，而是应该放到文件夹中。

7.7.3　图片上传的实现过程

　　图片上传使用的数据表：tb_tpsc

　　博客用户登录后，单击导航栏中的"图片管理"/"添加图片"选项，即可进入添加图片页面，在"图片名称"文本框中添加上传的图片名称，在"上传路径"文本框中选择或者单击"浏览"按钮选择自己喜欢的图片，单击"提交"按钮，以二进制形式将图片上传到数据库中。图片上传页面的运行结果如图 7.19 所示。

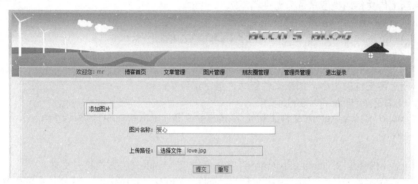

图 7.19　图片上传页面的运行结果

　　图片上传页是一个上传文件的表单，主要包括一个文本域、一个文件域和一个"提交"按钮。部分表单元素的名称及属性如表 7.14 所示。

表 7.14　图片上传页面中的表单元素

名　　称	元素类型	重要属性	含　　义
myform	form	method="post" action="tptj_ok.php"　enctype="multipart/form-data"	图片上传表单
tpmc	text	type="text" id="tpmc" size="40"	图片名称
file	file	type="file" size="23" maxlength="60"	上传路径
btn_tj	submit	type="submit" id="btn_tj" value="提交" onClick="return pic_chk();"	"提交"按钮

　　当用户输入图片名称，并选择图片路径后，单击"提交"按钮，系统将进入到上传处理页（tptj_ok.php）中进行处理。在处理页中，首先对图片名称进行处理，去掉特殊字符、空行和空格，然后对上传的文件进行类型检查和文件大小检查。最后，以二进制的形式和图片的其他信息（如上传用户、上传时间等）一起存进数据表中。关键代码如下：

例程 06　代码位置：资源包\TM\07\tmlog\tptj_ok.php

```php
<?php
header("Content-type: text/html; charset=utf-8");      //设置文件编码格式
session_start();                                        //开启 session 支持
include "check_login.php";                              //包含权限检查文件
```

319

```
include "Conn/conn.php";                                      //包含数据库链接文件
date_default_timezone_set("PRC");                             //设置时区
$tpmc=$_POST['tpmc'];                                         //获取上传图片名称
if($_POST["btn_tj"]=="提交"){
❶          $tpmc=htmlspecialchars($tpmc);                     //将图片名称中的特殊字符转换成 HTML 格式
❷          $tpmc=str_replace("\n","<br>",$tpmc);              //将图片名称中的回车符以自动换行符取代
           $tpmc=str_replace(" "," ",$tpmc);             //将图片名称中的空格以 " " 取代
           $author=$_SESSION['username'];
           $scsj=date("Y-m-d");                               //设置图片的上传时间
           $profix = array(".jpg",".gif",".jpeg");            //设置允许上传的文件后缀类型
           $f_name = $_FILES['file']['name'];                 //取得要上传的文件名
           $pro_name=substr($f_name,strrpos($f_name,"."));    //取得上传文件的后缀
           /*判断上传文件的类型是否为允许类型*/
❸          if(!in_array(strtolower($pro_name), $profix)){
               echo "<script>alert('文件格式不对');history.go(-1);</script>";
               exit();
           }
           /*判断上传文件的大小，如果文件过大，提示错误*/
           if($_FILES['file']['size'] > 500000){
               echo "<script>alert('文件上传错误,请重新上传');history.go(-1)</script>";
               exit();
           }
           $fp=fopen($_FILES['file']['tmp_name'],"r");         //以只读方式打开文件
           $file=addslashes(fread($fp,filesize($_FILES['file']['tmp_name'])));  //将文件中的引号部分加上反斜线
           $query="insert into tb_tpsc (tpmc,file,author,scsj) values ('$tpmc','$file','$author','$scsj')";
           $result=mysqli_query($link,$query);
           echo "<meta http-equiv=\"refresh\" content=\"1;url=browse_pic.php\">图片上传成功，请稍等...";
}
?>
```

🔊 代码贴士

❶ htmlspecialchars()函数：将特殊字符转换成 HTML 格式。

❷ str_replace()函数：取代所有在字串中出现的字串。语法如下：

mixed str_replace(mixed search, mixed replace, mixed subject, int &count)

str_replace()函数将所有在参数 subject 中出现的 search 以参数 replace 替换，参数&count 表示替换字符串执行的次数。

❸ strtolower：将字符转换为小写字母。

7.7.4 图片浏览的实现过程

▦　图片浏览使用的数据表：tb_tpsc

无论是注册用户，还是非注册用户，只要登录网站，就可以无条件地浏览所有图片。而删除图片除了管理员，其他人都无权操作。非注册用户可以通过首页中的"最新图片"进入图片浏览页面，注册用户先进入个人管理界面，单击"图片管理"/"浏览图片"菜单，同样可以进入图片浏览页面。注册用户浏览图片页面的运行结果如图 7.20 所示。

图 7.20　浏览图片页面的运行结果

本页的实现代码和查看文章页面略有不同，查看文章页面中，每条数据占了一行，而查看图片则采用的是分栏显示，以每行两张图片的格式输出，每页显示 4 张图片。通过单击小图片，可以查看图片原效果图。程序关键代码如下：

例程 07　代码位置：资源包\TM\07\tmlog\browse_pic.php

```php
<?php
    session_start();                              //开启 session 支持
    include "Conn/conn.php";                      //包含数据库链接文件
    include "check_login.php";                    //包含权限检查文件
?>
…                                                 <!--首部导航栏-->
<tr align="left">
    <td height="25" valign="top" bgcolor="#EFF7DE"> <span class="tableBorder_ LTR">浏览图片</span>
</td></tr>
    <tr>
    <td height="192" align="center" valign="top" >
    <?php
    …                                             //分页显示
    $query="select * from tb_tpsc where scsj order by id desc limit $offset, $page_size";
    /*返回结果集*/
    $result=mysqli_query($link,$query);
?>
<table width="666" border="0" align="center" cellpadding="3" cellspacing="1" bordercolor="#D6D7D6">
    <tr>
    <?php
    /*设置一个变量，判断当前数据是奇数输出还是偶数输出*/
        $i=1;
        while($info=mysqli_fetch_array($result))
        {
```

```
                    /*如果当前为偶数输出，记录输出完毕后结束<tr>标签*/
                        if($i%2==0){
                        ?>
                <td height="290"><table class="i_table" align="center" border="0" cellpadding="0" cellspacing="0">
                    <tr>
                        <td colspan="2">
                            <!--显示图片页 image.php -->
                                <a href="image.php?recid=<?php echo $info['id']; ?>" target="_blank"><img src=
"image.php?recid=<?php echo $info['id'];?>" width="300" height="230"></a></td></tr>
                            <tr>
                                <td  width="150"  height="23"  align="left"> 图片名称:<?php  echo  $info
['tpmc'];?> </td>
                                        <td colspan="2" align="right">
                                        <?php
                                        /*如果登录用户为管理员，显示删除操作*/
                                            if ($_SESSION['fig']==1){
                                        ?>
                                            <a href="remove.php?pic_id=<?php echo $info['id']?>"><img src="images/
A_delete.gif" width="52" height="16" alt="删除图片" onClick="return pic_chk();"></a>
                                        <?php
                                                }
                                        ?>
                                        </td>
                                </tr>
                                <tr>
                                    <td width="150" height="20"> 上传时间：<?php echo $info['scsj'];?></td>
                                </tr>
                            </table></td>
                        </tr>
                        <?php
                            }
                    /*否则，开始新的一行*/
                        else
                        {
                        ?>
        <td><table class="i_table" align="center" width="236" border="0" cellpadding="0" cellspacing="0">
            <tr>
                <td colspan="2"><a href="image.php?recid=<?php echo $info['id']; ?>" target="_blank"> <img src="image.
php?recid=<?php echo $info['id'];?>" width="300" height="230"></a></td>
            </tr>
            <tr>
                <td width="150" height="23"> 图片名称:<?php echo $info['tpmc'];?></td>

                    <td colspan="2" align="right">
                    <?php
                                        if ($_SESSION['fig']==1){
                            ?>
                                <a href="remove.php?pic_id=<?php echo $info['id']?>"><img src="images/
A_delete.gif" width="52" height="16" alt="删除图片" onClick="return pic_chk();"></a>
```

```
                              <?php
                                 }
                              ?>
                    </td>
                 </tr>
                 <tr>
                    <td width="150" height="20"> 上传时间：<?php echo $info['scsj'];?></td>
                 </tr>
            </table></td>
            <?php
                 }
                 /*变量$i 自加 1，while 循环结束*/
                 $i++;
                 }
            ?>
         </tr>
```

通过上述代码可以看到，预览图片和显示图片实际调用的都是同一页面：image.php。image.php 页就是用来显示图片的实际效果的。实现代码如下：

例程 08　代码位置：资源包\TM\07\tmlog\image.php

```php
<?php
    header("Content-type: image/png");                          //设置输出为图片格式
    include "Conn/conn.php";                                    //包含数据库链接文件
    $query="select * from tb_tpsc where id=".$_GET['recid'];    //根据 id 生成查询语句
    $result=mysqli_query($link,$query);                         //执行查询语句
    if(!$result) die("error: mysqli query");                    //判断是否有返回结果
    $num=mysqli_num_rows($result);                              //计算结果集个数
    if($num<1) die("error: no this recorder");
    $data = mysqli_fetch_array($result);                        //返回图片数据
    echo $data['file'];                                         //输出图片
?>
```

7.7.5　删除图片的实现过程

　　删除图片使用的数据表：tb_tpsc

　　删除图片是管理员才有的权限，在图片浏览的实现代码中，已经给出如何判断登录用户是否为管理员。当管理员单击"删除"超链接时，处理页（remove.php）会根据传过来的 id，删除对应的数据表中的数据。实现代码如下：

例程 09　代码位置：资源包\TM\07\tmlog\remove.php

```php
<?php
    header("Content-type: text/html; charset=utf-8");           //设置文件编码格式
    include "Conn/conn.php";                                    //包含数据库链接文件
    $sql="delete from tb_tpsc where id=".$_GET['pic_id'];       //生成删除语句
    $result=mysqli_query($link,$sql);                           //执行删除语句
```

```
if($result){                                                    //根据$result 返回结果
    echo "<script>alert('图片删除成功!');location='browse_pic.php';</script>";
}
else{
    echo "<script>alert('图片删除操作失败!');history.go(-1);</script>";
}
?>
```

视频讲解

7.8 朋友圈模块设计

7.8.1 朋友圈模块概述

本系统的朋友圈模块的主要功能是添加、查询、删除好友，添加的好友除了该用户以外，包括管理员在内的所有外人都不可以查看，以保证其个人隐私不被外泄。用户被删除时，该用户现有的朋友圈也一并被删除。朋友圈模块框架图如图 7.21 所示。

7.8.2 朋友圈模块技术分析

在查询好友的功能中，使用到了模糊查询语句，用于模糊查找好友列表。模糊查询语句使用的是 like 运算符。在 PHP 中，带有 like 运算符的查询语句的常用格式有以下两种：

（1）使用通配符"%"的 where 子句。

通配符"%"表示 0 个或多个任意长度和类型的字符，包括中文汉字。

示例 1：表示查找所有内容包含"好"字的文章。

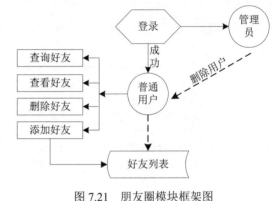

图 7.21　朋友圈模块框架图

```
select * from tb_file where content like '%好%';
```

示例 2：查找所有包含"好"字或"高"字的文章，这时可以配合 or 运算符来使用。代码如下：

```
select * from tb_file where content like '%好%' or content like '%高%';
```

（2）使用通配符"_"的 where 子句。

通配符"_"表示匹配任意的单个字符。

示例 1：查找用户名只包含 5 个字符，其中后 4 个字符为 soft 的用户。代码如下：

```
select * from tb_user where regname like '_soft';
```

示例 2：查找所有以 t 开头，并且以 t 结尾的、中间包含 3 个字符的用户。代码如下：

```
select * from tb_user where regname like 't___t';
```

查找的结果为：tsoft。

注意　使用 MySQL 做模糊查询要注意编码问题。如果编码不统一，那么查询时就容易查不到数据，或返回的数据不匹配。所以在安装 MySQL 时，要保持和系统编码的统一。常用的编码格式有gb2312、ISO-8859-1、utf8 和 gbk 等。

7.8.3　添加好友的实现过程

　　添加好友使用的数据表：tb_friend

　　博客用户登录后，单击"朋友圈管理"/"添加到朋友圈"，会进入添加好友页面。在表单中输入要添加的好友信息，单击"提交"按钮，系统会跳转到处理页进行处理。添加好友页面的运行结果如图 7.22 所示。

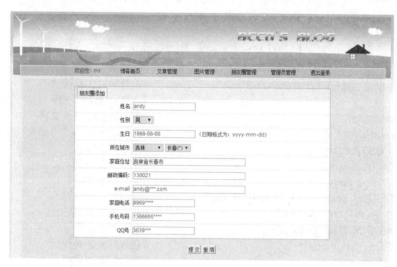

图 7.22　添加好友页面的运行结果

　　添加好友页面包含一个用户输入表单，主要表单元素如表 7.15 所示。

表 7.15　添加好友页面表单的主要元素属性

名　称	元 素 类 型	重 要 属 性	含　义
myform	form	method="post" action="check_friend.php"	添加好友表单
txt_name	text	id="txt_name" size=20	好友姓名
txt_sex	select	<option value=1>男</option> <option value=2>女</option> <option value=0 selected>保密</option>	好友性别
txt_bir	text	id="txt_bir"	好友出生日期
txt_province	select	id="select" onChange="initcity();"	好友所在省份
txt_city	select	id="select2"	好友所在城市

续表

名　称	元素类型	重要属性	含义
txt_address	text	size="40"	好友家庭住址
txt_postcode	text	size="40"	邮政编码
txt_email	text	size="40"	好友邮箱地址
txt_tel	text	size="20"	好友家庭电话
txt_handset	text	size="20"	好友手机号码
txt_QQ	text	size="20"	好友 QQ 号码
regsubmit	submit	onClick="return check()"	"提交"按钮
Submit2	reset	class="btn_grey"	"重填"按钮

当处理页接收到用户输入的好友信息后，应用 INSERT 语句将好友信息添加到数据表 tb_friend 中。如果添加成功，则弹出"该信息添加成功！"的提示框；否则弹出"添加操作失败！"的提示框。处理页的关键代码如下：

例程 10　代码位置：资源包\TM\07\tmlog\check_friend.php

```php
<?php
header("Content-type:text/html;charset=utf-8");        //设置文件编码格式
session_start();                                       //开启 session 支持
include "Conn/conn.php";                               //包含数据库链接文件
if($_POST["regsubmit"]<>""){                           //如果用户单击了"提交"按钮
    $name=$_POST['txt_name'];                          //获取好友姓名
    $sex=$_POST['txt_sex'];                            //获取好友性别
    $bir=$_POST['txt_bir'];                            //获取好友生日
    $city=$_POST['txt_province'].$_POST['txt_city'];   //获取好友所在城市
    $address=$_POST['txt_address'];                    //获取好友家庭住址
    $postcode=$_POST['txt_postcode'];                  //获取邮政编码
    $email=$_POST['txt_email'];                        //获取好友邮箱地址
    $tel=$_POST['txt_tel'];                            //获取好友家庭电话
    $handset=$_POST['txt_handset'];                    //获取好友手机号码
    $QQ=$_POST['txt_QQ'];                              //获取好友 QQ 号码
    $username=$_SESSION['username'];                   //获取登录用户名
    $INS="Insert Into tb_friend (name,sex,bir,city,address,postcode,email,tel,handset,QQ,username) Values
('$name','$sex','$bir','$city','$address','$postcode','$email','$tel','$handset','$QQ','$username')";//定义插入语句
    $result=mysqli_query($link,$INS);                  //执行插入语句
    if($result){
        echo "<script> alert('该信息添加成功！');</script>";
        echo "<script> window.location='friend.php';</script>";
    }
    else{
        echo "<script> alert('添加操作失败！');</script>";
        echo "<script> window.location='friend.php';</script>";
    }
}
?>
```

7.8.4　浏览好友的实现过程

📇　查询好友使用的数据表：tb_friend

博客用户登录后，单击"朋友圈管理"/"浏览我的朋友"，进入浏览好友页面。在该页面中会显示该用户所有好友的详细信息。浏览好友页面的运行结果如图 7.23 所示。

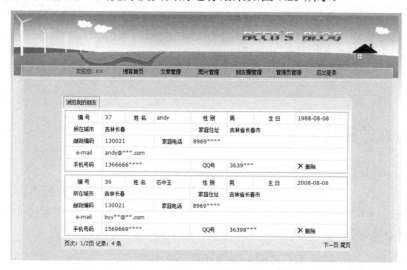

图 7.23　浏览好友页面的运行结果

在浏览好友页面，应用 SELECT 语句对登录用户的所有好友进行查询，并对查询结果进行分页输出。浏览好友页面的关键代码如下：

例程 11　代码位置：资源包\TM\07\tmlog\browse_fri.php

```php
<?php
session_start();                              //开启 session 支持
include "Conn/conn.php";                       //包含数据库链接文件
include "check_login.php";                     //包含权限检查文件
?>
...
<?php
    $page_size=2;                              //每页显示 2 条记录
    $query="select count(*) as total from tb_friend where username='".$_SESSION['username']."' order by id
desc";
    $result=mysqli_query($link,$query);        //查询总的记录条数
    $data = mysqli_fetch_array($result);
    $message_count=$data['total'];             //获取查询总记录数
    $page_count=ceil($message_count/$page_size);   //根据记录总数除以每页显示的记录数求出所分的页数
    $offset=($page-1)*$page_size;              //计算下一页从第几条数据开始循环
    $sql=mysqli_query($link,"select * from tb_friend where username='".$_SESSION['username']."' order by id
desc limit $offset, $page_size");
    $result=mysqli_fetch_array($sql);
```

```
        if(!$result){
?>
<tr><td align="center"><font color=#ff0000>您还未添加任何朋友!</font></td></tr>
<?php
        }else{
            do{
?>
...                                                <!--显示好友详细详细->
<?php
        }while($result=mysqli_fetch_array($sql));
    }
?>
```

7.8.5 查询好友的实现过程

查询好友使用的数据表：tb_friend

当用户要查询好友时，单击"朋友圈管理"/"查询朋友信息"，显示查询页面。查询可以分为姓名查询和编号查询，均为模糊查询。当用户输入要查找的关键字后，单击"检索"按钮，或按 Enter 键，系统跳到处理页进行处理。查询好友页面的运行结果如图 7.24 所示。

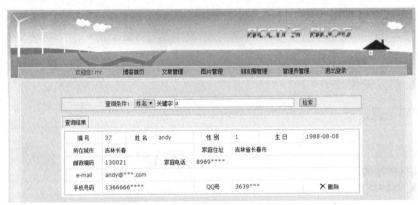

图 7.24 查询好友页面的运行结果

查询页包含一个查询表单，包括查询条件和查询关键字两部分表单元素。主要表单元素如表 7.16 所示。

表 7.16 查询页表单的主要元素属性

名 称	元 素 类 型	重 要 属 性	含 义
myform	form	method="post" action="query_friend.php"	查询好友表单
sel_tj	select	<option value="name" selected>姓名</option> <option value="id">编号</option>	查询条件选择
sel_key	text	id="sel_key" size="40"	查询关键字
submit	submit	type="submit" name="submit" value="检索" onClick="return check();"	"检索"按钮

当处理页接收到查询条件及查询关键字后，生成模糊查询语句，执行 SQL 语句并返回查询结果。如果没有输入关键字，则弹出提示框；如果没有查找到任何结果，则输出 "Sorry!没有您要找的朋友!"。处理页的关键代码如下：

例程 12　代码位置：资源包\TM\07\tmlog\query_friend.php

```php
<?php
session_start();                            //开启 session 支持
include "Conn/conn.php";                     //包含数据库链接文件
include "check_login.php";                   //包含权限检查文件
?>
<script language="javascript">
/*JavaScript 脚本，验证输入信息，如果为空，则弹出提示框*/
function check(form){
    if (document.myform.sel_key.value==""){
        alert("请输入查询条件!");
        myform.sel_key.focus();
        return false;
    }
}
</script>
…
<?php
    if (isset($_POST["Submit"]) && $_POST["Submit"]=="检索"){
        $tj=$_POST['sel_tj'];                       //接收查询字段
        $key=$_POST['sel_key'];                     //接收查询关键字
        $sql=mysqli_query($link,"select * from tb_friend where $tj like '%$key%' and username='".$_SESSION
['username']."'");
        $result=mysqli_fetch_array($sql);           //执行查询语句
        if($result==false){
            echo ("[<font color=red>Sorry!没有您要找的朋友!</font>]");
        }else{
?>
…
                                                <!--显示记录表单-->
<?php}?>
```

7.9　开发技巧与难点分析

想象一下：动态的下拉菜单，半透明的背景效果，鼠标划过时的色彩交替，给人一种亦真亦幻的视觉冲击和美的感受，这样的网站是不是具有更大的吸引力？本系统个人管理页面中的管理菜单实现的就是这种效果。当用户登录到博客网站后，将鼠标移动到"朋友圈管理"等导航链接上时，将在下方显示出半透明的下拉式菜单，透过此下拉菜单仍可以看到页面上的内容，运行效果如图 7.25 所示。

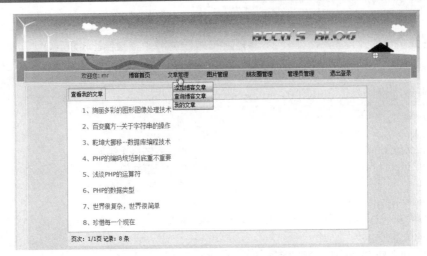

图 7.25　动态半透明效果的下拉菜单

实现半透明背景的下拉菜单，首先需要在页面中实现下拉菜单，然后再通过设置下拉菜单的 CSS 样式实现半透明效果。实现下拉菜单的半透明效果可以应用 CSS 样式的透明效果滤镜 alpha 实现。alpha 属性是把一个目标元素与背景混合。这种"与背景混合"，通俗地说，是一个元素的透明度。透明效果滤镜 alpha 的语法如下：

{filter:alpha(opacity=opacity,finishopacity=finishopacity,style=style,startx=startx,starty=starty,finishx=finishx,finishy=finishy)}

滤镜 alpha 的各个参数说明如表 7.17 所示。

表 7.17　alpha 滤镜的各个参数及说明

属　　性	说　　明
opacity	代表透明度水准。默认的范围是 0～100，其实是百分比的形式，也就是 0 代表完全透明，100 代表完全不透明
finishopacity	可选，如果想要设置渐变的透明效果，可以使用该参数指定结束时的透明度。范围也是 0～100
style	指定透明区域的形状特征，其中 0 代表统一形状、1 代表线形、2 代表放射状、3 代表长方形
startx	代表渐变透明效果的开始 X 坐标
starty	代表渐变透明效果的开始 Y 坐标
finishx	代表渐变透明效果的结束 X 坐标
finishy	代表渐变透明效果的结束 Y 坐标

在本实例中的 menuskin 类中，设置了 alpha 滤镜的属性。代码如下：

例程 13　代码位置：资源包\TM\07\tmlog\css\style.css

```
.menuskin {
    BORDER: #666666 1px solid;              //层边框样式
    VISIBILITY: hidden;                     //层可见为隐藏
    FONT: 12px Verdana;                     //层中的字体样式和大小
```

```
POSITION: absolute;                                //定位方式
background-image:url("../images/item_out.gif");    //背景图片
background-repeat : repeat-y;                       //图片是否可重复
filter: alpha(Opacity=85);                          //设置 alpha 的 opacity 属性等于 85，即透明度为 85%
}
```

在显示页面中显示菜单项的表单引入这个 menuskin 类，当鼠标划过特定的文字时，将会发现自动下拉菜单的效果为半透明的样式。页面关键代码如下：

例程 14 代码位置：资源包\TM\07\tmlog\file.php

```html
<!--弹出层设置-->
<div class=menuskin id=popmenu
    <!--鼠标进入该区域时调用的 js 方法-->
    onmouseover="clearhidemenu();highlightmenu(event,'on')"
    <!--鼠标离开该区域时调用的 js 方法-->
    onmouseout="highlightmenu(event,'off');dynamichide(event)"
    <!--设置层叠顺序和定位方式-->
    style="Z-index:100;position:absolute;">
</div>
…
<!--半透明的动态下拉菜单-->
<TABLE width="650" border="0" cellSpacing=0 cellPadding=0 align="center">
    <TR align="center" valign="middle">
        <!--显示登录用户-->
        <TD style="WIDTH: 110px; COLOR: red;">欢迎您: <?php echo
$_SESSION['username']; ?>  </TD>
        <!--显示首页超链接-->
        <TD style="WIDTH: 90px; COLOR: red;"><SPAN    style="FONT-SIZE: 9pt; COLOR: #cc0033">
</SPAN><a href="index.php">博客首页</a></TD>
        <!--显示文章管理下拉菜单-->
        <TD style="WIDTH: 90px; COLOR: red;"><a   onmouseover=showmenu(event,productmenu)
onmouseout=delayhidemenu() class='navlink' style="CURSOR:hand" >文章管理</a></TD>
        <!--显示图片管理下拉菜单-->
<TD style="WIDTH: 90px; COLOR: red;"><a   onmouseover=showmenu(event,Honourmenu)
onmouseout=delayhidemenu() class='navlink' style="CURSOR:hand">图片管理</a></TD>
        <!--显示朋友圈管理下拉菜单-->
        <TD style="WIDTH: 100px; COLOR: red;"><a   onmouseover=showmenu(event,myfriend)
onmouseout=delayhidemenu() class='navlink' style="CURSOR:hand" >朋友圈管理</a></TD>
<?php
        /*如果登录用户为管理员*/
        if(isset($_SESSION['fig']) && $_SESSION['fig']==1){
?>
        <!-- --------------------------显示管理员管理下拉菜单---------------------------- -->
        <TD style="WIDTH: 90px; COLOR: red;"><a onmouseover=showmenu(event,myuser)
onmouseout=delayhidemenu() class='navlink' style="CURSOR:hand" >管理员管理</a></TD>
<?php
        }
```

```
?>
        <!-- -------------------------------显示退出超链接-------------------------------- -->
        <TD style="WIDTH: 90px; COLOR: red;"><a href="safe.php">退出登录</a></TD>
    </TR>
</TABLE>
```

通过代码可以发现，在每个超链接标签<a>中，都有 3 个参数，分别介绍如下。

☑　onMouseOver：鼠标进入该区域时的效果。本页面调用了 js 方法 showmenu()。

☑　onMouseOut：鼠标移出该区域时的效果。本页面调用 js 方法 delayhidemenu()。

☑　style：标签样式，本页面样式为 "CURSOR:hand;"，显示一个手的形状。

调用的 js 方法就是实现下拉菜单的 JavaScript 代码：显示和隐藏菜单。由于这段代码是通用型代码，所以单独放到一个 js 文件中，方便其他页调用，js 文件名为 menu.js。调用时在页面中加入如下代码即可。

```
<script src="JS/menu.js"></script>
```

menu.js 文件中显示、隐藏菜单和变换背景等关键函数的代码如下：

例程 15　代码位置：资源包\TM\07\tmlog\js\menu.js

```
/*浏览器版本号检测*/
var IE4=document.all&&navigator.userAgent.indexOf("Opera")==-1
var netscape6=document.getElementById&&!document.all
var netscape4=document.layers
    /*显示下拉菜单函数*/
function showmenu(e,vmenu,mod){
    /*判断浏览器版本*/
    if (!document.all&&!document.getElementById&&!document.layers)
        return
    /*菜单内容*/
    which=vmenu
    /*调用 clearhidemenu()函数*/
    clearhidemenu()
    /*调用 IE_clearshadow()函数*/
    IE_clearshadow()
    /*根据不同的浏览器，声明弹出式菜单*/
    menuobj=IE4? document.all.popmenu : netscape6? document.getElementById("popmenu") : netscape4?
document.popmenu : ""
    menuobj.thestyle=(IE4||netscape6)? menuobj.style : menuobj
    if (IE4||netscape6)
    /*如果是 IE 4 或 Netscape 6 浏览器，就调用 innerHTML 方法输出下拉菜单*/
        menuobj.innerHTML=which
    else{
    /*否则使用 write()方法输出下拉菜单*/
        menuobj.document.write('<layer name="other" bgColor="#E6E6E6" width="165"
onmouseover="clearhidemenu()" onmouseout="hidemenu()">'+which+'</layer>')
    /*关闭数据流*/
```

```
            menuobj.document.close()
    }
    /*调用不同的方法属性，来设置不同浏览器的宽、高及内部表格的大小、位置*/
    menuobj.contentwidth=(IE4||netscape6)? menuobj.offsetWidth : menuobj.document.other.document.width
    menuobj.contentheight=(IE4||netscape6)? menuobj.offsetHeight : menuobj.document.other.document. height
    eventX=IE4? event.clientX : netscape6? e.clientX : e.x
    eventY=IE4? event.clientY : netscape6? e.clientY : e.y
    var rightedge=IE4? document.body.clientWidth-eventX : window.innerWidth-eventX
    var bottomedge=IE4? document.body.clientHeight-eventY : window.innerHeight-eventY
        if (rightedge<menuobj.contentwidth)
            menuobj.thestyle.left=IE4? document.body.scrollLeft+eventX-menuobj.contentwidth+menuOffX :
netscape6? window.pageXOffset+eventX-menuobj.contentwidth : eventX-menuobj.contentwidth
        else
            menuobj.thestyle.left=IE4? IE_x(event.srcElement)+menuOffX : netscape6? window.pageXOffset+eventX :
eventX
        if (bottomedge<menuobj.contentheight&&mod!=0)
            menuobj.thestyle.top=IE4? document.body.scrollTop+eventY-menuobj.contentheight-event. offsetY+
menuOffY-23 : netscape6? window.pageYOffset+eventY-menuobj.contentheight-10 : eventY-menuobj.contentheight
        else
            menuobj.thestyle.top=IE4? IE_y(event.srcElement)+menuOffY : netscape6? window.pageYOffset+
eventY+10 : eventY
/*设置标签样式为可见*/
    menuobj.thestyle.visibility="visible"
/*调用 IE_dropshadow()方法*/
    IE_dropshadow(menuobj,"#999999",3)
    return false
}
…
/*隐藏下拉菜单函数*/
function hidemenu(){
    if (window.menuobj)
        menuobj.thestyle.visibility=(IE4||netscape6)? "hidden" : "hide"
    IE_clearshadow()
}
function dynamichide(e){
    if (IE4&&!menuobj.contains(e.toElement))
        hidemenu()
    else if (netscape6&&e.currentTarget!= e.relatedTarget&& !contains_netscape6(e.currentTarget, e.relatedTarget))
        hidemenu()
}
/*延迟隐藏下拉菜单函数*/
function delayhidemenu(){
    if (IE4||netscape6||netscape4)
        delayhide=setTimeout("hidemenu()",500)
}
/*停止隐藏菜单函数*/
function clearhidemenu(){
```

```
        if (window.delayhide)
            clearTimeout(delayhide)
    }
    …
```

/*设置菜单背景*/
/*鼠标移入该区域时显示的背景*/

```
function overbg(tdbg){
tdbg.style.background='url( images/item_over.gif'
tdbg.style.border=' #9CA6C6 1px solid'
}
```

/*鼠标移出该区域时显示的背景*/

```
function outbg(tdbg){
tdbg.style.background='url( images/item_out.gif'
tdbg.style.border=''
}
```

/*下拉菜单内容*/
/*文章管理下拉菜单*/

```
var productmenu='<table width=90><tr><td id=fileadd onMouseOver=overbg(fileadd) onMouseOut=outbg (fileadd)>
<a href=file.php>添加博客文章</a></td></tr>\
<tr><td id=query onMouseOver=overbg(query) onMouseOut=outbg(query)><a href=query.php>查询博客文章
</a></td></tr>\
<tr><td id=myfiles onMouseOver=overbg(myfiles) onMouseOut=outbg(myfiles)><a href=myfiles.php>我的文章
</a></td></tr></table>'
```

/*图片管理下拉菜单*/

```
var Honourmenu='<table width=90><tr><td id=picadd onMouseOver=overbg(picadd) onMouseOut= outbg
(picadd)><a href=add_pic.php>添加图片</a></td></tr>\
<tr><td id=browse onMouseOver=overbg(browse) onMouseOut=outbg(browse)><a href=browse_pic.php>浏览
图片</a></td></tr>\
<tr><td id=querypic onMouseOver=overbg(querypic) onMouseOut=outbg(querypic)><a href=query_pic.php>查
询图片</a></td></tr></table>'
```

/*朋友圈管理下拉菜单*/

```
var myfriend='<table width=90><tr><td id=friendadd onMouseOver=overbg(friendadd) onMouseOut=outbg (friendadd)>
<a href=friend.php>添加到朋友圈</a></td></tr>\
<tr><td id=browse_fri onMouseOver=overbg(browse_fri) onMouseOut=outbg(browse_fri)><a href=browse_ fri.php>
浏览我的朋友</a></td></tr>\
<tr><td id=cxfriend onMouseOver=overbg(cxfriend) onMouseOut=outbg(cxfriend)><a href=query_friend.php>查
询朋友信息</a></td></tr></table>'
```

/*管理员管理下拉菜单*/

```
var myuser='<table width=90><tr><td id=queryuser onMouseOver=overbg(queryuser) onMouseOut=outbg(queryuser)>
<a href=queryuser.php>查询用户信息</a></td></tr>\
<tr><td id=browseuser onMouseOver=overbg(browseuser) onMouseOut=outbg(browseuser)><a href=browseuser.
php>浏览用户信息</a></td></tr>\
<tr><td id=managepub onMouseOver=overbg(managepub) onMouseOut=outbg(managepub)><a href=managepub.
php> 公告管理</a></td></tr>\
</table>'
```

7.10　登录验证码技术专题

当今网络安全越来越受到人们的重视，开发一个带验证码的用户登录模块可以提高网站的安全性。其中，验证码是随机生成的，可以是字母、数字或汉字，也可以是图片。本节技术专题主要就是学习一下验证码的几种实现方法及技巧。

7.10.1　简单的数字验证

先来看一个简单的数字验证码：生成一组 4 位的随机数字，每刷新一次，显示的结果都不相同。如果验证码输入错误，将弹出提示窗口。数字验证码运行结果如图 7.26 所示。

图 7.26　简单的数字验证运行结果

简单的数字验证码在开发过程中主要应用以下两个函数。

（1）mt_rand()函数。

mt_rand()函数主要用于从指定参数中随机取一个数值。语法如下：

```
int mt_rand([int min], [int max]);
```

例如，从 52～79 之间取一个随机数值。代码如下：

```
mt_rand(52,79)
```

（2）intval()函数。

intval()函数主要用于将变量转成整数类型。语法如下：

```
int intval(mixed var, int [base]);
```

intval()函数可将变量转成整数类型。可省略的参数 base 是转换的基数，默认值为 10。转换的变量 var 可以为数组或类之外的任何类型变量。

7.10.2　数字图形验证码

数字图形验证码相对于数字验证码而言，要稍复杂一些。数字图形验证码主要应用 mt_rand()函数来初始化一组 4 位的随机数，然后利用 for 循环语句将随机生成的 4 位随机验证码利用数字图形进行输出。图形验证码的运行结果如图 7.27 所示。

图 7.27　数字图形验证码

实现数字图形验证码的关键代码如下：

```
<!--js 脚本，判断文本框中输入的验证码是否匹配-->
<script language="javascript">
    function check(form){
        if(form.txt_yan.value==""){
            alert("请输入验证码");form.txt_yan.focus();return false;
        }
        if(form.txt_yan.value!=form.txt_hyan.value){
            alert("对不起，您输入的验证码不正确!");form.txt_yan.focus();return false;
        }
    }
</script>
…
<!--验证表单-->
<form name="form" method="post" action="">
<!--验证码文本框-->
<input type="text" name="txt_yan">
<!--生成随机数字图形验证码-->
<?php
<!--生成随机 4 位数-->
    $num=intval(mt_rand(1000,9999));
<!--使用 for 循环，输出随机 4 位数的图片格式-->
    for($i=0;$i<4;$i++){
        echo "<img src=images/checkcode/".substr(strval($num),$i,1).".gif>";
    }?>
<!--将随机数存入隐藏域-->
<input type="hidden" name="txt_hyan" id="txt_hyan" value="<?php echo $num;?>">
<br> <br>
<input type="submit" name="Submit" value="验证" onClick="return check(form);">   <input type="reset"
name="Submit2" value="重置">
<!--处理代码段-->
<?php
/*判断验证码录入框是否为空*/
    if(isset($_POST['txt_yan'])){
/*当输入的验证码和隐藏域中的验证码相等时，输出欢迎信息*/
        if($_POST['txt_yan'] == $_POST['txt_hyan']){
```

```
        echo "您输入的验证码通过，感谢您的加盟...";
    }}
?>
```

7.10.3　汉字图形验证码

汉字图形验证码是目前网络上比较流行的验证码方式，这种验证码的实现有一定的难度。首先将图片所对应的汉字依次存储到数组中。然后利用 Rand()函数生成一个小于 10 的数，用于得到随机字符的位置，进而得出随机字符，并设置要显示的随机图片。由于产生的随机字符串是 4 位的，所以需要使用 for 循环语句，根据数组得出相应图片的路径，再将图片转换成数组中的文字，最后输出到浏览器中。

以汉字图形化显示验证码的完整代码如下：

```php
<?php
$str=array("大","更","创","天","科","客","博","技","立","新");
$word=count($str);
$img="";                                           //初始化变量
$pic="";                                           //初始化变量
for($i=0;$i<4;$i++){
    $num=rand(0,$word-1);
    $img=$img."<img src=' images/checkcode/".$num.".gif' width='16' height='16'>"; //显示随机图片
    $pic=$pic.$str[$num];                          //将图片转换成数组中的文字
}
?>
```

7.11　本章总结

本章的博客管理系统首先介绍了博客的基本概念、发展前景、影响范围及博客网的功能分类，使读者对当今主流博客有了一个大致的认识。其次，实现了一个博客系统，其中包含所有基本功能的项目开发，使读者对如何开发一个博客网站有了一个初步的了解。最后，希望读者通过自己的努力，来逐步完善和加强这个博客网的实用功能，最终达到一个令自己满意的作品。

第 8 章

365 影视音乐网

（Apache+PHP+phpMyAdmin+MySQL 5.5 实现）

当今社会是一个信息快速发展的社会，在网络世界浏览信息的同时也可以听听歌曲，这样既愉悦了身心，又获得了最新的市场动态，由此网络上出现了很多的影视网站，很受欢迎。视听生活的新空间，必然在宽带互联网上开启。"VOD（视频点播）"的概念已经被越来越多的人所接受，逐渐成为网络发展的必然趋势之一。

通过阅读本章，可以学习到：

▶▶ 网站的整体设计思路及实现方法

▶▶ 应用<audio>和<video>播放影音文件

▶▶ PDO 的使用

▶▶ 关闭子窗口时自动刷新父窗口

▶▶ 在 JavaScript 中嵌入 PHP 代码

▶▶ 文件的上传和下载技术

配置说明

视频讲解

8.1　开 发 背 景

计算机技术、网络通信技术、多媒体技术及数据存储技术的飞速发展，对人类的
生产和生活方式产生了极大影响。网络以其特有的快速、高效、便捷的传输方式被人们所接受。随着
多媒体数据的存储、传输和应用技术的不断成熟以及宽带网络的不断发展，我们相信在线影视音乐点
播一定会成为网络内容创新的重头戏。

8.2　需 求 分 析

根据客户要求及成本核算，本系统所要实现的功能如下：

- ☑　网站实行会员等级管理，分"普通会员"和"高级会员"两种。
- ☑　网站提供文件上传、下载和在线视听功能，不同的会员等级实现的功能操作也不同。
- ☑　网站分前台和后台两部分，没有权限的用户无法进入后台进行管理。
- ☑　独特的点歌模块，为网站的会员提供点歌平台。
- ☑　前期数据量比较少，可以使用小型数据库以节约成本，如果后期数据量增大，则可以更换大
型数据库。

8.3　系 统 分 析

8.3.1　系统功能结构

根据 365 影视音乐网的特点，可以将其
分为前台和后台两个部分设计。前台主要实
现在线视听、影视音乐上传、影视音乐下载
和在线点歌等功能；后台主要用于管理员
对影视音乐目录、数据信息和上传日志进行
管理。

365 影视音乐网的前台功能结构如图 8.1
所示。

365 影视音乐网的后台功能结构如图 8.2
所示。

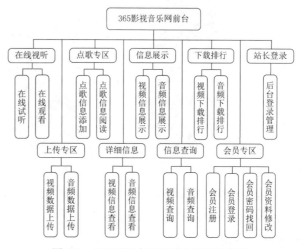

图 8.1　365 影视音乐网前台功能结构图

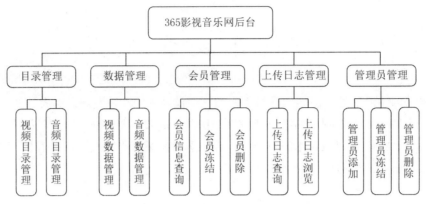

图 8.2　365 影视音乐网后台功能结构图

8.3.2　功能预览

365 影视音乐网由多个功能模块组成，为了让读者对本系统有个初步的了解和认识，下面列出几个典型功能的页面，其他页面参见资源包中的源程序。

影视专区页面如图 8.3 所示，该页面展示所有的影片信息及其分类。

图 8.3　影视专区（资源包\TM\08\online\list.php?action=video）

音乐专区页面如图 8.4 所示，该页面展示所有的歌曲信息及其分类。

影片详情页面如图 8.5 所示，该页面用于显示影片的详细信息，包括影片的导演、主演、类型以及影片简介等。

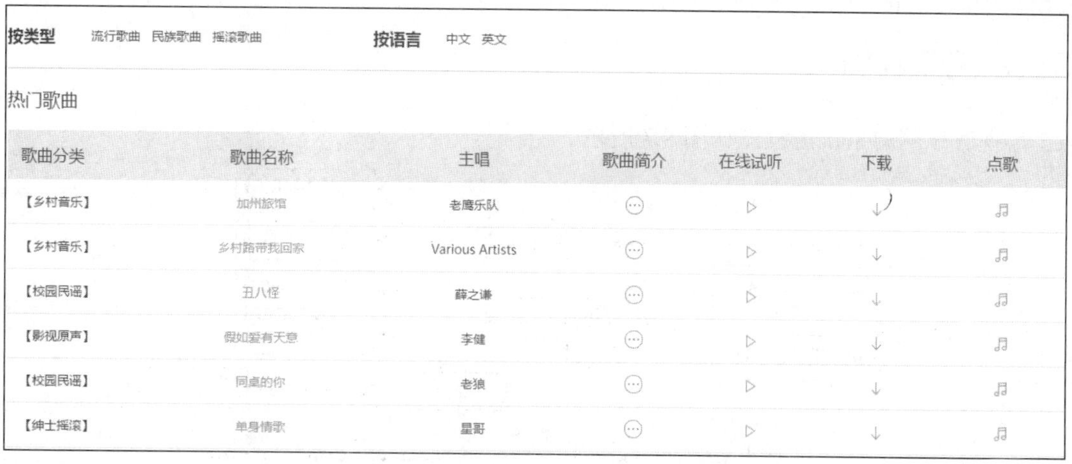

按类型
流行歌曲　民族歌曲　摇滚歌曲
按语言
中文　英文
热门歌曲
歌曲分类　歌曲名称　主唱　歌曲简介　在线试听　下载　点歌
【乡村音乐】　加州旅馆　老鹰乐队
【乡村音乐】　乡村路带我回家　Various Artists
【校园民谣】　丑八怪　薛之谦
【影视原声】　假如爱有天意　李健
【校园民谣】　同桌的你　老狼
【绅士摇滚】　单身情歌　星哥

图 8.4　音乐专区（资源包\TM\08\online\list.php?action=audio）

电影详情
飓风营救
导演：皮埃尔.莫瑞尔
主演：连姆.尼森
类型：动作片
语言：英文
发行时间：2008-04-09
播放影片　下载影片
影片详情：

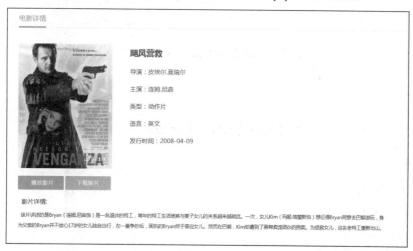

图 8.5　影片详情页面（资源包\TM\08\online\operation.php）

查询页面如图 8.6 所示，在搜索文本框中输入要查询的影片名称或歌曲名称，单击“搜索”按钮后即可显示查询结果。

365 影视音乐网
歌曲名称　加州旅馆　搜索
上传文件
欢迎您！mr
等级：高级会员
上传数量：12
首页　电影　音乐
365影视音乐 Online，和您共享经典
查询结果
歌曲分类　歌曲名称　主唱　歌曲简介　在线试听　下载　点歌
【乡村音乐】　加州旅馆　老鹰乐队

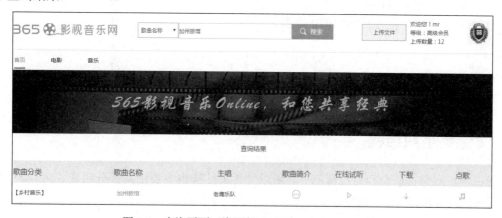

图 8.6　查询页面（资源包\TM\08\online\show.php）

8.3.3 系统流程图

365 影视音乐网的系统流程图如图 8.7 所示。

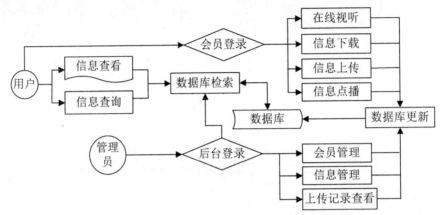

图 8.7 365 影视音乐网的系统流程图

8.3.4 开发环境

在开发 365 影视音乐网时，该项目使用的软件开发环境如下。

1．服务器端

- ☑ 操作系统：Windows 7。
- ☑ 服务器：Apache 2.4.18。
- ☑ PHP 软件：PHP 7.0.12。
- ☑ 数据库：MySQL 5.5.47。
- ☑ MySQL 图形化管理软件：phpMyAdmin-3.5.8。
- ☑ 开发工具：PhpStorm 2016.3。
- ☑ 浏览器：Google Chrome。
- ☑ 分辨率：最佳效果为 1680×1050 像素。

2．客户端

- ☑ 浏览器：推荐使用 Google Chrome。
- ☑ 分辨率：最佳效果为 1680×1050 像素。

8.3.5 文件夹组织结构

365 影视音乐网包括前台和后台两部分，所以文件夹结构也主要由两部分组成。365 影视音乐网的组织结构图如图 8.8 所示。

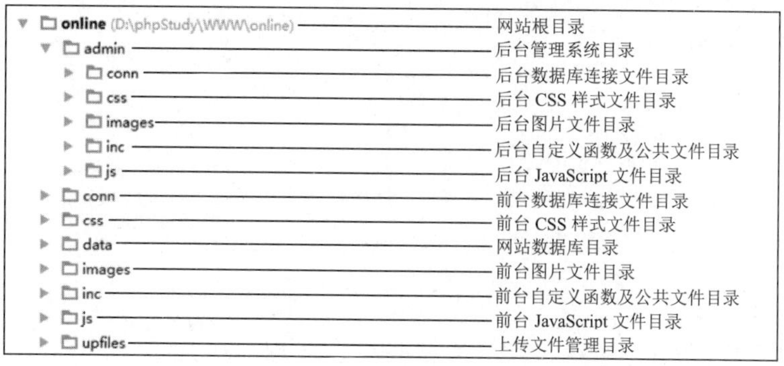

图 8.8　365 影视音乐网的文件夹组织结构图

8.4　数据库设计

本系统使用的是 MySQL 数据库，但使用的是 PDO 连接方式，这是为了便于以后
数据负担加重后，可以更改其他数据库，如使用 Oracle。只要更改数据库而无须重新编写源程序。365
影视音乐网的数据库 db_online 中共包含 8 个数据表，这 8 个数据表如表 8.1 所示。

表 8.1　数据库 db_online 中的数据表

表	类　型	整　理	说　明
tb_account	MyISAM	utf8_general_ci	会员信息表
tb_audio	MyISAM	utf8_general_ci	音频信息表
tb_audiolist	MyISAM	utf8_general_ci	音频类别表
tb_grade	MyISAM	utf8_general_ci	等级限定表
tb_manager	MyISAM	utf8_general_ci	管理员表
tb_register	MyISAM	utf8_general_ci	点歌信息表
tb_video	MyISAM	utf8_general_ci	视频信息表
tb_videolist	MyISAM	utf8_general_ci	视频类别表

8.4.1　数据库概念设计

通过需求分析和功能设计，本系统规划出管理员信息实体、会员信息实体、视频信息实体、音频
信息实体、视频目录实体和音频目录实体。下面给出主要的实体及 E-R 图。

会员信息实体包括注册用户的详细个人信息，如果想下载或在线视听，则必须注册为会员才可以。
会员信息实体 E-R 图如图 8.9 所示。

视频文件实体包括视频名称、视频图片、视频文件、主要演员、导演及发行商等多项资料，视频
信息实体 E-R 图如图 8.10 所示。

音频目录实体包括音频目录分类的相关信息，如目录名称、目录级别、父目录名称等，音频目录

实体 E-R 图如图 8.11 所示。

图 8.9　会员信息实体 E-R 图　　　图 8.10　视频信息实体 E-R 图　　　图 8.11　音频目录实体 E-R 图

8.4.2　数据库物理结构设计

下面来看一下会员信息表、音频信息表和音频类别表的结构设计。

1．tb_account（会员信息表）

会员信息表主要存储用户的个人信息，tb_account 表的结构如表 8.2 所示。

表 8.2　会员信息表结构

名　字	类　型	整　理	空	默　认	额　外	说　明
id	int(4)		否	无	AUTO_INCREMENT	自动编号
name	varchar(30)	utf8_general_ci	否	无		会员昵称
password	varchar(30)	utf8_general_ci	否	无		会员密码
question	varchar(50)	utf8_general_ci	否	无		密码提示问题
answer	varchar(50)	utf8_general_ci	否	无		密码提示答案
sex	varchar(10)	utf8_general_ci	否	无		会员性别
age	int(4)		否	无		会员年龄
job	varchar(50)	utf8_general_ci	否	无		会员职业
email	varchar(100)	utf8_general_ci	否	无		email 地址
address	varchar(100)	utf8_general_ci	否	无		联系地址
qq	varchar(20)	utf8_general_ci	否	无		联系 qq
counts	int(4)		否	0		上传次数
grade	varchar(10)	utf8_general_ci	否	普通会员		会员级别
whether	varchar(10)	utf8_general_ci	否	1		是否激活
head	varchar(200)	utf8_general_ci	否	无		会员头像

2．tb_audio（音频信息表）

音频信息表主要用来存储上传音频的资料，如音频名称、音频图片等。tb_audio 表的结构如表 8.3 所示。

表8.3　音频信息表结构

名　字	类　型	整　理	空	默　认	额　外	说　明
id	int(4)		否	无	AUTO_INCREMENT	自动编号
name	varchar(100)	utf8_general_ci	否	无		音频名称
picture	varchar(200)	utf8_general_ci	否	无		封面图片
actor	varchar(100)	utf8_general_ci	否	无		主唱
ci	varchar(50)	utf8_general_ci	否	无		词作者
qu	varchar(50)	utf8_general_ci	否	无		曲作者
actortype	varchar(50)	utf8_general_ci	否	无		歌手类型
style	varchar(50)	utf8_general_ci	否	无		歌曲子类型
publisher	varchar(100)	utf8_general_ci	否	无		发行商
froms	varchar(100)	utf8_general_ci	否	无		发行地区
type	varchar(50)	utf8_general_ci	否	无		歌曲父类型
sizes	varchar(50)	utf8_general_ci	否	无		歌曲大小
languages	varchar(20)	utf8_general_ci	否	无		歌曲语言
publishTime	date		否	无		发行时间
remark	varchar(1000)	utf8_general_ci	否	无		歌曲备注
property	varchar(20)	utf8_general_ci	否	无		歌曲属性
address	varchar(200)	utf8_general_ci	否	无		歌曲地址
userName	varchar(50)	utf8_general_ci	否	无		发布人
issueDate	datetime		否	无		发布时间
downTime	int(4)		否	无		下载次数
bool	varchar(20)	utf8_general_ci	否	1		是否为新品

3．tb_audiolist（音频类别表）

音频类别表主要是存储上传音频所属的类型（二级目录）及类别（一级目录）。tb_audiolist 表的结构如表 8.4 所示。

表8.4　音频类别表结构

名　字	类　型	整　理	空	默　认	额　外	说　明
id	int(4)		否	无	AUTO_INCREMENT	自动编号
grade	varchar(50)	utf8_general_ci	否	无		类型级别
name	varchar(50)	utf8_general_ci	否	无		音频子类型
father	varchar(50)	utf8_general_ci	否	无		音频父类型
userName	varchar(50)	utf8_general_ci	否	无		创建人
issueDate	datetime		否	无		创建时间

由于篇幅有限，其他几个数据表的结构暂不介绍。

视频讲解

8.5 前台首页设计

8.5.1 前台首页概述

365 影视音乐网的前台首页的功能模块主要包括以下 3 部分：

☑ 网站头部：主要有网站 logo、搜索模块、注册/登录模块、网站导航及电影轮播图。

☑ 网站主显示区：包括电影信息、电影下载排行榜以及歌曲信息、歌曲下载排行榜。

☑ 网站底部：包括版权信息、联系方式等。

该前台首页在本书资源包中的路径为"\TM\08\online\index.php"，运行结果如图 8.12 所示。

图 8.12 365 影视音乐网前台首页

8.5.2　前台首页技术分析

在构建前台首页时主要使用了引用外部文件的方式。引用文件是指将另一个源文件的全部内容包含到当前源文件中进行使用。引用外部文件可以减少代码的重用性，是 PHP 编程的重要技巧。PHP 提供了 include 语句、require 语句、include_once 语句和 require_once 语句用于实现引用文件，在该网站前台首页中使用的是 include 语句。

使用 include 语句引用外部文件时，只有代码执行到 include 语句时才将外部文件引用进来并读取文件的内容，当所引用的外部文件发生错误时，系统只给出一个警告，而整个 php 文件则继续向下执行。include 语句的语法如下：

```
void include(string filename);
```

参数 filename 是指定的完整路径文件名。

例如，在 index.php 文件中引入头部文件 top.php 的代码如下：

```php
<?php
    include("top.php");
?>
```

8.5.3　前台首页的实现过程

　　前台首页使用的数据表：tb_audio、tb_video

在首页中，使用到了 4 个 include 语句，分别将网站头部页面、主显示页面、排行榜页面以及版权信息页面等主要的模块加载进来。限于篇幅，这些页面的代码不做详细介绍，具体代码请参考本书附带资源包。前台首页 index.php 的实现代码如下：

例程 01　代码位置：资源包\TM\08\online\index.php

```php
<?php
session_start();                                //启动 session
?>
<script src="js/chk.js"></script>
<script type="text/javascript">
    function chk_see(){
        var name = "<?php echo isset($_SESSION['name'])?$_SESSION['name']:"";?>";//为变量赋值
        if(name == ""){                          //如果变量 name 的值为空
            alert('只有会员才能观看影片，请登录！');    //弹出对话框
            return false;                        //返回 false，用户无法观看影片
        }else{
            return true;                         //返回 true，会员可以观看影片
        }
    }
    function chk_listen(){
```

```
                var name = "<?php echo isset($_SESSION['name'])?$_SESSION['name']:"";?>";//为变量赋值
                if(name == ""){                              //如果变量 name 的值为空
                    alert('只有会员才能播放歌曲，请登录！');   //弹出对话框
                    return false;                            //返回 false，用户无法播放歌曲
                }else{
                    return true;                             //返回 true，会员可以播放歌曲
                }
        }
    </script>
    <link rel="stylesheet" href="css/style.css" />
    <body onload="setInterval('changeimage()',3000)">
    <?php
    include("top.php");                                      //引入 logo、导航页面
    ?>
    <table width="100%" border="0" cellpadding="0" cellspacing="0" bgcolor="#ffffff">
      <tr>
        <td> </td>
        <td width="960" valign="top">
    <?php
      include("main.php");                                   //引入主显示页面
    ?>
        </td>
        <td width="240" valign="top">
    <?php
      include("right.php");                                  //引入电影榜、歌曲排行榜页面
    ?>
        </td>
        <td> </td>
      </tr>
    </table>
    <?php
      include("bottom.php");                                 //引入版权信息、联系方式页面
    ?>
    </body>
```

视频讲解

8.6　详细信息查看模块

8.6.1　详细信息查看模块概述

　　详细信息查看模块主要包括视频详细信息查看和音频详细信息查看两个部分。查看信息功能没有权限限制，无论是游客还是会员都可以查看。但查看页面中的播放影片或播放歌曲的功能则是只有会员登录后才可以实现的操作，而下载影片或下载歌曲的功能只有高级会员登录后才能实现。视频详细信息页面的运行结果如图 8.13 所示。

图 8.13　视频详细信息页面

8.6.2　详细信息查看模块技术分析

在这个模块中，所要解决的技术难点就是：系统需要根据不同的浏览用户，弹出不同的操作权限对话框。在 JavaScript 代码中使用 if 语句，并配合 PHP 中的 session 技术来实现该功能。以视频详细信息页面为例，首先通过检测$_SESSION['name']是否存在，来判断用户是否登录，如果没有登录，在单击"播放影片"按钮时会弹出"只有会员才能观看影片，请登录！"的提示，然后判断$_SESSION['grades']是否为"高级会员"，如果用户未登录或登录会员为普通会员，在单击"下载影片"按钮时会弹出"只有高级会员登录后才能下载"的提示。该功能的关键代码如下：

例程 02　代码位置：资源包\TM\08\online\v_intro.php

```
<script type="text/javascript">
    function chk_see(){
        var name = "<?php echo isset($_SESSION['name'])?$_SESSION['name']:"";?>";//为变量赋值
        if(name == ""){                                    //如果变量 name 的值为空
            alert('只有会员才能观看影片，请登录！');          //弹出对话框
            return false;                                  //返回 false，用户无法观看影片
        }else{
            return true;                                   //返回 true，会员可以观看影片
        }
    }
    function chk_download(){
        var name = "<?php echo isset($_SESSION['name'])?$_SESSION['name']:"";?>";//获取用户名
        //获取用户等级
        var grades = "<?php echo isset($_SESSION['grades'])?$_SESSION['grades']:"";?>";
if(name == "" || grades!="高级会员"){//如果变量 name 的值为空或者变量 grades 的值不是"高级会员"
            alert('只有高级会员登录后才能下载');              //弹出对话框
            return false;                                  //返回 false，用户无法进行下载
        }else{
            return true;                                   //返回 true，用户可以进行下载
        }
    }
</script>
```

8.6.3 详细信息查看的实现过程

⊞ 信息查看模块使用的数据表：tb_audio、tb_video

用户可以在视频信息展示页面单击 🔳 图标进入视频详细信息页面。在视频详细信息页面（v_intro.php）中，以浏览器地址栏中传递的 id 值为条件对 tb_video 数据表进行查询，并将查询结果中的主要数据输出到页面中，包括影片名称、导演、主演及类型等信息。关键代码如下：

例程 03 代码位置：资源包\TM\08\online\v_intro.php

```php
<?php
    $sql="select * from tb_video where id=".$_GET['id'];        //定义查询语句
    $result = $pdo->prepare($sql);                               //准备查询
    $result->execute();                                          //执行查询
    if($rst=$result->fetch(PDO::FETCH_NUM)){                     //将查询结果返回到数组并判断是否为真
?>
<table width="100%" border="0" cellspacing="0" cellpadding="0" bgcolor="#ffffff"
        class="w_1200" style="margin-top: 20px;margin-bottom: 20px; padding-bottom:36px;">
    <tr>
        <td width="34"> </td>
        <td colspan="3">
            <span style="font-size: 20px;color: #2bb673; border-bottom: 4px solid #2bb673;
                line-height: 54px; margin: 0 0 6px 0px; padding-bottom: 10px">电影详情</span>
        </td>
    </tr>
    <tr><td width="34"></td><td colspan="2" height="1" bgcolor="#e5e5e5"></td></tr>
    <tr>
        <td></td>
        <td align="left" valign="top" style="padding-top:30px;">
            <table width="95%" border="0"    cellspacing="0" cellpadding="0" >
                <tr>
                    <td width="30%" height="" align="left" valign="middle">
<img name="news" src="<?php echo "upfiles/video/".$rst[2]; ?>" width="280" height="362" alt=""
    border="0" style=" border-color:#CCCCCC; margin-top:15px; margin-left:0px;
    margin-bottom:15px; margin-right:0px;" />
                    </td>
                    <td width="70%" align="left" valign="top">
                        <table border="0" cellspacing="0" cellpadding="0" style="margin-top:10px;">
                            <tr>
                                <td align="left" colspan="2" height="60" style="font-size:24px;
                                    font-weight:bolder;"><?php echo $rst[1]; ?></td>
                            </tr>
                            <tr>
                                <td width="280" height="50" align="left" style="font-size:18px;">
                                    导演：<?php echo $rst[7]; ?></td>
                            </tr>
                            <tr>
                                <td height="50" align="left" style="font-size:18px;">
                                    主演：<?php echo $rst[6]; ?></div></td>
```

```
        </tr>
        <tr>
            <td height="50" align="left" style="font-size:18px;">
                类型：<?php echo $rst[11]; ?></td>
        </tr>
        <tr>
            <td height="50" align="left" style="font-size:18px;">
                语言：<?php echo $rst[9]; ?></td>
        </tr>
        <tr>
            <td height="50" align="left" style="font-size:18px;">
                发行时间：<?php echo $rst[13]; ?></td>
        </tr>
    </table>
        </td>
    </tr>
    <tr>
        <td height="58" align="left">
            <a href="operation.php?action=see&id=<?php echo $rst[16]; ?>"
            target="_blank" onclick="return chk_see()"><img src="images/play.png"></a>
            <a href="download.php?id=<?php echo $rst[16]; ?>&action=video"
            onClick="return chk_download()"><img src="images/download.png"></a>
        </td>
    </tr>
    <tr>
        <td height="48" colspan="2" style="font-size:18px;">  影片详情:</td>
    </tr>
    <tr>
        <td colspan="2" style="font-size:14px; line-height:30px;">  
            <?php echo $rst[23]; ?></td>
    </tr>
    </table>
        </td>
    </tr>
</table>
<?php
}
?>
```

视频讲解

8.7　在线观看与试听模块设计

8.7.1　在线观看与试听模块概述

用户登录后可以在线观看视频。在不同的页面都可以直接进入在线观看页面，包括首页、视频列表页、视频搜索结果页和视频详细信息页。但必须是登录会员才可以，游客是没有权限的。会员可以在首页或视频信息展示页面单击视频图片或视频名称，在视频详细信息页面单击"播放影片"按钮来进行在线观看。在线观看页面的运行结果如图 8.14 所示。

用户登录后还可以在线试听音频数据。在不同的页面都可以直接进入在线试听页面，包括首页、歌曲列表页、歌曲搜索结果页和音频详细信息页。但必须是登录会员才可以，游客是没有权限的。会员可以在首页单击歌曲图片或歌曲名称，在音频信息展示页面单击▷图标，或者在音频详细信息页面单击"播放歌曲"按钮来进行在线试听。在线试听页面的运行结果如图 8.15 所示。

图 8.14　在线观看页面

图 8.15　在线试听页面

8.7.2　在线观看与试听模块技术分析

在该网站中，实现影片的在线观看功能使用的是 HTML5 中新增的 video 元素，而实现歌曲的在线试听功能使用的是 HTML5 中新增的 audio 元素。下面对这两个元素进行详细介绍。

1. video 元素

video 元素专门用来播放网络上的视频或电影，该元素的使用方法很简单，只要设定好元素的长、宽等属性，并且把播放视频的 URL 地址指定给该元素的 src 属性即可，video 元素的使用方法如下：

```
<video width="500" height="300" src="movie.mp4" controls="controls" autoplay="autoplay">
您的浏览器不支持 video 元素！
</video>
```

video 元素的属性及其描述如表 8.5 所示。

表 8.5　video 元素的属性及其描述

属　　性	描　　述	属　　性	描　　述
width	设置视频播放器的宽度	autoplay	设置自动播放
height	设置视频播放器的高度	loop	设置循环播放
src	要播放视频的 URL	preload	设置视频在页面加载时进行加载，并预备播放。如果使用了 autoplay 属性则忽略该属性
controls	添加播放、暂停和音量控件		

说明 如果浏览器不支持 video 元素，则会显示<video>与</video>之间设置的内容。

另外，还可以通过使用 source 元素来为同一个媒体数据指定多个播放格式，以确保浏览器可以从中选择一种自己支持的播放格式进行播放，浏览器的选择顺序为代码中的书写顺序，它会从上往下判断自己对该播放格式是否支持，直到选择到自己支持的播放格式为止。其使用方法如下：

```
<video width="500" height="300">
    <!--在 ogg 格式与 MP4 格式之间选择自己支持的播放格式-->
    <source src="demo/movie.ogg " type="video/ogg"/>
    <source src="demo/movie.mp4" type="video/mp4"/>
</video>
```

source 元素中的 src 属性是指播放媒体的 URL 地址，type 属性表示媒体类型，其属性值为播放文件的 MIME 类型。

2．audio 元素

audio 元素专门用来播放网络上的音频数据，该元素的使用方法也很简单，只要把播放音频的 URL 地址指定给该元素的 src 属性即可，audio 元素的使用方法如下：

```
<audio src="song.mp3" controls="controls" autoplay="autoplay">
您的浏览器不支持 audio 元素！
</audio>
```

audio 元素的属性及其描述如表 8.6 所示。

表 8.6　audio 元素的属性及其描述

属　　性	描　　述
src	要播放音频的 URL
controls	添加播放、暂停和音量控件
autoplay	设置自动播放
loop	设置循环播放
preload	设置音频在页面加载时进行加载，并预备播放。如果使用了 autoplay 属性则忽略该属性

 说明 如果浏览器不支持 audio 元素，则会显示<audio>与</audio>之间设置的内容。

另外，在 audio 元素中也可以使用多个 source 元素，source 元素可以链接不同的音频文件，浏览器将选择第一个支持的格式。其使用方法如下：

```
<audio controls="controls" autoplay="autoplay">
    <!--在 ogg 格式与 MP3 格式之间选择自己支持的播放格式-->
    <source src="demo/song.ogg " type="audio/ogg"/>
    <source src="demo/song.mp3" type="audio/mpeg"/>
</audio>
```

source 元素中的 src 属性是指播放媒体的 URL 地址，type 属性表示媒体类型，其属性值为播放文件的 MIME 类型。

8.7.3 在线观看的实现过程

在线视听模块使用的数据表：tb_video

在视频信息展示页面中，用户单击 图标，打开视频播放页面（see.php）进行在线观看。视频播放页面主要是根据传递的参数进行数据库检索，并将对应数据的硬盘存储地址作为多媒体文件的引用地址，当页面加载完毕后，视频数据将自动播放，实现在线观看功能。在线观看页面的主要代码如下：

例程 04 代码位置：资源包\TM\08\online\see.php

```php
<?php
header ( "Content-type: text/html; charset=utf-8" );        //设置文件编码格式
session_start();                                            //启动 Session
if(isset($_SESSION['name'])){                               //如果用户已登录
    ?>
    <body leftmargin="0" topmargin="0">
    <video src="upfiles/video/<?php echo $_GET['id'];?>" width="100%" height="100%" controls="controls"
autoplay="autoplay"></video>
    </body>
    <?php
}else{
    echo "<script>alert('只有会员才能观看影片，请登录！');
        location.href='login.php';</script>";              //弹出提示信息
}
?>
```

8.7.4 在线试听的实现过程

在线视听模块使用的数据表：tb_audio

在音频信息展示页面中，用户单击 图标，打开音频播放页面（listen.php）进行在线试听。在试听页面中，根据传递的参数进行数据库检索，并将对应数据的硬盘存储地址作为音频文件的引用地址，当页面加载完毕后，音频数据将自动播放，实现在线试听的功能。在线试听页面的主要代码如下：

例程 05 代码位置：资源包\TM\08\online\listen.php

```php
<?php
session_start();                                            //启动 Session
header("Content-type:text/html;charset=utf-8");             //设置文件编码格式
if(isset($_SESSION['name'])){                               //如果用户已登录
?>
    <body leftmargin="0" topmargin="0">
    <audio src="upfiles/audio/<?php echo $_GET['id'];?>" controls="controls" autoplay="autoplay"></audio>
    </body>
```

```
    <?php
}else{
    echo "<script>alert('只有会员才能播放歌曲，请登录！');
            top.location.href='login.php';</script>";      //弹出提示信息并跳转页面
}
?>
```

视频讲解

8.8 点歌模块设计

8.8.1 点歌模块概述

本项目的在线点歌模块实现了会员间发送祝福与点歌的功能，收到祝福的会员可以实现在线听歌。用户通过音频信息展示页面进入点歌功能模块。单击♫图标，可以打开点歌页面为其他用户进行点歌，点歌接收人在登录之后就可以查看点歌信息，对歌曲进行试听。进行点歌的前提条件是用户必须登录。点歌页面的运行结果如图 8.16 所示。

图 8.16 点歌页面

8.8.2 点歌模块技术分析

用户在进行点歌时会将点歌信息存储到数据库中，点歌接收人在登录之后可以查看数据库中存储的点歌信息。本系统使用了 PDO 方式操作数据库，在执行点歌操作时使用了 PDO 中的 prepare()、execute()、fetch()和 exec()方法，下面分别进行介绍。

1. prepare()和 execute()方法

prepare()和 execute()两个方法是 PDO 中的两个预处理语句。首先，通过 prepare()方法做查询的准备工作，然后，通过 execute()方法执行查询。并且还可以通过 bindParam()方法来绑定参数提供给 execute()方法。其语法如下：

```
PDOStatement PDO::prepare(string statement [, array driver_options])
bool PDOStatement::execute([array input_parameters])
```

2. fetch()方法

fetch()方法用于获取结果集中的下一行，其语法格式如下：

```
mixed PDOStatement::fetch([int fetch_style [, int cursor_orientation [, int cursor_offset]]])
```

参数 fetch_style 为控制结果集的返回方式，其可选方式如表 8.7 所示；参数 cursor_orientation 是 PDOStatement 对象的一个滚动游标，可用于获取指定的一行；参数 cursor_offset 为游标的偏移量。

表 8.7　fetch_style 控制结果集的可选值

值	说　明
PDO::FETCH_ASSOC	关联数组形式
PDO::FETCH_NUM	数字索引数组形式
PDO::FETCH_BOTH	两者数组形式都有，这是默认的
PDO::FETCH_OBJ	按照对象的形式，类似于以前的 mysqli_fetch_object()
PDO::FETCH_BOUND	以布尔值的形式返回结果，同时将获取的列值赋给 bindParam()方法中指定的变量
PDO::FETCH_LAZY	以关联数组、数字索引数组和对象 3 种形式返回结果

3．exec()方法

exec()方法返回执行 SQL 语句后受影响的行数，其语法如下：

```
int PDO::exec(string statement)
```

参数 statement 是要执行的 SQL 语句。该方法返回执行 SQL 语句后受影响的行数，通常用于 INSERT、DELETE 和 UPDATE 语句中。

8.8.3　会员点歌的实现过程

🔲　点歌模块使用的数据表：tb_register、tb_audio

单击导航栏中的"音乐"超链接，首先进入到歌曲信息页面，页面中的在线试听和详细信息查看在其他模块中都有介绍，这里主要讲解点歌功能。单击🎵图标，进入点歌页面。用户在点歌页面需要输入接收人用户名和祝福语。在点歌页面，将上一页传递过来的歌曲 id、接收人及祝福语等信息组成 insert 语句存储到数据库中，然后刷新父窗口并关闭当前页面。关键代码如下：

例程 06　代码位置：资源包\TM\08\online\give.php

```php
<?php
session_start();                                              //启动 Session
include "conn/conn.php";                                      //包含数据库连接文件
if(isset($_POST['toname']) &&$_POST['toname'] <>""){          //如果 toname 参数值不为空
    $sql="select * from tb_account where name='".$_POST['toname']."'";  //定义查询语句
    $result=$pdo->prepare($sql);                              //准备查询
    $result->execute();                                       //执行查询
    if(!$rst=$result->fetch(PDO::FETCH_NUM)){                 //如果查询结果不为真
        echo "<script>alert('该会员不存在，请重新输入！');</script>";   //弹出提示信息
        exit();                                               //退出程序
    }
    $id=$_POST['id'];                                         //将歌曲 id 赋值给变量
    $toname=$_POST['toname'];                                 //将点歌接收人赋值给变量
    $from=$_SESSION['name'];                                  //将点歌人赋值给变量
    $remark=$_POST['remark'];                                 //将点歌祝福语赋值给变量
    //定义插入语句
    $sql="insert into tb_register
```

```
values(",".$id.",",".$from.",",".$toname.",",".$remark.",",".date("Y-m-d H:i:s").")";
    $rst = $pdo->exec($sql);                              //执行语句
?>
    <script language="javascript">
        <?php
            if(!($rst == false)){
        ?>
        alert("点歌信息保存成功");                          //弹出对话框
        <?php
        }else{
        ?>
        alert("点歌失败");                                 //弹出对话框
        <?php
        }
        ?>
        top.opener.location.reload();                     //刷新父窗口
        top.window.close();                               //关闭当前页面
    </script>
<?php
}
?>
```

8.8.4 查看点歌信息的实现过程

　　在点歌操作完成后，点歌接收人需要登录系统，通过单击鼠标指向头像时弹出的"查看点歌信息"超链接来进行查看。运行结果如图 8.17 所示。

图 8.17　查看点歌信息

　　由图 8.17 可以看出，在点歌信息查看页面中显示了点播的歌曲名称、点歌人以及收到的祝福语，用户只需要单击歌曲名称就可以进行在线试听，试听后该点歌信息将会被删除。

　　在点歌信息查看页面 s_music.php 中，首先包含数据库连接文件，然后查询以登录用户作为接收人的点歌信息，并应用 do…while 语句将点播的歌曲名称、点歌人以及收到的祝福语循环输出到页面中，关键代码如下：

例程 07　代码位置：资源包\TM\08\online\s_music.php

```
<?php
    include "conn/conn.php";                             //包含数据库连接文件
    $s_sqlstr="select * from tb_register where toName='".$_SESSION['name'].'" order by
            issueDate Desc";                             //定义查询语句
    $result = $pdo->prepare($s_sqlstr);                  //准备查询
    $result->execute();                                  //执行查询
    if($s_rst=$result->fetch(PDO::FETCH_NUM)){           //将查询结果返回到数组中并判断结果是否为真
        do{                                              //循环输出查询结果
?>
    <table width="400" border="0" cellspacing="0" cellpadding="0">
```

```
                    <tr valign="top">
                        <td height="15" colspan="4"> </td>
                    </tr>
<?php
        $s_sqlstr1="select * from tb_audio where id=".$s_rst[1];          //定义查询语句
        $result1 = $pdo->prepare($s_sqlstr1);                            //准备查询
        $result1->execute();                                             //执行查询
        if($s_rst1 = $result1->fetch(PDO::FETCH_NUM)){                   //将查询结果返回数组并判断是否为真
?>
                    <tr valign="top">
                        <td width="110" height="30">歌曲名称：</td>
                        <td width="185" height="30"><a href="operation.php?action=dotlisten&id=
    <?php echo $s_rst[0]; ?>&name=<?php echo $s_rst1[16]; ?>"><?php echo $s_rst1[1]; ?></a></td>
                        <td width="75" height="30">点歌人：</td>
                        <td width="103" height="30">
                            <?php echo $s_rst[2]; ?></td>
                    </tr>
                    <tr valign="top">
                        <td width="110">祝语：</td>
                        <td height="55" colspan="3">
                            <textarea name="textarea" cols="40" rows="3" >
                                <?php echo $s_rst[4]; ?></textarea>
                        </td>
                    </tr>
                </table>
<?php
            }
        }while($s_rst=$result->fetch(PDO::FETCH_NUM));
    }else{
        echo "暂无点歌信息！";
    }
?>
```

视频讲解

8.9 后台首页设计

8.9.1 后台首页概述

根据用户对各个功能模块的使用频率和重要程度，本系统后台首页中要显示的模块主要有以下两部分：

（1）网站左侧导航栏：包括各个管理模块及分类。

☑　目录管理模块：主要包括视频目录管理和音频目录管理两个部分。

☑　数据管理模块：主要包括视频数据管理和音频数据管理两个部分。

☑　会员管理模块：主要包括会员等级设置和会员数据管理两个部分。

☑　上传信息管理模块：主要用于浏览和查询用户上传操作的详细内容。

☑　管理员设置模块：主要包括管理员信息添加、删除及冻结 3 个部分。

（2）网站主显示区：显示各个模块的操作及结果。

该后台首页在本书资源包中的路径为"\TM\08\online\admin\main.php"，运行结果如图 8.18 所示。

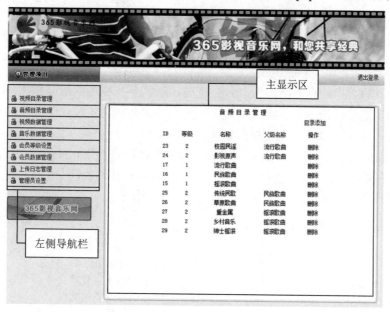

图 8.18　365 影视音乐网后台首页

8.9.2　后台首页技术分析

在后台的主显示区中显示了各个模块的操作及结果。根据浏览器地址栏中传递的不同的参数值，在右侧显示不同的功能界面。为了实现这个功能，在程序中使用了 switch 语句。switch 语句和 if 语句类似，它将同一个表达式与很多不同值进行比较，当获取相同的值时执行相应的代码，switch 语句的语法格式如下：

```
switch(变量或表达式){
    case 常量表达式 1:
        语句 1;
        break;
    case 常量表达式 2:
    ...
    case 常量表达式 n:
        语句 n;
        break;
    default:
        语句 n+1;
}
```

switch 语句根据变量或表达式的值，依次与 case 中的常量表达式的值相比较，如果不相等，继续查找下一个 case；如果相等，就执行对应的语句，直到 switch 语句结束或遇到 break 为止。一般来说，

switch 语句最终都有一个默认值 default，如果在前面的 case 中没有找到相符的条件，则输出默认语句。

在后台首页中，将地址栏传递的参数 action 的值作为 switch 语句的条件变量，根据该参数的不同值，应用 include 语句包含相应的 PHP 文件，实现显示不同操作界面的功能。

8.9.3 后台首页的实现过程

后台首页使用的数据表：tb_manager

本系统的后台首页采用的布局结构为二分栏布局。左侧导航栏清楚地显示了后台管理员的功能。当单击任意功能超链接时，在主显示区显示对应的操作界面和该功能模块下的子功能。页面简练、结构清晰、浏览方便，二分栏的主要特点被表现得淋漓尽致。

在后台首页 main.php 的代码中，对每项功能权限的判断都是在 left.php 中完成的，只要在左侧导航栏的位置载入 left.php 即可。在主显示区，应用 switch 语句根据参数返回的不同值，显示不同的功能界面。程序的关键代码如下：

例程 08　代码位置：资源包\TM\08\online\admin\main.php

```php
<?php
session_start();                                         //启动 Session
include "inc/chec.php";                                  //包含判断用户权限文件
include "conn/conn.php";                                 //包含数据库连接文件
?>
                                                         <!--省略部分 HTML 代码-->
<?php
include "left.php";                                      //包含文件
?>
                                                         <!--省略部分 HTML 代码-->
<?php
    /*根据不同的参数，显示不同的功能界面*/
    switch (isset($_GET['action'])?$_GET['action']:""){  //判断参数 action 的值
        case "audioList":                                //如果参数值为 audioList
            include "a_list.php";                        //包含 a_list.php 文件
            break;                                       //跳出 switch 语句
        case "videoList":                                //如果参数值为 videoList
            include "v_list.php";                        //包含 v_list.php 文件
            break;                                       //跳出 switch 语句
        case "audio":                                    //如果参数值为 audio
            include "audio.php";                         //包含 audio.php 文件
            break;                                       //跳出 switch 语句
        case "video":                                    //如果参数值为 video
            include "video.php";                         //包含 video.php 文件
            break;                                       //跳出 switch 语句
        case "grade":                                    //如果参数值为 grade
            include "grade.php";                         //包含 grade.php 文件
            break;                                       //跳出 switch 语句
        case "member":                                   //如果参数值为 member
            include "member.php";                        //包含 member.php 文件
```

```
            break;                              //跳出 switch 语句
        case "log":                             //如果参数值为 log
            include "log.php";                  //包含 log.php 文件
            break;                              //跳出 switch 语句
        case "manager":                         //如果参数值为 manager
            include "manager.php";              //包含 manager.php 文件
            break;                              //跳出 switch 语句
        default:                                //默认值
            include "a_list.php";               //包含 a_list.php 文件
            break;                              //跳出 switch 语句
    }
?>
```

视频讲解

8.10　目录管理模块设计

8.10.1　目录管理模块概述

目录管理模块主要包括视频目录管理和音频目录管理两个部分。管理员可以通过后台管理导航进入对应的目录管理页面。

如果管理员进入了视频目录管理页面（videolist.php），那么在该页面内可以打开目录添加页面进行目录添加操作，也可以删除相应的目录。鉴于目录信息比较简短，本系统中没有提供目录修改的功能。

> **说明**　由于视频目录管理和音频目录管理实现的方法基本类似，因此，本章重点讲解视频目录管理模块实现的方法，关于音频目录管理模块的实现方法请参见本书附赠资源包。

8.10.2　目录管理模块技术分析

在网站中，有个功能经常要被用到：在添加目录、歌曲时，经常会碰到重名的问题。对于这个问题，可以编写一个自定义函数，并将它放到单独的一个文件中，方便其他页面调用，如本系统中的"/inc/func.php"，就是专门用来存储自定义函数的文件。下面来看一下用来判断目录是否重名的自定义函数 is_chk()，代码如下：

例程 09　代码位置：资源包\TM\08\online\admin\inc\func.php

```
//判断目录名是否重复
//$f_fields：字段名
//$tablename：数据表名
//$f_str：要查找的字段
function is_chk($f_fields,$tablename,$f_str){
    $is_chk = true;                             //初始化变量
    include "../conn/conn.php";                 //包含数据库连接文件
```

```
$is_sqlstr = "select $f_fields from $tablename";        //定义查询语句
$result = $pdo->prepare($is_sqlstr);                    //准备查询
$result->execute();                                     //执行查询
while($is_rst=$result->fetch(PDO::FETCH_NUM)){          //循环输出查询结果
    if($f_str == $is_rst[0]){                           //如果两个值相等
        $is_chk = false;                                //为变量赋值
        break;                                          //跳出循环
    }
}
return $is_chk;                                         //返回变量的值
}
```

8.10.3　视频目录管理的实现过程

▦　目录管理使用的数据表：tb_audiolist、tb_videolist

单击左侧导航栏中的"视频目录管理"超链接，可以打开视频目录管理页面，在管理页面中，有一个"目录添加"超链接，所有的一、二级目录信息和对应的"删除"超链接。视频目录管理页面的运行结果如图 8.19 所示。

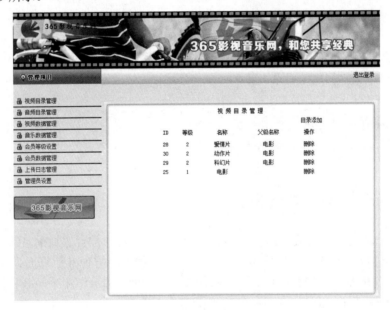

图 8.19　视频目录管理页面

视频目录管理页面的代码很简单：首先应用 select 查询语句对 tb_videolist 数据表进行查询，然后使用 while 循环语句循环输出查询结果，并在每输出一条记录后，添加一个"删除"超链接。目录管理页面的实现代码如下：

例程 10　代码位置：资源包\TM\08\online\admin\v_list.php

```php
<?php
include "inc/chec.php";                                 //包含判断用户权限文件
```

```php
include "conn/conn.php";                                    //包含数据库连接文件
$l_sqlstr = "select * from tb_videolist";                   //定义查询语句
$result = $pdo->prepare($l_sqlstr);                         //准备查询
$result->execute();                                         //执行查询
?>
<table width="380" height="440" border="0" align="center" cellpadding="0" cellspacing="0">
    <tr>
        <td colspan="4" valign="top">
            <table width="380" height="60" border="0" cellpadding="0" cellspacing="0">
                <tr>
                    <td height="20" colspan="4" align="center" valign="middle">视频目录管理</td>
                </tr>
                <tr>
                    <td colspan="4">
                    <table width="375" border="0" align="center" cellpadding="2" cellspacing="2">
                        <tr>
                            <td height="10" colspan="5" align="right" valign="middle">
        <a href="#" onclick="javacript:Wopen=open('operation.php?action=videolist',
            '添加目录','height=500,width=665,scrollbars=no');">目录添加</a>
                            </td>
                        </tr>
                        <tr>
                            <td height="30" align="center" valign="middle">ID</td>
                            <td height="30" align="center" valign="middle">等级</td>
                            <td height="30" align="center" valign="middle">名称</td>
                            <td height="30" align="center" valign="middle">父级名称</td>
                            <td height="30" align="center" valign="middle">操作</td>
                        </tr>
                        <?php
                        while($l_rst=$result->fetch(PDO::FETCH_NUM)){//循环输出查询结果
                        ?>
                        <tr>
        <td height="18" align="center" valign="middle"><?php echo $l_rst[0]; ?></td>
        <td height="18" align="center" valign="middle"><?php echo $l_rst[1]; ?></td>
        <td height="18" align="center" valign="middle"><?php echo $l_rst[2]; ?></td>
        <td height="18" align="center" valign="middle"><?php echo $l_rst[3] ?></td>
        <td height="18" align="center" valign="middle">
            <a href="del_list_chk.php?action=videolist&id=<?php echo $l_rst[0]; ?>"
                onclick="return del_chk();">删除</a>
                            </td>
                        </tr>
                        <?php
                        }
                        ?>
                    </table></td>
                </tr>
            </table></td>
    </tr>
</table>
```

8.10.4 视频目录添加的实现过程

📋 视频目录添加使用的数据表：tb_audiolist、tb_videolist

单击视频目录页面中的"目录添加"按钮，将打开视频目录添加页面，运行结果如图 8.20 所示。

视频目录添加页面（videolist.php）中主要包含一个添加目录表单，当管理员添加信息提交后，系统转到处理页中（videolist_chk.php）进行添加操作。首先判断输入目录名称是否与已存在的名称重复，如果重复，回到上一步。如果不重复，则向数据表中添加新记录。实现视频目录添加操作的关键代码如下：

图 8.20 视频目录添加页面

例程 11   代码位置：资源包\TM\08\online\admin\videolist_chk.php

```php
<?php
header("Content-type: text/html; charset=utf-8");              //设置文件编码格式
session_start();                                                //启动 Session
include "inc/chec.php";                                         //包含判断用户权限文件
include "conn/conn.php";                                        //包含数据库连接文件
include "inc/func.php";                                         //包含函数文件
//判断输入的名称与数据表中的值是否重复
if(is_chk("name","tb_videolist",$_POST['names']) == false){
    echo "<script>alert('名称重复');history.go(-1);</script>";   //弹出对话框
    exit();                                                     //退出程序
}
$father = isset($_POST['father'])?$_POST['father']:"";          //将父级名称赋值给变量
$a_sqlstr = "insert into tb_videolist (grade,name,father,userName,issueDate)
            values('".$_POST['grade']."','".$_POST['names']."','".$father."',
            '".$_SESSION['admin']."','".date("Y-m-d H:i:s")."')";  //定义插入语句
if(!$pdo->exec($a_sqlstr))                                      //如果执行插入语句结果为假
    echo "<script>alert('添加失败');history.go(-1);</script>";   //弹出对话框
else
    echo "<script>top.opener.location.reload();alert('添加成功');
            window.close();</script>";                          //弹出对话框
?>
```

8.10.5 目录删除的实现过程

📋 目录删除使用的数据表：tb_audiolist、tb_videolist

在执行目录的删除页面 del_list_chk.php 中，首先根据地址栏中传递的 action 参数值判断要删除的目录是音频目录还是视频目录，然后根据传递的目录 id 号将数据库中对应的记录找到并删除。执行目录删除的关键代码如下：

例程 12　代码位置：资源包\TM\08\online\admin\del_list_chk.php

```
<?php
header("Content-type: text/html; charset=utf-8");                          //设置文件编码格式
session_start();                                                           //启动 Session
include "inc/chec.php";                                                    //包含判断用户权限文件
include "conn/conn.php";                                                   //包含数据库连接文件
if($_GET['action'] == "audiolist")                                         //如果参数 action 的值为 audiolist
    $t_name = "tb_audiolist";                                              //为变量赋值
else if($_GET['action'] == "videolist")                                    //否则如果参数 action 的值为 videolist
    $t_name = "tb_videolist";                                              //为变量赋值
$sqlstr = "delete from ".$t_name." where id =".$_GET['id'];               //定义删除语句
if(!$pdo->exec($sqlstr)){                                                  //如果执行删除语句结果为假
    echo "<script>alert('删除错误！ ".$sqlstr."');history.go(-1);</script>";  //弹出对话框
}else
    //弹出对话框
    echo "<script>alert('删除成功');location='".$_SERVER['HTTP_REFERER']."';</script>";
?>
```

8.11　数据管理模块设计

视频讲解

8.11.1　数据管理模块概述

数据管理模块主要包括视频数据管理和音频数据管理两个部分。管理员可以通过后台管理导航进入对应的数据管理页面，如视频数据管理页面（video.php）。在数据管理页面，用户可以打开数据添加页面或删除对应的数据。视频数据管理页面的运行结果如图 8.21 所示。

视 频 数 据 管 理

数据添加

ID	名称	类别	主演	操作
59	飓风营救	动作片	连姆. 尼森	删除
58	终结者5	科幻片	阿诺. 施瓦辛格	删除
74	我是传奇	动作片	威尔. 史密斯	删除
104	罗马假日	爱情片	格里高利. 派克	删除
73	一线声机	动作片	克里斯. 埃文斯	删除
111	午夜邂逅	爱情片	克里斯. 埃文斯	删除
103	史密斯夫妇	动作片	布拉德. 皮特	删除
97	机械师2：复活	动作片	杰森. 斯坦森	删除
98	变形金刚	科幻片	希亚. 拉博夫	删除
99	暮光之城	爱情片	克里斯汀. 斯图尔特	删除
100	怦然心动	爱情片	玛德琳. 卡罗尔	删除
107	电话情缘	爱情片	杰西. 麦特卡尔菲	删除
32	超凡蜘蛛侠	科幻片	安德鲁. 加菲尔德	删除
33	雷神	动作片	克里斯. 海姆斯沃斯	删除

图 8.21　视频数据管理页面

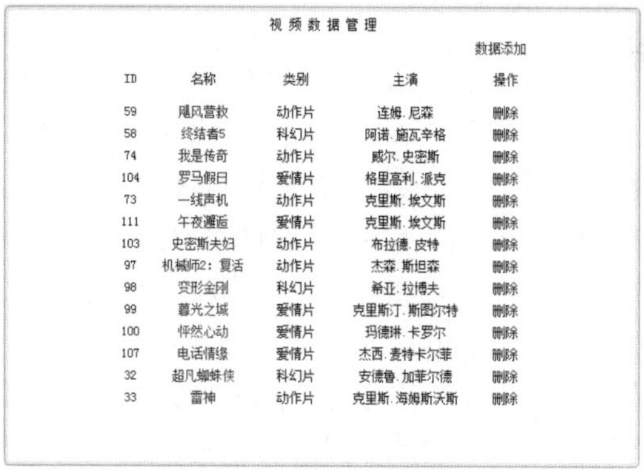

说明　由于视频数据管理和音频数据管理实现的方法基本类似，因此，本章重点讲解视频数据管理模块实现的方法，关于音频数据管理模块的实现方法请参见本书附赠资源包。

8.11.2　数据管理模块技术分析

在本模块中，主要运用的就是文件上传技术。通过预定义变量$_FILES 可以判断上传图片的类型和大小，并实现文件的上传操作。这里使用了一个自定义函数来判断文件名后缀。实现过程如下：

例程 13　代码位置：资源包\TM\08\online\admin\inc\func.php

```
//判断文件后缀
//$f_type：允许文件的后缀类型
```

```
//$f_upfiles：上传文件名
function f_postfix($f_type,$f_upfiles){
$is_pass = false;                                    //定义变量的初始值为 false
❶    $tmp_upfiles = explode(".",$f_upfiles);        //将上传文件名以 "." 为分割符进行分割
❷    $tmp_num = count($tmp_upfiles);                //获取分割后生成的数组元素的个数
     for($num = 0; $num < count($f_type);$num++){
          //如果上传文件后缀名是允许的文件后缀类型
❸         if(strtolower($tmp_upfiles[$tmp_num - 1]) == $f_type[$num]){
               $is_pass = $f_type[$num];              //将后缀名赋值给变量
          }
     }
     return $is_pass;                                 //返回变量的值
}
```

🔊 代码贴士

❶ explode(".",$f_upfiles)：explode()函数为字符串分割函数，它有两个参数，分别为分割符和要分割的字符串。返回结果为分割后的字符串数组。例如，$tmp=explode("c","placepublicslice")，那么 $tmp 值就为 $tmp[0]="pla"、$tmp[1]="epubli"、$tmp[3]="sli"、$tmp[4]="e"。

❷ count($tmp_upfiles)：count()函数的作用是取得数组个数。

❸ strtolower($tmp_upfiles[$tmp_num - 1])：strtolower()函数返回参数字符串的小写格式，如 strtolower("AbC")，输出等于 abc。

> **说明** 尽可能地使用 PHP 函数库的函数。因为通常自己写的函数，无论是从算法设计，还是从功能实现上，都无法和 PHP 自带的函数相比较。

8.11.3 视频数据添加的实现过程

🖥 数据添加使用的数据表：tb_audio、tb_video

管理员可以通过单击视频数据管理页面的"数据添加"按钮打开视频数据添加页面（videoadd.php），在视频数据添加页面填写了表单之后，单击"添加"按钮，将表单提交给 dataadd_chk.php 页面，该页面会根据提交的表单数据在数据库中添加对应的记录。数据添加页面的运行结果如图 8.22 所示。

视频添加处理页（dataadd_chk.php）中的代码主要分为 3 个部分。第一部分对图片文件格式及图片大小进行判断，如果正确无误则执行上传操作；第二部分对视/音频文件格式及文件大小进行判断，如果正确无误则执行上传操作；第三部分执行向数据库中添加新记录的操作。

图 8.22 视频数据添加页面

（1）在执行图片上传操作时，首先判断图片大小是否在允许范围之内，接着使用自定义函数 f_postfix()来判断图片后缀名是否符合要求，如果符合要求，则根据 time()函数生成图片名，并保存到变量$picture_path 中，再应用 move_uploaded_file()函数执行文件上传操作。实现图片上传操作的代码如下：

例程 14　代码位置：资源包\TM\08\online\admin\dataadd_chk.php

```
header("Content-type: text/html; charset=utf-8");        //设置文件编码格式
session_start();                                          //启动 Session
include "inc/chec.php";                                   //包含判断用户权限文件
include "conn/conn.php";                                  //包含数据库连接文件
include "inc/func.php";                                   //包含函数文件
$p_type = array("jpg","jpeg","bmp","gif","png");          //定义图片文件格式数组
//定义音频视频文件格式数组
$f_type = array("avi","rm","rmvb","wav","mp3","mpg","mp4","wmv");
$audio_path = "../upfiles\\audio";                        //定义上传音频文件路径
$video_path = "../upfiles\\video";                        //定义上传视频文件路径
$picture_path ="";                                        //变量初始化
$file_path = "";                                          //变量初始化
/*判断上传图片类型和文件大小，上传图片*/
❶ if($_FILES['picture']['size'] >0 and $_FILES['picture']['size'] <700000){
       //如果图片格式正确
❷     if(($postf = f_postfix($p_type,$_FILES['picture']['name'])) != false){
❸         $picture_path = time().".".$postf;              //使用 time()函数生成文件名
           if($_POST['action'] == "a"){                   //如果 action 值为 a 时，说明上传为音频图片
               if($_FILES['picture']['tmp_name'])
               //执行上传操作
❹                 move_uploaded_file($_FILES['picture']['tmp_name'],$audio_path."\\".$picture_path);
               else{
                   //弹出提示对话框
                   echo "<script>alert('上传图片失败！');history.go(-1);</script>";
                   exit();                                 //退出程序
               }
           }else if($_POST['action'] == "v"){             //如果 action 值为 v 时，说明上传为视频图片
               if($_FILES['picture']['tmp_name'])
               //执行上传操作
             move_uploaded_file($_FILES['picture']['tmp_name'],$video_path."\\".$picture_path);
               else{
                   //弹出提示对话框
                   echo "<script>alert('上传图片失败！');history.go(-1);</script>";
                   exit();                                 //退出程序
               }
           }
       }else{
           //弹出提示对话框
           echo "<script>alert('上传图片格式错误！111');history.go(-1);</script>";
           exit();                                         //退出程序
       }
}else if($_FILES['picture']['size'] >700000){
       echo "<script>alert('上传图片大小超出范围！');history.go(-1);</script>";//弹出提示对话框
```

```
        exit();                                                        //退出程序
    }else{
        $picture = "";
    }
}
```

代码贴士

❶ 使用预定义变量的$_FILES['name']['size']属性判断上传文件的大小。如果文件大于 php.ini 中设置的上传文件的最大值，那么 size 将永远返回 0，而不是文件的实际大小。

❷ 使用自定义函数 f_postfix()判断上传文件的后缀。

❸ 返回当前 UNIX 的时间戳。

❹ 使用 move_uploaded_file()上传函数要注意：它的第一个参数是上传到服务器中的临时文件名，而不是文件原始名称，是用户自定义的名称。要取得临时文件名使用$_FILES['name']['tmp_name']。

（2）对上传文件的判断和上传图片的流程基本相同，也是先判断文件大小是否符合上传文件的范围要求，接着判断上传文件后缀名是否符合要求，最后使用 time()函数生成文件名，保存到变量$file_path 中，并应用 move_uploaded_file()函数执行文件上传操作。实现文件上传操作的代码如下：

例程 15　代码位置：资源包\TM\08\online\admin\dataadd_chk.php

```
/*判断上传文件类型与大小，上传文件*/
if($_FILES['address']['size'] >0){
    if($_POST['action'] == "v"){                                    //如果是视频文件
        if($_FILES['address']['size'] <300000000){
            //如果文件格式正确
            if(($postf = f_postfix($f_type,$_FILES['address']['name'])) != false){
                $file_path = time().".".$postf;                     //使用 time()函数生成文件名
                if($_FILES['address']['tmp_name'])
            //执行上传操作
            move_uploaded_file($_FILES['address']['tmp_name'],$video_path."\\".$file_path);
                else{
                    //弹出提示对话框
                    echo "<script>alert('上传文件错误！');history.go(-1);</script>";
                    exit();                                         //退出程序
                }
            }else{
                //弹出提示对话框
                echo "<script>alert('上传文件格式错误！');history.back(-1);</script>";
                exit();                                             //退出程序
            }
        }else{
            //弹出提示对话框
            echo "<script>alert('上传文件大小错误！');history.go(-1);</script>";
            exit();                                                 //退出程序
        }
    }else if($_POST['action'] == "a"){                              //如果是音频文件
        if($_FILES['address']['size'] <10000000){
            //如果文件格式正确
            if(($postf = f_postfix($f_type,$_FILES['address']['name'])) != false){
```

```
        $file_path = time().".".$postf;                        //使用 time()函数生成文件名
        if($_FILES['address']['tmp_name'])
//执行上传操作
move_uploaded_file($_FILES['address']['tmp_name'],$audio_path."\\".$file_path);
        else{
            //弹出提示对话框
            echo "<script>alert('上传文件错误！');history.go(-1);</script>";
            exit();                                             //退出程序
        }
    }else{
        //弹出提示对话框
        echo "<script>alert('上传文件格式错误！');history.back(-1);</script>";
        exit();                                                 //退出程序
    }
}else{
    //弹出提示对话框
    echo "<script>alert('上传文件大小错误！');history.go(-1);</script>";
    exit();                                                     //退出程序
    }
}
}else{
    //弹出提示对话框
    echo "<script>alert('没有上传文件或文件大于 300M');history.go(-1);</script>";
    exit();                                                     //退出程序
}
```

（3）如果上传图片和上传的文件都没有问题，则对表单中输入的其他信息进行处理，生成 insert 插入语句添加新记录。如果数据添加成功则刷新父窗口，否则弹出"添加失败"的信息提示框。执行添加操作的代码如下：

例程 16　代码位置：资源包\TM\08\online\admin\dataadd_chk.php

```
$names = $_POST['names'];                                       //获取数据名称
$grade = isset($_POST['grade'])?$_POST['grade']:"";             //获取等级
$sizes = $_FILES['address']['size'];                            //获取上传文件大小
$publisher = $_POST['publisher'];                               //获取发行商名称
$actor = $_POST['actor'];                                       //获取主演或歌手名称
$language = $_POST['language'];                                 //获取语言
$style = $_POST['style'];                                       //获取二级分类
$type = $_POST['type'];                                         //获取一级分类
$from = $_POST['from'];                                         //获取发行国家
$publishtime = $_POST['publishtime'];                           //获取发行时间
$news = isset($_POST['news'])?$_POST['news']:"";               //定义是否为新品
$remark = $_POST['remark'];                                     //获取简要介绍
$intro = isset($_POST['intro'])?$_POST['intro']:"";            //获取详细介绍
/*****************/
if($_POST['action'] == "v"){                                    //如果上传文件是视频文件
    $director = $_POST['director'];                             //获取导演名称
    $marker = $_POST['marker'];                                 //获取制片人名称
```

```
$a_sqlstr = "insert into tb_video
    (name,picture,sizes,grade,publisher,actor,director,marker,languages,type,style,
    froms,publishtime,bool,remark,property,address,username,issueDate,intro)
    values('$names','$picture_path','$sizes','$grade','$publisher','$actor',
    '$director','$marker','$language','$type','$style','$from','$publishtime',
    '$news','$remark','管理员','$file_path','".$_SESSION['admin']."',
    '".date("Y-m-d H:i:s")."','$intro')";                           //定义插入语句
}else if($_POST['action'] == "a"){                                  //否则如果上传文件是音频文件
    $actortype = $_POST['actortype'];                               //获取歌手类型
    $ci = $_POST['ci'];                                             //获取词作者名称
    $qu = $_POST['qu'];                                            //获取曲作者名称
    //定义插入语句
    $a_sqlstr = "insert into tb_audio
        (name,picture,actor,ci,qu,actortype,type,style,publisher,froms,sizes,languages,
        publishTime,remark,property,address,userName,issueDate)
        values('$names','$picture_path','$actor','$ci','$qu','$actortype','$type',
        '$style','$publisher','$from','$sizes','$language','$publishtime','$remark',
        '管理员','$file_path','".$_SESSION['admin']."','".date("Y-m-d H:i:s")."')";
}else{
    echo "<script>alert('错误');window.close();</script>";          //弹出对话框
    exit();                                                        //退出程序
}
if($pdo->exec($a_sqlstr))                                          //如果执行插入语句结果为真
    //弹出对话框
    echo "<script>top.opener.location.reload();alert('添加成功');window.close();</script>";
else
    echo "<script>alert('添加失败');history.go(-1);</script>";       //弹出对话框
```

通过以上方法就可以实现向数据库中添加数据的功能。

注意 由于该系统需要上传较大容量的视频文件，所以在执行上传操作之前需要对 PHP 配置文件进行设置，否则将无法实现大容量文件的上传操作。

设置方法如下：

（1）打开 phpStudy 的主界面，如图 8.23 所示。

（2）单击图 8.23 中的"其他选项菜单"按钮，然后依次选择"PHP 扩展及设置"/"参数值 设置"选项，在弹出的选项列表中需要设置两个选项，一个是 post_max_size 选项，另一个是 upload_max_filesize 选项，如图 8.24 所示。

（3）分别单击这两个选项会弹出相应的输入框，由于本项目中上传文件的容量范围小于 300M，因此分别在两个输入框中输入"300M"，如图 8.25 和图 8.26 所示。输入完成后单击"确定"按钮，phpStudy 会自动重启 Apache 服务器使新的设置生效。

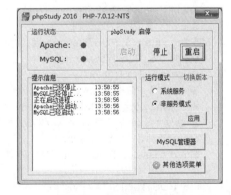

图 8.23　phpStudy 主界面

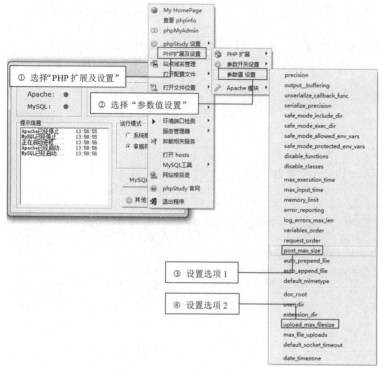

图 8.25　设置 post_max_size 选项值

图 8.24　需要设置的两个选项

图 8.26　设置 upload_max_filesize 选项值

8.11.4　数据删除

▦　数据删除使用的数据表：tb_audio、tb_video

在执行视频数据删除页面 del_video_chk.php 中，根据传递的视频文件的 id 值查询 tb_video 数据表中该视频文件的上传文件名，然后应用 if 语句进行判断，如果该文件存在则使用 unlink()函数删除服务器端的真实数据，并应用 delete 语句将数据库中的该条视频数据删除，程序代码如下：

例程 17　代码位置：资源包\TM\08\online\admin\del_video_chk.php

```php
<?php
header("Content-type: text/html; charset=utf-8");        //设置文件编码格式
session_start();                                         //启动 Session
include "conn/conn.php";                                 //包含数据库连接文件
include "inc/chec.php";                                  //包含判断用户权限文件
$file_path = "../upfiles/video/";                        //定义视频文件路径
$s_sqlstr = "select * from tb_video where id = ".$_GET['id'];   //定义查询语句
$result = $pdo->prepare($s_sqlstr);                      //准备查询
$result->execute();                                      //执行查询
if($s_rst=$result->fetch(PDO::FETCH_NUM)){               //将查询结果返回到数组并判断结果是否为真
    if(file_exists($file_path.$s_rst[16])){              //如果文件存在
        //删除文件及相应图片并判断结果是否为真
        if(unlink($file_path.$s_rst[16]) and unlink($file_path.$s_rst[2])){
            $d_sqlstr = "delete from tb_video where id = ".$_GET['id'];    //定义删除语句
```

```
            if($pdo->exec($d_sqlstr)){                                          //如果执行删除语句结果为真
                //弹出对话框
                echo "<script>alert('删除成功');location='main.php?action=video';</script>";
                exit();                                                         //退出程序
            }else{
                echo "<script>alert('删除失败');history.go(-1);</script>";        //弹出对话框
                exit();                                                         //退出程序
            }
        }
    }else{
        $d_sqlstr = "delete from tb_video where id = ".$_GET['id'];             //定义删除语句
        if($pdo->exec($d_sqlstr)){                                              //如果执行删除语句结果为真
            //弹出对话框
            echo "<script>alert('此文件已删除~');location='main.php?action=video';</script>";
            exit();                                                             //退出程序
        }else{
            echo "<script>alert('删除失败');history.go(-1);</script>";            //弹出对话框
            exit();                                                             //退出程序
        }
    }
} else
    echo "<script>alert('删除失败');history.go(-1);</script>";                    //弹出对话框
?>
```

视频讲解

8.12 管理员设置模块设计

8.12.1 管理员设置模块概述

管理员设置模块主要包括管理员信息添加、管理员信息删除及管理员信息冻结 3 个部分。管理员可以通过后台管理功能导航进入管理员设置页面（manager.php）。在管理员设置页面中，管理员可以进行管理员信息的添加操作，或进行会员信息的冻结或删除等操作。管理员设置用例图如图 8.27 所示。

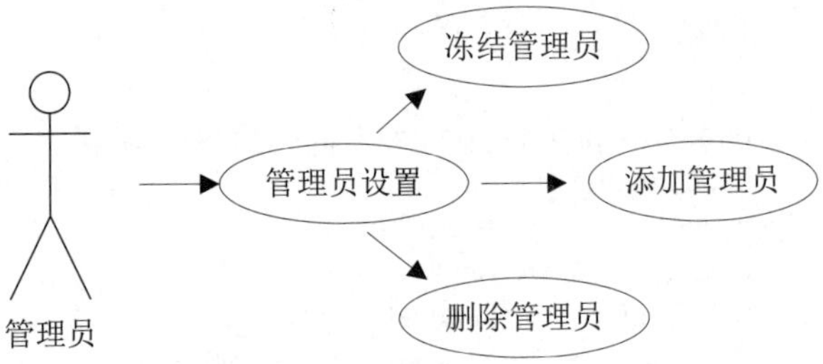

8.12.2 管理员设置模块技术分析

管理员可以单击管理员设置页面的"冻结"

图 8.27 管理员设置用例图

或"解冻"按钮，对管理员信息进行冻结或解冻的操作。当管理员登录时，首先查看数据库中的 whether 字段，如果为 1，则说明该用户处于激活状态；当单击"冻结"按钮时将显示"操作成功"的提示信息。

对管理员信息的冻结或解冻操作主要是根据传递的管理员的 id，将数据库中的 whether 字段更新。程序代码如下：

例程 18 代码位置：资源包\TM\08\online\admin\m_freeze_chk.php

```php
<?php
    header("Content-type:text/html;charset=utf-8");              //设置文件编码格式
    session_start();                                             //启动 Session
    include "conn/conn.php";                                     //包含数据库连接文件
    include "inc/chec.php";                                      //包含判断用户权限文件
    /*根据 whether 值，进行取反操作*/
    if($_POST['whether'] == "1")                                 //如果传递过来的参数 whether 的值为 1
        $wt = "0";                                               //为变量赋值
    else if($_POST['whether'] == "0")                            //否则如果传递过来的参数 whether 的值为 0
        $wt = "1";                                               //为变量赋值
    else{
        echo "<script>alert('非法操作!');history.go(-1);</script>";            //弹出对话框
        exit();                                                  //退出程序
    }
    /*根据管理员 id 和赋值后的$wt，生成 update 语句*/
    $o_sqlstr = "update tb_manager set whether = '".$wt."' where id = ".$_POST['id'];   //定义更新语句
    /*执行 update 语句*/
    if($pdo->exec($o_sqlstr)){                                   //如果执行更新语句的结果为真
        echo "<script>alert('操作成功');location='main.php?action=manager';</script>"; //弹出对话框
    }
?>
```

该方法实现很简单，但却十分实用，在实行会员制的网站上，在可以发帖、回复的论坛中，都可以使用这个方法来管理。

8.12.3 管理员添加的实现过程

    管理员添加使用的数据表：tb_manager

管理员可以通过管理员设置页面打开管理员信息添加页面（addmanager.php）。在管理员信息添加页面中，管理员可以填写表单并将表单提交到处理页进行数据处理，以完成管理员信息添加的操作。管理员添加页面的运行结果如图 8.28 所示。

图 8.28 管理员添加页面的运行结果

管理员添加页面涉及的 HTML 表单元素如表 8.8 所示。

表 8.8　管理员添加页面涉及的 HTML 表单元素

名　　称	类　　型	重　要　属　性	含　　义
list	form	method="post" action="addmanager_chk.php"	表单
names	text	id="names" size="30"	管理员名称
password	password	id="password" size="30"	密码
password2	password	id="password2" size="30"	密码确认
grade	select	<option value="视频目录管理员" selected>视频目录管理员</option> <option value="音频目录管理员">音频目录管理员</option> <option value="视频数据管理员">视频数据管理员</option> <option value="音频数据管理员">音频数据管理员</option> <option value="会员数据管理员">会员数据管理员</option> <option value="会员等级管理员">会员等级管理员</option>	管理权限
realname	text	id="realname" size="30"	真实姓名
Submit	button	class="submit" onClick="check();"	"添加" 按钮
Submit2	button	value="返　回" class="submit" onClick="javascript:top.window.close()"	"返回" 按钮

　　管理员信息添加的数据处理主要是根据提交的表单数据，在数据库中添加对应的记录，首先判断输入的名称是否存在，如果存在，则显示提示信息，并返回到上一步；如果不存在这种错误，则生成 insert 语句，添加新管理员。程序代码如下：

例程 19　代码位置：资源包\TM\08\online\admin\addmanager_chk.php

```php
<?php
    header("Content-type:text/html;charset=utf-8");          //设置文件编码格式
    session_start();                                          //启动 Session
    include "conn/conn.php";                                  //包含数据库连接文件
    include "inc/chec.php";                                   //包含判断用户权限文件
    $a_sql="select * from tb_manager where name='".$_POST['names']."'";    //定义查询语句
    $result = $pdo->prepare($a_sql);                          //准备查询
    $result->execute();                                       //执行查询
    /*如果管理员名称存在，弹出提示框，并返回到上一步*/
    if($a_rst=$result->fetch(PDO::FETCH_NUM))                 //将查询结果返回到数组并判断结果是否为真
        echo "<script>alert('该名称的管理员已经存在，请更换名称');history.go(-1);</script>";//弹出对话框
    else{
    /*生成 insert 语句*/
        $a_sqlstr="insert into tb_manager values('','".$_POST['names']."','".$_POST['password']."','".$_POST['grade']."','".$_POST['realname']."','".date("Y-m-d")."','1')";
    /*执行 insert 语句*/
        if($pdo->exec($a_sqlstr)){
?>
        <script>
    /*刷新父窗口，弹出提示框，最后删除当前窗口*/
            top.opener.location.reload();
            alert("管理员添加成功");
```

```
                top.window.close();
            </script>
<?php
            }
            else
                echo "<script>alert('添加失败".$a_sqlstr."');history.go(-1);</script>";
        }
    ?>
```

8.12.4　管理员删除的实现过程

管理员删除使用的数据表：tb_manager

管理员信息删除主要是根据传递的管理员的 id，将数据库中对应的数据删除。程序代码如下：

例程 20　代码位置：资源包\TM\08\online\admin\del_mfreeze_chk.php

```php
<?php
    header("Content-type:text/html;charset=utf-8");              //设置文件编码格式
    session_start();                                             //启动 Session
    include "conn/conn.php";                                     //包含数据库连接文件
    include "inc/chec.php";                                      //包含判断用户权限文件
    $d_sqlstr = "delete from tb_manager where id = ".$_GET['id'];  //定义删除语句
    if($pdo->exec($d_sqlstr))                                     //如果执行删除语句结果为真
        echo "<script>alert('删除成功');location='main.php?action=manager';</script>";//弹出对话框
    else
        echo "<script>alert('删除失败');history.go(-1);</script>";   //弹出对话框
?>
```

8.13　其他主要功能展示

除了上面详细讲解的功能模块之外，365 影视音乐网中还有一些其他的功能，由于篇幅限制，本节将主要展示 365 影视音乐网中其他主要功能的效果，具体实现代码请参考随书资源包中的源码文件。

8.13.1　用户注册功能

用户在网站中进行在线观看或在线试听之前必须注册为网站的会员，在注册过程中需要用户填写用户名、密码、密码提示问题以及问题答案等信息。用户注册页面的运行结果如图 8.29 所示。

图 8.29　用户注册页面

8.13.2 用户登录功能

用户在注册完成之后，需要先登录才能进行在线观看或在线试听等操作。用户成功登录后，在页面右上方会显示登录的用户名、会员等级以及用户头像等信息，如图 8.30 所示。

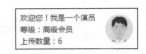

图 8.30 用户登录后的显示结果

8.13.3 下载功能

365 影视音乐网中还提供了视频文件或音频文件下载的功能。下载影片或下载歌曲的功能只有高级会员登录后才能实现，而普通会员只有在线观看或在线试听的权限。在本项目中，只有成功上传文件 5 次以上的普通会员才会升级为高级会员。单击"下载"按钮后的运行结果如图 8.31 所示。

图 8.31 选择下载路径

> **说明** 在 tb_grade 数据表中可以对上传文件次数进行设置。如果普通会员上传文件次数达到该值，则会升级为高级会员。

8.14 开发技巧与难点分析

在本系统中，多个地方使用了无边框窗口和刷新父级窗口的技术。下面来学习有关这两方面的知识要点。

8.14.1 无边框窗口

平时看到的浏览器窗口都是有边框的，如果偶尔有一个无边框的窗口弹出，那么将会更加引人注目。实现无边框窗口使用的是 JavaScript 脚本中的 open()方法，该方法的常用格式如下：

```
window.open(url,name,features,replace);
```

open()方法中的参数说明如表 8.9 所示。

表 8.9　open()方法中的参数说明

属　性　值	说　　明
url	在弹出窗口中要打开的地址
name	要打开窗口的名字。在使用 target 属性时会用到，可以为空
features	列举的窗口特征。如果不写任何参数，那么默认的参数多数情况下是关闭的
replace	一个 boolean 值，指出是否使用 url 替换当前内容。该参数可以省略不写

下面应用 window 对象的 open()方法打开一个指定大小的窗口。代码如下：

```
<script language="javascript">
    wopen = open("list.php","query","height=500,width=665,scrollbars=no,toolbar=yes,location=yes");
</script>
```

除了上面实例中给出的几个窗口特征，表 8.10 还列出了其他几个常用的特征参数及说明。

表 8.10　浏览器窗口的外观样式

属　性　值	说　　明
left	新窗口的左坐标
top	新窗口的上坐标，配合 left 可以定位一个窗口的弹出位置
resizable	是否可以通过拖曳来调整新窗口的大小，默认为 no
status	在新窗口中是否显示状态栏，默认为 no

注意　窗口特征是用等号赋值、逗号分割的，在逗号或等号前后不要加空格，因为在有些浏览器中会显示错误。

8.14.2　刷新父级窗口和关闭子窗口

在打开的子窗口进行一系列的操作，如添加、删除数据后，就要对当前窗口进行关闭，最后返回父级窗口中，但父级窗口中的数据可能仍然是没有添加或删除之前的记录数，这时就可以调用 JavaScript 脚本对父窗口进行刷新。这种对父级窗口的刷新只有对弹出窗口才有效，使用时要注意。该脚本的使用格式如下：

```
top.opener.location.reload();
```

opener 属性是子窗口的最高层 window 对象才有的属性，配合 location 对象可以对父窗口进行刷新或重载。location 对象的两个常用方法有 href 方法和 reload 方法。href 方法可以刷新父窗口内容，使用格式如下：

```
top.opener.location.href="operation.php";
```

关闭子窗口使用如下代码即可：

```
window.close();
```

不过这里要注意的是，close()方法在关闭子窗口时，不弹出提示就直接关闭浏览器，但对于父级窗口，则弹出提示框，经确认后才可以关闭浏览器。

8.15 PDO 技术专题

PDO 是 PHP Date Object（PHP 数据对象）的简称，它是与 PHP 5.1 版本一起发行的，目前，大多数数据库都支持 PDO。有了 PDO，您不必再使用 mysql_*函数、oci_*函数或者 mssql_*函数，也不必再为它们封装数据库操作类，只需要使用 PDO 接口中的方法就可以对数据库进行操作。在选择不同的数据库时，只需修改 PDO 的 DSN（数据源名称）。

在 PHP 6 中将默认使用 PDO 连接数据库，所有非 PDO 扩展将会在 PHP 6 中被移除。该扩展提供 PHP 内置类 PDO 来对数据库进行访问，不同数据库使用相同的方法名，以解决数据库连接不统一的问题。下面介绍如何应用 PDO 来连接和操作数据库。

8.15.1 通过 PDO 连接数据库

要通过 PDO 连接数据库，首先需要了解什么是 DSN，再通过 PDO 的构造函数来连接数据库，下面分别进行介绍。

1. DSN 详解

DSN 是 Data Source Name（数据源名称）的首字母缩写。DSN 提供连接数据库需要的信息。PDO 的 DSN 包括 3 部分：PDO 驱动名称（如 mysql、sqlite 或者 pgsql）、冒号和驱动特定的语法。每种数据库都有其特定的驱动语法。

在使用不同的数据库时，必须明确数据库服务器是完全独立于 PHP 的，是实体。虽然在讲解本书的内容时，数据库服务器和 Web 服务器是在同一台计算机上，但是实际的情况可能不是如此。数据库服务器可能与 Web 服务器不是在同一台计算机上，此时要通过 PDO 连接数据库时，就需要修改 DSN 中的主机名称。

由于数据库服务器只在特定的端口上监听连接请求，故每种数据库服务器具有一个默认的端口号（MySQL 是 3306），但是数据库管理员可以对端口号进行修改，因此有可能 PHP 找不到数据库的端口，此时就可以在 DSN 中包含端口号。

另外，由于一个数据库服务器中可能拥有多个数据库，所以在通过 DSN 连接数据库时，通常都包括数据库名称，这样可以确保连接的是您想要的数据库，而不是其他的数据库。

2．PDO 的构造函数

在 PDO 中，要建立与数据库的连接需要实例化 PDO 的构造函数，PDO 构造函数的语法如下：

```
construct(string $dsn[,string $username[,string $password[,array $driver_options]]])
```

☑ dsn：数据源名，包括主机名、端口号和数据库名称。
☑ username：连接数据库的用户名。
☑ password：连接数据库的密码。
☑ driver_options：连接数据库的其他选项。

例如，通过 PDO 连接 db_online 数据库的代码如下：

```php
<?php
    $dbms='mysql';                                    //数据库类型
    $dbName='db_online';                              //使用的数据库名称
    $user='root';                                     //使用的数据库用户名
    $pwd='root';                                      //使用的数据库密码
    $host='localhost';                                //使用的主机名称
    $dsn="$dbms:host=$host;dbname=$dbName";
    try {                                             //捕获异常
        $pdo=new PDO($dsn,$user,$pwd);                //实例化对象
        echo "PDO 连接 MySQL 成功";
    } catch (Exception $e) {
        echo $e->getMessage()."<br>";
    }
?>
```

8.15.2 执行 SQL 语句

在 PDO 中，可以使用下面 3 种方法来执行 SQL 语句。

1．exec()方法

exec()方法返回执行后受影响的行数，其语法如下：

```
int PDO::exec(string statement)
```

参数 statement 是要执行的 SQL 语句。该方法返回执行 SQL 语句后受影响的行数，通常用于 INSERT、DELETE 和 UPDATE 语句中。

例如，在 PDO 中通过 exec()方法对 tb_grade 数据表执行更新操作的代码如下：

```php
<?php
    $dbms='mysql';                                    //数据库类型
    $dbName='db_online';                              //使用的数据库名称
    $user='root';                                     //使用的数据库用户名
```

```
    $pwd='root';                               //使用的数据库密码
    $host='localhost';                         //使用的主机名称
    $dsn="$dbms:host=$host;dbname=$dbName";
    $pdo=new PDO($dsn,$user,$pwd);             //实例化对象
    $sql="update tb_grade set price=5 where id=1";   //定义更新语句
    $result=$pdo->exec($sql);                  //执行更新语句
    if($result){
        echo "更新成功";
    }else{
        echo "更新失败";
    }
?>
```

2．query()方法

query()方法用于返回执行查询后的结果集，其语法如下：

```
PDOStatement PDO::query(string statement)
```

参数 statement 是要执行的 SQL 语句。它返回的是一个 PDOStatement 对象。

例如，在 PDO 中通过 query()方法对 tb_videolist 数据表执行查询的代码如下：

```
<?php
    $dbms='mysql';                             //数据库类型
    $dbName='db_online';                       //使用的数据库名称
    $user='root';                              //使用的数据库用户名
    $pwd='root';                               //使用的数据库密码
    $host='localhost';                         //使用的主机名称
    $dsn="$dbms:host=$host;dbname=$dbName";
    $pdo=new PDO($dsn,$user,$pwd);             //实例化对象
    $query="select * from tb_videolist where grade=2";   //定义 SQL 语句
    $result=$pdo->query($query);               //执行查询语句，并返回结果集
    foreach($result as $items){
        echo $items['name']." ";
    }
?>
```

3．预处理语句

预处理语句包括 prepare()和 execute()两个方法。首先，通过 prepare()方法做查询的准备工作，然后，通过 execute()方法执行查询。并且还可以通过 bindParam()方法来绑定参数提供给 execute()方法。其语法如下：

```
PDOStatement PDO::prepare(string statement [, array driver_options])
bool PDOStatement::execute([array input_parameters])
```

例如，在 PDO 中通过预处理语句 prepare()和 execute()方法对 tb_videolist 数据表执行查询的代码如下：

```php
<?php
    $dbms='mysql';                                    //数据库类型
    $dbName='db_online';                              //使用的数据库名称
    $user='root';                                     //使用的数据库用户名
    $pwd='root';                                      //使用的数据库密码
    $host='localhost';                                //使用的主机名称
    $dsn="$dbms:host=$host;dbname=$dbName";
    $pdo=new PDO($dsn,$user,$pwd);                    //实例化对象
    $query="select * from tb_videolist where grade=2"; //定义 SQL 语句
    $result=$pdo->prepare($query);                    //准备查询语句
    $result->execute();                               //执行查询语句，并返回结果集
    while($res=$result->fetch(PDO::FETCH_ASSOC)){     //循环输出查询结果集，设置结果集为关联索引
        echo $res['name']." ";
    }
?>
```

8.15.3 获取结果集

在 PDO 中获取结果集有 3 种方法：fetch()、fetchAll()和 fetchColumn()。

1．fetch()方法

fetch()方法获取结果集中的下一行，其语法格式如下：

```
mixed PDOStatement::fetch([int fetch_style [, int cursor_orientation [, int cursor_offset]]])
```

☑ fetch_style：控制结果集的返回方式，其可选方式如表 8.11 所示。

表 8.11 fetch_style 控制结果集的可选值

值	说 明
PDO::FETCH_ASSOC	关联数组形式
PDO::FETCH_NUM	数字索引数组形式
PDO::FETCH_BOTH	两者数组形式都有，这是默认的
PDO::FETCH_OBJ	按照对象的形式，类似于以前的 mysqli_fetch_object()
PDO::FETCH_BOUND	以布尔值的形式返回结果，同时将获取的列值赋给 bindParam()方法中指定的变量
PDO::FETCH_LAZY	以关联数组、数字索引数组和对象 3 种形式返回结果

☑ cursor_orientation：PDOStatement 对象的一个滚动游标，可用于获取指定的一行。
☑ cursor_offset：游标的偏移量。
例如，在 PDO 中应用 prepare()和 execute()方法对 tb_videolist 数据表执行查询操作，通过 fetch()方法返回结果集中下一行数据，同时设置结果集以关联数组形式返回，再通过 while 语句完成数据的循环输出，代码如下：

```php
<?php
    $dbms='mysql';                                    //数据库类型
```

```php
    $dbName='db_online';                                      //使用的数据库名称
    $user='root';                                             //使用的数据库用户名
    $pwd='root';                                              //使用的数据库密码
    $host='localhost';                                        //使用的主机名称
    $dsn="$dbms:host=$host;dbname=$dbName";
    $pdo=new PDO($dsn,$user,$pwd);                            //实例化对象
    $query="select * from tb_videolist where grade=2";       //定义 SQL 语句
    $result=$pdo->prepare($query);                           //准备查询语句
    $result->execute();                                      //执行查询语句，并返回结果集
    while($res=$result->fetch(PDO::FETCH_ASSOC)){//循环输出查询结果集，并且设置结果集以关联数组形式返回
        echo $res['name']." ";
    }
?>
```

2．fetchAll()方法

fetchAll()方法获取结果集中的所有行，其语法如下：

```
array PDOStatement::fetchAll([int fetch_style [, int column_index]])
```

☑ fetch_style：控制结果集中数据的显示方式。

☑ column_index：字段的索引。

其返回值是一个包含结果集中所有数据的二维数组。

例如，在 PDO 中应用 prepare()和 execute()方法对 tb_videolist 数据表执行查询操作，通过 fetchAll()方法返回结果集中的所有行，再通过 for 语句完成结果集中所有数据的循环输出，代码如下：

```php
<?php
    $dbms='mysql';                                           //数据库类型
    $dbName='db_online';                                     //使用的数据库名称
    $user='root';                                            //使用的数据库用户名
    $pwd='root';                                             //使用的数据库密码
    $host='localhost';                                       //使用的主机名称
    $dsn="$dbms:host=$host;dbname=$dbName";
    $pdo=new PDO($dsn,$user,$pwd);                           //实例化对象
    $query="select * from tb_videolist where grade=2";      //定义 SQL 语句
    $result=$pdo->prepare($query);                          //准备查询语句
    $result->execute();                                     //执行查询语句，并返回结果集
    $res=$result->fetchAll(PDO::FETCH_ASSOC);               //获取结果集中的所有数据
    for($i=0;$i<count($res);$i++){                           //循环读取二维数组中的数据
        echo $res[$i]['name']." ";
    }
?>
```

3．fetchColumn()方法

fetchColumn()方法获取结果集中下一行指定列的值，其语法如下：

```
string PDOStatement::fetchColumn([int column_number])
```

可选参数 column_number 设置行中列的索引值，该值从 0 开始。如果省略该参数则将从第 1 列开始取值。

例如，应用 prepare()和 execute()方法对 tb_videolist 数据表执行查询操作，再通过 fetchColumn()方法输出结果集中下一行第 3 列的值，代码如下：

```php
<?php
    $dbms='mysql';                              //数据库类型
    $dbName='db_online';                        //使用的数据库名称
    $user='root';                               //使用的数据库用户名
    $pwd='root';                                //使用的数据库密码
    $host='localhost';                          //使用的主机名称
    $dsn="$dbms:host=$host;dbname=$dbName";
    $pdo=new PDO($dsn,$user,$pwd);              //实例化对象
    $query="select * from tb_videolist where grade=2";  //定义 SQL 语句
    $result=$pdo->prepare($query);              //准备查询语句
    $result->execute();                         //执行查询语句，并返回结果集
    echo $result->fetchColumn(2)." ";
    echo $result->fetchColumn(2)." ";
    echo $result->fetchColumn(2);
?>
```

8.16　本章总结

365 影视音乐网实现了一个在线播放平台。该网站具备一个影视音乐网站所需要的所有的基本功能，包括影视和音乐文件的上传、下载、播放及介绍。还介绍了 JavaScript 脚本语言的一些实用技巧。希望通过本章的学习，读者不仅可以建立一个自己的影视网，而且可以熟练使用 PDO 来操作数据库。

第 9 章

明日科技企业网站
（ThinkPHP 3.2.3 实现）

企业网站系统是一个信息化 B/S 架构下的软件，既可以为企业进行宣传，也可以为企业带来经济效益，同时还可以实现企业各项目业务的信息化管理。信息化管理是现代社会中小型企业稳步发展的必要条件，它可以提高企业的知名度，最大限度地减少因为广告费用而增加的额外开销。

通过阅读本章，可以学习到：

▶▶ 了解如何进行系统分析

▶▶ 了解数据库设计流程

▶▶ 熟悉搭建系统架构的方法

▶▶ 掌握 ThinkPHP 技术的应用

▶▶ 掌握网页布局

▶▶ 掌握幻灯片轮播效果

配置说明

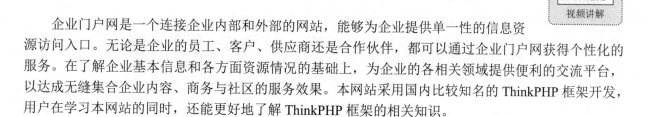

9.1　开发背景

企业门户网是一个连接企业内部和外部的网站，能够为企业提供单一性的信息资源访问入口。无论是企业的员工、客户、供应商还是合作伙伴，都可以通过企业门户网获得个性化的服务。在了解企业基本信息和各方面资源情况的基础上，为企业的各相关领域提供便利的交流平台，以达成无缝集合企业内容、商务与社区的服务效果。本网站采用国内比较知名的 ThinkPHP 框架开发，用户在学习本网站的同时，还能更好地了解 ThinkPHP 框架的相关知识。

9.2　需求分析

随着网络信息时代的高速发展，企业已经不能再单单去依靠传统的推广模式去打开市场，而更多的公司和个人已经认识到了企业网站的重要性。对于企业来说，网站是一个企业发展的第二生命力，网站的设计就是体现一个公司文化和价值的最好彰显方式，成败由细节决定。

企业网站的重中之重就是网站的搭建及前端设计，设计就是网站的灵魂和生命力，需要用细节去成就。企业网站需要包括前后和后台，后台用于企业管理人员上传更新数据，而前台负责数据的展现，将企业信息、企业新闻等内容展现给用户。用户通过企业官网可以对企业有更深的了解，从而实现商务合作。

9.3　系统分析

9.3.1　系统目标

根据客户提供的需求和对实际情况的考察与分析，该电子商务应该具备如下特点：

- ☑ 界面设计简洁、友好、美观大方。
- ☑ 操作简单、快捷方便。
- ☑ 数据存储安全、可靠。
- ☑ 信息分类清晰、准确。
- ☑ 提供灵活、方便的权限设置功能，使系统管理明确。

9.3.2　系统功能结构

明日科技企业网站分为两个部分，分别为前台和后台，其具体功能结构如图 9.1 所示。

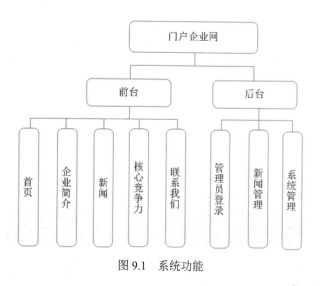

图 9.1　系统功能

9.3.3 功能预览

明日科技企业网站系统由多个页面组成，前台首页运行效果如图 9.2 所示，企业简介运行效果如图 9.3 所示，后台登录运行效果如图 9.4 所示，后台主页运行效果如图 9.5 所示。

图 9.2 前台首页运行效果

图 9.3 企业简介运行效果

图 9.4 后台登录运行效果

图 9.5　后台主页运行效果

9.3.4　系统流程图

企业门户网的业务流程如图 9.6 所示。

9.3.5　开发环境

在开发明日科技企业网站时，该项目使用的软件
开发环境如下。

- ☑　操作系统：Windows 7 及以上/Linux。
- ☑　集成开发环境：phpStudy。
- ☑　PHP 版本：PHP 7。
- ☑　MySQL 图形化管理软件：Navicat for MySQL。
- ☑　开发工具：PhpStorm 9.0。
- ☑　ThinkPHP 版本：3.2.3。
- ☑　浏览器：谷歌浏览器。

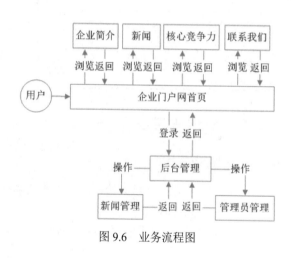

图 9.6　业务流程图

9.3.6　文件夹组织结构

在进行网站开发前，首先要规划网站的架构。也
就是说，建立多个文件夹对各个功能模块进行划分，
实现统一管理，这样做易于网站的开发、管理和维护。
本项目中，使用默认的 ThinkPHP 目录结构，将 Home
文件夹作为前台模块，Admin 文件夹作为后台模块，
如图 9.7 所示。

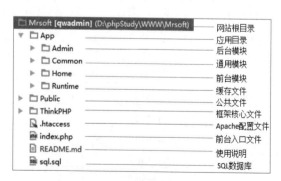

图 9.7　文件夹组织结构

387

9.4　数据库设计

9.4.1　数据库分析

本系统采用 MySQL 作为数据库，数据库名称为 mrsoft，其数据表名称及作用如表 9.1 所示。

表 9.1　数据库表结构

表　　名	含　　义	作　　用
mr_member	管理员表	用于存储管理员用户信息
mr_setting	系统变量表	用于存储系统变量信息
mr_auth_group	权限组表	用于存储权限组信息
mr_auth_group_access	用户分组对应表	用于存储用户分组对应信息
mr_auth_rule	权限规则表	用于存储权限规则信息
mr_category	分类表	用于存储分类信息
mr_article	文章表	用于存储文章信息
mr_devlog	开发日志表	用于存储开发日志信息
mr_flash	焦点图表	用于存储焦点图信息
mr_links	链接表	用于存储链接信息
mr_log	日志表	用于日志信息

9.4.2　数据库逻辑设计

1．创建数据表

由于篇幅所限，这里只给出较重要的数据表的部分字段，完整数据表请参见本书附带资源包。

☑　mr_category（分类表）

表 mr_category 用于保存分类数据信息，其结构如表 9.2 所示。

表 9.2　分类表结构

字　段　名	数　据　类　型	默　认　值	允　许　为　空	自　动　递　增	备　　注
id	int(11)		NO	是	主键
type	tinyint(1)		NO		0：正常，1：单页，2：外链
pid	int(11)		NO		父 ID
name	varchar(100)		NO		分类名称
dir	varchar(100)		NO		目录名称
seotitle	varchar(200)		YES		SEO 标题
keywords	varchar(255)		NO		关键词
description	varchar(255)		NO		描述

续表

字 段 名	数 据 类 型	默 认 值	允 许 为 空	自 动 递 增	备 注
content	text		NO		内容
url	varchar(255)		NO		链接地址
cattemplate	varchar(100)		NO		分类模板
contemplate	varchar(100)		NO		内容模板
o	int(11)		NO		排序

☑ mr_article（文章表）

表 mr_article 用于存储文章信息，其结构如表 9.3 所示。

表 9.3 文章表结构

字 段 名	数 据 类 型	默 认 值	允 许 为 空	自 动 递 增	备 注
aid	int(11)		NO	是	主键
sid	int(11)		NO		分类 id
title	varchar(255)		NO		标题
seotitle	varchar(255)		YES		SEO 标题
keywords	varchar(255)		NO		关键词
description	varchar(255)		NO		摘要
thumbnail	varchar(255)		NO		缩略图
content	text		NO		内容
t	int(10) unsigned		NO		时间
n	int(10) unsigned	0	NO		单击

☑ mr_setting（系统变量表）

表 mr_setting 用于存储系统变量信息，其结构如表 9.4 所示。

表 9.4 系统变量表结构

字 段 名	数 据 类 型	默 认 值	允 许 为 空	自 动 递 增	备 注
k	varchar(100)		NO		主键
v	varchar(255)		NO		值
type	tinyint(1)		NO		0：系统，1：自定义
name	varchar(255)		NO		说明

2. 数据库连接相关配置

在 ThinkPHP 全局配置文件中配置数据库信息，具体配置如下：

例程 01 代码位置：资源包\TM\09\Mrsoft\Application\Common\Conf\db.php

```
return array(
    'DB_TYPE'   => 'mysql',        //数据库类型
```

```
'DB_HOST'    => '127.0.0.1',     //服务器地址
'DB_NAME'    => 'mrsoft',        //数据库名
'DB_USER'    => 'root',          //用户名
'DB_PWD'     => 'root',          //密码
'DB_PORT'    => 3306,            //端口
'DB_PREFIX' => 'mr_',            //数据库表前缀
'DB_CHARSET'=>   'utf8',         //数据库编码默认采用 utf8
);
```

视频讲解

9.5 前台首页设计

9.5.1 前台首页概述

当用户访问明日科技企业网站时，首先进入的便是前台首页。前台首页是对整个网站总体内容的概述。在明日科技企业网站的前台首页中，主要包含以下内容。

- ☑ 导航栏：主要包括"首页"、"企业简介"、"新闻"、"核心竞争力"和"联系我们"5 个链接。
- ☑ 幻灯片轮播：将企业宣传图片以幻灯片形式轮播展示。
- ☑ 功能栏：主要用于展示企业的业务领域。
- ☑ 版权信息：显示网站的版权信息。

9.5.2 前台首页技术分析

在前台首页中，导航栏作为前台每个页面的通用部分，可以作为一个独立文件，供其他页面引用。版权信息虽然也是通用部分，但是在首页中为能够快速进入后台，设置了"后台"链接，而其他页面没有该链接，所以该版权信息文件只属于前台首页。功能栏用于显示企业的业务领域，为了达到美观的效果，使用图片方式展示。幻灯片轮播作为首页的重点内容，需要能够在后台进行管理，包括增、删、改、查等操作。

9.5.3 导航栏的实现过程

由于头部和导航栏都是通用部分,可以分别将其作为一个独立文件,在其他前台页面使用<include>标签引用,头部具体代码如下:

例程 02　代码位置：资源包\TM\09\Mrsoft\App\Home\View\Public\header.html

```
<!DOCTYPE html>
<html>
<head>
    <meta http-equiv="Content-Type" content="text/html; charset=utf-8">
    <meta name="viewport"
```

```
                content="width=device-width, initial-scale=1, maximum-scale=1">
        <title>{$Think.CONFIG.sitename}</title>
        <meta name="keywords" content="{$Think.CONFIG.keywords}"/>
        <meta name="description" content="{$Think.CONFIG.description}"/>
        <link href="__PUBLIC__/css/main.css" rel="stylesheet" type="text/css">
        <link href="__PUBLIC__/css/container.css" rel="stylesheet" type="text/css">
        <link href="__PUBLIC__/css/reset.css" rel="stylesheet" type="text/css">
        <link href="__PUBLIC__/css/screen.css" rel="stylesheet" type="text/css">
        <script src="__PUBLIC__/js/jquery.min.js"></script>
        <script src="__PUBLIC__/js/jquery-ui.min.js"></script>
        <script src="__PUBLIC__/js/fwslider.js"></script>
        <script src="__PUBLIC__/js/tab.js"></script>
</head>
<body>
```

以上代码中引入了所有资源文件，其中"__PUBLIC__"会被替换成当前网站的公共目录即"/Public/"。
"{$Think.CONFIG.sitename}"是 mr_setting 表中字段"sitename"的值，即"明日科技有限公司"。

导航栏包括 5 个链接，单击后跳转到相应的网页，具体代码如下：

例程 03　代码位置：资源包\TM\09\Mrsoft\App\Home\View\Public\nav.html

```
<!--导航-->
<div class="header_bg">
    <div class="wrap">
        <div class="header">
            <div class="logo">
                <a href="{:U('index')}">
                    <img src="__PUBLIC__/images/logo.png" alt="">
                </a>
            </div>
            <div class="pull-icon">
                <a id="pull"></a>
            </div>
            <div class="cssmenu">
                <ul>
                    <li>
                        <a href="{:U('index')}">首页</a>
                    </li>
                    <li>
                        <a href="{:U('about')}">企业简介</a>
                    </li>
                    <li>
                        <a href="{:U('news')}">新闻</a>
                    </li>
                    <li>
                        <a href="{:U('core')}">核心竞争力</a>
                    </li>
                    <li class="last">
```

```
                    <a href="{:U('contact')}">联系我们</a>
                </li>
            </ul>
        </div>
        <!--清除浮动-->
        <div class="clear"></div>
    </div>
  </div>
</div>
```

上述代码中，使用 U 方法实现页面跳转。U 方法是 ThinkPHP 内置方法，用于 URL 的动态生成。

U 方法的定义形式：U('地址表达式',['参数'],['伪静态后缀'],['显示域名'])，常用形式 U('地址表达式')，如果不定义模块的话，就表示当前模块名称，如果不定义控制器的话，则表示当前控制器。U('Public/login')生成 Admin 模块下 Public 控制器下的 login 方法的 url 地址。U('verify')生成 Admin 模块下 Public 控制器下的 login 方法的 url 地址，等价于 U('Admin/Public/verify')。

```
<img src="{:U('Admin/Public/verify')}" id="imgcode"   Onclick="this.src=this.src+'?'+Math.random()"/>
```

等价于

```
<img src="/app/index.php/Admin/Public/verify.html"   id="imgcode"
Onclick="this.src=this.src+'?'+Math.random()"/>
```

在首页模板文件中，引入头部和导航栏的关键代码如下：

例程 04　代码位置：资源包\TM\09\Mrsoft\App\Home\View\Index\index.html

```
<!--头部-->
<include file="Public/header" />
<!--导航-->
<include file="Public/nav" />
```

页面运行效果如图 9.8 所示。

图 9.8　网站导航运行效果

9.5.4　幻灯片轮播的实现过程

　　商品分类模块使用的数据表：mr_flash

1. 获取幻灯片数据

幻灯片数据存储于 mr_flash 表中，需要从该表中筛选出所有"title"字段值为"banner"的数据，并且根据序号升序排列即可。关键代码如下：

例程 05　代码位置：资源包\TM\09\Mrsoft\App\Home\Controller\IndexController.class.php

```php
<?php

namespace Home\Controller;

class IndexController extends ComController
{
    //首页
    public function index()
    {
        //获取 banner
        $banners = M('flash')->where(array('title'=>'banner'))->order('o asc')->select();
        $this->assign('banners',$banners);        //页面赋值
        $this->display();                          //渲染模板
    }
}
```

上述代码中，使用 where()方法筛选出"title"字段值为"banner"的数据，然后使用 order()方法根据序号字段"o"进行"asc"升序排列，返回结果为一个数组，赋值给$banners。接着使用 assign()方法进行页面赋值，最后使用 display()方法渲染模板。

2．展示幻灯片效果

获取完分类数据后，接下来就需要渲染模板显示数据了。由于幻灯片数据是一个二维数组，所以使用<foreach>标签遍历获取数据即可。关键代码如下：

例程 06　代码位置：资源包\TM\09\Shop\Application\Home\View\Public\header.html

```html
<!--轮播-->
<div id="fwslider" style="height: 554px;">
    <div class="slider_container">
        <foreach name="banners" item="banner" key="k">
            <div class="slide" style="opacity: 1; z-index: 0; display: none;">
                <img id="img{$k}" src="{$banner['pic']}">
            </div>
        </foreach>
    </div>
    <div class="timers" style="width: 180px;"></div>
    <div class="slidePrev" style="left: 0px; top: 252px;">
        <span></span>
    </div>
    <div class="slideNext" style="right: 0px; top: 252px; opacity: 0.5;">
        <span></span>
    </div>
</div>
<!--轮播-->
```

上述代码中，使用了 fwslider 幻灯片插件。使用该插件前需要引入相应的 JavaScript 文件。在 header.html 头部文件中，已经引入了如下文件：

```
<script src="__PUBLIC__/js/jquery.min.js"></script>
<script src="__PUBLIC__/js/jquery-ui.min.js"></script>
<script src="__PUBLIC__/js/fwslider.js"></script>
```

此时，直接遍历$banners，然后获取对应的图片路径即可，运行结果如图 9.9 所示。

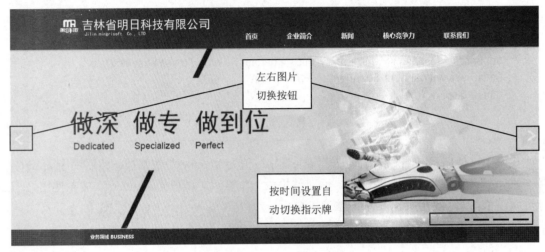

图 9.9　幻灯片运行效果图

9.6　新闻模块设计

9.6.1　新闻模块概述

新闻模块是网站之中最传统的交流模块，现在的大部分网站都需要使用新闻模块进行网站信息交流。在新闻模块中，管理人员能够通过后台进行新闻的发布和修改，用户能够在前台页面中进行新闻的访问和查询。

9.6.2　新闻模块技术分析

新闻模块包括 2 个部分：新闻列表页和新闻详情页。在新闻列表页，以表格的形式展示所有新闻的标题、发布时间和详情按钮。新闻列表页的数据来源于 mr_article 表中分类为新闻的数据。而新闻详情页则是通过单击"详情"按钮，在<a>标签的超链接中添加新闻 ID 实现的。进入新闻详情页后，根据新闻 ID，获取新闻内容。

9.6.3 新闻列表页的实现过程

▦ 新闻列表页使用的数据表：mr_article

当用户单击导航栏中的"新闻"，即可进入新闻列表页。在新闻列表页，以表格的形式展示所有新闻的标题、发布时间和详情按钮。

1．获取新闻列表数据

在 Home 模块的 Index 控制器中添加 news()方法，该方法用于获取所有分类为"新闻"的文章数据，在所有数据中，只获取新闻 ID、新闻标题和创建时间 3 个字段，具体代码如下：

例程 07　代码位置：资源包\TM\09\Mrsoft\App\Home\Controller\IndexController.class.php

```php
<?php

namespace Home\Controller;

class IndexController extends ComController
{
//企业新闻
public function news(){
    $news = M('article')->where(array('sid'=>37))->field('aid,title,t')->select();    //获取分类为"新闻"的数据
    $this->assign('news',$news);                                                       //页面赋值
    $this->display();                                                                  //渲染模板
}
}
```

上述代码中使用了 field()方法，该方法属于模型的连贯操作方法之一，主要目的是标识要返回或者操作的字段，可以用于查询和写入操作。

2．展示新闻列表效果

在 View/Index 模板目录下，创建 news.html 文件，遍历新闻列表数据，关键代码如下：

例程 08　代码位置：资源包\TM\09\Mrsoft\App\Home\View\Index\news.html

```html
<!--头部-->
<include file="Public/header" />
<!--导航-->
<include file="Public/nav" />
<!--banner-->
<div class="second_banner">
    <img src="__PUBLIC__/images/3.gif" alt="">
</div>
<!--//banner-->
<!--新闻-->
<div class="container">
    <div class="left">
        <div class="menu_plan">
```

```
            <div class="menu_title">公司动态<br><span>news of company</span></div>
        <ul id="tab">
                <li class="active"><a href="#">公司新闻</a></li>
            </ul>
        </div>
    </div>
    <div class="right">
        <div class="location">
            <span>当前位置：<a href="javascript:void(0)" id="a"></a>
                <a href="#">公司新闻</a>
            </span>
            <div class="brief" id="b"><a href="#">公司新闻</a></div>
        </div>
        <div style=" font-size:14px; margin-top:53px; line-height:36px;">
            <div id="tab_con">
                <div id="tab_con_2" class="dis-n" style="display: block;">
                    <table style="margin-top:70px">
                        <tbody>
                            <tr class="tt_bg">
                                <td>新闻标题</td>
                                <td>发布时间</td>
                                <td>详情</td>
                            </tr>
                            <foreach name="news" item="v">
                                <tr>
                                    <td>{$v['title']}</td>
                                    <td>{$v['t']|date="Y-m-d",###}</td>
                                    <td>
                                        <a style="color:#3F862E" target="_blank" href="{:U('detail',array
('news_id'=>$v['aid']))}">详情</a>
                                    </td>
                                </tr>
                            </foreach>
                        </tbody>
                    </table>
                </div>
            </div>
        </div>
    </div>
</div>
<!--//新闻-->
<!--底部-->
<include file="Public/footer" />
<!--//底部-->
```

上述代码中，$v['t']是时间戳形式数据（如 1513067402），通过使用模板函数来获取标准时间（如 2017-12-12）。详情按钮使用<a>标签实现页面跳转，<a>标签的 href 属性通过 U 方法传递 news_id 参数。新闻列表页运行效果如图 9.10 所示。

图 9.10　新闻列表页运行效果

9.6.4　新闻详情页的实现过程

📖　新闻详情页使用的数据表：mr_article

1. 获取新闻详情页数据

在 Home 模块的 Index 控制器中添加 detail()方法，当从新闻列表页跳转至新闻详情页时，接收到传递的参数 news_id，根据 news_id 从 mr_article 表中获取该 ID 的数据，具体代码如下：

例程 09　代码位置：资源包\TM\09\Mrsoft\App\Home\Controller\IndexController.class.php

```
//新闻详情
public function detail(){
    $news_id = I('news_id',0);                                    //接收 ID
    $news = M('article')->where(array('aid'=>$news_id))->find();  //获取 mr_article 表数据
    $this->assign('news',$news);                                  //变量赋值
    $this->display();                                             //渲染模板
}
```

上述代码中，使用 I 方法来接收传递的新闻 ID，I 方法是 ThinkPHP 用于更加方便和安全的获取系统输入变量。I('news_id',0)语句表示如果接收的参数 news_id 不存在，则默认为 0。find()方法只会返回第一条记录，即$news 是一维数组。

2．展示新闻详情页效果

在 View/Index 模板目录下，创建 detail.html 文件，获取新闻详情数据，关键代码如下：

例程 10 代码位置：资源包\TM\09\Mrsoft\App\Home\View\Index\detail.html

```
<!--头部-->
<include file="Public/header" />
<!--导航-->
<include file="Public/nav" />
<!--banner-->
<div class="second_banner">
    <img src="__PUBLIC__/images/4.gif" alt="">
</div>
<!--//banner-->
<!--新闻-->
<div class="container">
    <div class="left">
        <div class="menu_plan">
            <div class="menu_title">公司动态<br><span>news of company</span></div>
            <ul id="tab">
                <li class="active"><a href="#">公司新闻</a></li>
            </ul>
        </div>
    </div>
    <div class="right">
        <div class="location">
            <span>当前位置：<a href="javascript:void(0)" id="a"></a>
                <a href="#">公司新闻</a></span>
            <div class="brief" id="b">
                <a href="#">公司新闻</a>
            </div>
        </div>
        <div style="font-size: 14px; margin-top: 53px; line-height: 36px;">
            <div id="tab_con">
                <div id="tab_con_2" class="dis-n" style="display: block;">
                    <div class="content_main">
                        <br><h2 style="font-size:28px;text-align:center">{$news['title']}</h2>
                        {$news['content']}
                    </div>
                </div>
            </div>
        </div>
    </div>
</div>
<!--//新闻-->
<!--底部-->
<include file="Public/footer" />
<!--//底部-->
```

运行结果如图 9.11 所示。

图 9.11 新闻详情页效果

视频讲解

9.7 前台其他模块设计

9.7.1 其他概述

前台首页中还包括"企业简介"、"核心竞争力"和"联系我们"3 个模块，由于这 3 个模块实现功能相似，所以统称为其他模块一起讲述。

9.7.2 其他模块技术分析

其他模块数据均来源于 mr_article 表，分别根据 mr_article 表中的"sid"字段进行区分。例如在 mr_category 表中，ID 为 36 的分类是企业简介，所以在查找 mr_article 表中 where 条件为 sid=36 的数据即是企业文章的内容。

9.7.3 联系我们的实现过程

"联系我们"页面包括"公司名称"、"联系人"和"电话"等常用信息，所以将这些信息在后台配置后作为系统变量输出。普通的模板变量需要首先赋值后才能在模板中输出，但是系统变量则不需要，可以直接在模板中输出，系统变量的输出通常以 {$Think} 开头，"联系我们"页面的关键代码如下：

例程 11 代码位置：资源包\TM\09\Mrsoft\App\Home\View\Index\contact.html

```
<!--头部-->
<include file="Public/header" />
<!--导航-->
<include file="Public/nav" />
<!--banner-->
<div class="second_banner">
```

```html
        <img src="__PUBLIC__/5.gif" alt="">
    </div>
<!--//banner-->
<!--联系我们-->
<div class="container">
    <div class="left">
        <div class="menu_plan">
            <div class="menu_title">
                联系我们
                <br>
                <span>Associate program</span>
            </div>
            <ul id="tab">
                <li onclick="changeValue(this)" class="active">
                    <a href="#">联系我们</a>
                </li>
            </ul>
        </div>
    </div>
    <div class="right">
        <div class="location">
            <span>当前位置：
                <a href="#">联系我们</a>
            </span>
            <div class="brief" id="b">
                <a href="#">联系我们</a>
            </div>
        </div>
        <div style="font-size: 14px; margin-top: 53px; line-height: 36px;">
            <div id="tab_con">
                <div id="tab_con_4" class="dis-n" style="display: block;">
                    <table class="contact">
                        <tbody>
                        <tr>
                            <td width="18%" class="ct_bg">
                                公司名称
                            </td>
                            <td>
                                {$Think.CONFIG.company_name }
                            </td>
                        </tr>
                        <tr>
                            <td class="ct_bg">
                                联系人
                            </td>
                            <td>
                                {$Think.CONFIG.contact_name }
                            </td>
                        </tr>
```

```
<tr>
    <td class="ct_bg">
        电话
    </td>
    <td>
        {$Think.CONFIG.contact_tel }
    </td>
</tr>
<tr>
    <td class="ct_bg">
        邮箱
    </td>
    <td>
        {$Think.CONFIG.email }
    </td>
</tr>
<tr>
    <td class="ct_bg">
        地址
    </td>
    <td>
        {$Think.CONFIG.address }
    </td>
</tr>
<tr>
    <td class="ct_bg">
        邮编
    </td>
    <td>
        {$Think.CONFIG.zip_code }
    </td>
</tr>
<tr>
    <td class="ct_bg">
        公司主页
    </td>
    <td>
        {$Think.CONFIG.company_website }
    </td>
</tr>
</tbody>
</table>
<div style="text-align: center">
    <img src="__PUBLIC__/images/map.jpg" alt="">
</div>
</div>
</div>
</div>
</div>
```

```
</div>
<!--//联系我们-->
<!--底部-->
<include file="Public/footer" />
<!--//底部-->
```

如果后台添加完自定义变量后，前台页面没有立即生效，请单击后台导航栏的清除缓存图标，如图 9.12 所示，然后再次刷新前台页面。"联系我们"运行结果如图 9.13 所示。

图 9.12　清除缓存

图 9.13　联系我们页面效果

视频讲解

9.8　后台登录模块设计

9.8.1　后台登录模块概述

后台登录功能主要是对管理员输入的账号、密码及验证码进行验证。验证内容包括账号、密码是否为空、验证码是否正确、用户名和密码是否匹配等。如果验证成功，则成功登录后台，否则提示错误信息。

9.8.2　后台登录模块技术分析

虽然后台登录的主要功能是检测管理员输入的用户名和密码是否正确，但是在验证之前需要编写其他附属的功能，如判断管理员是否登录、生成和检测验证码等。

1. 判断是否登录

管理员访问后台时，系统首先判断管理员是否登录，如果登录则进入后台主页，否则跳转至登录页，提示管理员登录。由于在后台的每一个页面都需要判断管理员是否登录，所以将检测登录的功能写入父类 ComController 的 check_login()方法。当子类继承 ComController 父类时，调用 check_login()方法，执行检测是否登录。check_login()方法的具体代码如下：

例程 12 代码位置：资源包\TM\09\Mrsoft\App\Qwadmin\Controller\ComController.class.php

```php
public function check_login(){
    session_start();                                        //开启 Session
    $flag = false;                                          //初始化 flag
    $salt = C("COOKIE_SALT");                               //获取配置项 COOKIE_SALT
    $ip = get_client_ip();                                  //获取 IP 地址
    $ua = $_SERVER['HTTP_USER_AGENT'];                      //获取客户端的浏览器和操作系统信息
    $auth = cookie('auth');                                 //获取 Cookie
    $uid = session('uid');                                  //获取 Session
    if ($uid) {                                             //判断用户 ID 是否存在
        $user = M('member')->where(array('uid' => $uid))->find();   //查找用户信息
        if ($user) {
            //判断加密后密码
            if ($auth ==   password($uid.$user['user'].$ip.$ua.$salt)) {
                $flag = true;                               //flag 标示设置为 true
                $this->USER = $user;                        //用户信息赋值
            }
        }
    }
    return $flag;                                           //返回 flag 标识
}
```

2. 生成和检测验证码

ThinkPHP 自身封装了生成验证码、检验验证码的 Verify 类，使得对验证码的操作非常方便快捷。具体实现时，需要调用 Verify 类中的 entry()方法生成验证码，调用 Verify 类中的 check()方法检验验证码，具体代码如下：

例程 13 代码位置：资源包\TM\09\Mrsoft\App\Qwadmin\Controller\LoginController.class.php

```php
//生成验证码
public function verify()
{
    $config = array(
        'fontSize' => 14,                                   //验证码字体大小
        'length' => 4,                                      //验证码位数
        'useNoise' => false,                                //关闭验证码杂点
        'imageW' => 100,
        'imageH' => 30,
    );
```

```
    $verify = new \Think\Verify($config);
    $verify->entry('login');
}

//检测验证码
function check_verify($code, $id = '')
{
    $verify = new \Think\Verify();
    return $verify->check($code, $id);
}
```

接下来，在登录页面模板文件中展示生成的验证码图片，关键代码如下：

例程 14　代码位置：资源包\TM\09\Mrsoft\App\Qwadmin\View\Login\index.html

```
<form action="{:U('login/login')}" method="post">
    <fieldset>
        <label class="block clearfix">
                    <span class="block input-icon input-icon-right">
                        <input type="text" class="form-control" name="user"
                            placeholder="用户名"/>
                        <i class="ace-icon fa fa-user"></i>
                    </span>
        </label>

        <label class="block clearfix">
                    <span class="block input-icon input-icon-right">
                        <input type="password" class="form-control" name="password"
                            placeholder="密码"/>
                        <i class="ace-icon fa fa-lock"></i>
                    </span>
        </label>

        <div class="space"></div>
        <label class="block clearfix">
                    <span class="block input-icon ">
                        <span class="inline"><input type="text" class="form-control"
                                            name="verify" placeholder="验证码"
                                            id="code" required/></span>
                        <img style="cursor:pointer;" src="{:U('login/verify')}"
                            width="100" height="30" title="看不清楚？单击刷新"
                            onclick="this.src = '{:U('login/verify')}?'+new Date().getTime()">
                    </span>
        </label>

        <div class="space"></div>

        <div class="clearfix">
            <label class="inline">
```

```
            <input type="checkbox" class="ace" name="remember"/>
            <span class="lbl"> 记住我</span>
        </label>

        <button type="submit"
                class="width-35 pull-right btn btn-sm btn-primary">
            <i class="ace-icon fa fa-key"></i>
            <span class="bigger-110">登录</span>
        </button>
    </div>

        <div class="space-4"></div>
    </fieldset>
</form>
```

生成验证码运行结果如图 9.14 所示。

9.8.3　后台登录的实现过程

准备工作完成后，在后台登录页面中填写用户名、密码和验证码，添加"登录"按钮，提交表单到 login()方法。login()方法需要先检测用户输入的信息，然后判断用户输入的用户名和密码是否匹配，如果匹配，将用户 ID 写入 Sessin，将用户信息写入 Cookie，并且写入操作日志，最后跳转到后台主页，否则提示错误信息。

图 9.14　生成验证码效果

例程 15　代码位置：资源包\TM\09\Mrsoft\App\Qwadmin\Controller\LoginController.class.php

```php
//后台登录
public function login()
{
    /**验证用户输入**/
    $verify = isset($_POST['verify']) ? trim($_POST['verify']) : '';
    if (!$this->check_verify($verify, 'login')) {
        $this->error('验证码错误！', U("login/index"));
    }

    $username = isset($_POST['user']) ? trim($_POST['user']) : '';
    $password = isset($_POST['password']) ? password(trim($_POST['password'])) : '';
    $remember = isset($_POST['remember']) ? $_POST['remember'] : 0;
    if ($username == '') {
        $this->error('用户名不能为空！', U("login/index"));
    } elseif ($password == '') {
        $this->error('密码必须！', U("login/index"));
    }
    /**查找用户名和密码是否匹配**/
    $model = M("Member");
```

```php
$user = $model->field('uid,user')->where(array('user' => $username, 'password' => $password))->find();

if ($user) {                                                    //登录成功
    $salt = C("COOKIE_SALT");
    $ip = get_client_ip();
    $ua = $_SERVER['HTTP_USER_AGENT'];
    session_start();
    session('uid',$user['uid']);
    //加密 cookie 信息
    $auth = password($user['uid'].$user['user'].$ip.$ua.$salt);
    if ($remember) {
        cookie('auth', $auth, 3600 * 24 * 365);                 //记住我
    } else {
        cookie('auth', $auth);
    }
    addlog('登录成功。');                                         //写入日志
    $url = U('index/index');
    header("Location: $url");                                   //跳转到后台主页
    exit(0);
} else {                                                        //登录失败
    addlog('登录失败。', $username);                              //写入日志
    $this->error('登录失败，请重试！', U("login/index"));          //提示错误信息
}
}
```

视频讲解

9.9 后台管理模块设计

9.9.1 后台登录模块概述

后台管理模块相对于前台要复杂得多。前台页面是将相关数据信息展示给用户，但是数据通常都是在后台进行统一管理。从数据库角度来说，前台模块相当于单一的数据读取，而后台模块则包括了所有的增、删、改、查操作。后台管理模块主要包含以下内容。

- ☑ 系统设置：主要包括"自定义变量"、"网站设置"和"后台菜单设置"等。
- ☑ 用户及用户组：主要包括用户管理和用户组管理，通过设置用户和用户组，能够实现用户权限的控制。
- ☑ 网站内容：主要包括文章管理和文章分类管理。
- ☑ 其他功能：主要包括友情链接和焦点图。
- ☑ 个人中心：主要包括个人资料管理和退出系统。

由于本项目主要使用文章管理系统，所以重点讲解文章管理和文章分类，即网站内容模块。运行效果如图 9.15 所示。

图 9.15 网站内容模块

9.9.2 网站内容模块技术分析

网站内容模块包括分类管理和文章管理。添加文章时需要选择文章所属分类，所以在设计表结构时，需要关联 mr_aticle 表和 mr_category 表，即 mr_article 表中包含的 sid 字段值就是 mr_category 表的 id 字段值。

9.9.3 文章管理的实现过程

1. 文章列表

文章列表页面包括如下 3 部分内容。

☑ 顶部搜索框：可以根据分类名称、文章标题、发布时间排序进行搜索。

☑ 文章列表：展示文章的所属分类、标题以及发布时间。

☑ 底部分页：根据分页链接显示数据。

文章列表页需要同时实现以上 3 部分内容，即在获取文章数据的同时结合搜索和分页。对于搜索，需要根据搜索条件联合查询。对于分页，可以使用 Page 类来实现。具体代码如下：

例程 16 代码位置：资源包\TM\09\Mrsoft\App\Qwadmin\Controller\ArticleController.class.php

```php
public function index($sid = 0, $p = 1)
{
    $p = intval($p) > 0 ? $p : 1;                                    //判断当前页码
    $article = M('article');                                         //实例化 article 类
    $pagesize = 3;                                                   //每页数量
    $offset = $pagesize * ($p - 1);                                  //计算记录偏移量
    $prefix = C('DB_PREFIX');                                        //获取表前缀
    $sid = isset($_GET['sid']) ? $_GET['sid'] : '';                  //获取分类 ID
    $keyword = isset($_GET['keyword']) ? htmlentities($_GET['keyword']) : ''; //获取关键字
    $order = isset($_GET['order']) ? $_GET['order'] : 'DESC';        //获取排序
    $where = '1 = 1 ';
```

```
        //根据分类筛选
        if ($sid) {
            $sids_array = category_get_sons($sid);              //获取所有的子级 id
            $sids = implode(',',$sids_array);                   //将数组拆分为字符串
            $where .= "and {$prefix}article.sid in ($sids) ";
        }
        //根据关键字筛选
        if ($keyword) {
            $where .= "and {$prefix}article.title like '%{$keyword}%' ";
        }
        //默认按照时间降序
        $orderby = "t desc";
        if ($order == "asc") {
            $orderby = "t asc";
        }
        //获取栏目分类
        $category = M('category')->field('id,pid,name')->order('o asc')->select();
        $tree = new Tree($category);                            //实例化树型类
        $str = "<option value=\$id\$selected>\$spacer\$name</option>";   //生成的形式
        $category = $tree->get_tree(0, $str, $sid);             //得到树型结构
        $this->assign('category', $category);                   //导航
        $count = $article->where($where)->count();              //获取数量
        //筛选文章内容
        $list = $article->field("{$prefix}article.*,{$prefix}category.name")->where($where)->order($orderby)
                    ->join("{$prefix}category ON {$prefix}category.id = {$prefix}article.sid")
                    ->limit($offset . ',' . $pagesize)->select();
        $page = new \Think\Page($count, $pagesize);             //实例化分页类
        $page = $page->show();                                  //调用分页方法
        $this->assign('list', $list);                           //页面赋值
        $this->assign('page', $page);                           //输出分页
        $this->display();                                       //渲染模板
    }
}
```

接下来渲染文章列表页模板，文件代码如下：

例程 17　代码位置：资源包\TM\09\Mrsoft\App\Qwadmin\View\Article\index.html

```html
<!--/section:settings.box-->
<div class="row">
    <div class="col-xs-12">
        <!--PAGE CONTENT BEGINS-->
        <div class="cf">
            <form class="form-inline" action="" method="get">
                <a class="btn btn-info" href="{:U('add')}" value="">新增</a>
                <label class="inline">所属分类</label>
                <select name="sid" class="form-control">
                    <option value="0">--分类--</option>
                    {$category}
                </select>
                <label class="inline">文章标题</label>
```

```
<input type="text" name="keyword" value="{:I('keyword')}" class="form-control">

<label class="inline">  文章排序：</label>
<select name="order" class="form-control">
    <option value="desc" <if condition="I('order') eq desc">selected</if>>
            发布时间降序</option>
    <option value="asc" <if condition="I('order') eq asc">selected</if> >
            发布时间升序</option>
</select>
<button type="submit" class="btn btn-purple btn-sm">
    <span class="ace-icon fa fa-search icon-on-right bigger-110"></span>
    搜索
</button>
    </form>
</div>
<div class="space-4"></div>
<form id="form" method="post" action="{:U('del')}">
    <table class="table table-striped table-bordered">
        <thead>
        <tr>
            <th class="center"><input class="check-all" type="checkbox" value=""></th>
            <th>所属分类</th>
            <th class="col-xs-7">文章标题</th>
            <th>发布时间</th>
            <th>操作</th>
        </tr>
        </thead>
        <tbody>
        <volist name="list" id="val">
            <tr>
                <td class="center"><input class="aids" type="checkbox" name="aids[]"
                                    value="{$val['aid']}"></td>
                <td><a href="{:U('index',array('sid'=>$val['sid']))}"
                        title="{$val['name']}">{$val['name']}</a>
                </td>
                <td>{$val['title']}</td>
                <td>{$val['t']|date="Y-m-d H:i:s",###}</td>
                <td><a href="{:U('edit',array('aid'=>$val['aid']))}"><i
                        class="ace-icon fa fa-pencil bigger-100"></i>修改</a>  <a
                        href="javascript:;" val="{:U('del',array('aids'=>$val['aid']))}" class="del"><i
                        class="ace-icon fa fa-trash-o bigger-100 red"></i>删除</a></td>
            </tr>
        </volist>
        </tbody>
    </table>
</form>
<div class="cf">
    <input id="submit" class="btn btn-info" type="button" value="删除">
</div>
```

```
        {$page}
        <!--PAGE CONTENT ENDS-->
    </div><!--/.col-->
</div><!--/.row-->
```

文章列表页全部数据如图 9.16 所示，根据分类和文件标题筛选条件搜索后的数据如图 9.17 所示。

图 9.16　全部数据

图 9.17　筛选数据

2．新增文章

在添加文章时，需要选择文章分类，所以需要获取 mr_category 表中全部分类数据，并且以"树形"的方式进行展示，添加分类的控制器代码如下：

例程 18　代码位置：资源包\TM\09\Mrsoft\App\Qwadmin\Controller\ArticleController.class.php

```php
public function add()
{
    $category = M('category')->field('id,pid,name')->order('o asc')->select();    //获取所有分类
    $tree = new Tree($category);                                                  //实例化属性类
    $str = "<option value=\$id \$selected>\$spacer\$name</option>";               //生成的形式
    $category = $tree->get_tree(0, $str, 0);                                       //获取树形结构
    $this->assign('category', $category);                                         //导航
    $this->display('form');                                                       //渲染页面
}
```

新增文章时，需要填写文章内容，为更好地展现文章内容，使用富文本编辑器 KindEditor 实现该功能。此外，由于添加文章和修改文章的表单内容相同，所以渲染同一个模板 form，form 模板的关键代码如下：

例程 19　代码位置：资源包\TM\09\Mrsoft\App\Qwadmin\View\Article\form.html

```html
<form class="form-horizontal" id="form" method="post" action="{:U('update')}">
    <!--PAGE CONTENT BEGINS-->
```

```
<input type="hidden" name="aid" value="{$article.aid}" id="aid"/>
<div class="form-group">
    <label class="col-sm-1 control-label no-padding-right" for="form-field-0">
        文章分类 </label>
    <div class="col-sm-9">
        <select id="sid" name="sid" class="col-xs-10 col-sm-5">
            <option value="0">--分类--</option>
            {$category}
        </select>
        <span class="help-inline col-xs-12 col-sm-7">
            <span class="middle">选择所属分类。</span>
        </span>
    </div>
</div>
<div class="space-4"></div>
<div class="form-group">
    <label class="col-sm-1 control-label no-padding-right" for="form-field-1">
        文章标题 </label>
    <div class="col-sm-9">
        <input type="text" name="title" id="title" placeholder="文章标题"
            class="col-xs-10 col-sm-5" value="{$article['title']}">
        <span class="help-inline col-xs-12 col-sm-7">
            <span class="middle">文章标题不能为空。</span>
        </span>
    </div>
</div>
<div class="form-group">
    <label class="col-sm-1 control-label no-padding-right" for="form-field-1">
        SEO 标题 </label>
    <div class="col-sm-9">
        <input type="text" name="seotitle" id="seotitle" placeholder="SEO 标题"
            class="col-xs-10 col-sm-5" value="{$article['seotitle']}">
        <span class="help-inline col-xs-12 col-sm-7">
            <span class="middle">如果设置 SEO 标题，将会在 IE 标题栏显示 SEO 标题。</span>
        </span>
    </div>
</div>
<div class="space-4"></div>
<div class="form-group">
    <label class="col-sm-1 control-label no-padding-right" for="form-field-2">
        关键词 </label>
    <div class="col-sm-9">
        <input type="text" name="keywords" id="keywords" placeholder="关键词"
            class="col-xs-10 col-sm-5" value="{$article['keywords']}">
        <span class="help-inline col-xs-12 col-sm-7">
            <span class="middle">文章关键词。</span>
        </span>
    </div>
</div>
```

```
<div class="space-4"></div>
<div class="form-group">
    <label class="col-sm-1 control-label no-padding-right" for="form-field-3">
        文章摘要  </label>
    <div class="col-sm-9">
            <textarea name="description" id="description" placeholder="文章摘要"
                        class="col-xs-10 col-sm-5"
                        rows="5">{$article['description']}</textarea>
        <span class="help-inline col-xs-12 col-sm-7">
            <span class="middle">文章摘要、描述。</span>
        </span>
    </div>
</div>
<div class="space-4"></div>
<div class="form-group">
    <label class="col-sm-1 control-label no-padding-right" for="form-field-4">
        缩略图  </label>
    <div class="col-sm-9">
        <div class="col-xs-10 col-sm-5">
            {:UpImage("thumbnail",100,100,$article['thumbnail'])}
        </div>
        <span class="help-inline col-xs-12 col-sm-7">
            <span class="middle">仅支持 jpg、gif、png、bmp、jpeg，且小于 1MB。</span>
        </span>
    </div>
</div>
<div class="space-4"></div>
<div class="form-group">
    <label class="col-sm-1 control-label no-padding-right" for="form-field-2">
        文章内容  </label>
    <div class="col-sm-9">
            <textarea name="content" id="content"
                        style="width:100%;height:400px;visibility:hidden;">{$article['content']}</textarea>
    </div>
</div>
<div class="space-4"></div>
<div class="col-md-offset-2 col-md-9">
    <button class="btn btn-info submit" type="button">
        <i class="icon-ok bigger-110"></i>
        提交
    </button>
         
    <button class="btn" type="reset">
        <i class="icon-undo bigger-110"></i>
        重置
    </button>
</div>
<!-- PAGE CONTENT ENDS -->
</form>
```

运行结果如图 9.18 所示。

图 9.18　添加文章

填写完文章内容后，单击"提交"按钮，需要检测提交内容。例如，是否选择了分类，是否添加了文章标题等。为实现友好的交互效果，本项目使用 Bootbox.js 插件实现该功能。运行效果如图 9.19 所示。

图 9.19　Bootbox 提示信息

3. 编辑文章

在文章列表页，为标题右侧的"修改"按钮设置一个<a>标签，在<a>的 href 属性中设置包含文章 ID 的链接地址，代码如下：

```
<td><a href="{:U('edit',array('aid'=>$val['aid']))}">
    <i class="ace-icon fa fa-pencil bigger-100"></i>修改</a>  <a>
 </td>
```

运行结果如图 9.20 所示。

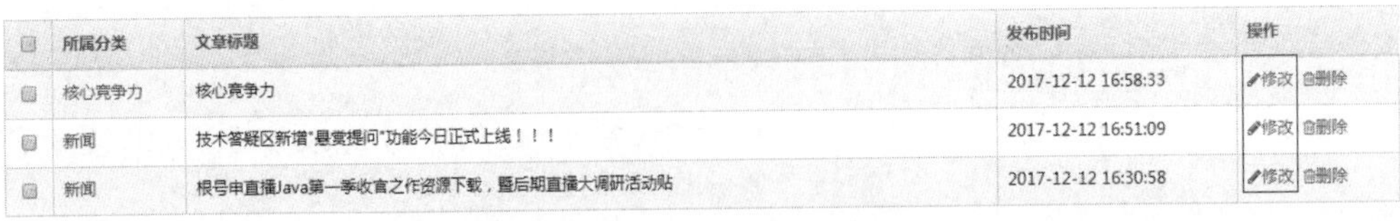

	所属分类	文章标题	发布时间	操作
☐	核心竞争力	核心竞争力	2017-12-12 16:58:33	✎修改 🗑删除
☐	新闻	技术答疑区新增"最爱提问"功能今日正式上线！！！	2017-12-12 16:51:09	✎修改 🗑删除
☐	新闻	根号申直播Java第一季收官之作资源下载，暨后期直播大调研活动贴	2017-12-12 16:30:58	✎修改 🗑删除

图 9.20　修改文章页面效果

单击文章标题右侧的"修改"按钮，开始编辑文章，编辑文章的代码如下：

例程 20　代码位置：资源包\TM\09\Mrsoft\App\Qwadmin\Controller\ArticleController.class.php

```php
public function edit($aid)
{
    $aid = intval($aid);                                              //接收文章 ID
    $article = M('article')->where('aid=' . $aid)->find();            //根据 ID 查找文章数据
    if ($article) {
        $category = M('category')->field('id,pid,name')->order('o asc')->select();   //获取所有分类
        $tree = new Tree($category);                                  //实例化树型类
        $str = "<option value=\$id \$selected>\$spacer\$name</option>";   //生成的形式
        $category = $tree->get_tree(0, $str, $article['sid']);        //得到树型结构
        $this->assign('category', $category);                         //导航
        $this->assign('article', $article);                           //页面赋值
    } else {
        $this->error('参数错误！');
    }
    $this->display('form');                                           //渲染模板
}
```

运行结果如图 9.21 所示。

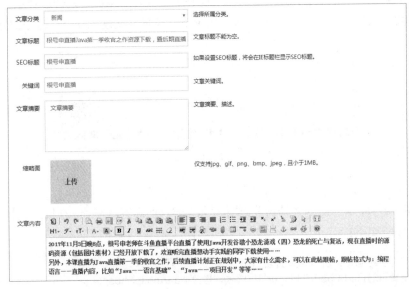

图 9.21　编辑文章

4．删除文章

删除文章有两种方式：单选删除和多选删除。单击文章标题右侧的"删除"按钮，可以单选删除文章；选中右侧复选框，单击下方的"删除"按钮，可以删除选中的所有文章。单选删除和多选删除如图 9.22 所示。

图 9.22 单选删除和多选删除

对于单选删除，页面提交的是一个文章 ID，数据类型是整数。而对于多选删除，页面提交的是多个文章 ID，数据类型是数组。所以，需要对两种情况单独处理。删除文章的代码如下：

例程 21 代码位置：资源包\TM\09\Mrsoft\App\Qwadmin\Controller\ArticleController.class.php

```php
public function del()
{
    $aids = isset($_REQUEST['aids']) ? $_REQUEST['aids'] : false;    //接收文章 ID
    if ($aids) {
        if (is_array($aids)) {                                       //多选删除
            $aids = implode(',', $aids);
            $map['aid'] = array('in', $aids);
        } else {                                                     //单选删除
            $map = 'aid=' . $aids;
        }
        if (M('article')->where($map)->delete()) {                   //删除数据
            addlog('删除文章，AID：' . $aids);                        //写入日志
            $this->success('恭喜，文章删除成功！');
        } else {
            $this->error('参数错误！');
        }
    } else {
        $this->error('参数错误！');
    }
}
```

上述代码中，对于多选删除使用了$map['aid'] = array('in', $aids)形式，其中$aids 是字符串型数据，如'1,2,3'。删除的 SQL 语句等价于'delete from mr_article where aid in (1,2,3)'，即删除 aid 为 1、2、3 的数据。此外，删除数据前需要提示管理员是否确认删除，如果单击"确定"按钮，则在这行删除操作，运行效果如图 9.23 所示。

图 9.23 删除提示

9.10 开发技巧与难点分析

9.10.1 什么是单一入口

单一入口通常是指一个项目或者应用具有一个统一（但并不一定是唯一）的入口文件，也就是说项目的所有功能操作都是通过这个入口文件进行的，并且入口文件往往是第一步被执行的。单一入口的好处是项目整体比较规范，因为同一个入口，其不同操作之间往往具有相同的规则。另外一个方面就是单一入口控制较为灵活，因为拦截方便，类似一些权限控制、用户登录方面的判断和操作可以统一处理。

9.10.2 为什么要使用 MVC 设计模式

应用程序中用来完成任务的代码——模型层（也叫"业务逻辑"），通常是程序中相对稳定的部分，重用率高；而与用户交互界面——视图层，却经常改变。如果因需求变动而不得不对业务逻辑代码修改，或者要在不同的模块中应用到相同的功能而重复编写业务逻辑代码，不仅降低整体程序开发的进度，也会使未来的维护变得非常困难。因此将业务逻辑代码与外观分离，将会更方便地根据需求改进程序，所以通常使用 MVC 设计模式。

9.10.3 清空缓存

由于存在页面缓存，当在后台配置完系统变量后，前台联系我们页面可能不会马上生效，此时可以单击后台的清除缓存图标来清除缓存。清除缓存的关键代码如下：

例程 22　代码位置：资源包\TM\09\Mrsoft\App\Qwadmin\Controller\ArticleController.class.php

```
class CacheController extends ComController
{

    //清除缓存
    public function clear()
    {
        $cache =\Think\Cache::getInstance();        //实例化缓存类
        $cache->clear();                            //清空缓存
        $this->rmdirr(RUNTIME_PATH);                //删除缓存文件
        $this->success('系统缓存清除成功！');
    }

}
```

9.11 ThinkPHP 视图技术专题

在 ThinkPHP 里面，视图由两个部分组成：View 类和模板文件。Action 控制器直接与 View 视图类进行交互，把要输出的数据通过模板变量赋值的方式传递到视图类，而具体的输出工作则交由 View 视图类来进行，同时视图类还完成了一些辅助的工作，包括调用模板引擎、布局渲染、输出替换、页面 Trace 等功能。为了方便使用，在 Action 类中封装了 View 类的一些输出方法，例如 display()、fetch()、assign()、trace()和 buildHtml()等方法，这些方法的原型都在 View 视图类里面。

9.11.1　模板定义

每个模块的模板文件都是独立的，为了对模板文件更加有效地管理，ThinkPHP 对模板文件进行目录划分，默认的模板文件定义规则是：

视图目录/[模板主题]/控制器名/操作名+模板后缀

默认的视图目录是模块的 View 目录（模块可以有多个视图文件目录，这取决于你的应用需要），框架的默认视图文件后缀是.html。　新版模板主题默认是空（表示不启用模板主题功能）。

在每个模板主题下，都是以模块下面的控制器名为目录，然后是每个控制器的具体操作模板文件，例如，User 控制器的 add 操作对应的模板文件就应该是"./Application/Home/View/User/add.html "，如果默认视图层不是 View，例如：

'DEFAULT_V_LAYER'　　　　　=>　　'Template', //设置默认的视图层名称

那么，对应的模板文件就变成了"./Application/Home/Template/User/add.html"。模板文件的默认后缀是.html，也可以通过 TMPL_TEMPLATE_SUFFIX 更改为其他的文件名。例如：

'TMPL_TEMPLATE_SUFFIX'=>'.tpl'

定义后，User 控制器的 add 操作对应的模板文件就变成"./Application/Home/View/User/add.tpl"。如果觉得目录结构太深，可以通过设置 TMPL_FILE_DEPR 参数来配置简化模板的目录层次，例如设置：

'TMPL_FILE_DEPR'=>'_'

默认的模板文件就变成了"./Application/Home/View/User_add.html"。

9.11.2　模板赋值

如果要在模板中输出变量，必须在控制器中把变量传递给模板，系统提供了 assign()方法对模板变量赋值，无论何种变量类型都统一使用 assign 赋值。

```
$this->assign('name',$value);
//下面的写法是等效的
$this->name = $value;
```

Assign()方法必须在 display()和 show()方法之前调用，并且系统只会输出设定的变量，其他变量不会输出（系统变量例外），一定程度上保证了变量的安全性。赋值后，就可以在模板文件中输出变量了，如果使用的是内置模板的话，就可以这样输出：{$name}。

如果要同时输出多个模板变量，可以使用下面的方式：

```
$array['name']     =     'thinkphp';
$array['email']    =     'liu21st@gmail.com';
$array['phone']    =     '12335678';
$this->assign($array);
```

这样，就可以在模板文件中同时输出 name、email 和 phone 3 个变量。模板变量的输出根据不同的模板引擎有不同的方法，在后面会专门讲解内置模板引擎的用法。如果使用 PHP 本身作为模板引擎的话，就可以直接在模板文件里面输出：

```
<?php echo $name.'['.$email.".".$phone.']';?>
```

如果采用内置的模板引擎，可以使用：

```
{$name} [{$email} {$phone}]
```

输出同样的内容。

9.11.3　指定模板文件

模板定义后就可以渲染模板输出，系统也支持直接渲染内容输出，模板赋值必须在模板渲染之前操作。渲染模板输出最常用的是使用 display() 方法，调用格式如下：

```
display('[模板文件]'[,'字符编码'][,'输出类型'])
```

模板文件的写法如表 9.5 所示。

表 9.5　display 模板用法

用　　法	描　　述
不带任何参数	自动定位当前操作的模板文件
[模块@][控制器:][操作]	常用写法，支持跨模块模板主题，可以和 theme() 方法配合
完整的模板文件名	直接使用完整的模板文件名（包括模板后缀）

下面是一个最典型的用法，不带任何参数：

```
//不带任何参数，自动定位当前操作的模板文件
$this->display();
```

表示系统会按照默认规则自动定位模板文件，其规则是：
如果当前没有启用模板主题则定位到：

```
当前模块/默认视图目录/当前控制器/当前操作.html
```

如果有启用模板主题则定位到：

```
当前模块/默认视图目录/当前主题/当前控制器/当前操作.html
```

如果有更改 TMPL_FILE_DEPR 设置（假设'TMPL_FILE_DEPR'=>'_'）的话，则上面的自动定位规则变成：

当前模块/默认视图目录/当前控制器_当前操作.html

和

当前模块/默认视图目录/当前主题/当前控制器_当前操作.html。

所以通常 display()方法无须带任何参数即可输出对应的模板，这是模板输出的最简单的用法。

说明　通常默认的视图目录是 View。

如果没有按照模板定义规则来定义模板文件（或者需要调用其他控制器下面的某个模板），可以使用：

```
//指定模板输出
$this->display('edit');
```

表示调用当前控制器下面的 edit 模板：

```
$this->display('Member:read');
```

表示调用 Member 控制器下面的 read 模板。

9.12　内置 ThinkTemplate 模板引擎

9.12.1　变量输出

在模板中输出变量的方法很简单，例如，在控制器中给模板变量赋值的代码如下：

```
$name = 'ThinkPHP';
$this->assign('name',$name);
$this->display();
```

然后就可以在模板中使用：

```
Hello,{$name}!
```

模板编译后的结果就是：

```
Hello,<?php echo($name);?>!
```

这样，运行的时候就会在模板中显示：

Hello,ThinkPHP！

注意模板标签的{和$之间不能有任何的空格，否则标签无效，将不会正常输出 name 变量，而是直接保持不变输出，输出结果如下：

Hello,{$name}！

普通标签默认开始标记是{，结束标记是 }。也可以通过设置 TMPL_L_DELIM 和 TMPL_R_DELIM 进行更改。例如，在项目配置文件中定义：

```
'TMPL_L_DELIM'=>'<{',
'TMPL_R_DELIM'=>'}>',
```

那么，上面的变量输出标签就应该改成：

Hello,<{$name}>！

后面的内容都以默认的标签定义来说明。

模板标签的变量输出根据变量类型有所区别，刚才输出的是字符串变量，如果是数组变量，例如：

```
$data['name'] = 'ThinkPHP';
$data['email'] = 'thinkphp@qq.com';
$this->assign('data',$data);
```

那么，在模板中可以用下面的方式输出：

Name：{$data.name}
Email：{$data.email}

或者用下面的方式也有效：

Name：{$data['name']}
Email：{$data['email']}

说明 当输出多维数组时，往往要采用后面一种方式。

如果 data 变量是一个对象（并且包含有 name 和 email 两个属性），那么可以用下面的方式输出：

Name：{$data:name}
Email：{$data:email}

或者

Name：{$data->name}
Email：{$data->email}

9.12.2　使用函数

如果需要对模板中变量使用函数，例如，对模板中输出变量使用 md5 加密，则可以使用如下代码：

```
{$data.name|md5}
```

编译后的结果是：

```
<?php echo (md5($data['name'])); ?>
```

如果函数有多个参数需要调用，则可以使用如下代码：

```
{$create_time|date="y-m-d",###}
```

上述代码表示 date 函数传入两个参数，每个参数用逗号分割，这里第一个参数是 y-m-d，第二个参数是前面要输出的 create_time 变量，因为该变量是第二个参数，因此需要用###标识变量位置，编译后的结果是：

```
<?php echo (date("y-m-d",$create_time)); ?>
```

9.12.3　内置标签

变量输出使用普通标签就足够了，但是要完成其他的控制、循环和判断功能，就需要借助模板引擎的标签库功能，系统内置标签库的所有标签无须引入标签库即可直接使用。常用内置标签如表 9.6 所示。

表 9.6　ThinkPHP 内置标签

标　签　名	作　　用	包　含　属　性
include	包含外部模板文件（闭合）	file
volist	循环数组数据输出	name,id,offset,length,key,mod
foreach	数组或对象遍历输出	name,item,key
for	For 循环数据输出	name,from,to,before,step
switch	分支判断输出	name
case	分支判断输出（必须和 switch 配套使用）	value,break
compare	比较输出（包括 eq、neq、lt、gt、egt、elt、heq、nheq 等别名）	name,value,type
empty	判断数据是否为空	name
assign	变量赋值（闭合）	name,value
if	条件判断输出	condition

9.12.4　模板继承

模板继承是一项更加灵活的模板布局方式，模板继承不同于模板布局，甚至来说，应该在模板布局的上层。模板继承其实并不难理解，就好比类的继承一样，模板也可以定义一个基础模板（或者是布局），并且其中定义相关的区块（block），然后继承（extend）该基础模板的子模板中就可以对基础模板中定义的区块进行重载。

因此，模板继承的优势其实是设计基础模板中的区块（block）和子模板中替换这些区块。每个区块由<block></block>标签组成。下面就是基础模板中的一个典型的区块设计（用于设计网站标题）：

```
<block name="title"><title>网站标题</title></block>
```

block 标签必须指定 name 属性来标识当前区块的名称,这个标识在当前模板中应该是唯一的,block 标签中可以包含任何模板内容，包括其他标签和变量，例如：

```
<block name="title"><title>{$web_title}</title></block>
```

甚至还可以在区块中加载外部文件：

```
<block name="include"><include file="Public:header" /></block>
```

9.13　本章总结

本章运用软件工程思想中最流行的 MVC 设计理念，通过一个业界比较知名的国产框架编写而成。通过对本章的学习，读者可以了解 PHP 网站程序的开发流程，并且了解 ThinkPHP 框架开发的具体事宜。希望对读者日后的程序开发有所帮助。

第*10*章

51 购商城

（**ThinkPHP 3.2.3** 实现）

随着 20 世纪 PC 机（个人计算机）的发展和互联网的普及，电子商务从报文时代进入到了 Internet 时代，并逐渐被大众所了解和接受。电子商务（Electronic Commerce，EC）是目前发展较快的一种商务模式。迄今为止，不同领域的人对 EC 的理解各有不同。简单地说，EC 是一种基于 Internet，利用计算机硬件、软件等现有设备和协议进行各种商务活动的方式。本章应用 ThinkPHP 3.2.3 版本实现一个仿京东的 B2C（Business-to-Customer）商城——51 购商城。

通过阅读本章，可以学习到：

▶▶ 了解如何进行系统分析

▶▶ 了解数据库设计流程

▶▶ 熟悉搭建系统架构的方法

▶▶ 掌握 ThinkPHP 技术的应用

▶▶ 掌握注册登录的实现方法

▶▶ 掌握多级分类的实现方法

▶▶ 掌握购物车的实现方法

▶▶ 掌握订单的处理方法

配置说明

视频讲解

10.1　开 发 背 景

自 20 世纪 90 年代，互联网蓬勃发展，为企业提供了一个全新的机遇。企业网站、电子商务成为热门话题。其中，电子商务更是关系到经济结构、产业升级和国家整体经济竞争力。为此，我国已经将发展电子商务列为信息化建设的重要内容，并努力创造条件，积极地推进电子商务的发展。

据美国在线（AOL）和 Henley Centre 联合进行的一项调查显示：国外有 80% 的受调查者会选择网上购物或寻求帮助，10% 的受调查者会选择熟悉的品牌或厂商来购买。而在国内，自 1997 年拉开了电子商务的序幕，几乎每天都有新的网站诞生，厂商所在地也从上海、广州、深圳等沿海发达地区扩展到全国各大、中城市。

10.2　需 求 分 析

随着"地球村"概念的兴起，网络已经深入到人们生活的每一个角落。世界越来越小，信息的传播越来越快，内容也越来越丰富。现在，人们对于在网络上寻求信息和服务已不再满足于简单的信息获取上，人们更多的是需要在网上实现方便的、便捷的、可交互式的网络服务。电子商务则正好满足了人们的需求。它可以让人们在网上实现互动的交流及足不出户地购买产品，向企业发表自己的意见、服务需求及有关投诉，并且通过网站的交互式操作向企业进行产品的咨询、得到相应的回馈及技术支持。精明的商家绝不会错过这样庞大的市场，越来越多的企业已经开展了电子商务活动。加入电子商务的行列也许不会让企业马上见到效益，但不加入则一定会被时代所抛弃。

10.3　系 统 分 析

10.3.1　系统目标

根据客户提供的需求和对实际情况的考察与分析，该电子商务应该具备如下特点：

- ☑ 首页设计要能够吸引用户的目光，整个页面要以简洁为主，突出重点。
- ☑ 可操作性强，避免复杂的、有异议的链接。
- ☑ 浏览速度快，尽量避免长时间打不开页面的情况发生。
- ☑ 商品信息部分有实物图例，图像清楚、文字醒目。
- ☑ 详细的商品查询功能，可以通过商品的各个属性来搜索。
- ☑ 详细的流程介绍，从浏览商品到购买结账，各个步骤之间的联系最好能以图例来说明。
- ☑ 提供在线咨询。
- ☑ 后台可以对用户信息和商品信息进行详尽的查看和管理。

☑　完善的订单管理。

☑　易维护，并提供二次开发支持。

10.3.2　系统功能结构

51 购商城分前台系统和后台系统。下面分别给出前、后台的系统功能结构图。51 购商城前台系统功能结构如图 10.1 所示。

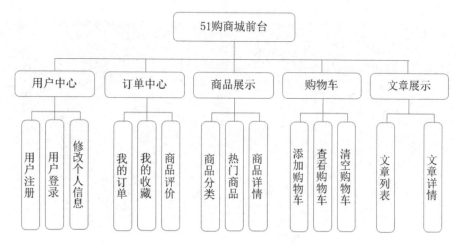

图 10.1　51 购商城前台系统功能结构图

51 购商城后台系统功能结构图如图 10.2 所示。

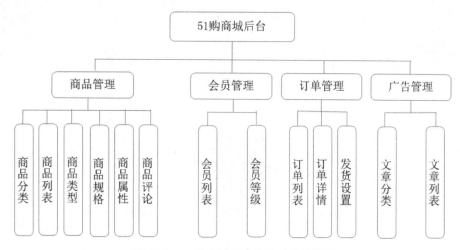

图 10.2　51 购商城后台系统功能结构图

10.3.3　功能预览

51 购商城由多个功能模块组成，为了让读者对本系统有个初步的了解和认识，下面列出几个典型功能的页面，其他页面参见资源包中的源程序。

　　51 购商城购网站主页如图 10.3 所示，该页面展示网站商品分类、热门商品、推荐商品以及网站的最新公告和会员登录窗口。商品列表展示页面如图 10.4 所示，该页面分页展示网站的所有商品。商品详情页如图 10.5 所示，该页面展示商品的详细信息。购物车页面如图 10.6 所示，该页面展示会员在本站购买的商品。

图 10.3　网站主页面

图 10.4　商品列表展示

图 10.5　商品详情展示

图 10.6　购物车

10.3.4　系统流程图

51 购商城涉及很多业务流程，其中最重要的就是用户购物流程。该流程包括用户登录、选择商品、加入购物车、结算订单等，具体流程如图 10.7 所示。

10.3.5　开发环境

在开发 51 购商城时，该项目使用的软件开发环境如下。

- ☑　操作系统：Windows 7 及以上/Linux。
- ☑　集成开发环境：phpStudy。
- ☑　PHP 版本：PHP 7。
- ☑　MySQL 图形化管理软件：Navicat for MySQL。
- ☑　开发工具：PhpStorm 9.0。
- ☑　ThinkPHP 版本：3.2.3。
- ☑　浏览器：谷歌浏览器。

10.3.6　文件夹组织结构

在进行网站开发前，首先要规划网站的架构。也就是说，建立多个文件夹对各个功能模块进行划分，实现统一管理，这样做易于网站的开发、管理和维护。本项目中，使用默认的 ThinkPHP 目录结构，将 Home 文件夹作为前台模块，Admin 文件夹作为后台模块，如图 10.8 所示。

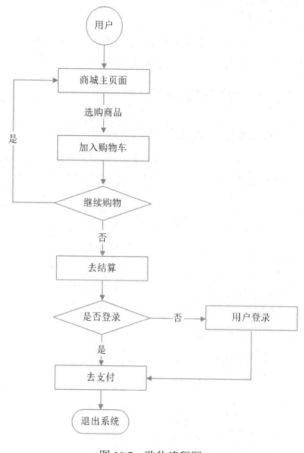

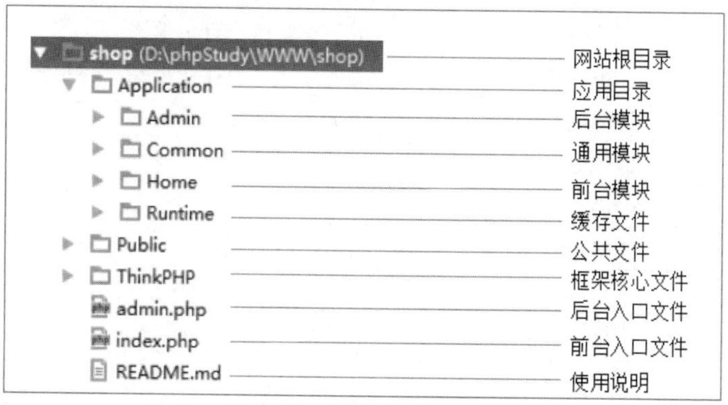

图 10.7　购物流程图

图 10.8　文件夹组织结构

视频讲解

10.4　数据库设计

无论是什么系统软件，其最根本的功能就是对数据的操作与使用。所以，一定要先做好数据的分析、设计与实现，然后再实现对应的功能模块。

10.4.1　数据库分析

本系统采用 MySQL 作为数据库，数据库名称为 shop，其数据表名称及作用如表 10.1 所示。

表 10.1　数据库表结构

表　　名	含　　义	作　　用
ad	广告表	用于存储广告信息
ad_position	广告位置表	用于存储广告分布的位置信息
admin	管理员表	用于存储管理员用户信息
article	文章表	用于存储商城中的文章信息
article_cat	文章分类表	用于存储文章的分类信息
brand	品牌表	用于存储商品品牌信息
cart	购物车表	用于存储购物车中信息，包括未登录用户的购物车信息
comment	评论表	用于存储商品评论信息
config	网站配置表	用于存储网站配置信息
goods	商品表	用于存储商品信息
goods_attr	属性映射表	用于存储商品和属性的对应关系信息
goods_attribute	商品属性表	用于存储商品属性信息
goods_category	商品分类表	用于存储商品分类信息
goods_collect	商品收藏表	用于存储用户收藏的商品信息
goods_images	商品图片表	用于存储商品图片信息
goods_type	商品类型表	用于存储商品类型信息
order	订单表	用于存储用户订单信息
order_action	订单操作表	用于存储订单操作信息，包括下单、取消订单等
order_goods	订单商品表	用于存储订单商品信息
region	地区表	用于存储地区信息
spec	商品规格表	用于存储商品规格信息
spec_goods_price	规格价钱表	用于存储商品规格对应的价钱信息
spec_image	规格图片表	用于存储商品规格图片信息
spec_item	规格选项表	用于存储商品规格选项信息
user_address	用户地址表	用于存储用户地址信息
user_level	用户等级表	用于存储用户等级信息
users	用户表	用于存储用户信息

10.4.2　数据库逻辑设计

1．创建数据表

由于篇幅所限，这里只给出较重要的数据表的部分字段，完整数据表请参见本书附带资源包。

☑　admin（后台管理员表）

表 admin 用于保存后台管理员数据信息，其结构如表 10.2 所示。

表 10.2　管理员表结构

字　段　名	数 据 类 型	默 认 值	允 许 为 空	自 动 递 增	备　　注
admin_id	smallint(5) unsigned		NO	是	用户 id
user_name	varchar(60)		NO		用户名
email	varchar(60)		NO		email
password	varchar(32)		NO		密码
add_time	int(11)	0	NO		添加时间
last_login	int(11)	0	NO		最后登录时间
last_ip	varchar(15)		NO		最后登录 ip

☑　users（用户表）

表 users 用于存储用户数据信息，其结构如表 10.3 所示。

表 10.3　用户表结构

字　段　名	数 据 类 型	默 认 值	允 许 为 空	自 动 递 增	备　　注
user_id	mediumint(8) unsigned		NO	是	表 id
email	varchar(60)		NO		邮件
password	varchar(32)		NO		密码
sex	tinyint(1) unsigned	0	NO		0：保密，1：男，2：女
birthday	int(11)	0	NO		生日
pay_points	int(10) unsigned	0	NO		消费积分
address_id	mediumint(8) unsigned	0	NO		默认收货地址
reg_time	int(10) unsigned	0	NO		注册时间
last_login	int(11) unsigned	0	NO		最后登录时间
last_ip	varchar(15)		NO		最后登录 ip
qq	varchar(20)		NO		QQ
mobile	varchar(20)		NO		手机号码
head_pic	varchar(255)		YES		头像
province	int(6)	0	YES		省份
city	int(6)	0	YES		市区
district	int(6)	0	YES		县
nickname	varchar(50)		YES		第三方返回昵称
level	tinyint(1)	1	YES		会员等级

☑　goods（商品表）

表 goods 用于存储商品信息，其结构如表 10.4 所示。

表 10.4　商品表结构

字 段 名	数 据 类 型	默 认 值	允 许 为 空	自 动 递 增	备 注
goods_id	mediumint(8) unsigned		NO	是	商品 id
cat_id	int(11) unsigned	0	NO		分类 id
goods_sn	varchar(60)		NO		商品编号
goods_name	varchar(120)		NO		商品名称
click_count	int(10) unsigned	0	NO		单击数
brand_id	smallint(5) unsigned	0	NO		品牌 id
store_count	smallint(5) unsigned	10	NO		库存数量
comment_count	smallint(5)	0	YES		商品评论数
market_price	decimal(10,2) unsigned	0.00	NO		市场价
shop_price	decimal(10,2) unsigned	0.00	NO		本店价
cost_price	decimal(10,2)	0.00	YES		商品成本价
keywords	varchar(255)		NO		商品关键词
goods_remark	varchar(255)		NO		商品简单描述
goods_content	text		YES		商品详细描述
original_img	varchar(255)		NO		商品上传原始图
is_on_sale	tinyint(1) unsigned	1	NO		是否上架
on_time	int(10) unsigned	0	NO		商品上架时间
sort	smallint(4) unsigned	50	NO		商品排序
is_recommend	tinyint(1) unsigned	0	NO		是否推荐
is_new	tinyint(1) unsigned	0	NO		是否新品
is_hot	tinyint(1)	0	YES		是否热卖
last_update	int(10) unsigned	0	NO		最后更新时间
goods_type	smallint(5) unsigned	0	NO		商品所属类型 id
spec_type	smallint(5)	0	YES		商品规格类型 id

2. 数据库连接相关配置

在 ThinkPHP 全局配置文件中配置数据库信息，具体配置代码如下：

例程 01　代码位置：资源包\TM\10\Shop\Application\Common\Conf\config.php

```php
<?php
return array(
    //数据库配置
    'DB_TYPE' => 'mysql',              //数据库类型
```

```
'DB_HOST' => '127.0.0.1',          //host 地址
'DB_USER' => 'root',               //数据库用户名
'DB_PWD' =>  'root',               //数据库密码
'DB_NAME' => 'shop',               //数据库名称
```

10.5　前台首页设计

视频讲解

10.5.1　前台首页概述

当用户访问 51 购商城时，首先进入的便是前台首页。前台首页是对整个网站总体内容的概述。在 51 购商城的前台首页中，主要包含以下内容。

☑　商品分类模块：主要包括首页"图书、音像、电子书"等一级分类、"科技、音像"等二级分类和"计算机与互联网、建筑"等三级分类，如图 10.9 所示。

图 10.9　前台分类、搜索、导航、幻灯片模块效果图

☑　网站菜单导航模块：主要包括"首页"以及"计算机编程""手机""平板电脑"等热门的商品类别，如图 10.9 所示。

☑　搜索模块：主要用于商品信息的快速搜索，如图 10.9 所示。

☑　幻灯片模块：主要用于以幻灯片的方式演示商品，如图 10.9 所示。

☑　热卖商品模块：主要展示商城重点推荐的商品及详细信息查看，如图 10.10 所示。

☑　推荐商品模块：主要用于展示每个分类下的推荐商品，如图 10.11 所示。

☑　文章分类和信息模块：主要显示分类的文章，为用户提供相应的帮助和支持，如图 10.12 所示。

图 10.10　热卖商品模块

图 10.11　推荐商品模块

图 10.12　文章模块

10.5.2　前台首页技术分析

前台首页中涉及较多的模块，需要注意模块之间的独立性和共性。例如幻灯片和广告栏，它们的数据均来源于 ad 广告表，只是因为所在位置不同，所以在首页的展现形式不同。对于商品分类，共有 3 级分类，所有数据均来源于 goods_catogary 表，根据 level 字段判断当前分类等级，根据 parent_id 来判断所属上级分类。在前台首页中，我们重点介绍商品分类模块和推荐商品模块。

10.5.3　商品分类模块的实现过程

📋　商品分类模块使用的数据表：goods_category

1．获取分类数据

本项目中，不只在前台首页包含商品分类数据，在其他页面，当鼠标悬浮在"全部商品"内容上时，也会显示商品分类数据。所以，我们将商品分类作为通用数据，写在 BaseController.class.php 父类文件中，然后令相应的控制器类通过 extends 继承 BaseController.class.php 父类。关键代码如下：

例程 02　代码位置：资源包\TM\10\Shop\Application\Home\Controller\IndexController.class.php

```php
<?php

class IndexController extends BaseController {
    public function index(){
        //省略其余代码
}
```

当访问前台首页，即 Home 模块的 Index 控制器的 index()方法时，程序会优先执行其父类的 _initialize()初始化方法。关键代码如下：

例程 03　代码位置：资源包\TM\10\Shop\Application\Home\Controller\BaseController.class.php

```php
<?php

namespace Home\Controller;
use Think\Controller;

class BaseController extends Controller {
    /*
     * 初始化操作
     */
    public function _initialize() {
        //省略其余代码
        $this->public_assign();                          //调用 public_assign()方法
    }
    /**
     * 保存公告变量到 smarty 模板中
```

```
    */
    public function public_assign()
    {
        //省略其余代码
        $goods_category_tree = get_goods_category_tree();              //获取商品一二三级分类
        $this->cateTrre = $goods_category_tree;                        //分类赋值
        $this->assign('goods_category_tree', $goods_category_tree);    //模板赋值
    }
```

上述代码中，调用了 get_goods_category_tree()函数，该函数主要用于将所有分类按照一、二、三级分类的数据格式保存在数组中。具体代码如下：

例程 04　代码位置：资源包\TM\10\Shop\Application\Home\Common\function.php

```
/**
 * 获取商品一二三级分类
 * @return type
 */
function get_goods_category_tree(){
    $result = array();
    //查询所有显示的分类
    $cat_list = M('goods_category')->where("is_show = 1")->order('sort_order')->select();
    foreach ($cat_list as $val){
        if($val['level'] == 2){                                      //如果是二级分类
            $arr[$val['parent_id']][] = $val;                        //将该分类赋值给$arr 数组的元素
        }
        if($val['level'] == 3){                                      //如果是三级分类
            $crr[$val['parent_id']][] = $val;                        //将该分类赋值给$crr 数组的元素
        }
        if($val['level'] == 1){                                      //如果是一级分类
            $tree[] = $val;                                          //将该分类赋值给$tree 数组的元素
        }
    }

    //遍历二级分类，将三级分类的内容赋值给二级分类
    foreach ($arr as $k=>$v){
        foreach ($v as $kk=>$vv){
            //三级分类内容作为其二级分类的 sub_menu
            $arr[$k][$kk]['sub_menu'] = empty($crr[$vv['id']]) ? array() : $crr[$vv['id']];
        }
    }

    //遍历一级分类，将二级分类的内容赋值给一级分类
    foreach ($tree as $val){
        //二级分类内容作为其一级分类的 tmenu
        $val['tmenu'] = empty($arr[$val['id']]) ? array() : $arr[$val['id']];
        $result[$val['id']] = $val;
    }
```

```
        return $result;
    }
```

get_goods_category_tree()函数返回值示例数据如下：

```
Array(
    [11] => Array(
        [id] => 11
            [name] => 图书、音像、电子书
            [parent_id] => 0
            [parent_id_path] => 0_11
            [level] => 1
            [tmenu] => Array(
                    [0] => Array(
                        [id] => 94
                        [name] => 科技
                        [parent_id] => 11
                        [parent_id_path] => 0_11_94
                        [level] => 2
                        [sub_menu] => Array(
                            [0] => Array(
                                    [id] => 842
                                    [name] => 计算机与互联网
                                    [parent_id] => 94
                                    [parent_id_path] => 0_11_94_842
                                    [level] => 3
                                )
                            [1] => Array(
                                    [id] => 836
                                    [name] => 建筑
                                    [parent_id] => 94
                                    [parent_id_path] => 0_11_94_836
                                    [level] => 3
                                )
                        )
```

从上面示例中可以看出，get_goods_category_tree()函数返回值为多维数组，其中 ID 为 11 的记录是一级分类，分类名称是"图书、音像、电子书"。ID 为 94 的记录是一级分类下的二级分类，分类名称为"科技"。ID 为 842 和 836 的记录为二级分类下的三级分类，分类名称分别是"计算机与互联网"和"建筑"。

2．渲染模板

获取完分类数据后，接下来就需要渲染模板显示数据。由于分类数据是一个多维数组，所以使用 <foreach> 标签循环嵌套获取各级分类数据即可。关键代码如下：

例程05　　代码位置：资源包\TM\10\Shop\Application\Home\View\Public\header.html

```
<!--遍历一、二、三级分类-->
<foreach name="goods_category_tree" key="k" item='v'>
```

```
<if condition="$v['level'] eq 1">        <!--if 标签判断是否为一级分类-->
    <li class="list-li">
        <div class="list_a">
            <!--输出一级分类内容-->
            <h3><a href="{:U('Home/Goods/goodsList',array('id'=>$v['id']))}">
                <span>{$v['name']}</span>
            </a></h3>
            <p>
                <!--选出 3 个二级标题-->
                <assign name="index" value="1" />
                <foreach name="v['tmenu']" item="v2" key="k2" >
                    <if condition="$v2['parent_id'] eq $v['id']">
                        <?php if($index++ > 3) break; ?>
                        <a href="{:U('Home/Goods/goodsList',array('id'=>$v2['id']))}">
                            {$v2['name']}
                        </a>
                    </if>
                </foreach>
            </p>
        </div>
        <div class="list_b">
            <div class="list_bigfl">
                <!--选出 6 个二级标题-->
                <assign name="index" value="1" />
                <foreach name="v['tmenu']" item="v2" key="k2" >
                    <if condition="$v2[parent_id] eq $v['id']">
                        <?php if($index++ > 6) break; ?>
                            <a class="list_big_o ma-le-30"
                                href="{:U('Home/Goods/goodsList',array('id'=>$v2['id']))}">
                                {$v2['name']} <i>＞</i>
                            </a>
                    </if>
                </foreach>
            </div>
            <div class="subitems">
                <!--遍历二级标题-->
                <foreach name="v['tmenu']" item="v2" key="k2" >
                    <if condition="$v2['parent_id'] eq $v['id']">
                        <dl class="ma-to-20 cl-bo">
                            <dt class="bigheader wh-sp">
                                <a href="{:U('Home/Goods/goodsList',
                                        array('id'=>$v2['id']))}"> {$v2['name']}
                                </a><i>＞</i>
                            </dt>
                            <dd class="ma-le-100">
                                <!--遍历二级标题下的三级标题-->
                                <foreach name="v2['sub_menu']" item="v3" key="k3" >
                                    <if condition="$v3['parent_id'] eq $v2['id']">
```

```
            <a class="hover-r ma-le-10 "
            href="{:U('Home/Goods/goodsList',
                array('id'=>$v3['id']))}"> {$v3['name']}
            </a>
        </if>
    </foreach>
</dd>
</dl>
    </if>
</foreach>
    </div>
    </div>
    </li>
    </if>
</foreach>
```

运行结果如图 10.13 所示。

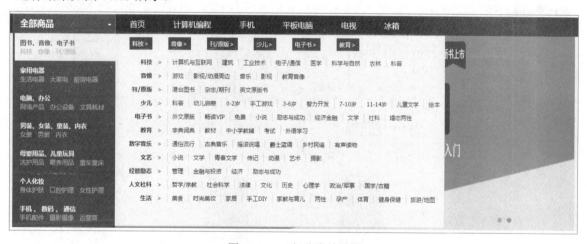

图 10.13　三级分类效果图

10.5.4　推荐商品模块的实现过程

　　推荐商品模块使用的数据表：goods、goods_category

　　由于商品数量较多，在前台首页只能展示一部分商品数据，所以从 goods 商品表中筛选数据时，只筛选出满足以下条件的数据：

☑　goods_category 表商品分类 is_show 字段值为 1 的分类，且最多只筛选 7 个分类。

☑　goods 表 is_on_sale 字段值为 1，即在售的商品，且最多只筛选 7 个商品。

　　具体实现方式代码如下：

例程 06　代码位置：资源包\TM\10\Shop\Application\Home\Controller\IndexController.class.php

```
$category1 = M('goods_category')->where(array('is_show'=>1,'level'=>1))
                ->limit(7)->select();              //筛选一级分类
```

```
foreach($category1 as $key=>$v ){
    $category2 = M('goods_category')->where(array('is_show'=>1,'parent_id'=>$v['id']))
                                    ->field('id,name')->select();        //筛选二级分类
    $category[$v['name']]['sub_category'] = $category2;
    $cat_id_arr = getCatGrandson($v['id']);                              //找到一级下面的所有子分类 id
    $sub_id_str = implode(',',$cat_id_arr);                              //将子分类 id 拼接成字符串
    $map['cat_id']      = array('in',$sub_id_str);                       //搜索条件：商品分类 id 在子类 id 中
    $map['is_on_sale'] = 1;                                              //搜索条件：商品在售
    //从商品表中，筛选 7 条满足以上 2 个条件的记录
    $category[$v['name']]['goods'] = M('goods')->where($map)->limit(7)
                    ->field('goods_id,goods_name,keywords,goods_remark,shop_price')
                    ->order('goods_id')->select();
}
$this->assign('category',$category);                                    //模板赋值
```

运行结果如图 10.14 所示。

图 10.14　推荐商品模块

视频讲解

10.6　登录模块设计

10.6.1　登录模块概述

用户登录模块是会员功能的窗口。匿名用户虽然也可以访问本网站，但只能进行浏览、查询等简单操作，而会员则可以购买商品、查看订单、添加收货地址等。登录模块包括用户注册和用户登录。

10.6.2　登录模块技术分析

通过使用 Session 来判断用户是否登录，如果 Session 值存在，说明已经登录，否则说明用户没有登录，跳转至登录页面。在登录页面填写正确的用户名和密码后，登录成功，将用户信息写入 Session。如果没有账号，需要在注册页面注册一个新用户。

10.6.3　用户注册功能的实现过程

用户注册功能使用的数据表：users

会员注册模块主要用于实现新用户注册成为网站会员的功能。在会员注册页面中，用户需要填写会员信息，并且需要选中"同意《账号服务条款、隐私政策》"选项，单击"注册"按钮，程序将验证输入的账户是否唯一。如果唯一，就把填写的会员信息保存到数据库中，否则给出错误提示，需要修改唯一后，方可完成注册。

会员注册页面中，主要包括 Form 表单的提交和表单数据的验证。Form 表单主要代码如下：

例程 07　代码位置：资源包\TM\10\Shop\Application\Home\View\User\register.html

```
<form id="register">
    <div class="user-email">
        <label for="email"><i class="mr-icon-envelope-o"></i></label>
        <input type="email" name="email" id="email" placeholder="请输入邮箱">
    </div>
    <div class="user-pass">
        <label for="password"><i class="mr-icon-lock"></i></label>
        <input type="password" name="" id="password" placeholder="设置密码">
    </div>
    <div class="user-pass">
        <label for="password2"><i class="mr-icon-lock"></i></label>
        <input type="password" name="" id="password2" placeholder="确认密码">
    </div>

    <div class="user-pass">
        <label for="mobile"><i class="mr-icon-mobile"></i></label>
        <input type="text" name="mobile" id="mobile" placeholder="请输入手机号">
    </div>
    <div class="mr-cf">
        <input type="button"    value="注册" onClick="checkSubmit()"
                class="mr-btn mr-btn-primary mr-btn-sm mr-fl">
    </div>
</form>
```

会员注册页面的运行结果如图 10.15 所示。

图 10.15　会员注册页面运行效果

在用户注册时，必须同意"服务条款"，否则提示错误信息。该验证功能是通过 JavaScript 代码实现的。当用户单击"同意《账号服务条款、隐私政策》"超链接时，页面会弹出"服务条款"的具体内容。该功能是通过 Layer.js（弹层插件）实现的。关键代码如下：

例程 08　代码位置：资源包\TM\10\Shop\Application\Home\View\User\register.html

```
<script>
    //单击提交
    function checkSubmit(){
        //省略其余代码
        var agree = $('input[type="checkbox"]:checked').val();          //获取账号服务条款
        //检测是否勾选注册协议
        if(!agree){
            showErrorMsg('您没有同意注册协议!');
            return false;
        }
        //ajax 异步提交到后台验证
        $.ajax({
            type : 'post',
            url : "{:U('Home/User/register')}",
            data : {email:email,password:password,mobile:mobile},
            dataType : 'json',
            success : function(res){
                if(res.status == 1){
                    layer.msg(res.msg,{icon:1,time:2000},function(){
                        window.location.href = "{:U('Home/Index/index')}";   //跳转到首页
                    });
                }else{
                    showErrorMsg(res.msg);                               //显示错误信息
                }
            },
            error : function(XMLHttpRequest, textStatus, errorThrown) {
```

```
                showErrorMsg('网络失败，请刷新页面后重试');
            }
        })


    }
    //显示错误信息的方法
    function showErrorMsg(msg){
        layer.msg(msg,{icon:2,time:2000});
    }
    //显示协议内容
    function showProtocol(){
        var protocol =   '<p style="padding: 10px">      欢迎来到明日学院，为了
            保障您的权益，请在使用明日学院服务之前，详细阅读此服务协议（以下简称"本协议"）所有
            内容，如您不同意本协议任何条款，请勿注册账号或使用本平台。本协议内容包括协议正文、
            本协议下述协议明确援引的其他协议、明日科技公司已经发布的或将来可能发布的各类规则。
            所有规则为本协议不可分割的组成部分，与协议正文具有同等法律效力。除另行明确声明外，
            您使用明日学院服务均受本协议约束。</p>';
        layer.open({
            title:'协议内容',                        //弹层标题
            type: 1,                                 //弹层类型
            skin: 'layui-layer-rim',                 //加上边框
            area: ['520px', '240px'],                //弹层宽和高
            content: protocol                        //弹层内容
        });
    }
</script>
```

运行效果如图 10.16 所示。

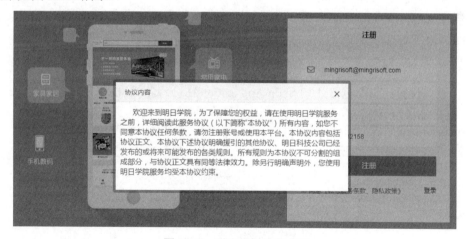

图 10.16　弹出服务协议内容

从上述代码中可以看出，当满足验证条件后，单击"注册"按钮，会通过 Ajax 异步提交的方式，将 Form 表单中的内容提交到 Home 模块下的 User 控制器中的 register()方法。register()方法的关键代码如下：

例程 09　代码位置：资源包\TM\10\Shop\Application\Home\Controller\UserController.class.php

```php
public function register(){
    //如果已经登录，直接跳转到首页
    if($this->user_id > 0) header("Location: ".U('Home/Index/index'));
    /**表单提交操作**/
    if(IS_POST){
        $logic = new UsersLogic();                              //实例化逻辑层 UsersLogic 类
        $email = I('post.email','');                            //接收传递的邮箱
        $password = I('post.password','');                      //接收传递的密码
        $mobile     = I('post.mobile','');                      //接收传递的手机号
        $data = $logic->register($email,$password,$mobile);
        //省略部分代码
        $this->ajaxReturn($data);                               //返回数据
    }
    /**非表单提交，直接显示页面**/
    $this->display();
}
```

上述代码中，首先实例化逻辑层 UsersLogic 类，该类文件路径为：Shop\Application\Home\Logic\UsersLogic.class.php。然后，调用 UsersLogic 类的 register()方法，实现对表单提交内容和用户是否已注册等信息进行验证。如果全部验证通过，则将用户信息写入 users 表，页面跳转到商城首页，否则提示相应的错误信息。

10.6.4　用户登录功能的实现过程

📊　用户登录功能使用的数据表：users

会员登录模块主要用于实现网站的会员登录功能，在该页面中，填写会员账户和密码，单击"登录"按钮，即可实现会员登录。如果没有输入账户、密码或者账号密码不匹配，都将给予提示。登录模块功能主要是由 User 控制器下的 do_login()方法实现的，关键代码如下：

例程 10　代码位置：资源包\TM\10\Shop\Application\Home\Controller\UserController.class.php

```php
public function do_login(){
    $username = trim(I('post.username'));                       //获取用户名并去除首尾空格
    $password = trim(I('post.password'));                       //获取密码并去除首尾空格

    $logic = new UsersLogic();                                  //实例化 UsersLogic 类
    $res = $logic->login($username,$password);                  //调用 UsersLogic 类的 login()方法
    //省略其余代码
}
```

上述代码与注册模块代码相似，都是先实例化逻辑层 UsersLogic 类，然后调用登录验证的方法 login()。在 login()方法中，先判断手机号或者邮箱是否存在，如果存在，继续判断输入的密码是否正确；否则，返回错误信息。运行效果如图 10.17 所示。

图 10.17　登录效果

视频讲解

10.7　购物车模块设计

10.7.1　购物车模块概述

　　购物车在 51 购商城中是前台客户端程序中非常关键的一个功能模块。购物车的主要功能是保留用户选择的商品信息，用户可以在购物车内设置选购商品的数量，显示选购商品的总金额，还可以清除选择的全部商品信息，重新选择商品信息。购物车模块主要实现添加商品、删除商品和更改数量等操作。

10.7.2　购物车模块技术分析

　　购物车功能实现最关键的部分就是如何将商品添加到购物车，如果不能完成商品的添加，那么购物车中的其他操作都没有任何意义。

　　在 51 购商城前台，有 2 个页面可以添加购物车。一个是商品详情页，一个是商品列表页。如果在商品详情页，需要先选择商品属性（如颜色、尺寸等），然后单击"加入购物车"按钮，直接加入购物车。如果是在商品列表页，单击"加入购物车"按钮，需要判断该商品属性是否存在，如果没有商品属性（如图书商品等），可以直接加入购物车，否则跳转到商品详情页，然后再选择商品属性。

10.7.3　添加商品至购物车的实现过程

　　添加商品至购物车使用的数据表：goods、cart

　　在前台首页选择商品后，进入商品详情页。商品详情页包含商品的名称、简介、属性、价格等信息，如图 10.18 所示。当选择完商品属性后，单击"加入购物车"按钮，即可将商品加入购物车中。运行效果如图 10.19 所示。

图 10.18　商品详情

图 10.19　加入购物车

将商品加入购物车的步骤如下：

（1）单击"加入购物车"按钮，执行 JavaScript 的 onclick()单击事件，调用 AjaxAddCart()方法。
关键代码如下：

例程 11　代码位置：资源包\TM\10\Shop\Application\Home\View\Goods\goodsInfo.html

```html
<!--立即购买和购物车 start-->
<div class="join-a-shopping-cart fl" id="join_cart_now">
    <a class="jrgwc-shopping-img jrgwc-shopping-img2"
        onClick="javascript:AjaxAddCart({$goods.goods_id},1,1);">
        <span>立即购买</span>
```

```
        </a>
    </div>
    <div class="join-a-shopping-cart ma-le-210 fl" id="join_cart">
        <a class="jrgwc-shopping-img2" onClick="javascript:AjaxAddCart({$goods.goods_id},1,0);">
            <span>加入购物车</span>
        </a>
    </div>
    <!--立即购买和购物车 end-->
```

（2）AjaxAddCart()是 common.js 文件中的方法，关键代码如下：

例程 12　代码位置：资源包\TM\10\Shop\Public\js\common.js

```
$.ajax({
    type : "POST",
    url:"/index.php?m=Home&c=Cart&a=ajaxAddCart",              //请求地址
    data : $('#buy_goods_form').serialize(),                   //搜索表单，序列化提交
    dataType:'json',                                           //数据格式
    success: function(data){                                   //请求成功后的响应
            if(data.status < 0){
                layer.alert(data.msg, {icon: 2});
                return false;
            }
            //加入购物车后再跳转到购物车页面
            if(to_catr == 1){                                  //直接购买
                location.href = "/index.php?m=Home&c=Cart&a=cart";  //跳转到购物车页面
            }else{
                cart_num = parseInt($('#cart_quantity').html())+
                            parseInt($('input[name="goods_num"]').val()); //获取商品数量
                $('#cart_quantity').html(cart_num);            //获取商品数量写入 DOM 中
                //使用 layer.js 弹出加入成功框
                layer.open({
                    type: 2,                                   //弹层类型
                    title: '温馨提示',                          //标题
                    skin: 'layui-layer-rim',                   //弹层样式
                    area: ['490px', '386px'],                  //弹层宽高
                    content:["/index.php?m=Home&c=Goods&a=open_add_cart","no"],//页面内容
                    success: function(layero, index) {         //成功响应
                        layer.iframeAuto(index);               //指定 iframe 层自适应
                    }
                });
            }
    }
});
```

上述代码中，使用 Ajax 将购物车中商品数据异步提交到 Home 模块的 Cart 控制器的 ajaxAddCart()方法，该方法主要用于将商品信息写入 cart 购物车表。成功加入购物车后，使用 Layer 弹层弹出加入成功页面，并且在该页面展示热卖商品。其中，热卖商品数据来源于 Goods 控制器的 open_add_cart()方法。

10.7.4　查看购物车商品的实现过程

📋　　查看购物车商品使用的数据表：goods、cart

将商品添加至购物车后，单击"去结算"按钮，即可跳转至购物车列表页。或者，在前台首页"我的购物车"按钮处显示购物车商品数量，当鼠标悬停在"我的购物车"按钮时，将展示所有添加到购物车的商品，如图 10.20 所示。

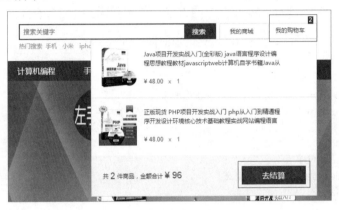

图 10.20　前台首页购物车效果

在购物车列表页，使用 JavaScript 调用 ajax_cart_list() 方法，该方法使用 Ajax 异步提交的方式获取购物车列表数据，并将获取到的内容追加到当前页面。具体代码如下：

例程 13　代码位置：资源包\TM\10\Shop\Home\View\Cart\cart.html

```
$(document).ready(function(){
    ajax_cart_list();                        //ajax 请求获取购物车列表
});

//ajax 提交购物车
var before_request = 1;                      //判断上一次请求是否已经返回，只有返回才可以进行下一次请求
function ajax_cart_list(){
    if(before_request == 0)                  //如果上一次请求没返回，则不进行下一次请求
        return false;
    before_request = 0;
    $.ajax({
        type : "POST",
        url:"{:U('Home/Cart/ajaxCartList')}", //提交地址
        data : $('#cart_form').serialize(),    //Form 表单序列化
        success: function(data){
            $("#ajax_return").html('');
            $("#ajax_return").append(data);
            before_request = 1;
        }
    });
}
```

在上述代码中，将 Ajax 异步提交到 Cart 控制器下的 ajaxCartList()方法，该方法主要用于修改购物车数量和更改商品选中状态，并且调用逻辑层的 cartLogic 类的 cartList()方法，从购物车表中筛选数据并计算总价。运行效果如图 10.21 所示。

图 10.21　查看购物车效果

10.7.5　清空购物车的实现过程

　　清空购物车使用的数据表：goods、cart

　　当用户想要重新选购商品时，可以删除购物车中的某一个商品或是清空所有商品。当单击购物车中某个商品后的删除图标，弹出"确定要删除吗？"确认框，当用户单击"确定"按钮时，即可删除该商品。使用 Ajax 异步提交实现该功能，具体代码如下：

例程 14　代码位置：资源包\TM\10\Shop\Home\View\Cart\cart.html

```
//ajax 删除购物车的商品
function ajax_del_cart(ids){
    layer.confirm('确定要删除吗？',function(){            //Layer 弹层确认框
        $.ajax({
            type : "POST",                               //请求方式
            url:"{:U('Home/Cart/ajaxDelCart')}",         //请求地址
            data:{ids:ids},                              //提交数据
            dataType:'json',
            success: function(data){
                if(data.status == 1){
                    layer.msg(data.msg, {icon: 1, time: 1000}, function() {
                        ajax_cart_list();                //ajax 请求获取购物车列表
                        layer.closeAll();                //关闭弹层
                    });
```

```
            }
         }
      });
   });
}

//批量删除购物车的商品
function del_cart_more(){
   //循环获取复选框选中的值
      var chk_value = [];
      $('input[name^="cart_select"]:checked').each(function(){
         var s_name = $(this).attr('name');
         var id = s_name.replace('cart_select[','').replace(']','');
         chk_value.push(id);
      });
      //ajax 调用删除
      if(chk_value.length > 0)
         ajax_del_cart(chk_value.join(','));
}
```

在上述代码中，ajax_del_cart()方法为单选删除的方法，del_cart_more()方法为多选删除的方法，多选删除即是遍历单选删除方法。接下来，看一下 Ajax 异步提交到 Cart 控制器的 ajaxDelCart()方法，在该方法中实现从 Cart 数据表中删除数据的操作。具体代码如下：

例程 15   代码位置：资源包\TM\10\Shop\Home\Controller\CartController.class.php

```php
public function ajaxDelCart()
{
    $ids = I("ids");                                                    //商品 ids
    $result = M("Cart")->where(" id in ($ids)")->delete();              //删除 ids 数组中的数据
    $return_arr = array('status'=>1,'msg'=>'删除成功','result'=>'');    //返回结果状态
    $this->ajaxReturn($return_arr);
}
```

运行效果如图 10.22 和图 10.23 所示。

图 10.22 弹层删除提示框效果

图 10.23　删除成功效果

10.7.6　添加收货地址的实现过程

添加收货地址使用的数据表：user_address、region

用户在购物车列表页面选择商品后，单击"去结算"按钮，跳转至核对订单页面，该页面包括收货人信息和订单详细信息。如果用户首次购买商品，单击"提交订单"按钮，程序会提示"请先填写收货人信息"。运行效果如图 10.24 所示。

图 10.24　提示"请先填写收货人信息"

单击图 10.24 中的"使用新地址"超链接，弹出弹层，显示添加地址的表单。该功能主要是通过 Layer.js 插件来实现的。关键代码如下：

例程 16　代码位置：资源包\TM\10\Shop\Home\View\Cart\step2.html

```html
<div class="con-y-info ma-bo-35">
    <h3 style="margin-top:30px">收货人信息<b>[<a href="javascript:void(0);"
        onClick="add_edit_address(0);">使用新地址</a>]</b></h3>
    <div id="ajax_address"><!--ajax 返回收货地址--></div>
</div>
```

```
/**
 * 新增或修改收货地址
 * id 为 0，为新增，否则是修改
 */
function add_edit_address(id)
{
    if(id > 0){
        var url = "/index.php?m=Home&c=User&a=edit_address&scene=1
                   &call_back=call_back_fun&id="+id;      //修改地址
    }else {
        var url = "/index.php?m=Home&c=User&a=add_address&scene=1
                   &call_back=call_back_fun";             //新增地址
    }
    layer.open({
        type: 2,                                    //弹出层类型
        title: '添加收货地址',                         //标题
        shadeClose: true,                           //是否有遮罩层
        shade: 0.3,                                 //阴影比例
        area: ['880px', '580px'],                   //弹层宽和高
        content: url,                               //弹层内容
    });
}
```

运行效果如图 10.25 所示。

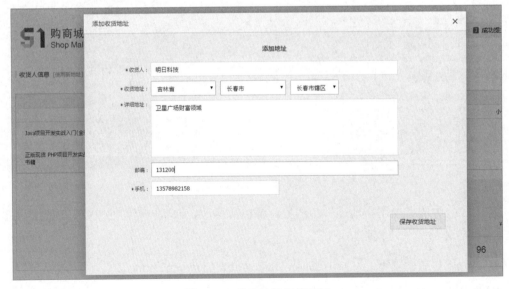

图 10.25 收货地址表单弹层

　　填写完收货信息后，单击"保存收货地址"按钮，将调用 User 控制器的 add_address()方法，该方法通过实例化逻辑层的 UsersLogic 类，调用 UsersLogic 类的 add_address()方法，实现新增或编辑收货信息的功能。保存成功后，运行效果如图 10.26 所示。

图 10.26　保存收货信息

10.7.7　提交订单的实现过程

⊞　提交订单使用的数据表：　order

在核对订单页面，添加完用户收货信息后，单击"提交订单"按钮，程序会将订单信息写入 order 订单表。此时，order 表中的 pay_status（订单支付状态）为 0，表示该订单未支付。在"我的商城" / "我的订单"可以查看该订单，如图 10.27 所示。

图 10.27　订单状态

单击"立即支付"按钮，跳转至订单支付页面。该页面中，列举了第三方支付方式和网银支付方式。由于本地测试无法实现支付功能，此外，每种支付方式的接口并不相同，读者需要自行编写支付代码。这里，为保证项目流程的完整性，使用 Layer 弹层模拟支付过程。当单击"确认支付方式"按钮时，弹出支付弹层。单击"支付"按钮，表示支付成功，单击"取消"按钮，表示支付失败，如图 10.28 所示。

图 10.28　支付页面

支付成功后，在"我的商城"/"我的订单"可以查看该订单，此时，订单状态已经由"未支付"更改为"待发货"，如图 10.29 所示。

图 10.29　订单状态变更

视频讲解

10.8　后台首页设计

10.8.1　后台首页概述

后台管理系统是网站管理员对商品、会员及公告等信息进行统一管理的场所，本系统的后台主要包括以下功能。

☑　会员管理模块：主要包括会员管理和会员等级管理。其中，会员管理可以实现对会员的添加和删除，而会员等级管理可以根据消费金额设置会员等级。

☑　商品管理模块：主要包括商品分类、商品列表、商品类型、商品规格、商品属性和商品评论。

☑　订单管理模块：主要包括查看订单、查找订单和确认订单。

☑　广告管理模块：主要包括广告列表和广告位置。

☑　文章管理模块：主要包括文章分类和文章列表。

后台首页的运行结果如图 10.30 所示。

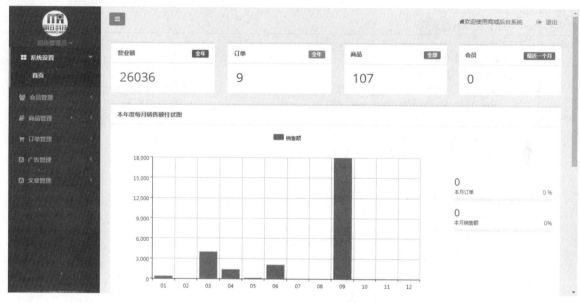

图 10.30　后台首页的运行结果

10.8.2　后台首页技术分析

管理员登录成功后，进入到后台首页。后台首页是对网站重要数据的一个综合概述，它包括"全年营业额"、"全年订单数量"、"全部商品数量"、"本月会员增长数量"和"月销售额"等信息。为直观显示，我们使用卡片样式和柱状图形式展现以上数据。其中销售额柱状图，是通过使用百度 Echarts 插件实现的，具体使用方式请参照官方文档：http://echarts.baidu.com。

后台首页控制器的关键代码如下：

例程 17　代码位置：资源包\TM\10\Shop\Application\Admin\Controller\IndexController.class.php

```php
public function index()
{
    /**获取商品总数**/
    $total_goods = M('goods')->where(array('is_on_sale'))->count();
    $year   = date("Y");                            //当前年份
    $month = date("m");                             //当前月份
    /**获取最后一个月新增会员**/
```

```
$current_month_start = strtotime($year."-".$month."-01 00:00:00");    //本月第一天
$map['reg_time'] = array('EGT',$current_month_start);
$recent_user_number = M('users')->where($map)->count();

$start = strtotime($year."-01-01 00:00:00");                          //本年度第一天
$end   = strtotime($year."-12-31 23:59:59");                          //本年度最后一天
//SQL 查询语句
$sql = "SELECT COUNT(*) as tnum,sum(order_amount) as amount, FROM_UNIXTIME(add_time,'%m') as
month from   'order' ";
$sql .= " where add_time> $start and add_time <$end and pay_status=1 and order_status in(1,2,4) group
by month ";
$res = M()->query($sql);
//本月订单总数
foreach($res as $arr){
    if($arr['month'] == $month){                                     //当前月份
        $current_tnum   = $arr['tnum'];                              //本月销售数量
        $current_amount = $arr['amount'];                           //本月销售额
    }else{
        $current_tnum = 0;
        $current_amount = 0;
    }
}
/**全年销售数量和销售额**/
foreach($res as $arr){
    $data[$arr['month']] = $arr['amount'];
    $tnum[$arr['month']] = $arr['tnum'];
}
$all_year_tnum   = array_sum($tnum);                                 //全年销售数量
$all_year_amount = array_sum($data);                                //全年销售总额


//组织 1-12 月销售额数据格式
for($i=1;$i<13;$i++){
    if($i < 10){
        $i = '0'.$i;
    }
    if(!in_array($i,array_keys($data))){
        $data[$i] = 0;
    }
}
ksort($data);                                                        //月份排序
foreach($data as $key => $arr){
    $result['value'][] = $arr;
    $result['month'][] = $key;
}

$this->assign('recent_user_number',$recent_user_number);
$this->assign('total_goods',$total_goods);
$this->assign('current_tnum',$current_tnum);
```

```
        $this->assign('current_amount',$current_amount);
        $this->assign('all_year_tnum',$all_year_tnum);
        $this->assign('all_year_amount',$all_year_amount);
        $this->assign('result',json_encode($result));
        $this->display();
}
```

接下来渲染后台首页模板，关键代码如下：

例程 18　代码位置：资源包\TM\10\Shop\Application\Admin\View\Index\index.html

```html
<extend name="Public/common"/> <!--继承模板-->
<block name="main">
    <div id="page-wrapper" class="gray-bg">
        <include file="Public/nav-header"/>
        <div class="wrapper wrapper-content">
            <div class="row">
                <div class="col-sm-3">
                    <div class="ibox float-e-margins">
                        <div class="ibox-title">
                            <span class="label label-success pull-right">全年</span>
                            <h5>营业额</h5>
                        </div>
                        <div class="ibox-content">
                            <h1 class="no-margins">{$all_year_amount}</h1>
                        </div>
                    </div>
                </div>
                <div class="col-sm-3">
                    <div class="ibox float-e-margins">
                        <div class="ibox-title">
                            <span class="label label-info pull-right">全年</span>
                            <h5>订单</h5>
                        </div>
                        <div class="ibox-content">
                            <h1 class="no-margins">{$all_year_tnum}</h1>
                        </div>
                    </div>
                </div>
                <div class="col-sm-3">
                    <div class="ibox float-e-margins">
                        <div class="ibox-title">
                            <span class="label label-primary pull-right">全部</span>
                            <h5>商品</h5>
                        </div>
                        <div class="ibox-content">
                            <h1 class="no-margins">{$total_goods}</h1>
                        </div>
                    </div>
                </div>
```

```
<div class="col-sm-3">
    <div class="ibox float-e-margins">
        <div class="ibox-title">
            <span class="label label-danger pull-right">最近一个月</span>
            <h5>会员</h5>
        </div>
        <div class="ibox-content">
            <h1 class="no-margins">{$recent_user_number}</h1>
        </div>
    </div>
</div>
</div>
<div class="row">
    <div class="col-sm-12">
        <div class="ibox float-e-margins">
            <div class="ibox-title">
                <h5>本年度每月销售额柱状图</h5>
            </div>
            <div class="ibox-content">
                <div class="row">
                    <div class="col-sm-9">
                        <div class="flot-chart" id="main" style="width: 800px;height:400px;">

                        </div>
                    </div>
                    <div class="col-sm-3" style="margin-top: 100px">
                        <ul class="stat-list">
                            <li>
                                <h2 class="no-margins ">{$current_tnum}</h2>
                                <small>本月订单</small>
                                <div class="stat-percent">
                                    {$current_tnum/$all_year_tnum*100|ceil} %
                                </div>
                                <div class="progress progress-mini">
                                <div style="width: {$current_tnum/$all_year_tnum*100|ceil}%;"
                                    class="progress-bar"></div>
                                </div>
                            </li>
                            <li>
                                <h2 class="no-margins ">{$current_amount}</h2>
                                <small>本月销售额</small>
                                <div class="stat-percent">
                                    {$current_amount /$all_year_amount * 100|ceil}%
                                </div>
                                <div class="progress progress-mini">
                                    <div style="width:
                                    {$current_amount/$all_year_amount*100|ceil }%;"
                                    class="progress-bar"></div>
                                </div>
```

```
                                        </li>
                                    </ul>
                                </div>
                            </div>
                        </div>
                    </div>
                </div>
            </div>
        </div>
    </div>
    <script src="__PUBLIC__/plugins/echarts/echarts.min.js"></script>
    <!--为 ECharts 准备一个具备大小（宽高）的 Dom-->

    <script type="text/javascript">
        var res = {$result};
        //基于准备好的 dom，初始化 echarts 实例
        var myChart = echarts.init(document.getElementById('main'));

        //指定图表的配置项和数据
        var option = {
            color: ['#3398DB'],
            tooltip : {
                trigger: 'axis',
                axisPointer : {                    //坐标轴指示器，坐标轴触发有效
                    type : 'shadow'                //默认为直线，可选为：'line' | 'shadow'
                }
            },
            legend: {
                data:['销售额']
            },
            xAxis: {
                data: res.month
            },
            yAxis: {
                type : 'value'
            },
            series: [{
                name: '销售额',
                type: 'bar',
                data: res.value
            }]
        };

        //使用刚指定的配置项和数据显示图表
        myChart.setOption(option);
    </script>
</block>
```

10.8.3 管理员登录模块设计

▦ 管理员登录模块使用的数据表：admin

设计 51 购商城时，使用了双入口模式，即访问"www.shop.com/index.php"进入前台首页，访问"www.shop.com/admin.php"进入后台首页（如果管理员未登录，则跳转到后台登录页）。在后台登录页面中，填写管理员账户、密码和验证码（如果验证码看不清楚，可以单击验证码图片刷新该验证码），单击"登录"按钮，即可实现管理员登录。如果没有输入账户、密码或者验证码，都将给予提示。另外，验证码输入错误也将给予提示。运行效果如图 10.31 所示。

图 10.31　后台登录页面

在后台登录代码中，使用 ThinkPHP 自身封装的 Verify 类实现验证码的生成和检测，调用 Verify 类的 entry()方法可以生成验证码，调用 check()方法可以检测验证码。生成验证码的代码如下：

例程 19　代码位置：资源包\TM\10\Shop\Application\Admin\Controller\AdminController.class.php

```
public function verify(){
    $config =      array(
        'fontSize' => 15,                       //验证码字体大小
        'length'   => 4,                        //验证码位数
        'useNoise' => false,                    //关闭验证码杂点
        'imageW'   => 120,                      //图片宽度
        'imageH'   => 34,                       //图片高度
        'codeSet'  => '0123456789',             //随机产生 0-9 中的数字
    );
    $Verify = new\Think\Verify($config);
    $Verify->entry();                           //调用 entry()方法生成验证码
}
```

在后台登录页模板中，需要在<img>标签内调用 verify()方法，并且使用 JavaScript 的 onClick 单击事件实现单击图片生成新验证码的功能。关键代码如下：

例程 20 代码位置：资源包\TM\10\Shop\Application\Admin\View\Admin\login.html

```html
<div>
    <div>
        <h1 class="logo-name">MR</h1>
    </div>
    <h3>欢迎使用 51 购商城后台</h3>
    <form id="form" name="form" method="post" action="__SELF__"   autocomplete="off">
        <div class="form-group">
            <input name="username" type="text"   class="form-control" placeholder="用户名" >
        </div>
        <div class="form-group">
            <input name="password" type="password" class="form-control" placeholder="密码">
        </div>
        <div class="form-group login">
            <span>验证码</span>
            <input name="code" class="code" type="text" id="code" />
            <a> <img class="reloadverify" src="{:U('Admin/Admin/verify')}"   id="imgcode" onClick="this.src=this.
src+'?'+Math.random()"></a>
        </div>
        <button type="submit" class="btn btn-primary block full-width m-b">登 录</button>
    </form>
</div>
```

10.8.4 商品模块设计

商品模块使用的数据表：goods_category、goods

商品模块是后台最重要的模块之一，它包括"商品分类""商品列表""商品类型""商品规格""商品属性""商品评论"。在"商品列表"中，可以实现对商品的增、删、改、查功能，如图 10.32 所示。

图 10.32 商品列表

　　在添加商品时，需要从"商品类型""商品规格""商品属性"中选择相应的选项。为提高用户体验度，使用 Ajax 异步提交的方式来获取相应选项。此外，在添加"商品相册"时，使用了 Plupload 插件来实现多图上传功能。运行效果如图 10.33 所示。

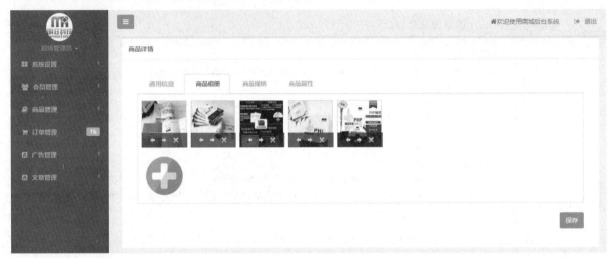

图 10.33　商品相册

10.8.5　订单模块设计

📊　订单模块使用的数据表：order

　　当用户提交订单后，在后台"订单管理"/"订单列表"中即可查看该订单，此时的订单状态可能是"未支付"、"已支付"或者是"已作废"等，如图 10.34 所示。管理员需要单击"查看"按钮，查看订单详情，并单击"确认"按钮确认订单。确认无误后，在"订单列表"页单击"发货"按钮，弹出确认框，如图 10.35 所示。当单击"确定"按钮时，使用 Ajax 异步更改订单状态为"已发货"，如图 10.36 所示。

图 10.34　未发货状态

图 10.35　确认发货

图 10.36　发货成功

10.8.6　管理员模块设计

管理员模块使用的数据表：admin

单击"超级管理员"右侧的下拉图标，弹出"修改密码"和"安全退出"选项框。单击"修改密码"选项框，即进入修改密码页面。输入"原始密码"、"新密码"和"确认密码"后，单击"提交"按钮，即可更改密码，如图 10.37 所示。

10.8.7　会员模块设计

图 10.37　修改密码

会员模块使用的数据表：users、user_level

会员模块包括"会员列表"和"会员等级"。当消费额度满足设置的等级时，即可成为该等级的会员。会员等级如图 10.38 所示。

图 10.38　会员等级

10.8.8　广告模块设计

　　📖　广告模块使用的数据表：ad

　　广告模块包括"广告列表"和"广告位置"。添加广告时，需要先选择广告位置。该模块可以设置在不同的前台位置显示不同的广告内容。广告列表如图 10.39 所示。

图 10.39　广告列表

10.9　开发技巧与难点分析

　　在本系统开发和后期测试的过程中，开发人员遇到了各种各样的疑难问题。这里找出一些常见的、容易被忽略的问题加以讲解，希望能够为初学者和新手提供一些帮助，在开发程序时少走一些弯路。

10.9.1　解决 Ajax 的乱码问题

问题描述：当使用 Ajax 传递数据时，要么在数据处理页中数据不能被正确处理，要么输出返回值时显示的是一堆无法识别的乱码。

解决方法：这是因为 PHP 在传递数据时使用的编码默认为 UTF-8，这就造成了非英文字符不能正确传递的情况，开发过程中保证 PHP 文件、HTML 文件均为 UTF-8g 格式。

10.9.2　使用 JavaScript 脚本获取、输出标签内容

问题描述：获取、更改表单元素值和特定标签内容。

解决方法：使用 JavaScript 脚本获取页面内容的方式主要有两种，第一种是通过表单获取表单元素的 value 值。格式为：表单名称.元素名.value。该方式只能获取表单中的元素值，对于其他标签元素则无能为力。而第二种方式可以通过 id 名来获取页面中任意标签的内容。格式为 "document. getElementById ('id'). value;" 或 "document.getElementById ('id').innerText;"。

使用第二种方式时要注意，标签的 id 名必须存在且唯一，否则就会出现错误。为标签内容赋值时，则使用如下格式：

```
id.innerHTML ='要显示的内容';
```

10.9.3　禁用页面缓存

问题描述：使用 Ajax 技术可以防止页面刷新，但有时也会产生新的问题。如果进行相同的操作，那么 xmlhttprequest 对象会执行缓存中的信息，从而造成操作失败。

解决办法：使用 header()函数将缓存关闭。将代码 "header("CACHE-CONTROL:NO-CACHE");" 添加到 xmlhttprequest 对象所调用的处理页的顶部即可。

10.9.4　判断上传文件格式

问题描述：添加商品时可以上传商品的图片，但有时可能会误传非图片格式的文件，从而导致上传图片失败。

解决方法：ThinkPHP 文件上传操作使用 Think\Upload 类，通过设置 exts 属性，可以控制上传文件的类型。例如，要求上传文件的类型可以是 jpg、gif、png，示例代码如下：

```
public function upload(){
    $upload = new\Think\Upload();                       //实例化上传类
    $upload->maxSize    =      3145728;                  //设置附件上传大小
    $upload->exts       =      array('jpg', 'gif', 'png'); //设置附件上传类型
    $upload->rootPath   =      './Uploads/';             //设置附件上传根目录
    $upload->savePath   =      '';                       //设置附件上传（子）目录
    //上传文件
    $info      =      $upload->upload();
```

```
if(!$info) {                                      //上传错误提示错误信息
    $this->error($upload->getError());
}else{                                            //上传成功
    $this->success('上传成功！');
}
}
```

10.9.5　设置服务器的时间

问题描述：如果没有对 PHP 的时区进行设置，那么使用日期、时间函数获取的将是英国伦敦本地时间（即零时区的时间）。例如，以东八区为例，如果当地使用的是北京时间，那么如果没有对 PHP 的时区进行设置，获取的时间将比当地的北京时间少 8 个小时。

解决方案：要获取本地当前的时间必须更改 PHP 语言中的时区设置。更改 PHP 语言中的时区设置有以下两种方法：

（1）在 php.ini 文件中，定位到[date]下的"；date.timezone ="选项，去掉前面的分号，并设置它的值为当地所在时区使用的时间。修改内容如图 10.40 所示。

例如，如果当地所在时区为东八区，那么就可以设置"date.timezone="的值为 PRC、Asia/Hong_Kong、Asia/Shanghai（上海）或者 Asia/Urumqi（乌鲁木齐）等。这些都是东八区的时间。

图 10.40　设置 PHP 的时区

设置完成后，保存文件，重新启动 Apache 服务器。

（2）在应用程序中，在日期、时间函数之前使用 date_default_timezone_set()函数就可以完成对时区的设置。date_default_timezone_set()函数的语法如下：

```
date_default_timezone_set(timezone);
```

参数 timezone 为 PHP 可识别的时区名称，如果时区名称 PHP 无法识别，则系统采用 UTC 时区。

例如，设置北京时间可以使用的时区包括 PRC（中华人民共和国）、Asia/Chongqing（重庆）、Asia/Shanghai（上海）或者 Asia/Urumqi（乌鲁木齐），这几个时区名称是等效的。

10.10　ThinkPHP 分页技术专题

通常在数据查询后都会对数据集进行分页操作，ThinkPHP 也提供了分页类来对数据分页提供支持。ThinkPHP 分页通常有如下两种方式。

1. 利用 Page 类和 limit()方法

limit()方法用于获取特定数目的记录，如 limit(10,25)表示从第 10 行开始的 25 条数据，结合 Page 类生成分页的示例代码如下：

```
$User = M('User');                                //实例化 User 对象
$count      = $User->where('status=1')->count();  //查询满足要求的总记录数
```

```
$Page          = new\Think\Page($count,25);          //实例化分页类，传入总记录数和每页显示的记录数(25)
$show          = $Page->show();                        //分页显示输出
//进行分页数据查询，注意 limit()方法的参数要使用 Page 类的属性
$list = $User->where('status=1')->order('create_time')->limit($Page->firstRow.','.$Page->listRows)->select();
$this->assign('list',$list);                           //赋值数据集
$this->assign('page',$show);                           //赋值分页输出
$this->display();                                      //输出模板
```

2. 分页类和 page()方法的实现

page()方法也是模型的连贯操作方法之一，是完全为分页查询而诞生的一个人性化操作方法。page()方法则是更人性化的进行分页查询的方法，例如还是以文章列表分页为例来说，如果使用 limit()方法，我们要查询第一页和第二页（假设我们每页输出 10 条数据），代码如下：

```
$Article = M('Article');
$Article->limit('0,10')->select();                     //查询第一页数据
$Article->limit('10,10')->select();                    //查询第二页数据
```

虽然利用扩展类库中的分页类 Page 可以自动计算出每个分页的 limit 参数，但是如果要自己写就比较费力了，如果用 page()方法来写则简单多了，例如：

```
$Article = M('Article');
$Article->page('1,10')->select();                      //查询第一页数据
$Article->page('2,10')->select();                      //查询第二页数据
```

显而易见的是，使用 page()方法不需要计算每个分页数据的起始位置，page()方法内部会自动计算。page()方法结合 Page 类生成分页的示例代码如下：

```
$User = M('User');                                     //实例化 User 对象
//进行分页数据查询，注意 page()方法的参数的前面部分是当前的页数使用 $_GET[p]获取
$list = $User->where('status=1')->order('create_time')->page($_GET['p'].',25')->select();
$this->assign('list',$list);                           //赋值数据集
$count         = $User->where('status=1')->count();    //查询满足要求的总记录数
$Page          = new\Think\Page($count,25);            //实例化分页类，传入总记录数和每页显示的记录数
$show          = $Page->show();                        //分页显示输出
$this->assign('page',$show);                           //赋值分页输出
$this->display();                                      //输出模板
```

10.11　本 章 总 结

本章主要介绍如何使用 ThinkPHP 框架实现 51 购商城项目。包括网站的系统功能设计、数据库设计以及前台和后台的主要功能模块。希望通过本章的学习，读者能够将前面章节所学知识融会贯通，了解项目开发流程，并掌握 PHP 网站开发技术，为今后的项目开发积累经验。